Matt—
what a pleas
to be your
—Rudy

Prima edizione 1996 / *First edition 1996*
Seconda edizione riveduta e aumentata 2002 / *Second edition, revised with additional material 2002*

ISBN 88-8320-042-X

Traduzione e impaginazione / *Translation and graphic layout* Adrian Smith

Gilberto Penzo

Barche Veneziane

Catalogo illustrato dei piani di costruzione

Venetian Boats

An illustrated catalogue of draughts

IL LEGGIO
LIBRERIA EDITRICE

RINGRAZIAMENTI

Ringrazio i Conservatori del Museo Storico Navale di Venezia che si sono succeduti nel tempo, dal compianto barone Rubin de Cervin, all'Ammiraglio Gottardi e all'attuale Conservatore Ammiraglio Lorenzo Sferra, per avermi fornito e autorizzato a riprodurre i disegni conservati presso la loro Istituzione. Particolare riconoscenza va al compianto modellista e disegnatore Ugo Miori, al bibliotecario Carlo Ramelli e a tutto il personale.

Ringrazio il dottor Ratti, direttore del Museo Civico di Storia Naturale di Venezia per l'incarico del restauro e del rilievo della collezione delle barche lagunari. Il Direttore dottoressa Anna Rosa Rugliano e il dottor Arcon della Biblioteca Civica Trieste, Pier Giovanni Zanetti Direttore del Museo della Navigazione Fluviale di Battaglia Terme.

Il dott. Barizza dell'Archivio Storico Comunale di Venezia, British Museum, il Service Historique de la Marine Vincennes, il Musée de la Marine di Parigi, il direttore e il personale dell'Actv.

Un ringraziamento ai costruttori "squeraròli" per i loro insegnamenti, iniziando da mio bisnonno Giovanni Bullo, mio nonno Leonello "Nello", e dai suoi fratelli: Angelo, Luigi e Giuseppe.

Così pure Piero e Guido Amadi, Gino Bertotto, i fratelli Bovo e Schiavon, Detto Schiavon, Nedis e Roberto Tramontin, Cucchin, Giovanni Giuponi, Roberto dei Rossi, Gianfranco Vianello "Crea", Botte, Duilio Cavalier, Gianpaolo Proto, Piero Menetto, Cimolin.

Ringrazio inoltre gli amici che mi hanno fornito preziose informazioni e messo a disposizione i loro archivi: Ugo Pizzarello, Riccardo Pergolis, Luigi Divari, Gianni Naccari, Alex Pagnacco, Paolo Rossi, Alvise Chiggiato, Aldo Baradel, Paolo Peretti, Davide Zane, Paolo Vecchi, Silvano Voltolina, Sambo Violante "Nino", Karl Klaus Körner, Giustiniano Brunato, Giuseppe Carli, Saverio Pastor, Renato Bona, Paolo Brandolisio, Renato Corda, Giovanni Santi-Mazzini, Mauro Bondioli, Roberto Zavagno, Antonio Pintus, Alessandra Schiavon, Gianfranco Munerotto, Gianfranco Magris, Enio Casson "Busiaro", Giuliano Orel, Norma Bullo, Anna Bullo e quelli che involontariamente ho dimenticato di citare.

Infine un particolare riconoscimento ad Antonio Rosada, per l'aiuto fornito alla presa delle misurazioni e alla redazione dei nuovi piani, e a Roberto Costa per l'aiuto nella realizzazione dei loro modelli.

ACKNOWLEDGEMENTS

I would like to thank the curators of the Venice Museum of Naval History, from the late Baron Rubin de Cervin, to Admiral Gottardi to the present curator Admiral Lorenzo Sferra, for providing access to the drawings kept in the museum, and for authorising me to reproduce them. Special recognition goes to the late model-maker and draughtsman Ugo Miori, to the librarian Carlo Ramelli and all the staff of the museum.

I am grateful to: Dr Ratti, director of the Venice Museum of Natural History for assigning me the task of restoring and surveying the collection of lagoon boats; the director Dr Anna Rosa Rugliano and Dr Arcon of the Trieste Civic Library; Pier Giovanni Zanetti director of the Museum of River Navigation, Battaglia Terme; Dr. Barizza of the Venice Historic Archive; the British Museum: the Service Historique de la Marine Vincennes; the Musée de la Marine di Parigi; and the director and staff of the ACTV.

I would also like to thank the Venetian boat-builders – "squeraròli" – for everything they have taught me, starting with my family: my great-grandfather Giovanni Bullo, his sons Leonello "Nello", Angelo, Luigi, and Giuseppe. Also Piero and Guido Amadi, Gino Bertotto, the Bovo and Schiavon brothers, Detto Schiavon, Nedis and Roberto Tramontin, Cucchin, Giovanni Giuponi, Roberto dei Rossi, Gianfranco Vianello "Crea", Botte, Duilio Cavalier, Gianpaolo Proto, Piero Menetto, Cimolin.

Thanks are also due to the friends who have provided me with valuable information and who gave me access to their archives: Ugo Pizzarello, Riccardo Pergolis, Luigi Divari, Gianni Naccari, Alex Pagnacco, Paolo Rossi, Alvise Chiggiato, Aldo Baradel, Paolo Peretti, Davide Zane, Paolo Vecchi, Silvano Voltolina, Sambo Violante "Nino", Karl Klaus Körner, Giustiniano Brunato, Giuseppe Carli, Saverio Pastor, Renato Bona, Paolo Brandolisio, Renato Corda, Giovanni Santi-Mazzini, Mauro Bondioli, Roberto Zavagno, Antonio Pintus, Alessandra Schiavon, Gianfranco Munerotto, Gianfranco Magris, Enio Casson "Busiaro", Giuliano Orel, Norma Bullo, Anna Bullo and all those who I have unintentionally forgotten to mention.

Finally, special thanks to Antonio Rosada for the help he provided in taking the measurements and editing the new drawings, and to Roberto Costa for his help in making the corresponding models.

Dedico questo libro al caro amico, prematuramente scomparso, Giampaolo Bonaldo e a tutte le persone colte e modeste come lui che pur non avendo pubblicato nulla, possiedono o hanno posseduto immensi tesori di conoscenza.

This book is dedicated to a dear friend of mine, the late Giampaolo Bonaldo and to all those cultured but modest people like him who, despite having never published anything, possess an invaluable wealth of knowledge.

INDICE *INDEX*

PREMESSE *FORWARD* .IX

METODO DI CLASSIFICAZIONE
CLASSIFICATION METHOD .XIX

LEGGENDA *KEY* .XX

CATALOGO *CATALOGUE*
A voyage into the Mediterranean Seas .2
Burchio of Padua .2
Santor .3
Gondelo. .3
Barchetto .4
Piotta .5
Burchio .5

Souvenirs de marine conservés .6
Bragosso del 1882 .7
Gondole Vénitienne .9
Bateau plat nommé Rascona .10
Tartana .13
Topo .15
Trabacolo .16

Angelo Marella .18
Bragosso .18
Tartana barca pescarecia .18
Barcheta in agiunta alla Tartana .18
Batello da ami o tartanella .18
Mozzeto per vari usi .18
Barca da cogoleti .18
Barca da vale .19
Sandolo alla chiozzotta .19
Barca da tratta alla chiozzotta .19
Barca da tratta alla buranella .19
Barca del basso e barca dell'alto Sile .19
Barca da Nicoloti .19
Barca gorese da sturioni .19

Modelli del Museo Civico di Storia Naturale di Venezia
Models at the Venice Museum of Natural History .20
Marota da bisati .21
Bragagna a do prove .22

Bragosseto 24

Barche fluviali *River boats* 26
Battello (*Caorlina*) 27
Padovana 28
Barca Comacchiese 29
Barca del Po di Volano .30
Bucintoro (Del Panaro) .31
Bastardo 32
Barca Pavese (Magano o Nave) 33
Barca pescantina (dell'Adige) 34
Rascona 35
Burchiello (dell'Adda e Lago di Como) 36
Burchiello (Saranno) 37
Barchetto (Corriera) 38
Trabacolo da rimorchio .39

Battelli militarizzati *Boats converted for military use* . .40
Barcone da 400 41
Battelloni 42
Topo 43
Sandalo 44
Topo da mm. 8,50 per ufficiali 44
Gondola 45
Barchetta a coda di gambero 45
Omnibus 46
Prama 46
Peata 47
Remi 47
Burchio 48
Scuola di vela 49
Scuola di rimorchio 49

Narciso Orel 50
Battello da pesca 51
Gaietta imbarcazione da pesca a motore 52
Bragozzo tipo chioggiotto. 53
Passera tipo Lussino e Guzzo 54
Topo Imbarcazione da pesca 55
Gaietta da pesca per saccaleva 56

CATALOGO ALFABETICO
CATALOGUE IN ALPHABETICAL ORDER
Barchéta 57
Bragàgna 65
Bragòsso 70
Burcèla 84
Bùrcio 85
Busegàta 88
Bissóna 90
Caorlìna 92
Dodesóna, Quatordesóna, Disdotóna 95
Fórcole 98
Gondola 99
Gondolìn 134
Patàna 139
Peata 139
Puparìn 146
Sàndolo 149
Sanpieròta 154
S'ciopón 160
Timoni 162
Topa 163
Topo 164
Trabàcolo 170
Vipera 180
Vele tradizionali 181
Zattera 181

Barche per impieghi particolari *Boats for special purposes*
Barca per i pompieri 185

IMBARCAZIONI A MOTORE *MOTOR BOATS*
Varie 188

Vaporetti 207
'Vaporetti' o 'Motobattelli' 208
'Motoscafi' 211
'Motonavi' 218
'Foraneo' 230
Navi traghetto 231
Barche ausiliarie 232
Pontoni 235

CONCLUSIONE *CONCLUSION* 236

FONTI *SOURCES* 238

La famiglia Bullo "Niere" nel suo cantiere di Chioggia (Venezia) fra due *bragossi* in costruzione. Da destra Lionello e Giovanni Bullo, nonno e bisnonno dell'autore, nonché gli zii Rosina, Angelo, Luigi e Giuseppe.

The Bullo "Niere" family in their Chioggia (Venice) boatyard between two bragossi *under construction. From right to left: the grandfather and great-grandfather of the author, Lionello and Giovanni Bullo, and his aunts and uncles Rosina, Angelo, Luigi and Giuseppe.*

PREMESSA ALLA PRIMA EDIZIONE

Questa raccolta di tavole vuole essere un primo, imperfetto, strumento di diffusione e d'informazione di quanto si conosce sui rilievi di barche veneziane e altoadriatiche. Nella maggior parte dei casi, infatti, queste tavole hanno poca e discontinua diffusione, pur nel ristretto mondo degli appassionati di marineria locale. Ritengo invece che vi debba essere la massima diffusione d'ogni risorsa, disegni, fotografie o semplici appunti che siano, in modo non solo da tenere viva la ricerca ma soprattutto per usare sempre materiale di prima mano senza superfetazioni o tentativi di "miglioramento" degli originali.

Vorrei fare solo alcune considerazioni su questi disegni: la più importante è che non sono "progetti", vale a dire non sono immagini destinate a guidare l'opera del costruttore, ma al contrario, rilievi di costruzioni già avvenute. Nessun cantiere tradizionale, per costruire sia un piccolo *s'ciopon* ma anche un grande *trabaccolo* o addirittura una galera, ha mai operato sulla base di disegni come questi ma solo mediante l'uso dei "sesti" e dell'esperienza del *proto*. In alcuni rari casi corroborati da scarni appunti sulle misure fondamentali cui attenersi provenienti dalle barche precedentemente costruite.

Queste immagini sono pertanto i ritratti, più o meno somiglianti e nello stile dell'epoca nella quale furono delineati, di quella moltitudine d'imbarcazioni che incrociavano nel mare Adriatico e nella laguna di Venezia. Barche che, salvo rari casi, sopravvivono ormai solo nella memoria proprio per merito di questi rilievi.

Escludendo quindi la finalità costruttiva perché sono state delineate queste tavole? I motivi sono molteplici: le prime risalgono al Settecento, quando si consolidò la prassi di raffigurare le imbarcazioni secondo le consuete viste: laterali, in pianta e sezioni allo scopo di calcolarne i parametri principali quali la stazza, i vari centri di equilibrio dello scafo ecc. Tra queste figurano il rilievo della gondola del Chapman e i disegni provenienti dall'Arsenale di Venezia. Seguono quelli nati solo con

FORWARD TO THE FIRST EDITION

This collection of drawings aims to be the first – albeit imperfect – tool for circulating information about the boats of the Venetian lagoon and the Northern Adriatic. In most cases these drawings have limited or interrupted circulation, even in the small, local world of boat enthusiasts. However, I believe that there should be as much circulation as possible of every resource – drawings, photographs, simple notes or any other kind of material – not just to keep the research alive, but above all to ensure that primary sources without additions or attempts to 'improve' the originals are used.

I would like to make a few considerations about these drawings: the most important is that they are not 'projects' or 'working drawings' – they are not destined to guide the work of the builder, but rather they are drawings of boats that have been built. No traditional boatyard has ever worked from drawings like these to build a small s'ciopon*, a large* trabaccolo *or even a galley: instead they use the* sesti *(templates) and the experience of the* proto *(boatyard foreman). In rare cases these are corroborated by a few notes relating to basic measurements taken from previously built boats.*

These drawings are thus the portraits – some accurate, others less so, in a variety of styles according to the period in which they were made – of that multitude of boats that navigated in the Adriatic sea and the Venetian lagoon. Apart from some rare examples, these boats have disappeared, but are still remembered thanks to these drawings.

If these drawings were not used to build the boats, why were they made at all? There are several reasons: the first dates from the eighteenth century when the normal practice of drawing the boats in the standard views – side elevation, plan and section – was consolidated. These drawings were used to calculate important parameters such as tonnage, the various points of equilibrium, etc. Among these are the Chapman survey of the gondola and the

finalità di documentazione ed enciclopedica, tra i quali vanno annoverati le tavole riunite nella raccolta dei *Souvenirs de marine conservés*, che ritrae, con rara perfezione, tutte le imbarcazioni allora conosciute.
Alcuni rilievi sono stati realizzati per censire le imbarcazioni che potevano essere riconvertite ai fini bellici; mentre altri, a giudicare dalla sommarietà del disegno e dalla presenza di calcoli di stazza, dovevano essere tavole da allegare alle richieste di collaudo di nuove costruzioni. Per ultimo ci sono i piani redatti in questi anni rincorrendo per tutto l'alto Adriatico, le segnalazioni delle ultime barche rimaste, con l'ansia di vederci sparire sotto gli occhi per abbandono o peggio per un cattivo restauro, l'ennesimo raro esemplare.

Concludo ricordando che mi sarebbe piaciuto allargare la raccolta anche alle imbarcazioni contemporanee, che pur facendo arricciare il naso ai puristi, non si possono escludere dal parco d'imbarcazioni lagunari poiché sono una tipologia assolutamente locale. Mi riferisco ai vaporetti con tutte le loro varianti, ai pescherecci di piccola e grande mole, ai taxi acquei, alle imbarcazioni motorizzate minori vedi cacciapesca, barchini, cofani ecc. Ma sarebbe pretendere troppo dal senso comune su che cosa valga la pena di conservare o documentare e cosa no. Aspetterò perciò che questi tipi gradatamente scompaiano in modo che la nostalgia ed il rimpianto per il tempo perduto possano abbellirli fino a renderli degni di memoria per ricostruire, con molta più fatica e approssimazione, la loro forma.

G. P. 1996

NOTE

Mi scuso per la cattiva qualità di alcuni disegni dovuta ai molteplici passaggi subiti, d'altra parte la loro unicità non ha permesso di escluderli a favore di copie "rinfrescate". Per lo stesso motivo non sono stati ripassati, in modo da renderli stilisticamente uniformi, per non togliere tutti i dettagli che solo la calligrafia dell'Autore può trasmettere. Ho cercato anche di mettere varie versioni dello stesso tipo di barca, perché si tratta sempre di scafi mai uguali ma solo simili.

Confido nella collaborazione degli appassionati, per correggere o integrare le schede dei disegni, con informazioni più accurate o con versioni originali e inedite degli stessi.

drawings from the Venice Arsenale. Other drawings were made for documentation and for encyclopaedic publications, among these are the drawings included in the collection of the Souvenirs de marine conservés, *which portrays with rare perfection all the boats and ships known at the time.*

Many of these draughts were made as part of a census of the boats considered suitable for conversion to military use; while others, judging by the lack of detail and from the calculations of tonnage, must have been drawings attached to requests for the approval of new constructions. Lastly there are those drawn in recent years by those who have chased around the northern Adriatic looking for the last surviving examples of a type of boat, driven by the fear of seeing them disappear forever or worse, transformed by a bad restoration.

To conclude, I would have liked to extend this collection of drawings to include modern boats that, despite the probable disapproval of purists, should not be excluded from a collection of lagoon boats in that they are absolutely typical of this area. I refer to the vaporetti *with all their variants, to the large and small fishing boats, to the water taxis, to the small motor boats such as the* cacciapesca, barchini, cofani, *etc. But it would be asking too much of common sense to decide which boats are worth conserving and documenting and which are not. I will therefore wait until these types gradually disappear so that nostalgia can beautify them and render them worthy of being remembered to give rise – with much time, effort and guesswork – to their reconstruction.*

G. P. 1996

NOTES

I apologise for the poor quality of some of the drawings due to the many succesive reproductions they have undergone, but their uniqueness did not allow me to exclude them in favour of 'cleaned-up' copies. For the same reason they have not been restored or redrawn to render them stylistically uniform as this would result in the loss of detail that only the hand of the original author of each drawing can give. Sometimes I have included different versions of the same type of boat, because although they may be similar, they are never exactly the same.

I trust in the co-operation of other enthusiasts to correct or add

Il *bragosséto* Bande Nere affondato a Pellestrina. (Foto: Paolo Bonaldo)

The wreck of the bragosséto *'Bande Nere' at Pellestrina. (Photo: P. Bonaldo)*

Quest'invito vale anche per la pubblicazione gemella in preparazione che tratterà delle navi della repubblica di Venezia: cioè le imbarcazioni da guerra, parata e commercio di grande mole, come il bucintoro, le galere, le galeazze, le fregate, i vascelli ecc.

L'indirizzo a cui rivolgersi per collaborare o per richiedere copie delle tavole in grande formato è:

to the tables of information that accompany each drawing using more accurate sources or original or new versions of them. This invitation also applies to the book dedicated to the ships of the Venetian Republic: warships, large boats for processions and trade such as the Bucintoro, the galleys, the galeazze, *the frigates, the* vascelli, *etc.*

If you would like to participate in future research or request copies of the drawings in large format, please write to :

Gilberto Penzo, Calle seconda dei Saoneri
S. Polo 2681 - 30125 Venezia - Italy
Tel. fax: +39 (0)41 719372,
e-mail: gilbertopenzo@bigfoot.com

POSTFAZIONE ALLA SECONDA EDIZIONE

Desidero innanzi tutto sottolineare alcuni eventi positivi, il primo che un libro sia andato esaurito, il secondo che l'editore abbia deciso di ristamparlo, non solo ma accettando di fare un'edizione aumentata e corretta, evenienze che, vi assicuro, non capitano spesso. Moltissimi libri ancora validi attendono che qualche anima buona si decida di riportarli in vita ristampandoli, possibilmente aggiornandoli e correggendoli, così da avere un controllo retroattivo e migliorativo dell'opera.

L'elenco dei disegni, come avevo promesso, è stato notevolmente ampliato e arricchito di tipologie di barche ritenute non tradizionali, ma che a mio parere fra un po' di tempo lo diventeranno sicuramente. Se tradizionale significa: "corrispondente a consuetudine tramandata fino a costituirsi in regola abituale", questo significa che al cambiare delle consuetudini cambia ciò che si ritiene tradizionale, un concetto tanto difficile da definire e altrettanto variabile nel tempo come il "comune senso del pudore".

Pensate che circa vent'anni fa, quando ancora si poteva andare al Museo Navale di Venezia a parlare di barche, fui quasi aggredito dal Conservatore Rubin de Cervin e dal bibliotecario Ramelli solo per aver chiesto come mai non figurava la sanpierota fra i modelli del Museo. Entrambi ritenevano - giustamente allora - che la *sanpierota* così come la *topa* o il *cofano*, non fossero "tradizionali", concezione che ora, come si vede, è radicalmente cambiata. Secondo questa definizione quindi la barca veneziana tradizionale attuale, quella che ogni veneziano normale usa, sia per lavoro sia per diporto, è il *cofano* che è un piccolo motoscafo in fibra di vetro, spinto da un fuoribordo di 50 cavalli di potenza.

Ho inserito tutti i disegni che ho trovato, anche quelli di scarsa qualità o palesemente copiati o errati, nella speranza di evitare agli appassionati di rifare il mio faticoso e accidentato percorso. Ho perso moltissimo tempo a controllare il lavoro già svolto prima di accorgermi che nella maggior parte dei casi o era tutto inventato, o la precisione delle opere lasciava molto a desiderare.

Mi stupisce soprattutto come, fra gli appassionati e gli studiosi, specialmente ahimè quelli più prolifici (o forse proprio per questo), non ci sia nessuna ricerca di precisione, c'è sempre chi disegna barche di cinquanta metri in fogli A4 con pennarelli, chi confonde lo sviluppo con la proiezione, chi "migliora" la linea delle barche affermando che il costruttore le avrebbe realizzate così se avesse avuto i nostri mezzi, ecc.

FORWARD TO THE SECOND EDITION

Firstly I would like to point out a number of positive events: the first edition of a book went out of print, and the publisher has decided not only to reprint it, but has agreed to produce an expanded and corrected edition. These are rare occurrences indeed. Many books that have gone out of print and which are still valid are waiting for some good soul to decide to bring them back to life by reprinting them, preferably updated and corrected, in such a way as to have a 'retrospective' and improving control of the work.

As promised, the number of drawings has been substantially increased to include types of boat which may not be considered 'traditional', but which, in my opinion, are bound to become so before long. If 'traditional' means: 'corresponding to customs handed down that become the habitual norm', it follows that with changing customs, traditions also change so that what is 'traditional' becomes extremely difficult to define and varies in the course of time in the same way as what is generally considered 'decent'.

An example: about twenty years ago, when it was still possible to go to the Venice Naval Museum to talk about boats, I was nearly attacked by the curator, Rubin de Cervin, and by the librarian, Ramelli, for asking why the sanpierota *did not figure among the models of the Museum. Both believed – rightly at the time – that the* sanpierota, *in the same way as the* topa *or* cofano, *were not 'traditional', a concept which now, as can be seen, has been radically changed. According to this definition, then, the current Venetian boat (the one used by most Venetians both for work and for recreation) is the* cofano: *a small fibreglass motorboat with a 50hp outboard motor.*

I have included all the drawings I have found, even those of poor quality or ones that are incorrect or have evidently been copied, to ensure that no other researcher will have to repeat this difficult and frustrating task. I spent a considerable amount time checking the work already carried out before realising that in most cases the drawings were completely invented, or that the precision left a lot to be desired.

It amazes me, above all, that those who study and write about traditional boats, especially the more prolific (or maybe this is because they are so prolific), do not strive for precision: there are still those who make drawings of 50-metre boats on an A4 page with felt pens, those who confuse the development with the

L'autore mentre rileva i resti degli ultimi scafi tradizionali rimasti prima della loro definitiva distruzione.
The author measuring one of the last remaining traditional boats before its complete destruction.

Antonio Rosada e l'autore durante il rilievo di un modello ottocentesco di *pupparin.*
Antonio Rosada and the author measuring and drawing a nineteenth century model of a pupparin.

La parte più difficile del lavoro di storico o etnologo e di tenere a freno la propria immaginazione e voglia di formulare teorie, per lavorare piuttosto come un notaio che verbalizzi ciò che ci circonda. Scrivere o disegnare è un'attività che richiede grande responsabilità, perché il materiale cartaceo prodotto è come un virus si riproduce con estrema virulenza tanto che non è poi più possibile fermarlo.

Come riconoscere un disegno falso da uno buono? Intanto va detto che, come per le opere d'arte, ci sono molti gradi di falsità, si va dal rilievo di una barca esistente sbagliato in buona fede a causa del metodo usato di misura o di restituzione grafica, fino all'opera di pura invenzione. Un disegno può essere sbagliato, anche se realizzato dallo stesso costruttore, perché questi non ha le conoscenze elementari di disegno tecnico, o si basa su ricordi personali alterati dal tempo trascorso. Comunque i disegni peggiori sono quelli che pretendono di essere rilievi dal vero e sono invece collages di altre tavole realizzati nella tranquillità del proprio studio; in almeno trent'anni di carriera ho visto molto di rado studiosi nei cantieri o nelle secche a misurare relitti.

Con un po' di esperienza però si possono smascherare i disegni o parti di essi palesemente falsi, con l'aiuto di alcune spie rivelatrici come la presenza di linee rette e archi di cerchio,

projection, those who 'improve' the shape of the boats stating that 'the builder would have done them like that if he had had our means', etc.

Even the computer does not help in these cases. It may seem strange, but because the computer is extremely precise and tends to favour the use of 'pure' lines, it cannot cope with the irregular and asymmetric forms typical of real constructions.

In my opinion the traditional method of drawing, on a large horizontal table with the flexible spline and ducks, is still valid because it allows the curves – based on irregular points taken from the actual boat – to be adjusted. I believe an acceptable level of tolerance to be about half a centimetre at a scale of 1:1, a millimetre for the direct survey of profiles and a tenth of a millimetre in a scale drawing at a scale which should not be greater than one in ten.

How can one differentiate between a 'fake' drawing and a genuine one? First of all it should be remembered that, like works of art, there are several degrees of falseness, starting from a drawing of an existing boat which is not deliberately false (the imprecision being due to the method used to measure the boat or how the measurements were interpreted), to the work of pure invention. A drawing can be wrong even if drawn by the same

elementi geometrici che non abitano nelle costruzioni nautiche, nelle quali si utilizzano - ma più spesso si generano da sole - le più svariate famiglie di curve. Per contro la descrizione di parti nascoste non visibili dall'esterno è un ottimo indizio d'autorevolezza.

Per esempio se si osserva il disegno di *peata* n° P 283 si vede che l'autore ha fatto il fondo diritto e le estremità in pianta come archi di cerchio, viceversa confrontandolo con quello rilevato dal vero, n° P 287, si vede come il fondo sia elegantemente e funzionalmente curvo, le estremità molto schiacciate, come del resto è testimoniato dalle numerose immagini fotografiche e pittoriche coeve.

Mi preme porre l'accento per l'ennesima volta che queste tavole sono nel migliore dei casi rilievi di barche già costruite e non progetti, e che molti di questi sono stati delineati per ragioni burocratiche, per essere allegati alle richieste di certificazione di stazza, d'abilitazione alla navigazione ecc. Molti costruttori hanno ammesso candidamente che lo stesso disegno era ed è riutilizzato, cambiandone il nome, per decine d'imbarcazioni diverse. Non potendosi permettere certo un professionista, il cui costo sarebbe stato pari a quello della barca, che realizzasse di volta in volta il progetto della costruzione in corso. In certi casi addirittura, per evitare di fare atti di compravendita e una nuova immatricolazione, si sostituiva una barca ormai vecchia con una più recente ribattezzandola e cambiandone i numeri di matricola.

Come si vede non basta raccogliere e riportare i documenti per ottenere una ricostruzione storica attendibile, bisogna interrogarli e se necessario torturarli fino a che rivelino chi gli ha stesi, perché e soprattutto per chi. E' il committente che genera il tipo di documento, ad esempio uno studio sul rancio di bordo non può essere basato sulle dichiarazioni del padrone della nave, ma su quelle dell'equipaggio (che però raramente rilasciava dichiarazioni scritte). I documenti migliori non sono, infatti, i trattati storici di marineria ma gli inventari, i contratti di costruzione, i diari, le suppliche o lagnanze dei pellegrini e dei forzati.

Dal punto di vista tecnico abbiamo continuato a disegnare manualmente perché il computer non ci sembra adatto in molti casi, per assurdo proprio per la sua estrema precisione, e per l'uso di linee "pure" e non irregolari o asimmetriche tipiche delle costruzioni "reali". A mio parere il disegno tradizionale, su un tavolo orizzontale di grande formato, con i listelli flessibili e i pesi è ancora valido proprio perché permette di aggiustare le curve

person who built the boat because of a lack of familiarity with the basic techniques of technical drawing, or because the drawings were based on personal memories which changed with the passing of time. In any case, the worst drawings are those which appear to be based on measurements of actual boats when in fact they are simply collages of other drawings made in the tranquillity of the studio. In at least thirty years of working in this sector I have very rarely seen historians in the boatyards or along the canal banks taking measurements of abandoned boats.

With a bit of experience, however, the more evidently fake drawings can be 'unmasked' with the help of a few revealing indications such as the presence of straight lines and arcs of a circle - geometrical elements which have no place in nautical constructions where the most varied families of curves are used, but more often generate themselves. On the other hand, if the drawing includes details of the 'hidden' parts (those invisible from the outside) then this is good indication of a genuine drawing.

For example, in the drawing of the peata *n. P 283, it can be seen that the person who drew it made the bottom straight and the extremities in plan view like arcs of a circle; vice-versa the one surveyed from an actual boat, n. P 287, has a bottom which is elegantly and functionally curved and the extremities 'compressed', as the numerous photographic and pictorial images of the same period confirm they should be.*

It is important to bear in mind that these drawings are in the best cases drawings of completed boats, they were not made beforehand as projects. Many of them were made for bureaucratic reasons, for example to be attached to requests for certifications of tonnage, seaworthiness, etc. Many builders admitted candidly that the same drawing was used time and again, changing the name, for tens of different vessels. They simply could not afford to pay a professional draughtsman, whose fee would have been equal to the cost of the boat, to draw a project every time a boat was being built. In fact in some cases, to avoid preparing a deed of sale and a new registration, an older boat was substituted for a newer one renaming it and changing the registration numbers.

It is clearly not enough to collect and cite the documents to obtain a reliable historical reconstruction, it is necessary to interrogate them and torture until they reveal who created them, why they were created and above all for whom. In most cases it was the client who generated this type of document which may well be biased in his favour. A study of the mess, for example, cannot be based on the declarations of the owner of the ship, but

che sono basate sui punti irregolari rilevati dal vero. Ritengo, per quanto riguarda la tolleranza accettabile, che essa debba essere attorno al mezzo centimetro in scala naturale, un millimetro nel rilievo diretto di sagome, e un decimo di millimetro nel disegno in scala, scala che non dovrebbe essere superiore all'uno a dieci.

Tutto ciò per quanto riguarda il passato, per il futuro, ma non troppo remoto, altrimenti non ci sarà nulla da disegnare, rimangono ancora in attesa di un rilievo fatto a regola d'arte alcune grandi barche come il *trabaccolo*, il *burcio*, la *comacina*, ma anche piccole come il *puparin*, lo *s'ciopon*, la *caorlina*, la *verigola*.

Devo sottolineare, con estremo accoramento, che in tutti questi anni non ho visto cambiamenti significativi nella salvaguardia della tradizione marinara italiana, in special modo per quanto riguarda il restauro e la conservazione delle imbarcazioni vere. Qualsiasi iniziativa è intrapresa all'"italiana", con quello sgangherato miscuglio di leggerezza, dilettantismo, improvvisazione, personalismo, litigiosità, che forse ci renderà simpatici ma sicuramente inaffidabili. Lo steso metodo che ci fa coniare monete o francobolli errati o inservibili, o affibbiare nomi inglesi a documenti ufficiali dello Stato magari sbagliandoli come la ormai famosa "Sanity card" che doveva essere data ad ogni italiano, ma che in inglese significa sì salute ma mentale!

Proprio non riusciamo a prenderci sul serio, sembra quasi che ci si vergogni di curare le nostre tradizioni senza farle degenerare subito in sagra paesana quando ci va bene e, nei casi peggiori, in tentazioni imperialistiche maldestre.

Per cercare di rompere quest'immobilismo e fare seguire alla teoria la pratica fondai con altre persone, un'associazione per lo studio, il restauro e la conservazione delle imbarcazioni tradizionali. Pensavo che riunire i migliori specialisti avrebbe dato un impulso positivo a questa branca negletta, ma ho dovuto alla fine ritirarmi, sconfitto, per non essere mai riuscito a discutere di questioni tecniche e scientifiche senza che si degenerasse immediatamente nelle misteriose alchimie dei rapporti di simpatia, potere o colore politico. Addirittura non sono mai riuscito a pianificare neanche la normale manutenzione delle barche, ma ho dovuto sempre rincorrere l'emergenza in qualche caso perdendo definitivamente le barche; proprio come diceva Flaiano: gli italiani preferiscono l'inaugurazione alla manutenzione.

Lo stesso è avvenuto quando si sono tentate le - fortunatamente poche - ricostruzioni: indipendentemente

on that of the crew (who rarely left any written declarations). The best documents are not those from historical marine treatises but the inventories, the building contracts, the diaries, the pleas and the complaints of the pilgrims and of the prisoners forced to work the oars.

The above relates to the past. For the future, but not too distant otherwise there will be nothing left to draw, there are a few large boats such as the trabaccolo, *the* burcio, *the* comacina, *but also small ones like the* puparin, *the* s'ciopon *the* caorlina *an the* verigola, *which are still waiting to be properly measured and drawn.*

I must stress, with heartfelt disappointment, that in all these years I have not seen any significant changes in the safeguarding of Italian seafaring traditions, particularly regarding the restoration and conservation of real boats. Any initiative of the kind is undertaken "all'italiana" with that ramshackle mixture of fickleness, amateurishness, personalism, and readiness to quarrel which may make the Italians seem picturesque, but also gives them the reputation for being decidedly unreliable. This is the same method that makes the Italians produce unusable coins and postage stamps, or give English names to official state documents using the wrong words. A famous example of this was the Carta Sanitaria *(Health Card), which was to be distributed to every Italian citizen. It was printed with the English words 'Sanity Card'!*

We Italians are unable to take ourselves seriously; it almost seems as if we are ashamed to safeguard our traditions without making them degenerate at best into a village festival and at worst into clumsy attempts at imperialism.

In an attempt to break this immobility and to put theory into practice, I founded an association together with other people for the study, restoration and conservation of traditional boats. I believed that bringing these specialists together would have given a positive impulse to this neglected branch of history, but in the end I had to withdraw, defeated, because we were unable to discuss scientific and technical questions without immediately degenerating into the mysterious alchemy of who-gets-on-with-who, power-play, or politically-tinted relationships. In fact it was impossible to plan the normal maintenance of the boats: I had to chase after 'last minute' cases, sometimes losing the boat altogether. It is exactly as Flaiano said: the Italians prefer inaugurations to maintenance.

The same happened when the – fortunately few – replicas were attempted: independently from the extent of the available

dall'entità dei fondi a disposizione, si sono avuti dei risultati che definire cialtroneschi è un eufemismo, sembra proprio che fare una pausa di raccoglimento per documentarsi prima di iniziare il lavoro, sia solo una perdita di tempo. Tutto questo mentre attorno a noi, Svizzera compresa, si sono iniziate e soprattutto portate a termine, ricostruzioni colossali d'ogni tipo di nave.

Non parliamo poi degli enti Pubblici, dove la regola della promozione "al proprio livello massimo d'incompetenza" regna sovrana, assieme a sprechi, ritardi, tralasciando cose ben più gravi che riempiono ogni giorno i quotidiani. Il terribile risultato è che il cittadino "normale" si sente tagliato fuori da ogni decisione che lo riguardi, e ha maturato una diffidenza e un disprezzo per tutto ciò che è Pubblico; la cosa peggiore e che non s'indigna e non reagisce più perché sa che una sua lettera non riceverà neppure risposta, che un reclamo o una denuncia non sortirà alcun effetto, sa soprattutto che nessuno pagherà per gli errori commessi.

Direi che è la mancanza di trasparenza e coinvolgimento dei cittadini, la caratteristica peculiare di ogni opera pubblica, la prima cosa che si fa in Italia quando si scopre un reperto archeologico, ma anche quando s'inizia un qualsivoglia restauro, è erigere un'altissima e impenetrabile palizzata che, con la scusa di proteggere il passante, celerà alla vista, spesso anche per decenni, il bene pubblico in questione. Chi vuole saperne di più è sempre visto come un intruso o uno scocciatore, allora bisogna cedere e adattarsi al metodo "italiano", cercare un amico o un conoscente che ne conosca un altro fino a stabilire una catena umana che ci porti alla meta, magari iniziando dal più potente della gerarchia: il custode, l'usciere o il bidello. Trasformando così un diritto in un favore da farsi concedere (e poi da ricambiare). Chi è al corrente che in Italia sono in corso lo scavo dei più importanti ritrovamenti navali al mondo, chi ha potuto visitarne i cantieri? Pensate che a Roskilde in Danimarca, dove siamo stati recentemente invitati a illustrare le barche veneziane, ho visto gli archeologi al lavoro attorniati da famiglie e scolaresche che potevano osservare ogni fase del lavoro, fare domande, fotografare e - pensate - toccare e navigare sulle repliche delle navi vichinghe. Mi chiedo potranno mai le mie figlie fare la stessa esperienza nella loro città?

Il risultato generale è che nell'immaginario collettivo italiano la conoscenza del mare termini sul bagnasciuga e la nautica finisca per essere un misto d'ottoni risplendenti, mogano verniciato, ponti in teck, capitani gallonati o yachtsmen in blazer e pantaloni bianchi; solo chi ha bazzicato qualche banchina di

funds, the results were, to put it mildly, slovenly. It seems as if taking the time to collect evidence in order to be well-documented before starting work is considered a waste of time. All this when around us, even in Switzerland, colossal replicas of all types of ship have been started and, above all, completed.

Public bodies are no better: their aim seems to be to promote each employee to 'his or her maximum level of incompetence', together with the waste and delays they are renowned for, while neglecting much more serious things which fill the newspapers every day. The result is that the 'normal' citizen feels left out of any decision that concerns him or her, and has grown a diffidence and a contempt for all that is 'Public'. The worst thing is that people do not complain or react any more because they know that they will not even get a reply, that a complaint will not have any effect, and – above all – they know that no-one will pay for the errors committed.

I would say that the lack of transparency and involvement of the citizens is the characteristic peculiar to every public work. The first thing that happens in Italy when an archaeological find is discovered, or when any restoration is begun, is to erect a very high and impenetrable palisade which, with the excuse of protecting passers-by, hides the public work in question from view, sometimes for decades. Anyone who wants to learn more about the work in progress is always considered an intruder or a nuisance, so you have to give in and adapt to the 'Italian' method. This involves finding a friend or acquaintance who knows somebody else until a human chain has been established which takes you to the goal, perhaps beginning from the most powerful person in the hierarchy: the custodian, usher or janitor. Transforming in this way what should be a right into a favour to be conceded (and then exchanged). Who, for example, is aware that the excavation of the most important naval finds in the world is currently underway in Italy? Who has been able to visit the sites? In Roskilde in Denmark, where we were invited to give a talk about Venetian boats, I saw the archaeologists at work surrounded by families and schoolchildren who could observe every phase of the work, ask questions, take photographs and – incredibly – touch and sail in the replicas of Viking boats. I wonder if my daughters will ever be able to enjoy a similar experience in their own city.

The general result is that, in the Italian collective imagination, knowledge of the sea does not go beyond the beach and sailing has ended up as a mixture of shiny brass fittings, varnished

porto sa che vi si trova solo legno dipinto, spaccato dal sole, macchie di ruggine e gente scalza o con zoccoli di legno.

D'altra parte ci sarà pure una ragione se il mondo anglosassone ha avuto Melville o Conrad, scrittori sì ma prima navigatori, e noi Salgari onesto giornalista che non si è mai mosso dal suo scrittoio; o se gli inglesi celebrano Chichester, i francesi Tabarly e noi uno che plagiava i viaggi e i diari di bordo di altri navigatori, e se tutti i marinai nostrani da Colombo a Soldini hanno dovuto emigrare per trovare fondi, navi, fiducia o almeno qualcuno che gli stesse ad ascoltare.

Restano gli unici sinceri appassionati di storia navale che conosco: i modellisti, i quali purtroppo non hanno mai avuto nessun testo in italiano che gli aiutassero ad uscire dal ghetto delle scatole di montaggio o della ripetizione della solita mezza dozzina di vascelli stranieri, fra i quali l'unica italiana è, pensate, l'Amerigo Vespucci. Pochissimi di loro hanno avuto il coraggio di cimentarsi nello studio e riproduzione delle loro barche locali, anche se sembrano avere apparentemente scarsa importanza o fascino avventuroso.

Termino ricordando a parziale scusante, per la frammentarietà e l'imprecisione dei nostri studi, che essi sono il prodotto delle nostre modeste forze, ottenuti sottraendo tempo e mezzi al tempo libero e alle famiglie, senza il benché minimo sostegno da parte d'enti pubblici o privati. Rinnovo quindi con indomita fiducia (o rassegnazione?) l'invito alle persone di buona volontà a collaborare, fornendo mezzi, informazioni e soprattutto critiche e correzioni, il tutto possibilmente documentato. Solo dall'aumento della "massa critica" degli appassionati in questa negletta disciplina si può sperare in una serie di reazioni a catena, che con la loro energia trasformino gli attuali monologhi in dialoghi e dibattiti, dando nuovo impulso a questa scienza che in molti casi è ferma agli inizi del secolo scorso.

G. P.

mahogany, decks in teak, braided captains, or yachtsmen in blazers and white flannels. Only those familiar with the quays of a port know that you only find painted wood split by the sun, stains of rust and people going barefoot or with wooden clogs.

On the other hand there must be a reason why the Anglo-Saxon world had Melville and Conrad, who were writers but first and foremost sailors, while the Italians had Salgari an honest journalist who never left his desk. Or why the English sing the praises of Chichester, the French of Tabarly while the Italians celebrate somebody who plagiarized the voyages and log-books of other navigators, and why Italian sailors such as Columbus and Soldini had to emigrate to find money, ships, and someone who had faith in them or at least who were willing to listen to them.

The only sincere enthusiasts of naval history I know of are the model-makers who sadly have never had a book written in Italian which would help them to leave the 'ghetto' of the do-it-yourself kit or the repetition of the usual half-a-dozen vessels, among which the only Italian one is the Amerigo Vespucci. A few of the model-makers have had the courage to try their hand at the study and construction of replicas of their local boats despite their apparent lack of value or adventurous fascination.

I would like to conclude by pointing out that the fragmentary and imprecise nature of our studies is partly due to the fact that they are the product of our modest efforts obtained by subtracting time and means from free time and family, without the slightest help from either public or private bodies. Thus I renew with unshakeable faith (or resignation?) my invitation to those who wish to collaborate in any way; by supplying material, information and above all criticism and corrections. Only from the increase of the 'critical mass' of enthusiasts in this neglected discipline can one hope for a series of chain reactions, which can transform the current monologues into dialogues and debates, giving new impulse to this science which in many cases has not progressed from the beginning of the last century.

G. P.

L'autore rileva un *trabaccolo* a Civitanova Marche.

The author measuring a trabacolo *in Civitanova Marche.*

METODO DI CLASSIFICAZIONE

Non è stato facile stabilire un metodo univoco di classificazione degli scafi, iniziando proprio dalla demarcazione che separi barche da navi. Dove bisognerebbe collocare scafi come il *Bucintoro*, il *trabaccolo* o la *marciliana*, che stanno nel confine fra imbarcazioni minori e navi? Alcune di queste figurano, infatti, anche nell'altro catalogo dedicato alle "Navi veneziane". Credo che in futuro dovremo fare un solo inventario e un solo catalogo unendo i due, per il momento rimando il lettore che volesse approfondire l'argomento al nostro: Navi veneziane. *Catalogo illustrato dei piani di costruzione*, Lint, Trieste, 2000.

Anche la successione delle tavole non è stata semplice, pur avendo mantenuto la nomenclatura originale una semplice disposizione alfabetica sarebbe stata difficile per le omonimie e i molti modi di chiamare la stessa imbarcazione, ho preferito quindi un sistema misto con i disegni isolati in ordine alfabetico e mantenendo le collezioni unite.

Ho anche aggiornato la scheda che accompagna i disegni rendendola più completa, e attribuendo a ogni tavola un numero progressivo di catalogazione.

CLASSIFICATION METHOD

It has not been easy to establish a univocal method of classification for the vessels, the first problem being the definition of the dividing line which separates boats from ships. How should vessels like the Bucintoro, the trabaccolo *or the* marciliana, *which lie on the borderline between large boats and small ships, be classified? In fact, some of these are also included in the catalogue dedicated to 'Venetian Ships'. Perhaps in the future we will produce just one inventory and a single catalogue uniting the two. For the moment we would refer the reader to* Venetian Ships, an illustrated catalogue of construction plans, *Lint, Trieste, 2000.*

Finding a logical order/sequence for the drawings has not been easy. Even if the original nomenclature has been maintained, a simple sequence in alphabetic order would have been difficult due to the homonyms and the many different ways of describing the same vessel. I therefore preferred a mixed system with the single drawings in alphabetical order, while keeping the collections of drawings together.

I have also updated the tables of information accompanying the drawings rendering them more complete, and assigning to each table a progressive catalogue number.

LEGGENDA

Cat. n.:	Numero progressivo della nostra catalogazione (P = Penzo seguito dal numero) se non riprodotto: (non raff.).
Soggetto:	(A. d. A.) attribuzione dall'archivio. (A. d. R.) attribuzione del redattore. (A. d. D.) attribuzione riportata nel documento stesso.
Scritte:	scritte o didascalie significative presenti sul documento (tra virgolette)
Autore:	o n. i.
Data:	o s. d.
Tecnica:	carta, pergamena, matita, penna, coloriture ad acquerello.
Dimensioni:	c. o riq., larghezza x altezza in millimetri della carta o della parte più interna della riquadratura se presente.
Scala:	dichiarato nel disegno o p. v. (piedi veneti pari a 347,55 mm) = mm, o numero delle suddivisioni = mm.
Archivio (in sigla):	coll. archivistica anche con neg. e foto positiva. Dell'autore = coll. dell'autore del disegno; Del redattore = coll. Gilberto Penzo
N. d. A.:	note contenute nelle schede dell'archivio.
N. d. R.:	note e correzioni del redattore.

KEY TO TABLES

Cat. n.:	*sequential catalogue number (P = Penzo followed by number); 'not shown' if drawing is included in catalogue but not shown in this book*
Subject:	*(A. d. A.) assigned by archive. (A. d. R.) assigned by editor. (A. d. D.) attribution assigned on document itself.*
Text:	*writing or captions present on the document (between speech marks)*
Author:	*o n. i. (or not indicated)*
Date:	*o s. d. (no date given)*
Technique:	*paper, parchment, pencil, ink, coloured with watercolour*
Dimensions:	*c. o riq., width x height in millimetres of the paper or the internal perimeter of the frame if present.*
Scale:	*given on document or in p.v. (Venetian feet equivalent to 347.54 mm) = mm, or number of subdivisions = mm.*
Archive (abbrev.):	*coll. Archive also with photographic prints, negatives and slides.Coll. Author = collection of the author of the drawing; Coll. Editor = collection of Gilberto Penzo.*
N.d.A.:	*notes contained in the documents of the archive.*
N.d.R.:	*notes and corrections by the editor.*

ABBREVIAZIONI

an.:	anonimo.
AA. VV.:	autori vari.
ASV	Archivio di Stato di Venezia.
b.:	busta.
c.:	carta.
ca.:	circa.
collo.:	collocazione.
coll.:	collezione.
cos.:	costruzione.
f.:	filza.
foto:	numero del positivo del catalogo fotografico.
ill.:	illeggibile.
ind.:	indicazioni.
inv.:	inventario.
irr.:	irregolare.
MSNV:	Museo Storico Navale Venezia.
MNATP:	Museo delle Arti e Tradizioni Popolari di Roma.
n. i.:	non indicato.
neg.:	numero del negativo dell'archivio fotografico.
or.	originale.
p. f.:	piedi francesi.
p. p.:	perpendicolare.
p. v.:	piedi veneti.
q.:	quintali.
r.:	recto.
raff.:	raffigurato.
ricos.:	ricostruzione.
riq.	riquadratura.
s. d.:	senza data.
sudd.	suddivisioni.
sup.:	superficie.
v.:	verso.

ABBREVIATIONS

An.:	*anonymous.*
AA.VV.:	*various authors.*
ASV:	*Venetian State Archive.*
b.:	*envelope.*
c.:	*paper.*
ca.:	*circa.*
collo.:	*classification.*
coll.:	*collection.*
cos.:	*construction.*
f.:	*file.*
foto:	*n. of the slide/print of photographic catalogue.*
ill.:	*illegible.*
ind.:	*indications.*
Inv.:	*inventory.*
Irr.:	*irregular.*
MSNV:	*Venice Museum of Naval History.*
MNATP:	*Museum of Folk Arts and Traditions, Roma.*
n.i.:	*not indicated.*
neg.:	*n. of the negative of photographic archive.*
or.:	*original.*
p.f.:	*French feet.*
p.p.:	*perpendicular.*
p.v.:	*Venetian feet.*
q.:	*quintal (100kg).*
r.:	*face.*
raff.:	*shown.*
ricos.:	*reconstruction.*
riq.:	*inner frame*
s.d.:	*no date.*
sudd.:	*subdivision.*
sup.:	*surface.*
v.:	*verso.*

CATALOGO DEI DISEGNI
CATALOGUE OF DRAUGHTS

DUMMER,
A VOYAGE INTO THE MEDITERRANEAN SEAS

Le tavole seguenti fanno parte del manoscritto di E. DUMMER, *A voyage into the Mediterranean Seas,* del 1685 conservato alla British Library, King's mss. 40. Si tratta di un'opera eccezionale per accuratezza e bellezza di esecuzione, che descrive il viaggio compiuto dall'autore nel Mediterraneo, con i ritratti dei porti e gli arsenali toccati e le barche locali incontrate. Quest'ultime sono ritratte in navigazione con varie andature, in pianta, sezioni e profilo laterale. Non solo ma anche tridimensionalmente con un espediente delizioso simile ai libri per bambini pop-up: tutte le centine piene dello scafo, realizzate in cartoncino, sono incernierate alla loro base e collegate fra di loro con uno spago tirando il quale possono essere contemporaneamente raddrizzate dando forma al volume dello scafo.

Disegni riprodotti con la concessione della British Library.

The following drawings are part of the manuscript by E. DUMMER, A Voyage into the Mediterranean Seas, *1685, kept at the British Library, King's mss. 40. It is an exceptionally accurate and beautiful work that describes the author's voyage around the Mediterranean, with drawings of the ports and dockyards he visited and the local boats he came across. The boats are depicted sailing with various tacks, in plan view, sections and profile. They are also depicted in three dimensions using a delightful device similar to that used in children's pop-up books: all the of the ribs of the hull, made in card, are attached at their base with a hinge and connected to each other with a string which, when pulled, can be straightened to give form and volume to the hull.*

Drawings reproduced by permission of the British Library.

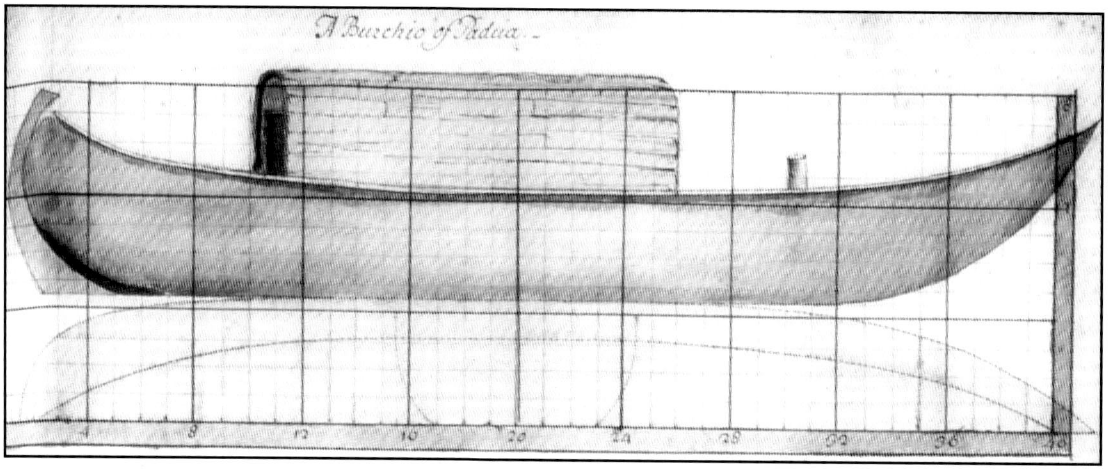

Cat. N°:	**P 376**
Soggetto / *Subject* A.d.D.:	***A Burchio of Padua.***
Scritte / *Text*:	descrizione dello scafo e del suo impiego / *description of the boat and its use.*
Autore / *Draughtsman:*	Dummer E.
Data / *Date:*	1685
Tecnica / *Technique:*	Penna e acquerello su carta. *Ink and watercolours on paper.*
Dimensioni / *Dimensions:*	?
Scala / *Scale:*	?
Archivio / *Archive:*	London, British Library, King's mss. 40, testo c. 97 r, immagini c. 97 v e 98 r.

Cat. N°: **P 377**
Soggetto / *Subject* A.d.D.: ***A Santor.***
Scritte / *Text*: descrizione dello scafo e del suo impiego / *description of the boat and its use.*
Autore / *Draughtsman:* Dummer E.
Data / *Date:* 1685
Tecnica / *Technique:* Penna e acquerello su carta. *Ink and watercolours on paper.*
Dimensioni / *Dimensions:* ?
Scala / *Scale:* ?
Archivio / *Archive:* London, British Library, King's mss. 40, testo c. 97 r, immagini c. 97 v e 98 r.

3

Cat N°: **P 378**
Soggetto / *Subject* A.d.D.: ***A Gondelo.***
Scritte / *Text:* Descrizione dello scafo e del suo impiego / *description of the boat and its use.*
Autore / *Draughtsman*: Dummer E.
Data / *Date:* 1685
Tecnica / *Technique:* Penna e acquerello su carta. *Ink and watercolours on paper.*
Dimensioni / *Dimensions*: ?
Scala / *Scale*: ?
Archivio e collo./*Archive*: London, British Library, King's mss. 40, testo c. 97 r, immagine 98 r.

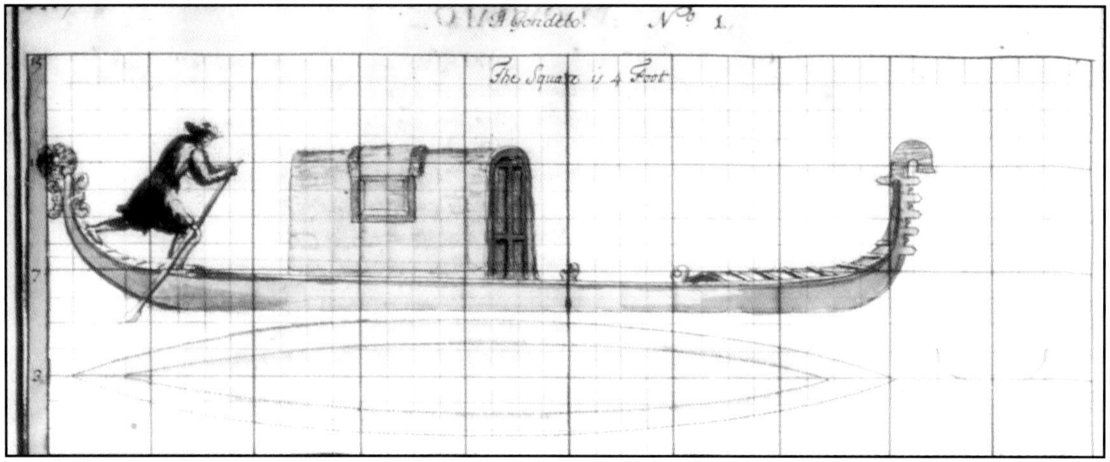

Cat N°: **P 371**
Soggetto /*Subject* A.d.D.: ***A Gondelo N° 1.***
Scritte / *Text*: 'The square is 4 foot' - descriz. scafo e del suo impiego / *descr. boat and its use.*
Autore / *Draughtsman*: Dummer E.
Data / *Date*: 1685
Tecnica / *Technique*: Penna e acquerello su carta. *Ink and watercolours on paper.*
Dimensioni / *Dimensions*: ?
Scala / *Scale*: ?
Archivio / *Archive*: London, British Library, King's mss. 40, testo c. 97 r, immagini c. 97 v e 98 r.

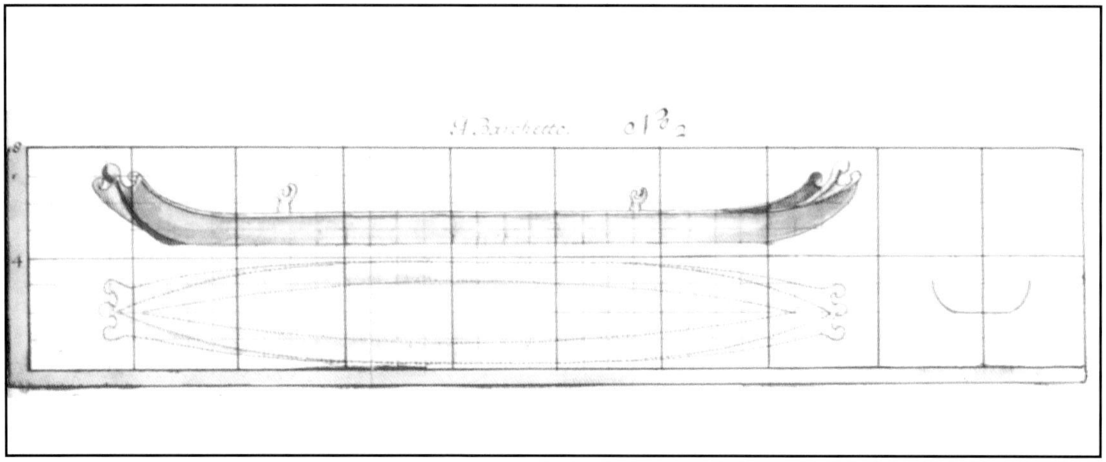

Cat N°: **P 374**
Soggetto / *Subject* A.d.D.: ***A Barchetto N° 2.***
Scritte / *Text:* Descrizione dello scafo e del suo impiego / *description of the boat and its use.*
Autore / *Draughtsman*: Dummer E.
Data / *Date:* 1685
Tecnica / *Technique*: Penna e acquerello su carta. *Ink and watercolours on paper.*
Dimensioni / *Dimensions*: ?
Scala / *Scale*: ?
Archivio e collo./*Archive*: London, British Library, King's mss. 40, testo c. 97 r, immagine 98 r.

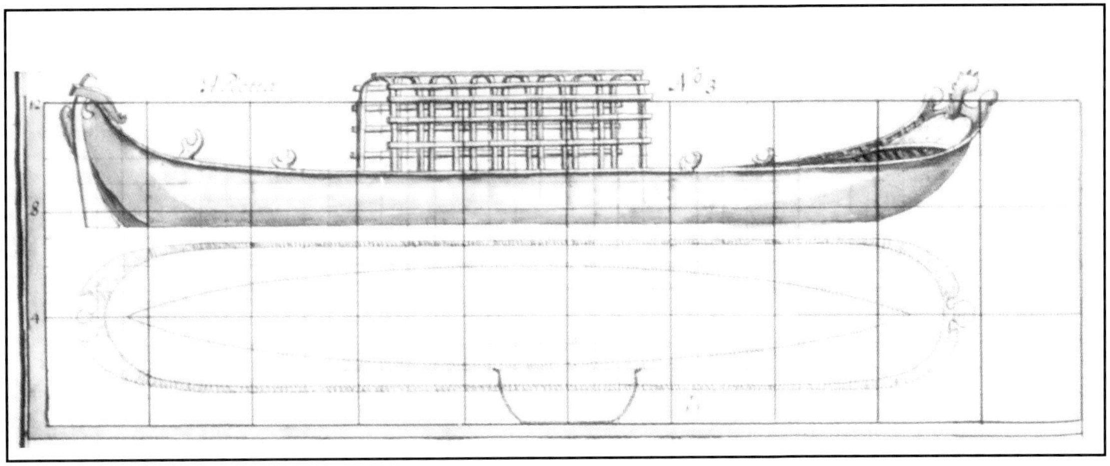

Cat N°: **P 372**
Soggetto /*Subject* A.d.D.: ***A Piotta N° 3.***
Scritte / *Text*: descriz. scafo e del suo impiego / *descr. boat and its use.*
Autore / *Draughtsman:* Dummer E.
Data / *Date:* 1685
Tecnica / *Technique:* Penna e acquerello su carta. *Ink and watercolours on paper.*
Dimensioni / *Dimensions:* ?
Scala / *Scale:* ?
Archivio / *Archive:* London, British Library, King's mss. 40, testo c. 97 r, immagini c. 97 v e 98 r.

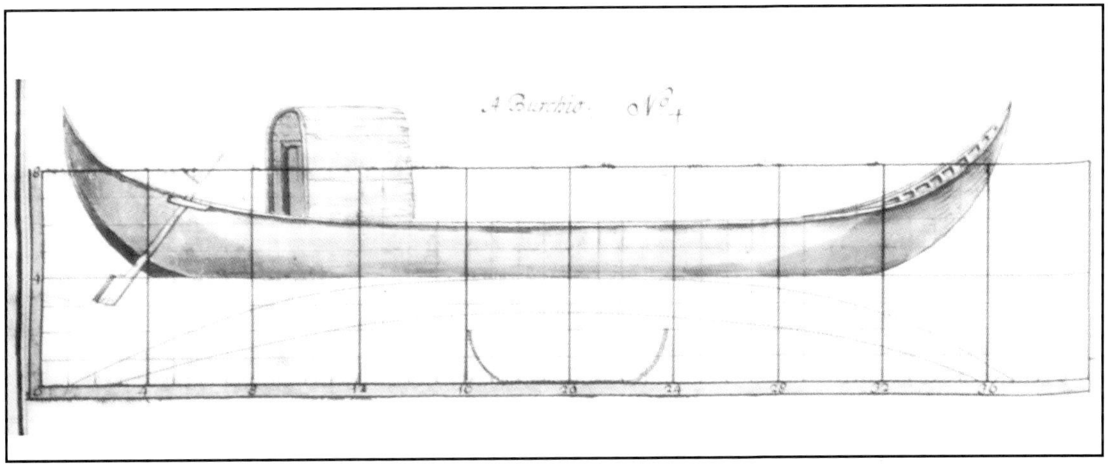

Cat N°: **P 373**
Soggetto /Subject A.d.D.: ***A Burchio N° 4 - 7.***
Scritte / *Text:* Descrizione dello scafo e del suo impiego / *description of the boat and its use.*
Autore / *Draughtsman*: Dummer E.
Data / *Date:* 1685
Tecnica / *Technique*: Penna e acquerello su carta. *Ink and watercolours on paper.*
Dimensioni / *Dimensions*: ?
Scala / *Scale*: ?
Archivio e collo. /*Archive*: London, British Library, King's mss. 40, testo c. 97 r, immagine 98 r.

SOUVENIRS DE MARINE CONSERVÉS

Questa serie di disegni sono tratti dalla celebre raccolta: *Souvenirs de marine conservés. Collection de plans ou dessins de navires et de bateaux anciens ou modernes existant ou disparus,* dell'ammiraglio Edmond François Pâris, Paris, E. Pâris, 1877-1882; Paris, Gauthier-Villars, 1882-1908, 6 voll.; rist. anast., 1972-1976. Questa è una delle più belle e accurate opere antologiche di disegni navali di tutto il mondo mai pubblicate, di cui abbiamo potuto costatare la perfetta attendibilità e precisione con un esame meticoloso delle linee e dei dettagli interni, anche i più nascosti, degli scafi.

This series of drawings is taken from the famous collection: Souvenirs de marine conservés. Collection de plans ou dessins de navires et de bateaux anciens ou modernes existant ou disparus *by admiral Edmond François Pâris, Paris, E. Pâris, 1877-1882; Paris, Gauthier-Villars, 1882-1908, 6 voll.; rist. anast., 1972-1976. This is one of the most beautiful and accurate anthologies of naval drawings ever published, of which we were able to verify the perfect reliability and precision with a meticulous examination of the lines and even the most hidden internal details of the boats*

Souvenirs de marine conservés

MER ADRIATIQUE _ BRAGO DA PESCA 1882

Dessin dû à l'Amiral Acton, Ministre de la Marine Italienne et à l'Amiral Fincati

Echelle 0m03

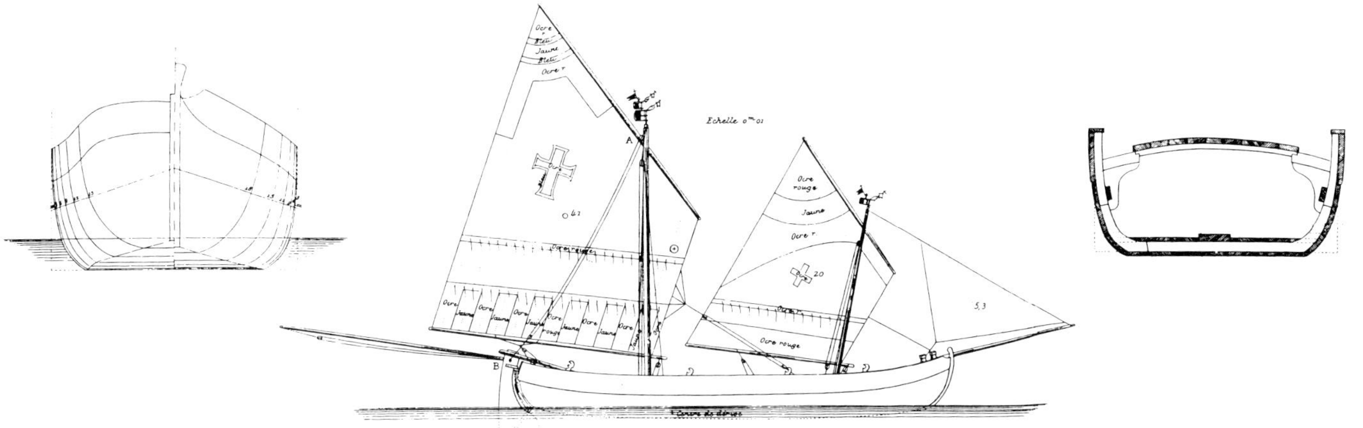

Les Bragozzi sont employés à la pêche dans tout le golfe Adriatique, où le vent de Nord Est nommé Bora est très violent. Ils remorquent des filets deux à deux, ou en amarrant leurs cordes à l'arc boutant arrière et au bâton de foc. Leurs avirons, moins larges que ceux des gondoles, ont le même tolet à fourche. Sur les petits fonds ils gouvernent à l'aviron, ou élèvent leur gouvernail avec le palan A B. Leurs voiles peintes en figures et couleurs variées rappellent le moyen âge. Il en est de même du bateau et de l'écubier en bosse figurant un œil. Ces couleurs sont indiquées sur les dessins. La tête des mâts porte des girouettes à jour. La construction de ces bateaux paraît solide et doit être économique, en ce qu'il n'y entre guère que des bois droits. L'intérieur est souvent peint en vert.

Longueur de tête en tête	12^m20	Grand mât	8^m00
Largeur	2, 30	Mât de misaine	5, 80
Creux	1, 06	Bâton de foc (saillie)	3, 50
Surface du plan de dérive du bateau	$2^{m^2}94$	Grande vergue	7, 50
" immergée du gouvernail	1, 27	Vergue de misaine	4, 60
Rapport 1 à 2,3 Somme	4, 21	Surface totale de voilure	$67^{m^2}00$
Distance à l'arrière du centre de dérive, y compris le gouvernail	4, 60		
Distance à l'arrière du centre vélique	4, 50		

Au tirant d'eau du plan, 0^m3 la surface de voilure est 103 fois celle du couple immergé, à 0^m6 ce ne serait que 52 fois.

On a expliqué sur la planche de la Tartana l'action du vaste gouvernail usité sur ces bateaux comme plan de dérive additionnel et il y a peut-être lieu de se demander s'il vaut mieux placer cette surface à l'arrière, où elle est aussi facile à régler qu'au milieu, comme à bord des Sharpies ou des Jangadas, ou encore sur le côté comme sur les navires hollandais. Avec le grand gouvernail la charpente du bateau n'est pas découpée et il suffit d'avoir des ferrures solides pour pouvoir l'élever à volonté tout en le mettant dans les mêmes conditions que celui à si grande surface des Chinois. De tels bateaux tournent sur place sous l'action d'une surface oblique égale au quart de leur section longitudinale immergée, tandis que sur nos navires à voiles elle n'est guère que $\frac{1}{40}$.

Sur ces bateaux la stabilité de forme prime beaucoup plus que sur tout autre celle de poids et permet ainsi une plus vaste voilure. Quant à la forme plate la petitesse des bateaux et l'absence de poids concentrés sur les flancs leur évite probablement des roulis très saccadés quoique de peu d'amplitude.

Cat N°: **P 181**
Soggetto / *Subject* A.d.R.: **Bragosso del 1882. Tav. 1 Sezioni e piano velico. / *Sections and sail plan.***
Scritte / *Text*: 'Mer adriatique. Brago da pesca.'
Autore / *Draughtsman*: Amm. Fincati
Data / *Date*: 1882
Tecnica / *Technique*: incisione / *engraving*
Dimensioni / *Dimensions*: (della copia / *of the copy*) c. 900 x 550
Scala / *Scale*: *echelle: 0m.03. 0m,01.* Della copia / *of the copy* 1:20
Archivio e collo./*Archive*: del redattore /*editor's collection*
Note del redattore: Un bragosso molto stretto e con dettagli strutturali un po' diversi secondo il modello più conosciuto.
Editor's notes: *A very slender bragosso with structural details differing slightly from the more well-known model.*

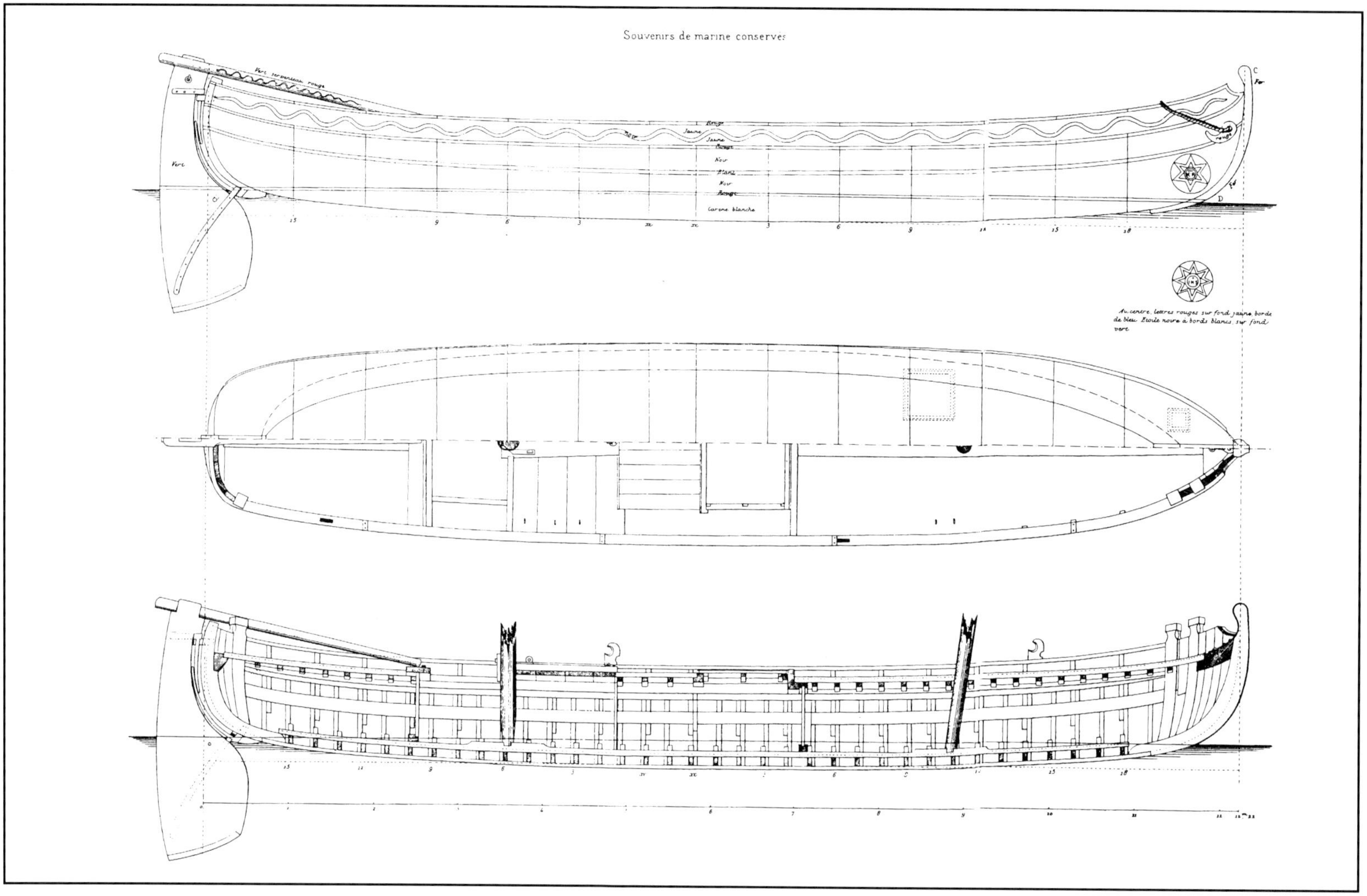

Cat N°: **P 182**
Soggetto / *Subject* A.d.R.: **Bragosso del 1882. Tav. 2 Scafo. / *Hull.***
Scritte / *Text:* indicazioni per la decorazione / *indications for decoration*
Autore / *Draughtsman*: Amm. Fincati
Data / *Date:* 1882
Tecnica / *Technique*: incisione / *engraving*
Dimensioni / *Dimensions*: (della copia/ *of the copy*) c. 900 x 550
Scala / *Scale*: echelle: 00m,03. della copia / *of the copy* 1:20
Archivio e collo. / *Archive*: del redattore / *editor's collection*
Note del redattore / *Notes*: come / *see* P 181

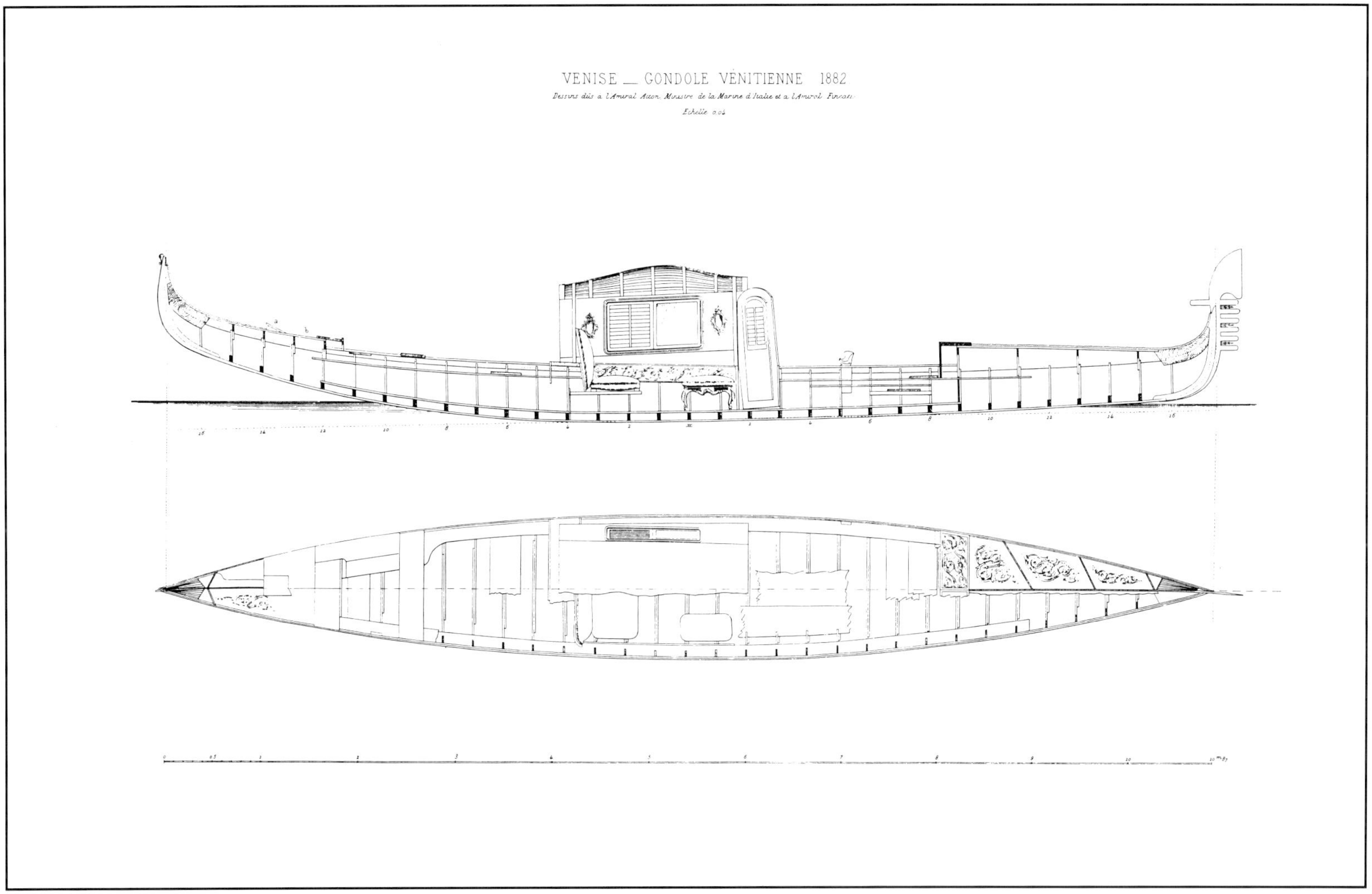

Cat N°: **P 258**
Subject /A. d. D: **Venise. Gondole Vénitienne 1882. [Piano dei legni / *Structural plan*]**
Scritte / *Text*: -
Autore / *Draughtsman*: Ammiraglio Fincati
Data / *Date*: 1882
Tecnica / *Technique*: incisione / *engraving*
Dimensioni / *Dimensions*: della copia / *of the copy* 1:15
Scala / *Scale*: echelle 0.004. Della copia / *of the copy* 660 x 850
Archivio e collo./*Archive*: c. s.

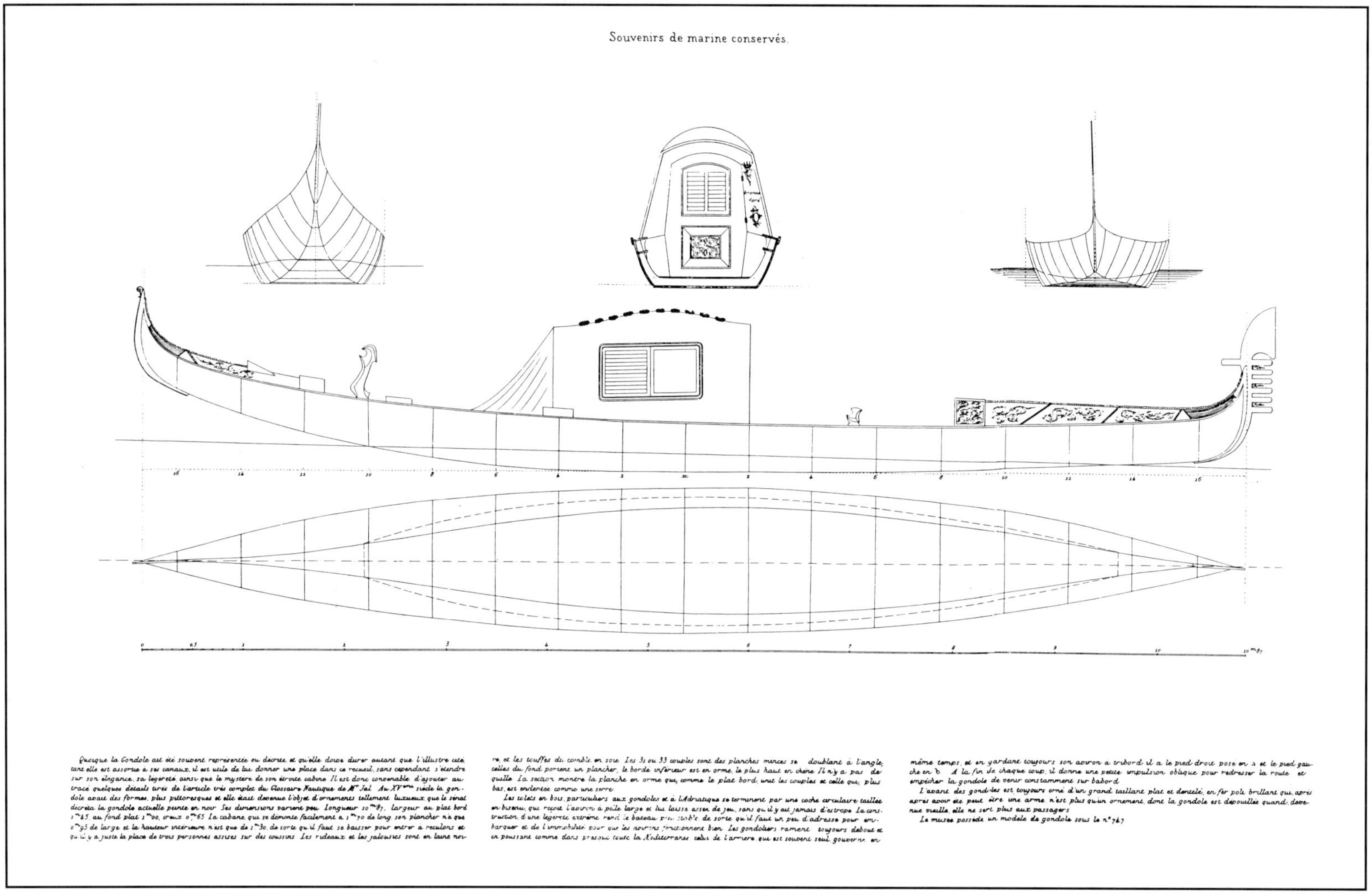

Cat N°: **P 259**

Soggetto / *Subject* A. d. R: **Venise. Gondole Vénitienne 1882. [Piano di costruzione / *Construction plan*]**

Scritte / *Text:* descrizione tecnica / *technical description*

Autore / *Draughtsman*: Ammiraglio Fincati

Data / *Date:* 1882.

Tecnica / *Technique*: incisione / *engraving*

Dimensioni / *Dimensions*: della copia / *of the copy* 1:15

Scala / *Scale*: echelle 0.004. Della copia / *of the copy* 660 x 850

Archivio e collo./*Archive*: c. s.

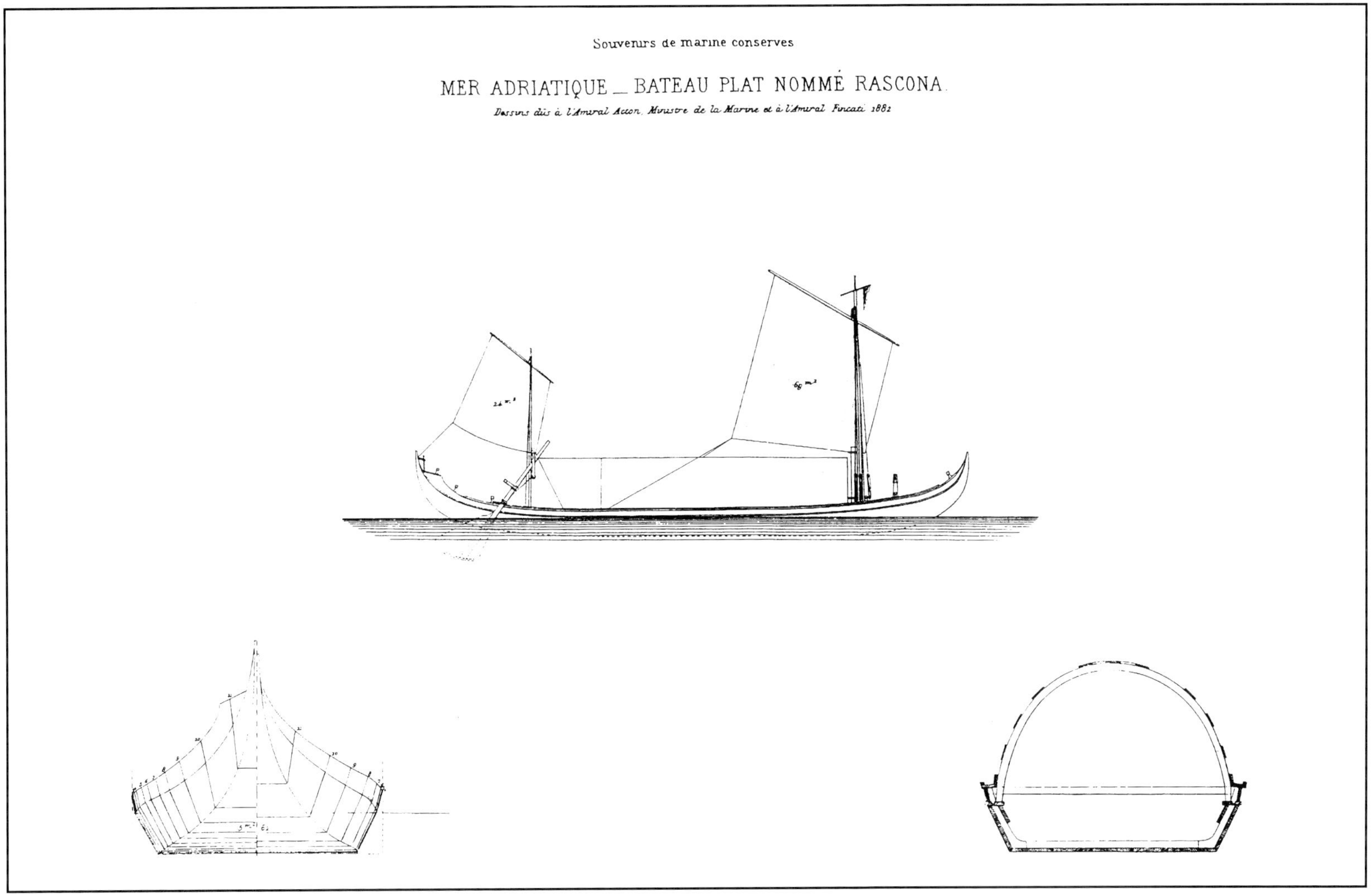

Cat N°: **P 295**
Soggetto / *Subject* A.d.D.: ***Mer Adriatique - Bateau plat nommé Rascona.* [Tav. 1 Sezioni piano velico / *Sections and sail plan.*]**
Scritte / *Text:* sup. velica
Autore / *Draughtsman*: Ammiraglio Fincati. Gravé par J. Gasendorfer.
Data / *Date:* 1882
Tecnica / *Technique*: incisione / *engraving*
Dimensioni / *Dimensions*: della copia / *of the copy* 900 x 610
Scala / *Scale*: della copia / *of the copy* 1:44
Archivio e collo./*Archive*: c. s.

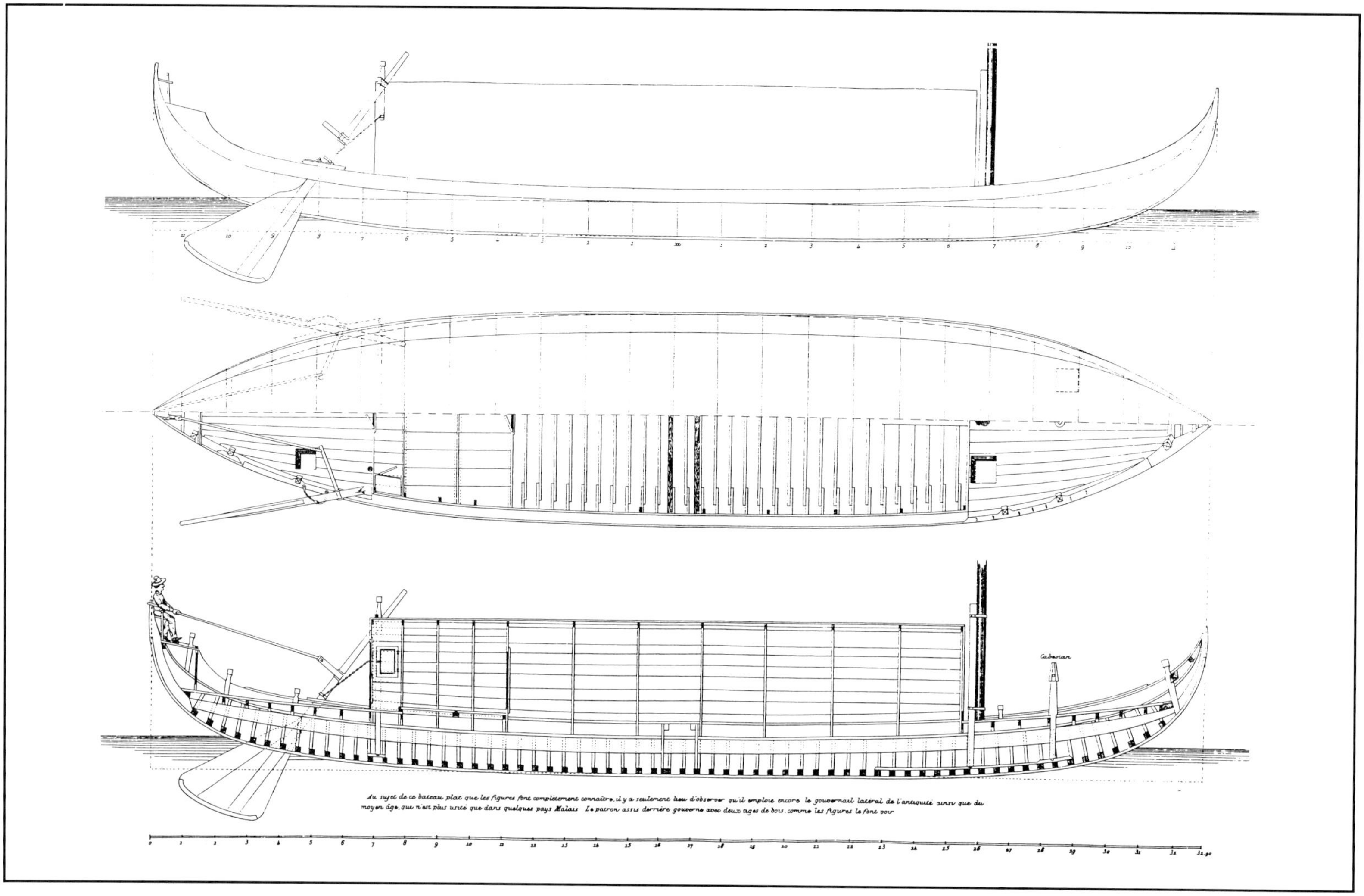

Cat N°: **P 296**

Soggetto / *Subject* A.d.D.: ***Mer Adriatique - Bateau plat nommé* Rascona. Tav. 2 Piano dei legni / *Structural plan***

Scritte / *Text:* descrizione tecnica / *technical description*

Autore / *Draughtsman*: Ammiraglio Fincati. Gravé par J. Gasendorfer

Data / *Date:* 1882

Tecnica / *Technique*: incisione / *engraving*

Dimensioni / *Dimensions*: della copia / *of the copy* 900 x 610

Scala / *Scale*: della copia / *of the copy* 1:44

Archivio e collo. / *Archive*: c. s.

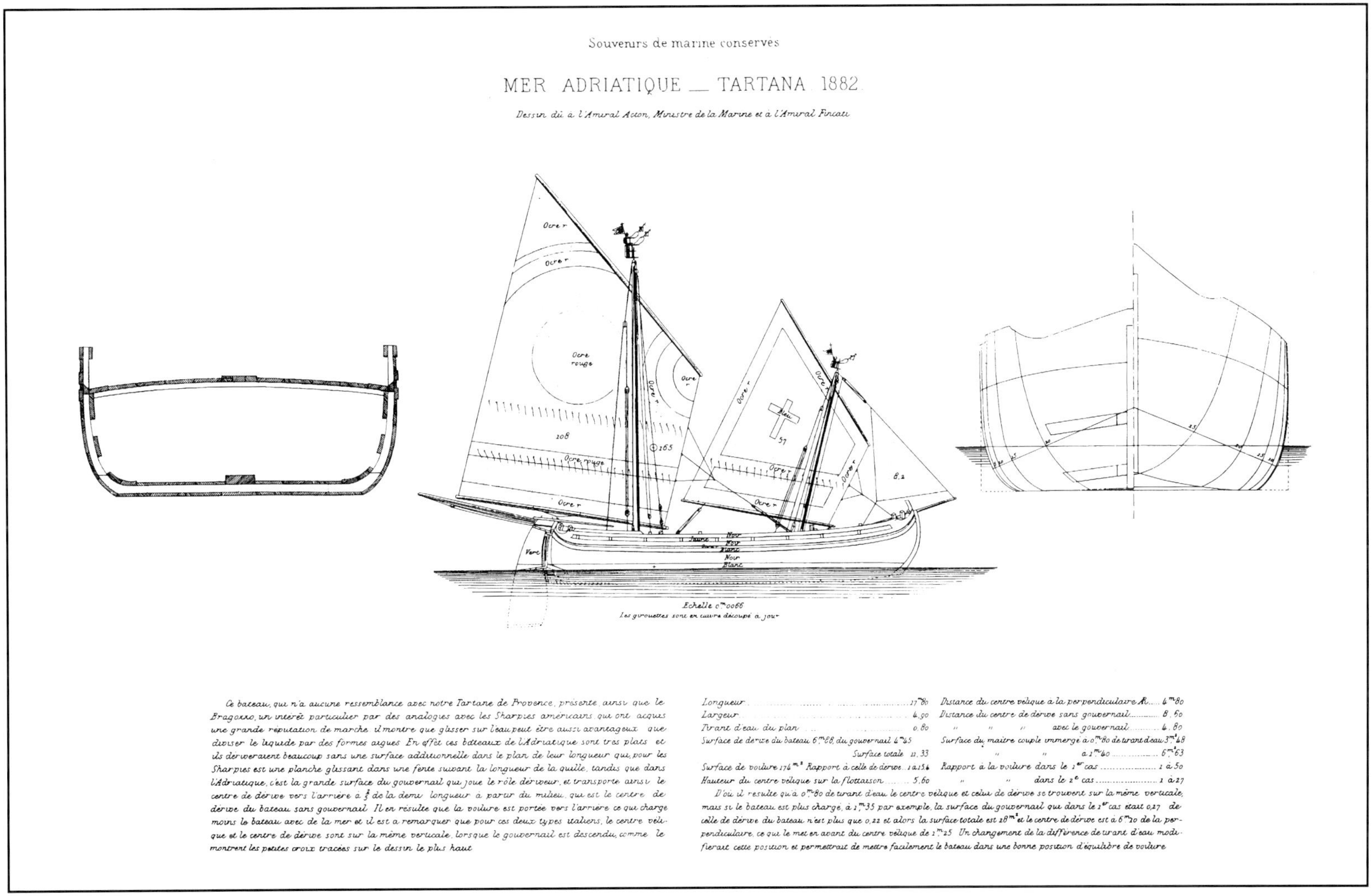

Cat N°: **P 308**
Soggetto / *Subject* A.d.D.: ***Mer Adriatique. Tartana 1882.*** **[Piano velico e sezioni / *Sail plan and sections*]**
Scritte / *Text:* descrizione tecnica / *technical description*
Autore / *Draughtsman*: Ammiraglio Fincati
Data / *Date:* 1882.
Tecnica / *Technique*: incisione / *engraving*
Dimensioni / *Dimensions*: della copia / *of the copy* 850 x 520
Scala / *Scale*: echelle 0m,0066; della copia / *of the copy* 1:30
Archivio e collo. / *Archive*: c. s.

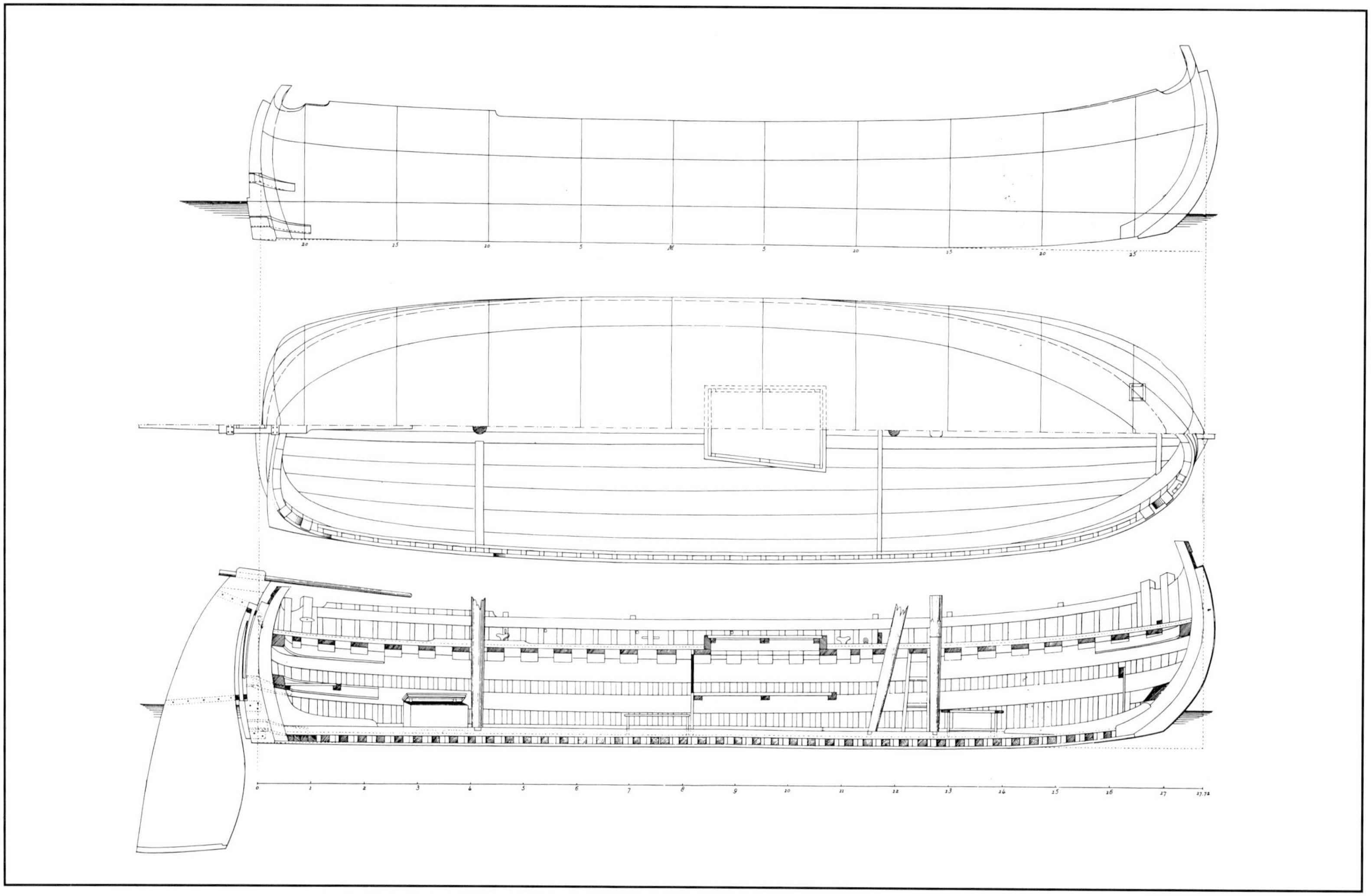

Cat N°: **P 309**
Soggetto / *Subject* A.d.D.: ***Mer Adriatique. Tartana 1882.* [Piano dei legni / *Structural plan*]**
Scritte / *Text:* 'N° 84 Suite'
Autore / *Draughtsman*: Ammiraglio Fincati
Data / *Date:* 1882
Tecnica / *Technique*: incisione / *engraving*
Dimensioni / *Dimensions*: della copia / *of the copy* 850 x 520
Scala / *Scale*: *echelle 0m,0066;* della copia / *of the copy* 1:30
Archivio e collo. / *Archive*: c. s.

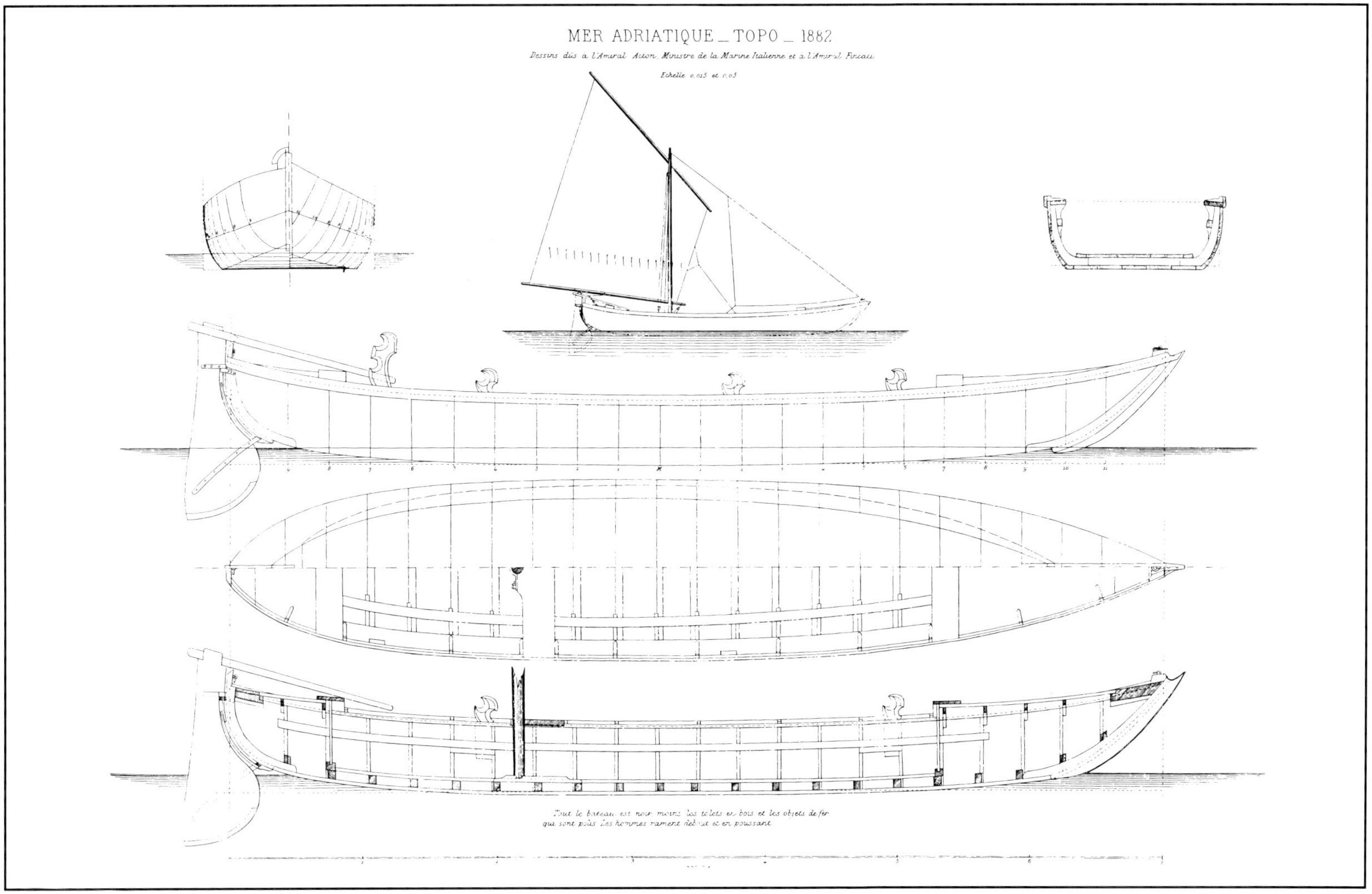

Cat N°: **P 99**
Soggetto / *Subject* A.d.D.: ***Mer Adriatique - Topo - 1882***
Scritte / *Text:* indicazioni tecniche / *technical indications*
Autore / *Draughtsman*: Amm. Acton e Amm. Fincati
Data / *Date:* 1882
Tecnica / *Technique*: incisione / *engraving*
Dimensioni / *Dimensions*: ?
Scala / *Scale*: Echelle 0,015 - 0,05
Archivio e collo. / *Archive*: del redattore / *editor's collection*
Note del redattore / *Notes*: c. s.

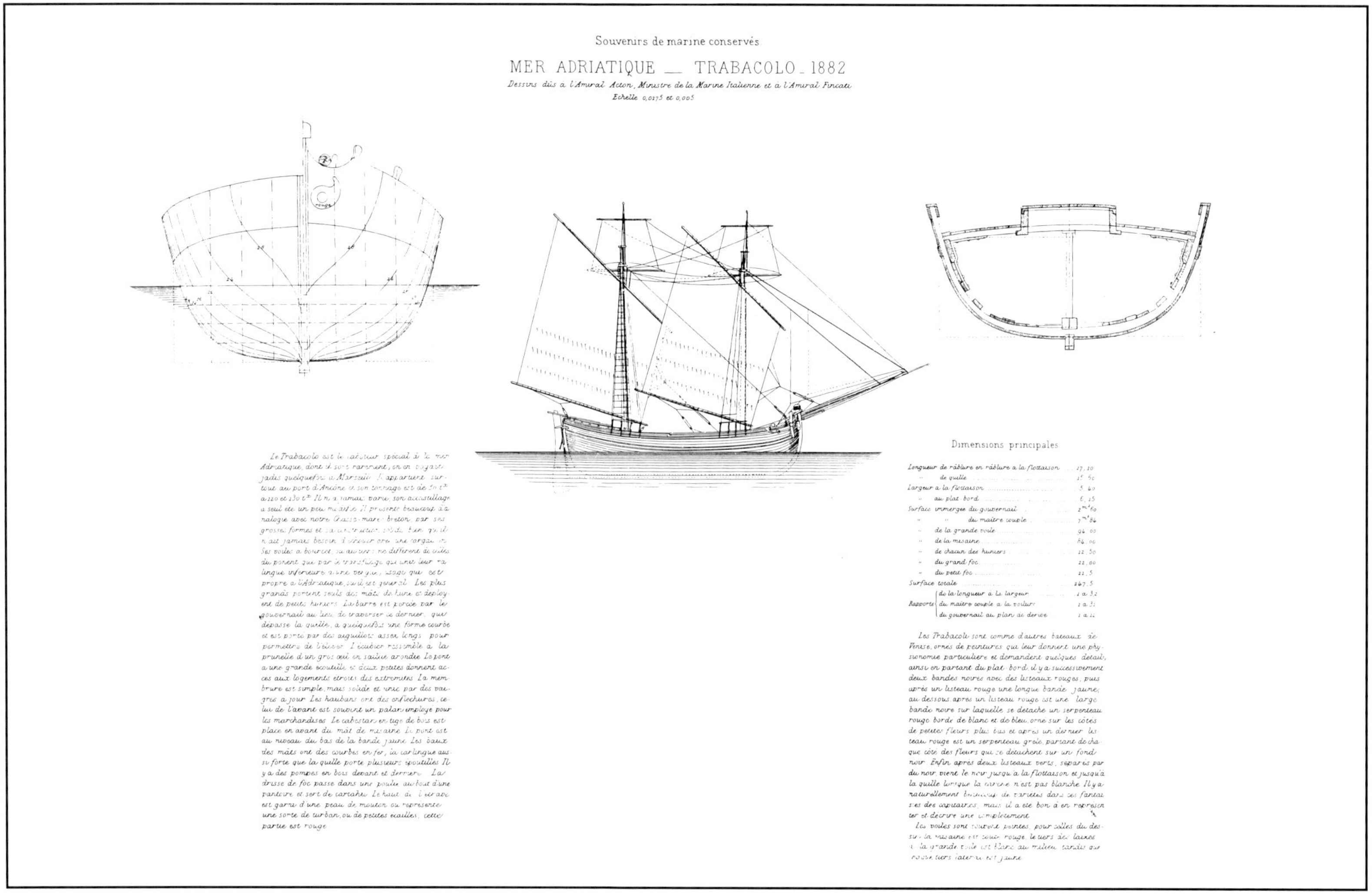

Cat N°:	**P 318**
Soggetto / *Subject* A.d.D.:	***Mer Adriatique – Trabacolo- 1882* [Tav. I Piano dei quinti, sezione maestra e piano velico / *Body plan, midship section and sail plan*]**
Scritte / *Text:*	descrizione e misure principali / *description and principal dimensions*
Autore / *Draughtsman*:	Acton e Fincati
Data / *Date:*	Ante 1882
Tecnica / *Technique*:	incisione / *engraving*
Dimensioni / *Dimensions*:	?
Scala / *Scale*:	Echelle 0,0175 et 0,005
Archivio e collo. / *Archive*:	del redattore / *editor's collection*

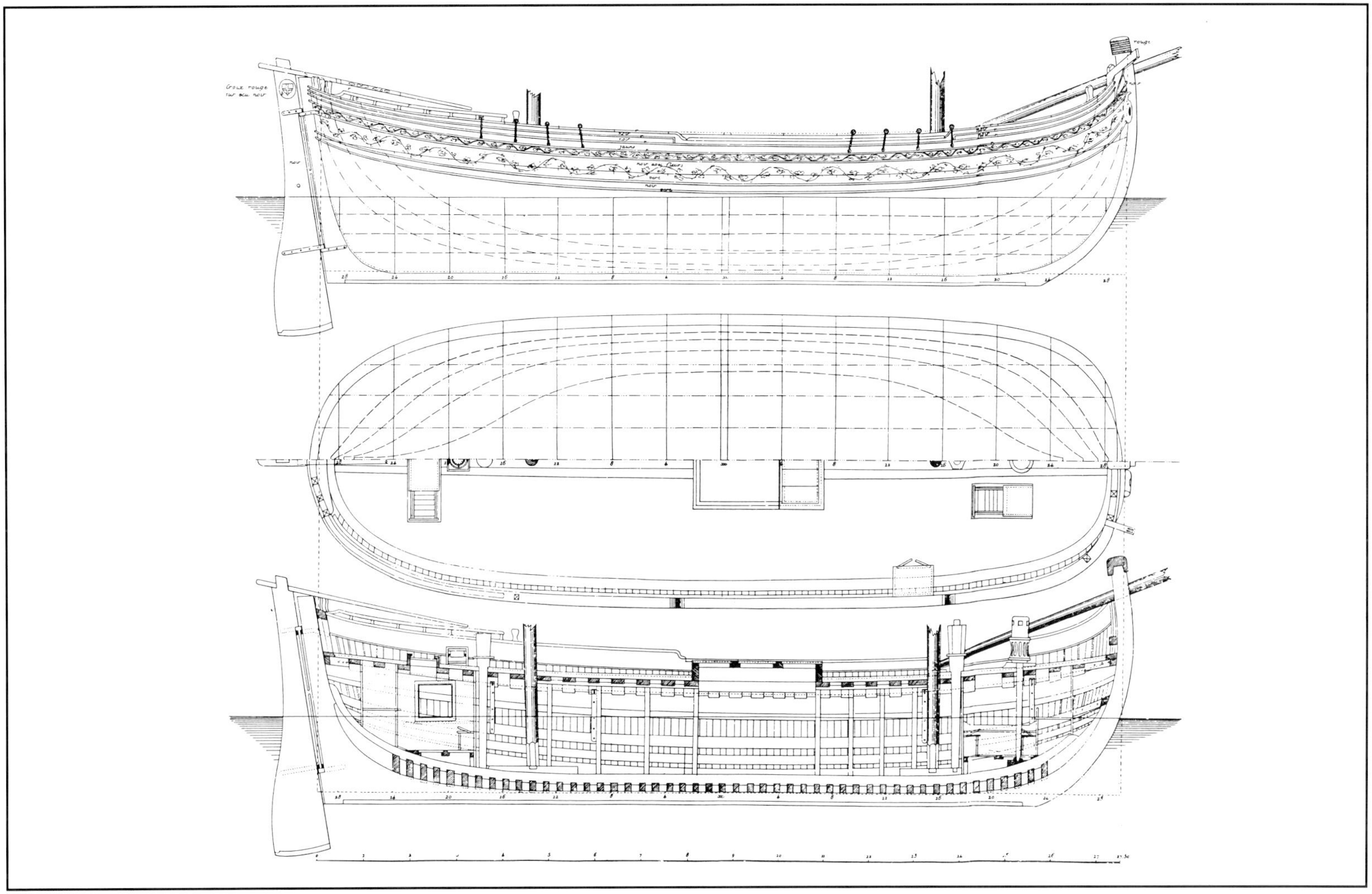

Cat N°: **P 319**
Soggetto / *Subject* A.d.D.: ***Mer Adriatique – Trabacolo- 1882* [Tav. II Scafo / *Hull*]**
Scritte / *Text:* indicazione dei colori / *indications for the colours*
Autore / *Draughtsman*: Acton e Fincati
Data / *Date:* ante 1882
Tecnica / *Technique*: incisione / *engraving*
Dimensioni / *Dimensions*: ?
Scala / *Scale*: Echelle 0,0175 et 0,005
Archivio e collo./*Archive*: del redattore / *editor's collection*

ANGELO MARELLA

I disegni seguenti sono una serie di schizzi ricostruttivi basati sulle informazioni contenute nei manoscritti di Angelo Marella integrate con l'osservazione dei modelli della barche realizzati dello stesso autore. Questi disegni sono stati delineati per la pubblicazione: Angelo Marella (a cura di Luigi Divari e Gilberto Penzo), *Annotazioni Pescherecce*, Il Leggio, Sottomarina,1990 a cui rimando il lettore che volesse approfondire l'argomento. Rimane da sottolineare l'importanza di queste note che, in alcuni casi, sono le uniche testimonianze che ci rimangono d'imbarcazioni completamente scomparse.

The following drawings are a series of sketches based on the information contained in the manuscripts by Angelo Marella together with the observation of the models of boats made by the same author. These drawings were made for inclusion in the book: Angelo Marella (edited by Luigi Divari and Gilberto Penzo), Annotazioni Pescherecce, *Il Leggio, Sottomarina, 1990 to which I would refer the reader interested in further information about the subject. These notes are of great value to the historian as they are in some cases the only remaining testimonies of boats that have completely disappeared.*

Cat N°:	**P 202 (non raff. / *not shown*)**
Soggetto / *Subject* A.d.D.:	**Bragosso.**
Scritte / *Text:*	quote e indicazioni tecniche / *dimensions and technical indications*
Autore / *Draughtsman*:	Gilberto Penzo.
Data / *Date:*	1990.
Tecnica / *Technique*:	china su carta da lucido / *ink on tracing paper.*
Dimensioni / *Dimensions*:	c. 600x560
Scala / *Scale*:	1 piede veneto = 1 cm (1:34,775)
Archivio e collo. / *Archive*:	dell'autore / *editor's collection*

Cat N°:	**P 203 (non raff. / *not shown*)**
Soggetto / *Subject* A.d.D.:	**Tartana barca pescarecia.**
Scritte / *Text:*	quote / *dimensions*
Autore / *Draughtsman*:	Gilberto Penzo.
Data / *Date:*	1990.
Tecnica / *Technique*:	china su carta da lucido / *ink on tracing paper.*
Dimensioni / *Dimensions*:	c. 670x650
Scala / *Scale*:	1 piede veneto = 1 cm (1:34,775)
Archivio e collo./*Archive*:	dell'autore / editor's collection

Cat N°:	**P 204 (non raff. / *not shown*)**
Soggetto / *Subject* A.d.D.:	**Barcheta in agiunta alla Tartana.**
Scritte / *Text:*	quote / *dimensions*
Autore / *Draughtsman*:	Gilberto Penzo.
Data / *Date:*	1990.
Tecnica / *Technique*:	china su carta da lucido / *ink on tracing paper.*
Dimensioni / *Dimensions*:	c. 420x300
Scala / *Scale*:	1 piede veneto = 1 cm (1:34,775)
Archivio e collo./*Archive*:	dell'autore / *editor's collection*

Cat N°:	**P 205 (non raff. / *not shown*)**
Soggetto / *Subject* A.d.D.:	**Batello da ami o tartanella.**
Scritte / *Text:*	quote / *dimensions*
Autore / *Draughtsman*:	Gilberto Penzo
Data / *Date:*	1990
Tecnica / *Technique*:	china su carta da lucido / *ink on tracing paper*
Dimensioni / *Dimensions*:	c. 420x300
Scala / *Scale*:	1 piede veneto = 1 cm (1:34,775)
Archivio e collo./*Archive*:	dell'autore / *editor's collection*

Cat N°:	**P 206 (non raff. / *not shown*)**
Soggetto / *Subject* A.d.D.:	**Mozzeto per vari usi.**
Scritte / *Text:*	quote / *dimensions*
Autore / *Draughtsman*:	Gilberto Penzo
Data / *Date:*	1990
Tecnica / *Technique*:	china su carta da lucido / *ink on tracing paper*
Dimensioni / *Dimensions*:	c. 300x210
Scala / *Scale*:	1 piede veneto = 1 cm (1:34,775)
Archivio e collo./*Archive*:	dell'autore / *editor's collection*
Note / *Notes*:	Corretto nella forma della prua rispetto l'edizione a stampa.
Editor's *notes*:	*The form of the bow corresponds with that of the printed edition.*

Cat N°:	**P 207 (non raff. / *not shown*)**
Soggetto / *Subject* A.d.D.:	**Barca da cogoleti.**
Scritte / *Text:*	quote / *dimensions*
Autore / *Draughtsman*:	Gilberto Penzo
Data / *Date:*	1990
Tecnica / *Technique*:	china su carta da lucido / *ink on tracing paper*
Dimensioni / *Dimensions*:	c. 300x210
Scala / *Scale*:	1 piede veneto = 1 cm (1:34,775)
Archivio e collo./*Archive*:	dell'autore / *editor's collection*

Cat N°: **P 208 (non raff. / *not shown*)**
Soggetto / *Subject* A.d.D.: **Barca da vale.**
Scritte / *Text:* quote / *dimensions*
Autore / *Draughtsman*: Gilberto Penzo
Data / *Date:* 1990
Tecnica / *Technique*: china su carta da lucido / *ink on tracing paper*
Dimensioni / *Dimensions*: c. 420x300
Scala / *Scale*: 1 piede veneto = 1 cm (1:34,775)
Archivio e collo./*Archive*: dell'autore / *editor's collection*

Cat N°: **P 209 (non raff. / *not shown*)**
Soggetto / *Subject* A.d.D.: **Sandolo alla chiozzotta.**
Scritte / *Text:* quote / *dimensions*
Autore / *Draughtsman*: Gilberto Penzo
Data / *Date:* 1990
Tecnica / *Technique*: china su carta da lucido / *ink on tracing paper*
Dimensioni / *Dimensions*: c. 300x210
Scala / *Scale*: 1 piede veneto = 1 cm (1:34,775)
Archivio e collo./*Archive*: dell'autore / *editor's collection*

Cat N°: **P 210 (non raff. / *not shown*)**
Soggetto / *Subject* A.d.D.: **Barca da tratta alla chiozzotta.**
Scritte / *Text:* quote / *dimensions*
Autore / *Draughtsman*: Gilberto Penzo
Data / *Date:* 1990
Tecnica / *Technique*: china su carta da lucido / *ink on tracing paper*
Dimensioni / *Dimensions*: c. 420x300
Scala / *Scale*: 1 piede veneto = 1 cm (1:34,775)
Archivio e collo./*Archive*: dell'autore / editor's collection

Cat N°: **P 211 (non raff. / *not shown*)**
Soggetto / *Subject* A.d.D.: **Barca da tratta alla buranella.**
Scritte / *Text:* quote / *dimensions*
Autore / *Draughtsman*: Gilberto Penzo
Data / *Date:* 1990
Tecnica / *Technique*: china su carta da lucido / *ink on tracing paper*
Dimensioni / *Dimensions*: c. 420x3000
Scala / *Scale*: 1 piede veneto = 1 cm (1:34,775)
Archivio e collo./*Archive*: dell'autore / *editor's collection*

Cat N°: **P 214 (non raff. / *not shown*)**
Soggetto / *Subject* A.d.D.: **Barca del basso e barca dell'alto Sile.**
Scritte / *Text:* quote / *dimensions*
Autore / *Draughtsman*: Gilberto Penzo
Data / *Date:* 1990
Tecnica / *Technique*: china su carta da lucido / *ink on tracing paper*
Dimensioni / *Dimensions*: c. 300x210
Scala / *Scale*: 1 piede veneto = 1 cm (1:34,775)
Archivio e collo./*Archive*: dell'autore

Cat N°: **P 212 (non raff. / *not shown*)**
Soggetto / *Subject* A.d.D.: **Barca da Nicoloti.**
Scritte / *Text:* quote / *dimensions*
Autore / *Draughtsman*: Gilberto Penzo
Data / *Date:* 1990
Tecnica / *Technique*: china su carta da lucido / *ink on tracing paper*
Dimensioni / *Dimensions*: c. 420x200
Scala / *Scale*: 1 piede veneto = 1 cm (1:34,775)
Archivio e collo./*Archive*: dell'autore / *editor's collection*

Cat N°: **P 213 (non raff. / *not shown*)**
Soggetto/*Subject* A.d.D.: **Barca gorese da sturioni.**
Scritte / *Text:* quote / *dimensions*
Autore / *Draughtsman*: Gilberto Penzo
Data / *Date:* 1990
Tecnica / *Technique*: china su carta da lucido / *ink on tracing paper*
Dimensioni / *Dimensions*: c. 300x210
Scala / *Scale*: 1 piede veneto = 1 cm (1:34,775)
Archivio e collo./*Archive*: dell'autore / editor's collection

MODELLI DEL MUSEO CIVICO DI STORIA NATURALE DI VENEZIA

I disegni che seguono sono una parte dei rilievi, tuttora in corso di realizzazione, dei modelli e delle attrezzature da pesca di fine '800 conservati presso Museo Civico di Storia Naturale di Venezia. Modelli che abbiamo buoni motivi di ritenere opera di Angelo Marella, realizzati a fine Ottocento su incarico del conte Ninni, in quanto vi è un'esatta corrispondenza con gli appunti contenuti nei manoscritti citati precedentemente.

Grazie all'incarico affidatoci dalla Direzione del Museo per il completo restauro del materiale contenuto nella Sala della pesca, abbiamo potuto studiare a fondo quest'interessantissimo materiale e procedere, anche se non espressamente richiesto, al loro rilievo.

Prima di procedere ad una qualsivoglia opera di restauro è, infatti, prioritario uno studio accurato degli oggetti, confrontandoli con le fonti coeve, in modo da tentare di individuare la loro esatta tipologia, l'autore, l'epoca e la scala d'esecuzione e ogni altra informazione utile.

MODELS ON DISPLAY AT THE VENICE MUSEUM OF NATURAL HISTORY

These drawings are a part of the draughts, still being carried out, of the late 19th century models and fishing equipment kept at the Venice Museum of Natural History. We have good reason to believe that these models are the work of Angelo Marella, made at the end of the 19th century for Count Ninni, because they correspond exactly with the notes contained in the previously-cited manuscripts.

As the directors of the Museum assigned us the task of restoring the material kept in the hall dedicated to fishing, we were able to carry out an in-depth study of this interesting material and – although not specifically requested – to survey the models.

In fact, before proceeding with any kind of restoration work, an accurate study of the objects should be undertaken comparing them with other contemporary sources so that the exact typology, the author, the era, scale and any other useful information relating to them can be verified.

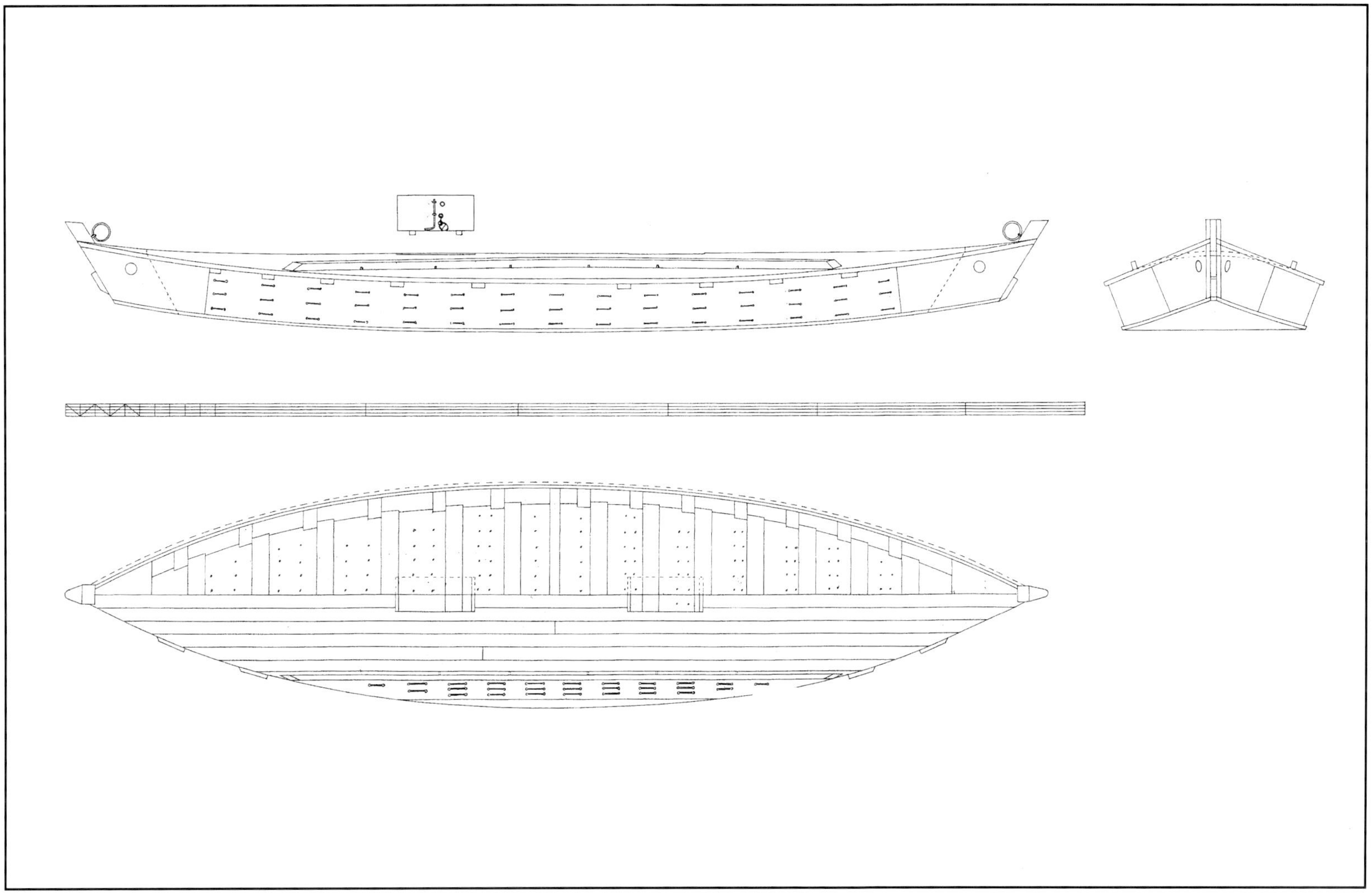

Cat N°: **P 125**
Soggetto/*Subject* A.d.D.: ***Marota da bisati.***
Scritte / *Text:* -
Autore / *Draughtsman*: Antonio Rosada
Data / *Date:* 2001
Tecnica / *Technique*: china su lucido / *ink on tracing paper*
Dimensioni / *Dimensions*: riq. / *frame* 960x417
Scala / *Scale*: 1:1
Archivio e collo. / *Archive*: del redattore / *editor's collection*

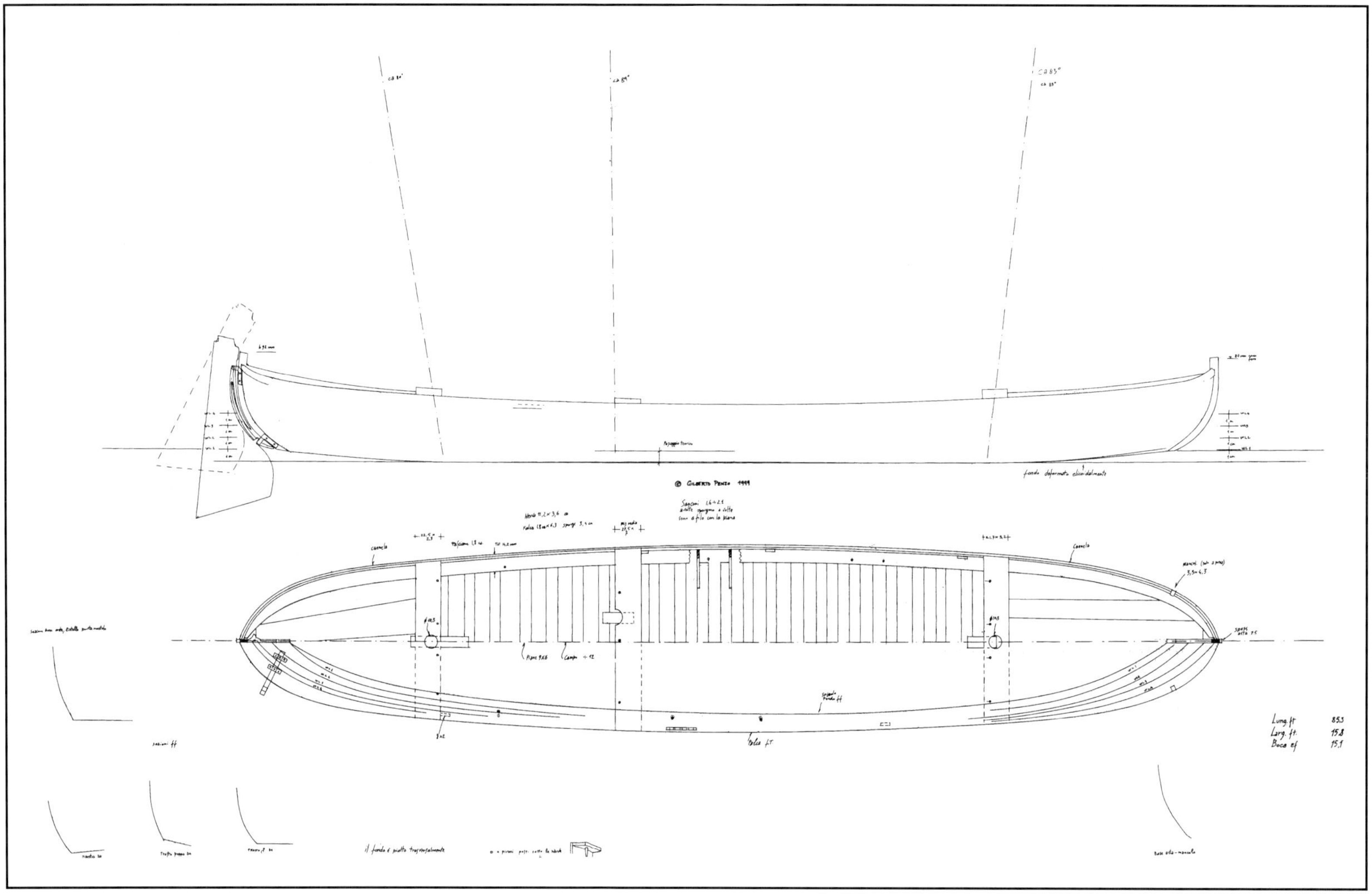

Cat N°: **P 357**
Soggetto / *Subject* A.d.D.: ***Bragagna a do prove.* Tav. I scafo.**
Scritte / *Text*: quote e indicazioni tecniche / *dimensions and technical indications*
Autore / *Draughtsman*: Gilberto Penzo
Data / Date: 1999
Tecnica / *Technique*: *china su lucido / ink on tracing paper*
Dimensioni / *Dimensions*: riq. / *frame* 1220x708
Scala / *Scale*: 1:1 (rispetto al modello)
Archivio e collo. / *Archive*: dell'autore / *editor's collection*

Cat N°:	**P 358 (non raff. / *not shown*)**
Soggetto/ *Subject* A.d.D.:	**Bragagna a do prove. Tav. II Vela di maestra / *Mainsail***
Scritte / *Text:*	quote e indicazioni tecniche / *dimensions and technical indications*
Autore / *Draughtsman*:	Gilberto Penzo
Data / *Date:*	1999
Tecnica / *Technique*:	china su lucido / *ink on tracing paper*
Dimensioni / *Dimensions*:	c. 600x450
Scala / *Scale*:	1:1 (rispetto al modello / *drawing:model*)
Archivio e collo. / *Archive*:	dell'autore / *editor's collection*

Cat N°:	**P 359 (non raff. / *not shown*)**
Soggetto/ *Subject* A.d.D.:	**Bragagna a do prove. Tav. III Vela di trinchetto / *Foresail***
Scritte / *Text:*	quote e indicazioni tecniche / *dimensions and technical indications*
Autore / *Draughtsman*:	Gilberto Penzo
Data / *Date:*	1999
Tecnica / *Technique*:	china su lucido / *ink on tracing paper*
Dimensioni / *Dimensions*:	c. 520x420
Scala / *Scale*:	1:1 (rispetto al modello / *drawing:model*)
Archivio e collo. / *Archive*:	dell'autore / *editor's collection*

Cat N°:	**P 360 (non raff. / *not shown*)**
Soggetto/ *Subject* A.d.D.:	**Bragagna a do prove. Tav. IV Vela di mezzana / *Mizzen sail***
Scritte / *Text:*	quote e indicazioni tecniche / *dimensions and technical indications*
Autore / *Draughtsman*:	Gilberto Penzo
Data / *Date:*	1999
Tecnica / *Technique*:	china su lucido / *ink on tracing paper*
Dimensioni / *Dimensions*:	c. 500x450
Scala / *Scale*:	1:1 (rispetto al modello / *drawing:model*)
Archivio e collo. / *Archive*:	dell'autore / *editor's collection*

Cat N°:	**P 361 (non raff. / *not shown*)**
Soggetto/ *Subject* A.d.D.:	**Bragagna a do prove. Tav. V rete.**
Scritte / *Text:*	quote e indicazioni tecniche / *dimensions and technical indications*
Autore / *Draughtsman*:	Gilberto Penzo
Data / *Date:*	1999
Tecnica / *Technique*:	china su lucido / *ink on tracing paper*
Dimensioni / *Dimensions*:	c. 1100x360
Scala / *Scale*:	1:1 (rispetto al modello / *drawing:model*)
Archivio e collo. / *Archive*:	dell'autore / *editor's collection*

Cat N°:	**P 362 (non raff. / *not shown*)**
Soggetto / *Subject* A.d.D.:	**Bragagna a do prove. Tav. VI parti mobili / *movable parts***
Scritte / *Text:*	quote e indicazioni tecniche / *dimensions and technical indications*
Autore / *Draughtsman*:	Gilberto Penzo
Data / *Date:*	1999
Tecnica / *Technique*:	china su lucido / *ink on tracing paper*
Dimensioni / *Dimensions*:	c. 660x300
Scala / *Scale*:	1:1 (rispetto al modello / *drawing:model*)
Archivio e collo. / *Archive*:	dell'autore / *editor's collection*

Cat N°:	**P 365 (non raff. / *not shown*)**
Soggetto / *Subject* A.d.D.:	**Bragagna a do prove. Tav. VII Alberatura e dettagli / *Masts and details***
Scritte / *Text:*	quote e indicazioni tecniche / *dimensions and technical indications*
Autore / *Draughtsman*:	Gilberto Penzo
Data / *Date:*	1999
Tecnica / *Technique*:	china su lucido / *ink on tracing paper*
Dimensioni / *Dimensions*:	c. 600x460
Scala / *Scale*:	1:1 (rispetto al modello / *drawing:model*)
Archivio e collo. / *Archive*:	dell'autore / *editor's collection*

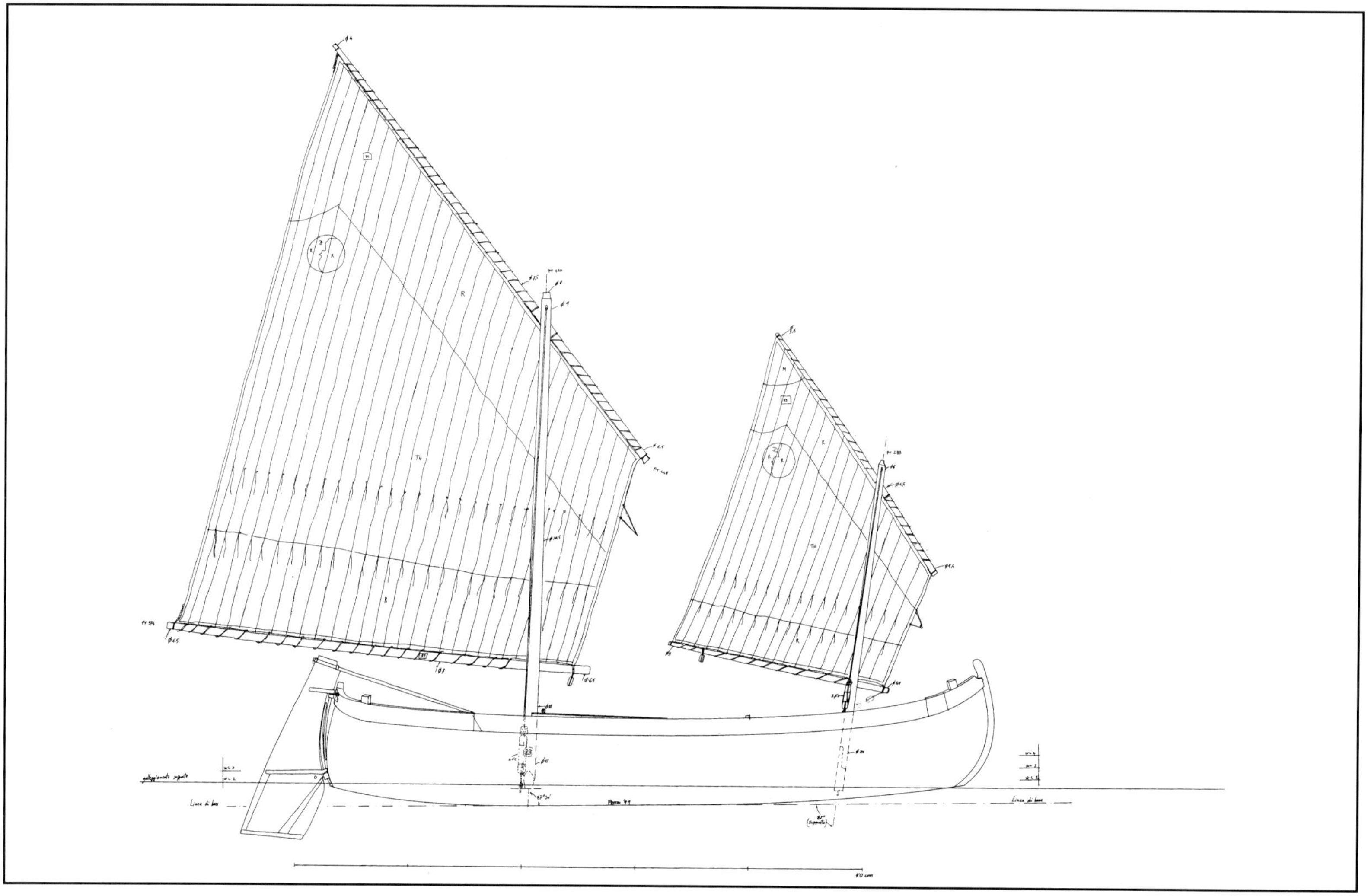

Cat N°:	**P 363**
Soggetto/*Subject* A.d.D.:	**Bragosseto. Tav. 1 vista laterale e piano velico.**
Scritte / *Text*:	quote e indicazioni tecniche / *dimensions and technical indications*
Autore / *Draughtsman*:	Gilberto Penzo
Data / Date:	1999
Tecnica / *Technique*:	china su lucido / *ink on tracing paper*
Dimensioni / *Dimensions*:	riq. / frame 1000 x 730
Scala / *Scale*:	1:1 (rispetto al modello / *drawing:model)*
Archivio e collo. / *Archive*:	dell'autore / *editor's collection*

Cat N°:	**P 364 (non raff. / *not shown*)**
Soggetto / *Subject* A.d.D.:	**Bragosseto. Tav. 2 pianta.**
Scritte / *Text:*	quote e indicazioni tecniche / *dimensions and technical indications*
Autore / *Draughtsman*:	Gilberto Penzo
Data / *Date:*	1999
Tecnica / *Technique*:	china su lucido / *ink on tracing paper*
Dimensioni / *Dimensions*:	riq. / *frame* 745x215
Scala / *Scale*:	1:1 (rispetto al modello / *drawing:model*)
Archivio e collo. / *Archive*:	dell'autore / *editor's collection*

Cat N°:	**P 366 (non raff. / *not shown*)**
Soggetto / *Subject* A.d.D.:	**Bragosseto. Tav. 3 Remi e sezioni trasversali.**
Scritte / *Text:*	quote e indicazioni tecniche / *dimensions and technical indications*
Autore / *Draughtsman*:	Gilberto Penzo
Data / *Date:*	1999
Tecnica / *Technique*:	china su lucido / *ink on tracing paper*
Dimensioni / *Dimensions*:	riq. / *frame* 855x330
Scala / *Scale*:	1:1 (rispetto al modello / *drawing:model*)
Archivio e collo. / *Archive*:	dell'autore / *editor's collection*

Cat N°:	**P 367 (non raff. / *not shown*)**
Soggetto / *Subject* A.d.D.:	**Bragosseto. Tav. 4 Timone e ribolla.**
Scritte / *Text:*	quote e indicazioni tecniche /*dimensions and technical indications*
Autore / *Draughtsman*:	Gilberto Penzo
Data / *Date:*	1999
Tecnica / *Technique*:	china su lucido / *ink on tracing paper*
Dimensioni / *Dimensions*:	A 4
Scala / *Scale*:	1:1 (rispetto al modello / *drawing:model*)
Archivio e collo. / *Archive*:	dell'autore / *editor's collection*

BARCHE FLUVIALI

Le tavole seguenti sono tratte da un interessantissimo opuscolo del Ministero dei Lavori Pubblici che, nel 1903, faceva il tentativo - forse il primo di un'inutile serie che si è succeduta fino ai giorni nostri - di sviluppare la navigazione fluviale italiana. Il ministero diede perciò l'incarico di rilevare i tipi tradizionali ancora in uso e i nuovi appena introdotti, perché: ... *risulti evidente la relazione che passa fra l'indole del corso d'acqua e le caratteristiche del natante che da tempo antico lo solca* ..., alla Brigata Lagunari del 4° reggimento Genio di stanza a Venezia, agli ordini del Comandante Vittorio Benetazzo, in particolare le tavole furono delineate dal capo operaio di 4a classe, nonché costruttore navale, Amerigo Roatto.

Tra queste tavole abbiamo scelto di riprodurre anche le imbarcazioni non tipicamente veneziane sia perché tramite l'ampia rete di fiumi e canali navigabili potevano avere accesso alle nostre lagune, ma soprattutto per sottolineare la varietà e l'arcaicità delle barche fluviali. Non abbiamo viceversa incluso le tavole: P 388 *Tav. 1 Trabaccolo,* P 389 *Tav. 2 Burchio,* P 400 *Tav. 3 Peata,* P 401 *Tav. 4 Topo, perché già illustrate altrove, e le* P 405 *Tav. 18 Barcone in ferro da trasporto (della Società di Navigazione Fluviale), e* P 406 *Tav. (19?) Barca in ferro da trasporto (del Tevere) Della società Generale Immobiliare di Roma,* perché decisamente fuori dalla zona geografia e della tipologia trattata.

Per la tipologia completa e per l'interessante testo allegato a ogni tavole si veda: Ministero dei Lavori Pubblici, *Atti della commissione per lo studio della navigazione interna. Relazione generale Allegato F., Le principali barche da carico naviganti nella Valle del Po e nel Tevere*, Roma, Tip. della Camera dei Deputati, 1903. Rist. Off. Graf. C. Ferrari, Venezia, 1931. Alcune di queste tavole sono state rilucidate e pubblicate in: AA. VV., *Canali e burci*, Editrice la Galiverna, Battaglia Terme, 1980.

RIVER BOATS

The following drawings are taken from an interesting booklet by the Ministry of Public Works which, in 1903, made an attempt (perhaps the first of a useless series which has continued to this day) to develop Italian river transportation. To this end the Ministry commissioned the drawing of the traditional types of boat still in use at the time and those which had been recently introduced, because: '...the relationship between the character of the course of water and the characteristics of the vessels that have navigated them since ancient times appears evident...'. The task was entrusted to the Brigata Lagunari (Lagoon Brigade) of the fourth regiment of Engineers stationed in Venice, under Commander Vittorio Benetazzo. Most of the drawings were made by the fourth class ship builder, Amerigo Roatto.

Among these drawings we have chosen to include boats which are not typically Venetian because – using the broad network of navigable rivers and canals – they could have reached our lagoons, but above all to emphasise the variety and archaic character of the river boats. Viceversa we have not included the drawings: P 388 Tav. 1 Trabaccolo, *P 389* Tav. 2 Burchio, *P 400* Tav. 3 Peata, *P 401* Tav. 4 Topo, because they are already included under a different heading, and *P 405* Tav. 18 Barcone in ferro da trasporto (della Società di Navigazione Fluviale), and *P 406* Tav. (19?) Barca in ferro da trasporto (del Tevere) Della società Generale Immobiliare di Roma *because they are decidedly out of the geographic area and type of boat in question.*

For the complete range of boats and for the interesting text that accompanies each drawing, see: Ministero dei Lavori Pubblici, Atti della commissione per lo studio della navigazione interna. Relazione generale Allegato F., Le principali barche da carico naviganti nella Valle del Po e nel Tevere, *Roma, Tip. della Camera dei Deputati, 1903. Rist. Off. Graf. C. Ferrari, Venezia, 1931. Some of these drawings have been re-drawn and published in: AA. VV.* Canali e burci, *Editrice la Galiverna, Battaglia Terme, 1980.*

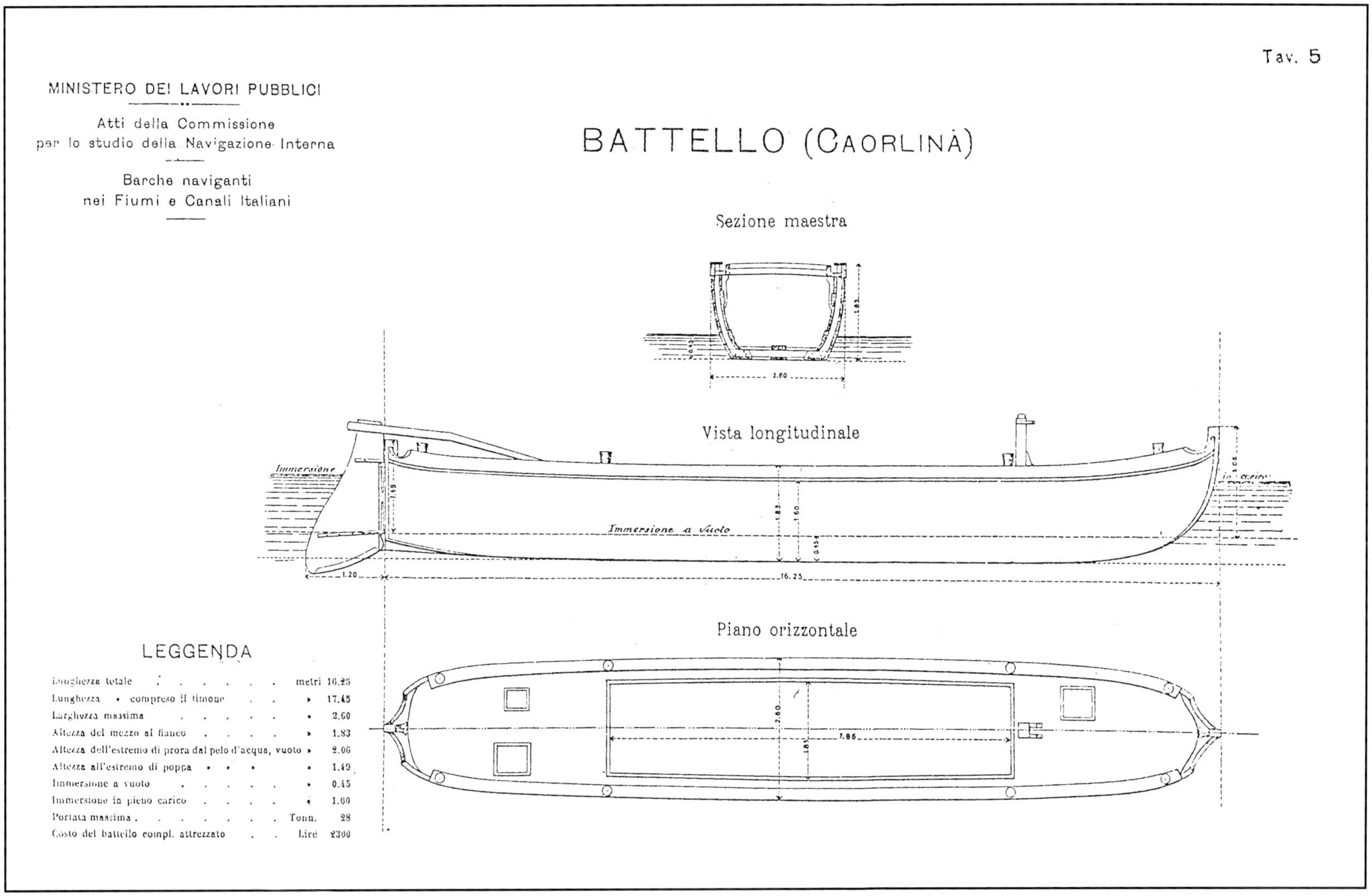

Cat N°: **P 392**
Soggetto /*Subject* A.d.D.: **Tav. 5 Battello (Caorlina)**
Scritte / *Text*: dimensioni principali / *principal dimensions*
Autore / *Draughtsman*: Amerigo Roatto
Data / Date: 1903
Tecnica / *Technique*: stampa / *print*
Dimensioni / *Dimensions*: ?
Scala / *Scale*: ?
Archivio e collo. / *Archive*: del redattore / *editor's collection*
Note / *Notes*: Si noti come sia una barca decisamente più stretta delle *caorline* lagunari.
This boat is noticeably narrower than the caorline *used in the lagoon.*

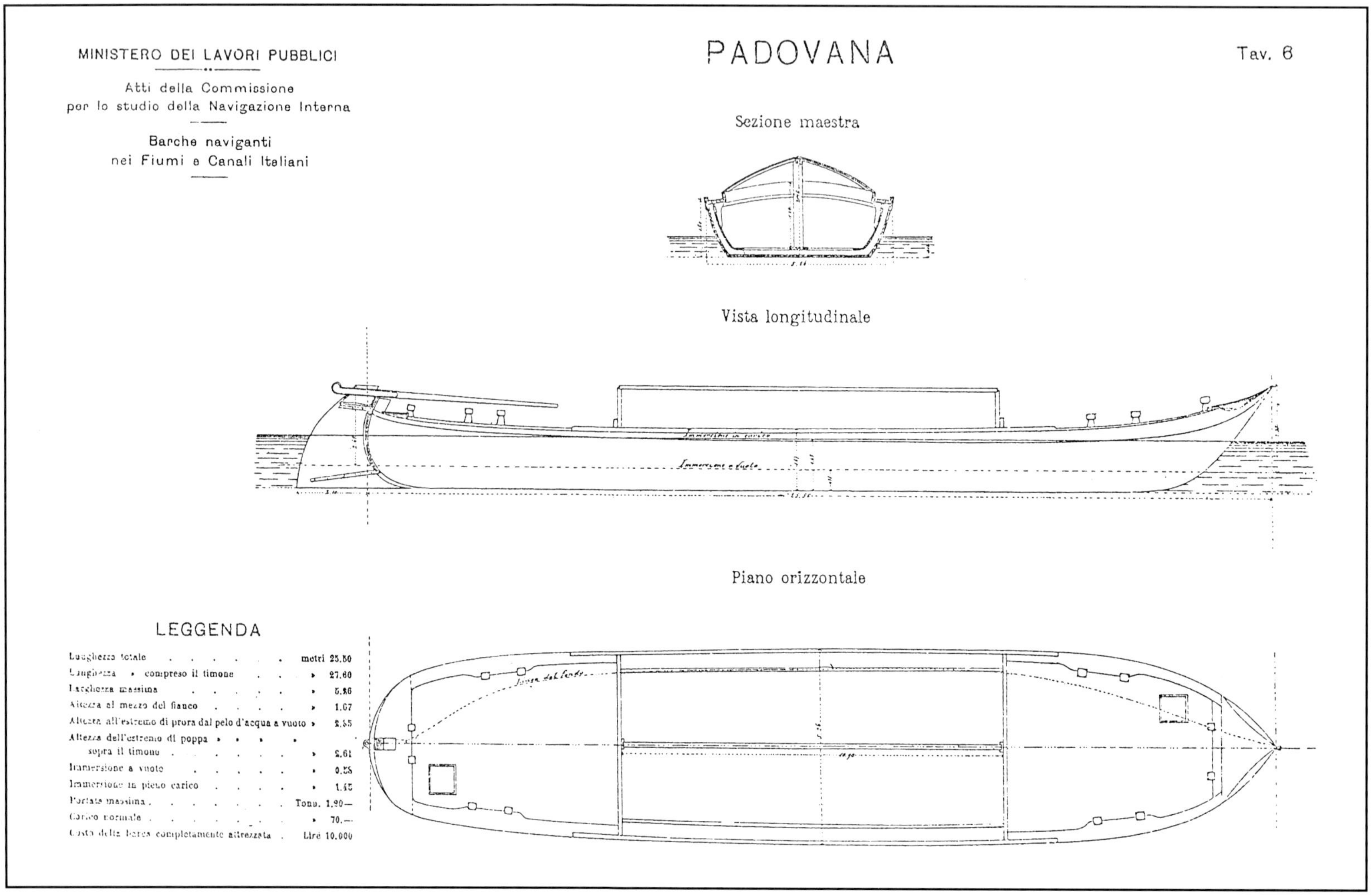

Cat N°: **P 393**
Soggetto / *Subject* A.d.D.: **Tav. 6 Padovana**
Scritte / *Text*: dimensioni principali / *principal dimensions*
Autore / *Draughtsman*: Amerigo Roatto
Data / *Date*: 1903
Tecnica / *Technique*: stampa / *print*
Dimensioni / *Dimensions*: ?
Scala / *Scale*: ?
Archivio e collo. / *Archive*: del redattore / *editor's collection*

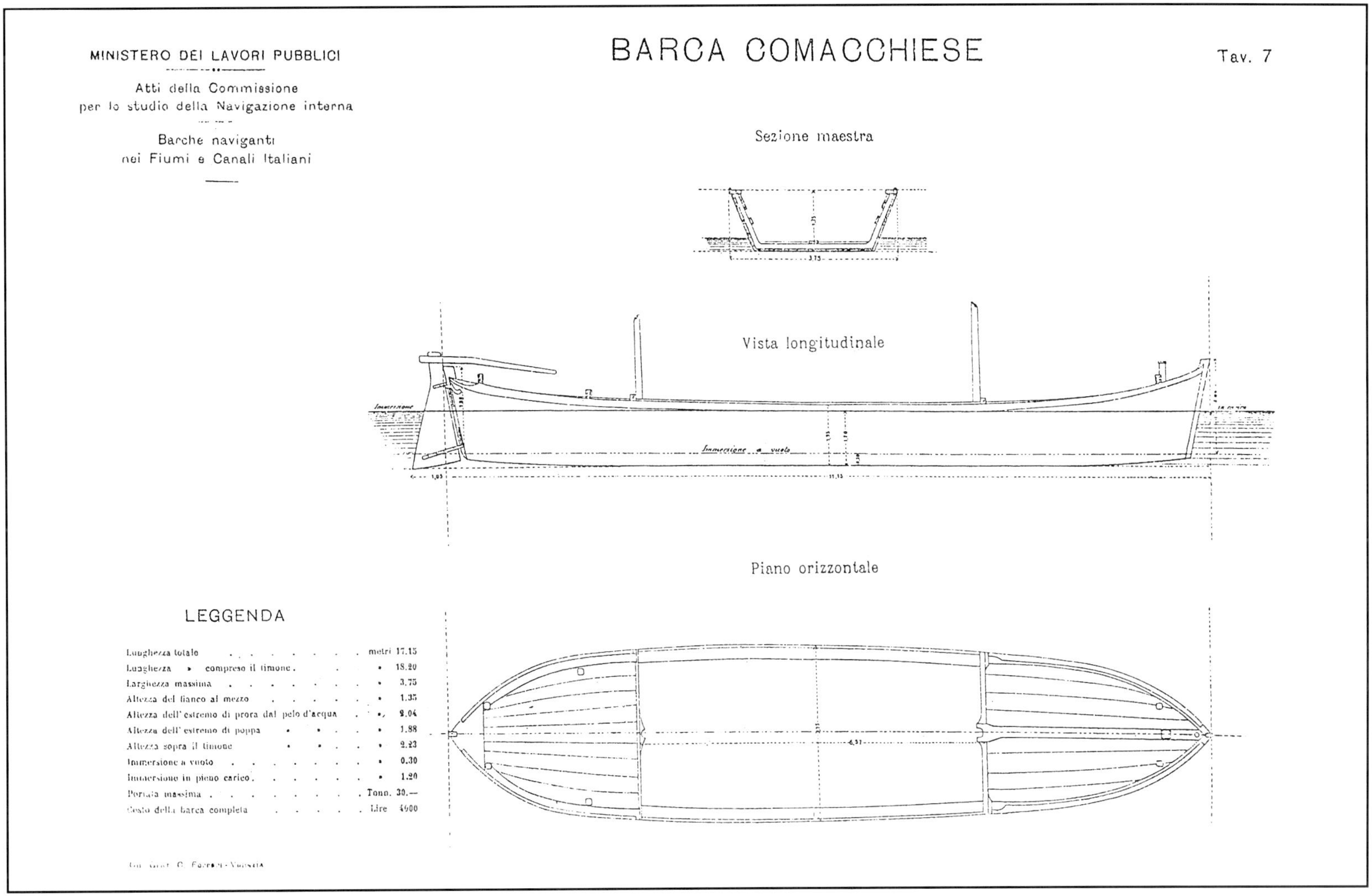

Cat N°: **P 394**
Soggetto / *Subject* A.d.D.: **Tav. 7 Barca Comacchiese**
Scritte / *Text*: dimensioni principali / *principal dimensions*
Autore / *Draughtsman*: Amerigo Roatto
Data / *Date*: 1903
Tecnica / *Technique*: stampa / *print*
Dimensioni / *Dimensions*: ?
Scala / *Scale*: ?
Archivio e collo. / *Archive*: del redattore / *editor's collection*

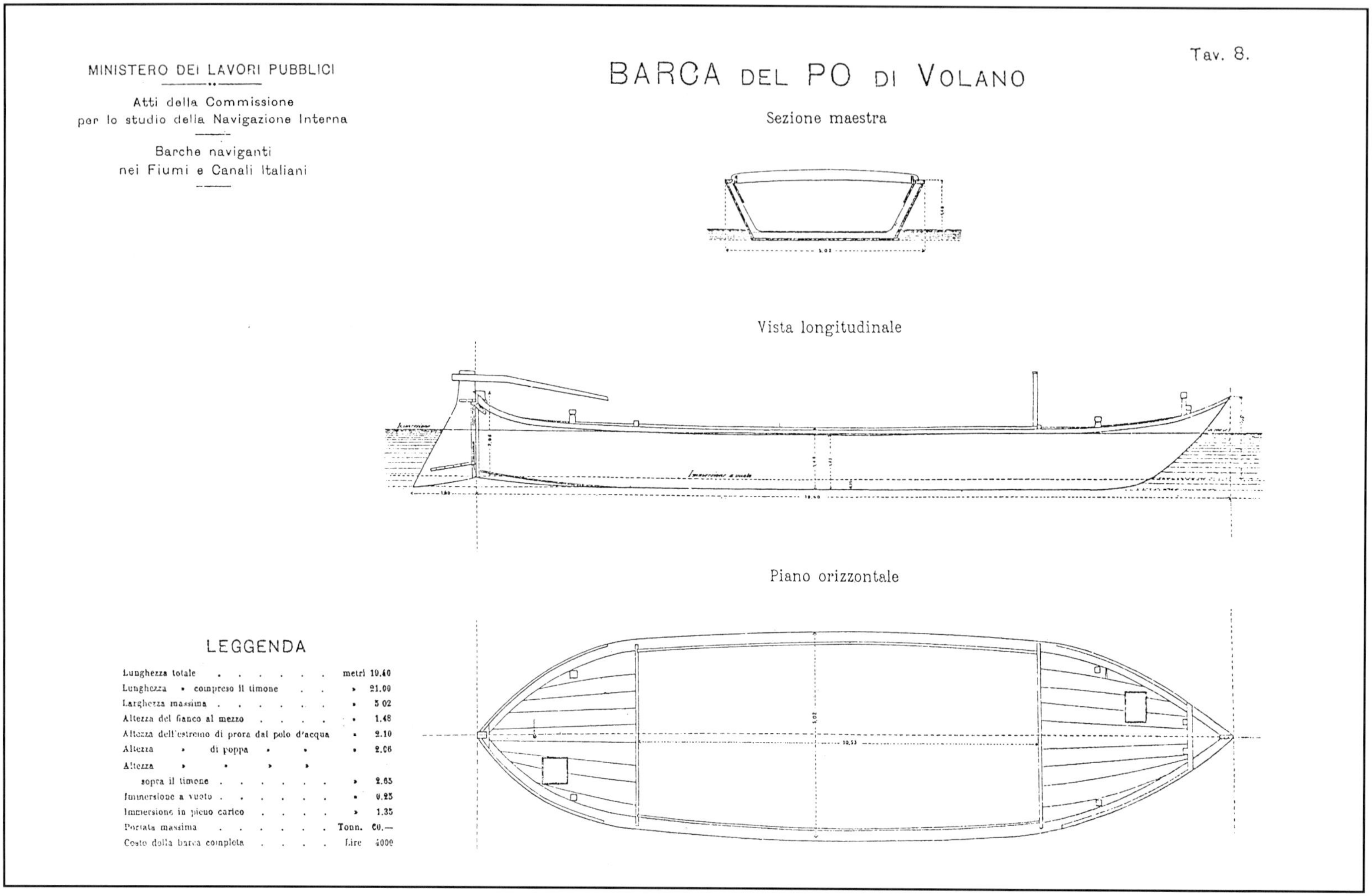

Cat N°: **P 395**
Soggetto / *Subject* A.d.D.: **Tav. 8 Barca del Po di Volano**
Scritte / *Text*: dimensioni principali / *principal dimensions*
Autore / *Draughtsman*: Amerigo Roatto
Data / *Date*: 1903
Tecnica / *Technique*: stampa / *print*
Dimensioni / *Dimensions*: ?
Scala / *Scale*: ?
Archivio e collo. / *Archive*: del redattore / *editor's collection*

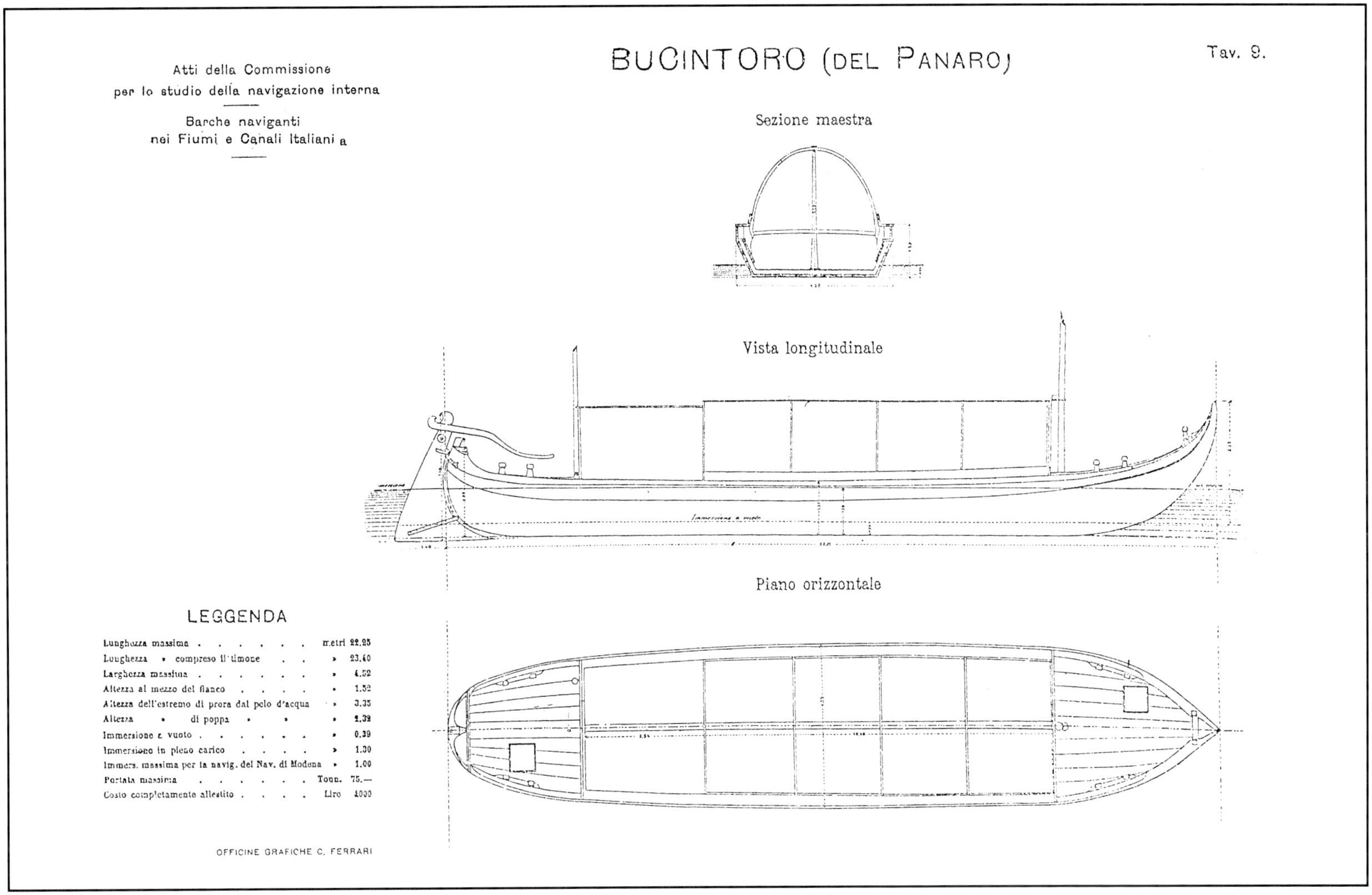

Cat N°: **P 396**
Soggetto / *Subject* A.d.D.: **Tav. 9 Bucintoro (Del Panaro)**
Scritte / *Text*: dimensioni principali / *principal dimensions*
Autore / *Draughtsman*: Amerigo Roatto
Data / *Date*: 1903
Tecnica / *Technique*: stampa / *print*
Dimensioni / *Dimensions*: ?
Scala / *Scale*: ?
Archivio e collo. / *Archive*: del redattore / editor's collection
Note / *Notes*: Si noti l'omonimia con il più blasonato, e diversissimo, Bucintoro veneziano da parata. / *Note that this boat goes by the same name as the nobler and very different Venetian Bucintoro used for ceremonial occasions.*

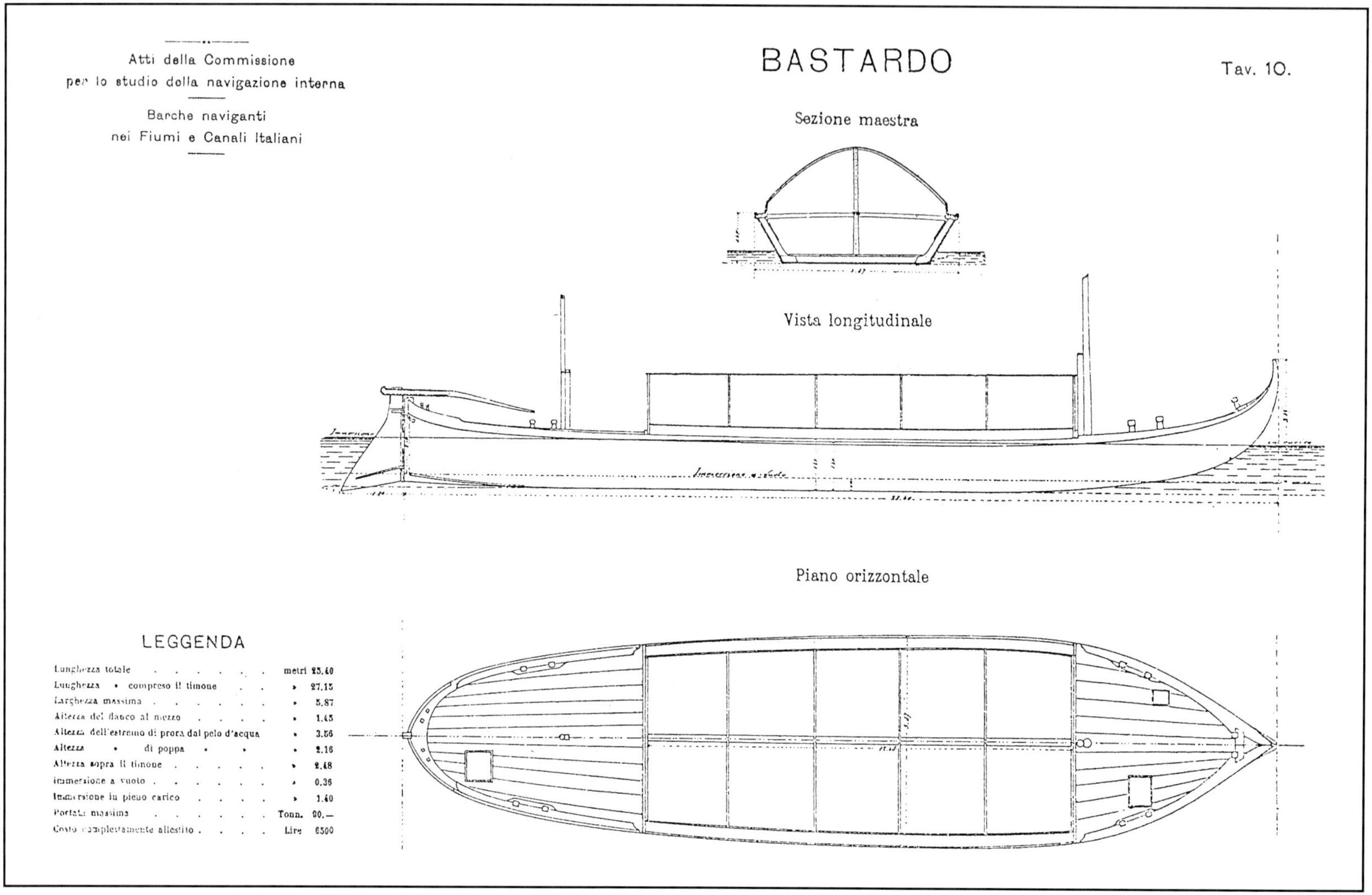

Cat N°: **P 397**
Soggetto / *Subject* A.d.D.: **Tav. 10 Bastardo**
Scritte / *Text*: dimensioni principali / *principal dimensions*
Autore / *Draughtsman*: Amerigo Roatto
Data / *Date*: 1903
Tecnica / *Technique*: stampa / *print*
Dimensioni / *Dimensions*: ?
Scala / *Scale*: ?
Archivio e collo. / *Archive*: del redattore / *editor's collection*

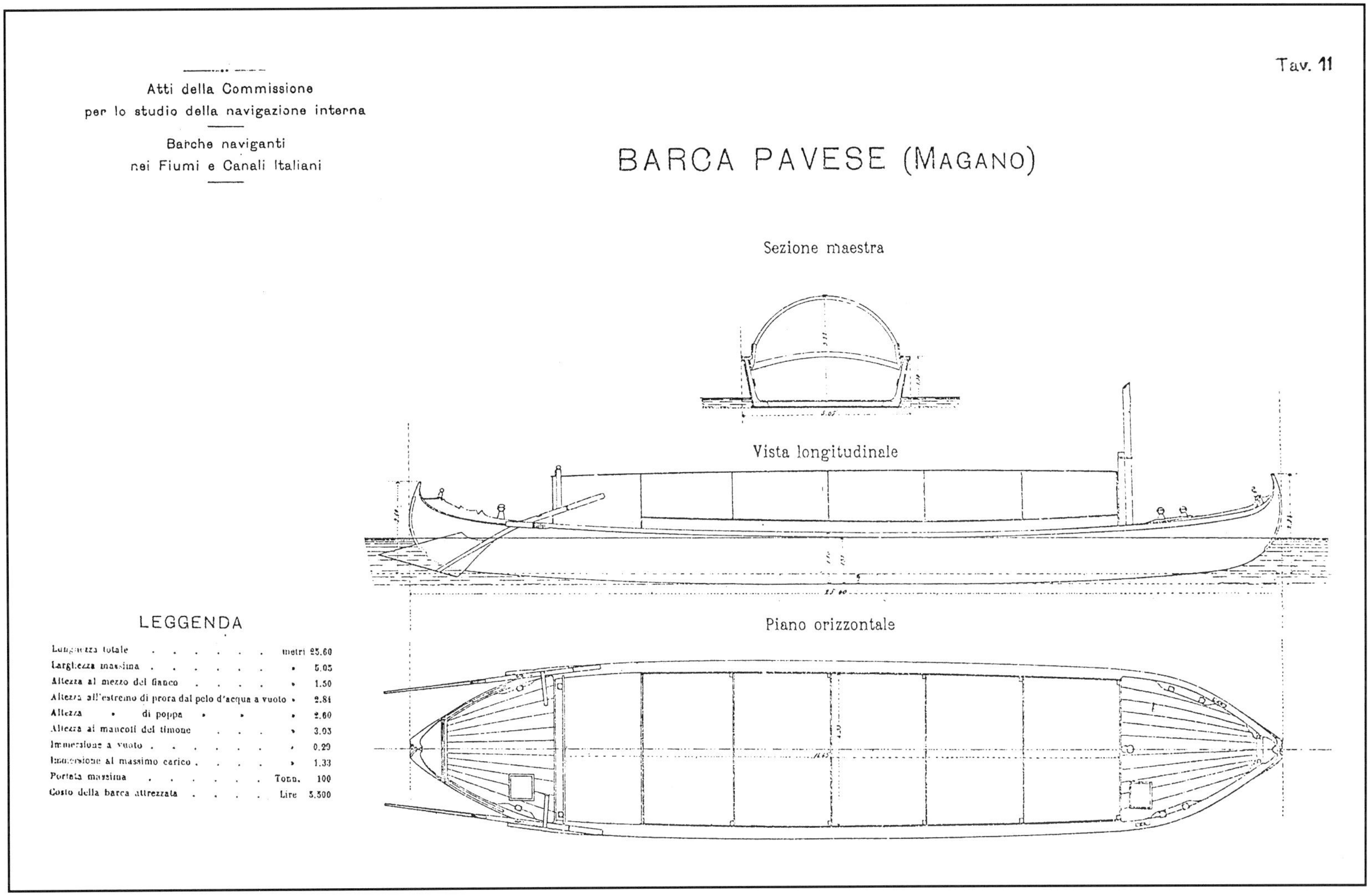

Cat N°:	**P 398**
Soggetto / *Subject* A.d.D.:	**Tav. 11 Barca Pavese (Magano o Nave)**
Scritte / *Text*:	dimensioni principali / *principal dimensions*
Autore / *Draughtsman*:	Amerigo Roatto
Data / *Date*:	1903
Tecnica / *Technique*:	stampa / *print*
Dimensioni / *Dimensions*:	?
Scala / *Scale*:	?
Archivio e collo. / *Archive*:	del redattore / *editor's collection*

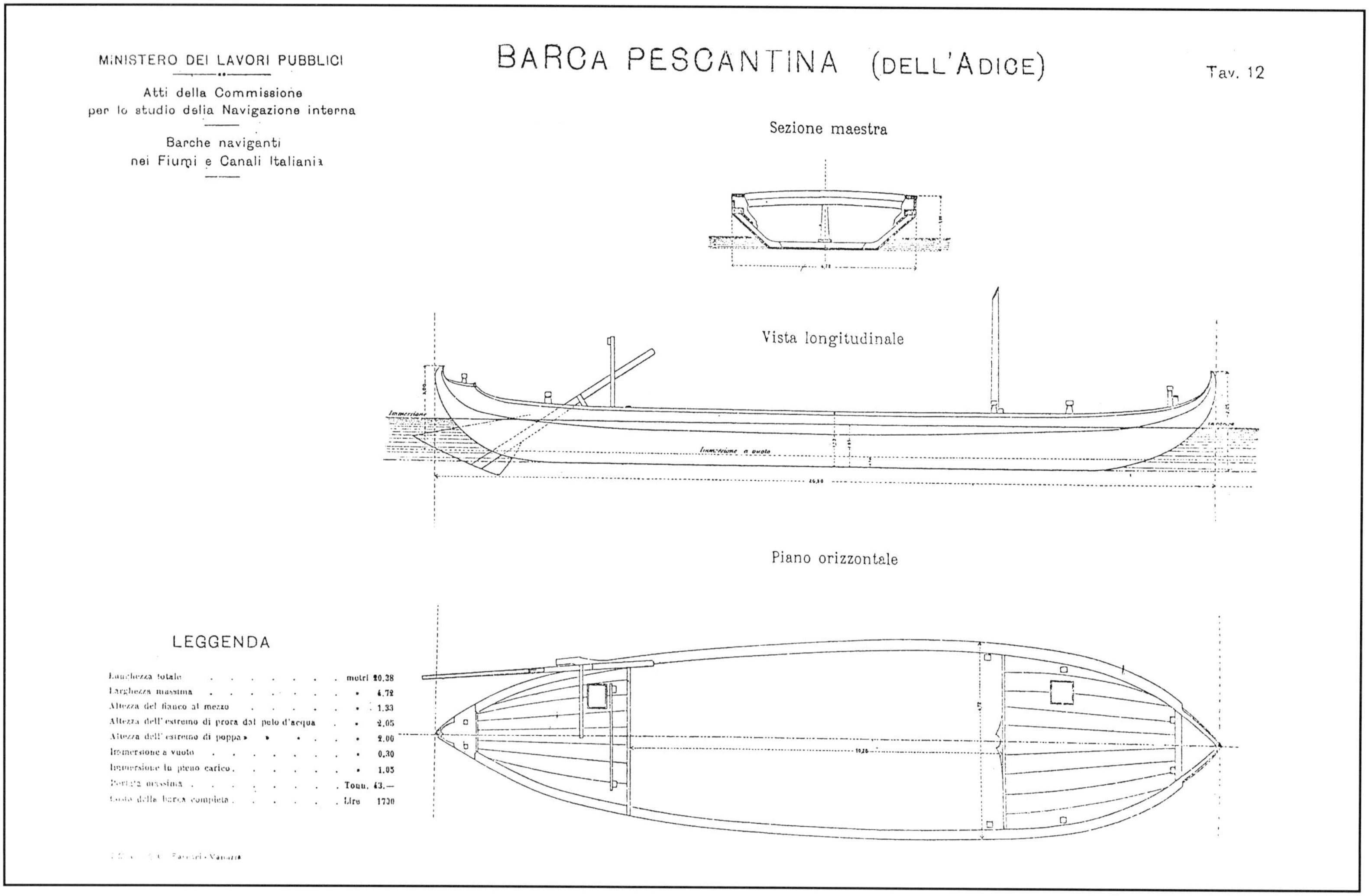

Cat N°: **P 399**
Soggetto / *Subject* A.d.D.: **Tav. 12 Barca pescantina (dell'Adige)**
Scritte / *Text*: dimensioni principali / *principal dimensions*
Autore / *Draughtsman*: Amerigo Roatto
Data / *Date*: 1903
Tecnica / *Technique*: stampa / *print*
Dimensioni / *Dimensions*: ?
Scala / *Scale*: ?
Archivio e collo. / *Archive*: del redattore / *editor's collection*

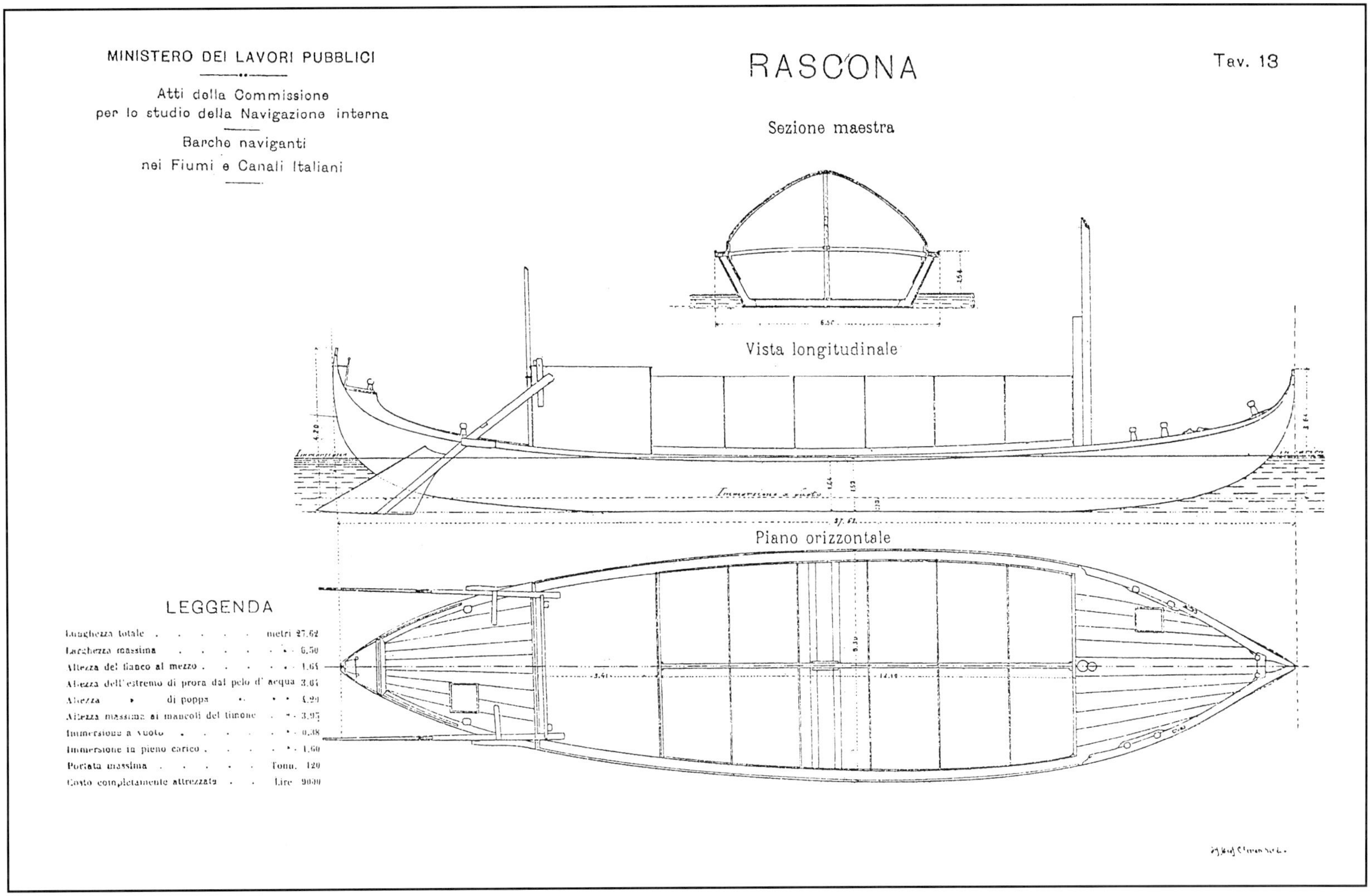

Cat N°: **P 400**
Soggetto / *Subject* A.d.D.: **Tav. 13 Rascona**
Scritte / *Text*: dimensioni principali / *principal dimensions*
Autore / *Draughtsman*: Amerigo Roatto
Data / *Date*: 1903
Tecnica / *Technique*: stampa / *print*
Dimensioni / *Dimensions*: ?
Scala / *Scale*: ?
Archivio e collo. / *Archive*: del redattore / *editor's collection*
Note / *Notes*: si confronti con la tav. **P 295** / *compare with **P 295***

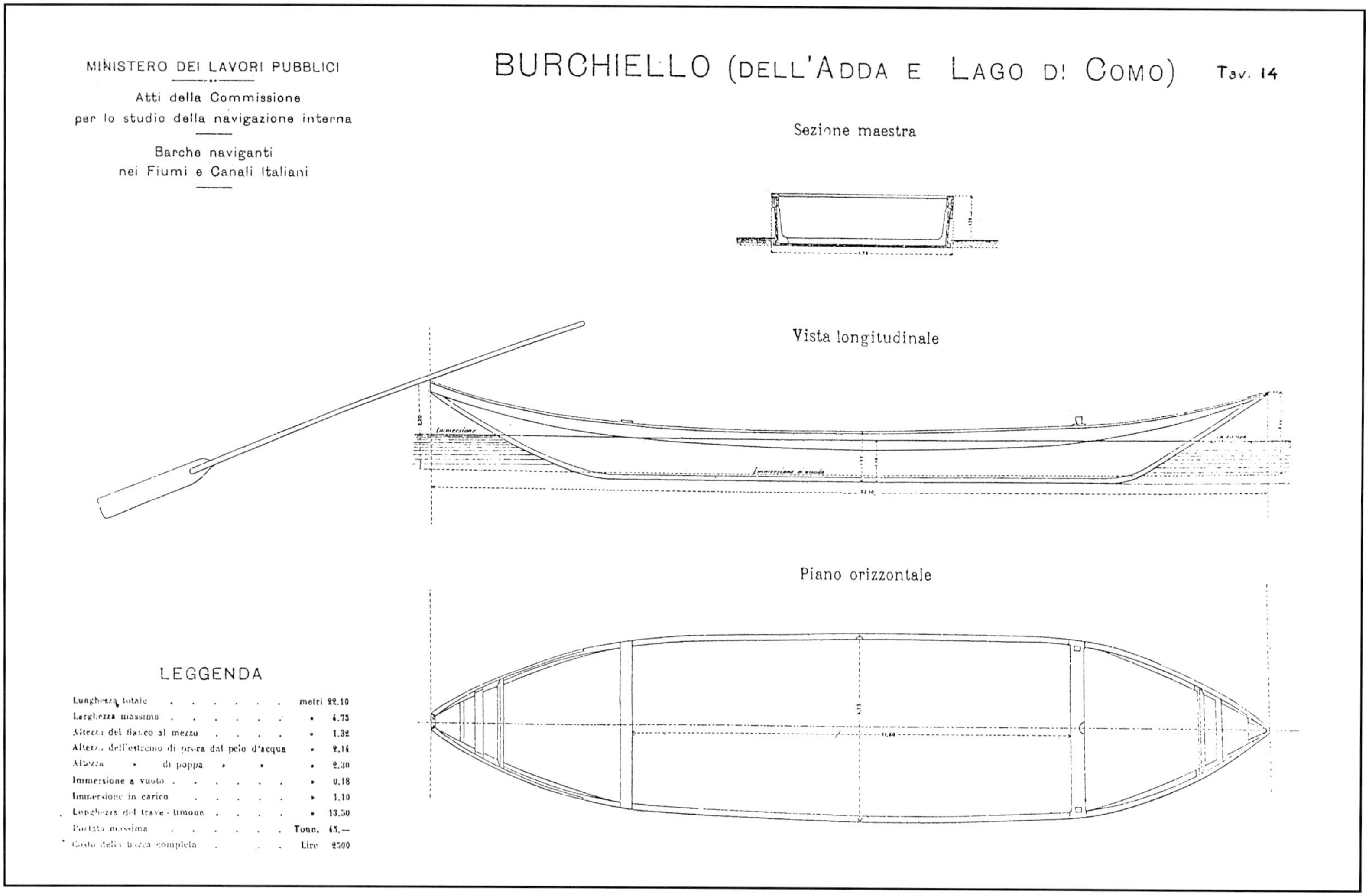

Cat N°: **P 401**
Soggetto / *Subject* A.d.D.: **Tav. 14 Burchiello (dell'Adda e Lago di Como)**
Scritte / *Text*: dimensioni principali / *principal dimensions*
Autore / *Draughtsman*: Amerigo Roatto
Data / *Date*: 1903
Tecnica / *Technique*: stampa / *print*
Dimensioni / *Dimensions*: ?
Scala / *Scale*: ?
Archivio e collo. / *Archive*: del redattore / *editor's collection*

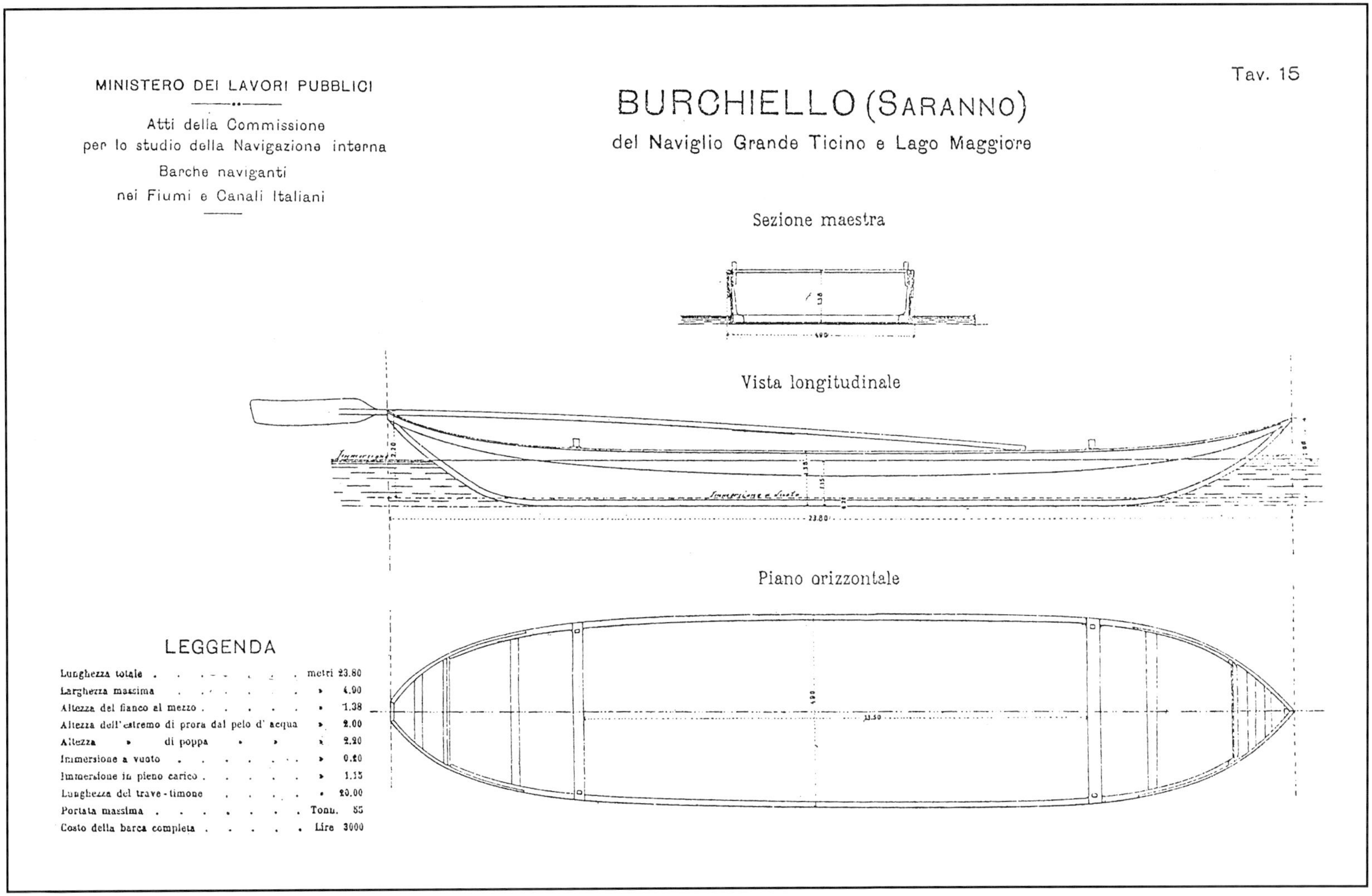

Cat N°: **P 402**

Soggetto / *Subject* A.d.D.: **Tav. 15 Burchiello (Saranno) del Naviglio Grande Ticino e Lago Maggiore.**

Scritte / *Text*: dimensioni principali / *principal dimensions*

Autore / *Draughtsman*: Amerigo Roatto

Data / *Date*: 1903

Tecnica / *Technique*: stampa / *print*

Dimensioni / *Dimensions*: ?

Scala / *Scale*: ?

Archivio e collo. / *Archive*: del redattore / *editor's collection*

Note / *Notes*: Si noti ancora l'omonimia fra barche molto diverse sia fra di loro che in confronto del più famoso Burchiello fluviale del Brenta. / *This is another example of the same name being applied to very different boats, both when compared to each other and when compared to the better-known Burchiello which navigates the river Brenta.*

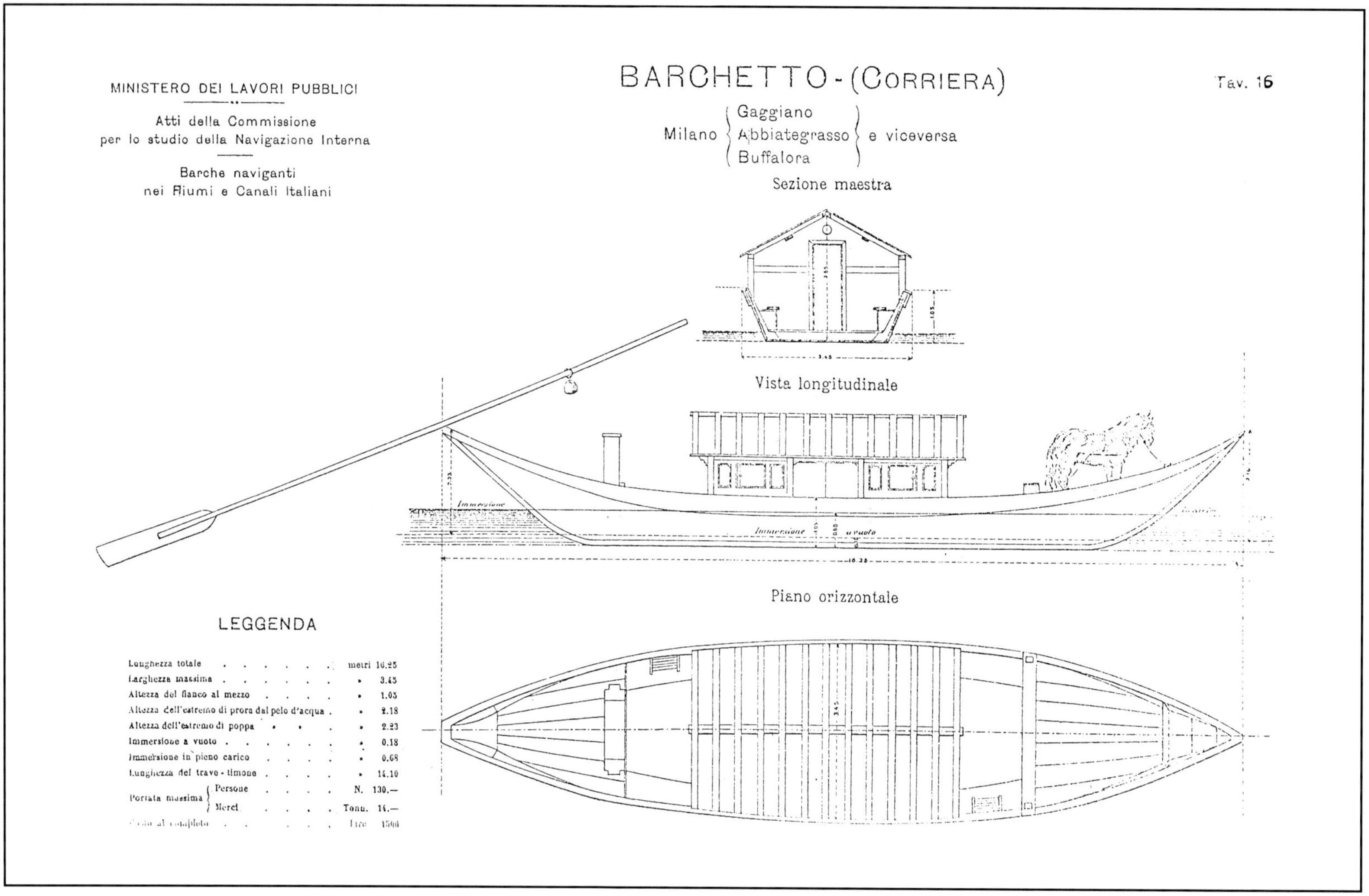

Cat N°: **P 403**
Soggetto / *Subject* A.d.D.: **Tav. 16 Barchetto (Corriera)**
Scritte / *Text*: dimensioni principali / principal *dimensions*
Autore / *Draughtsman*: Amerigo Roatto
Data / *Date*: 1903
Tecnica / *Technique*: stampa / *print*
Dimensioni / *Dimensions*: ?
Scala / *Scale*: ?
Archivio e collo. / *Archive*: del redattore / *editor's collection*

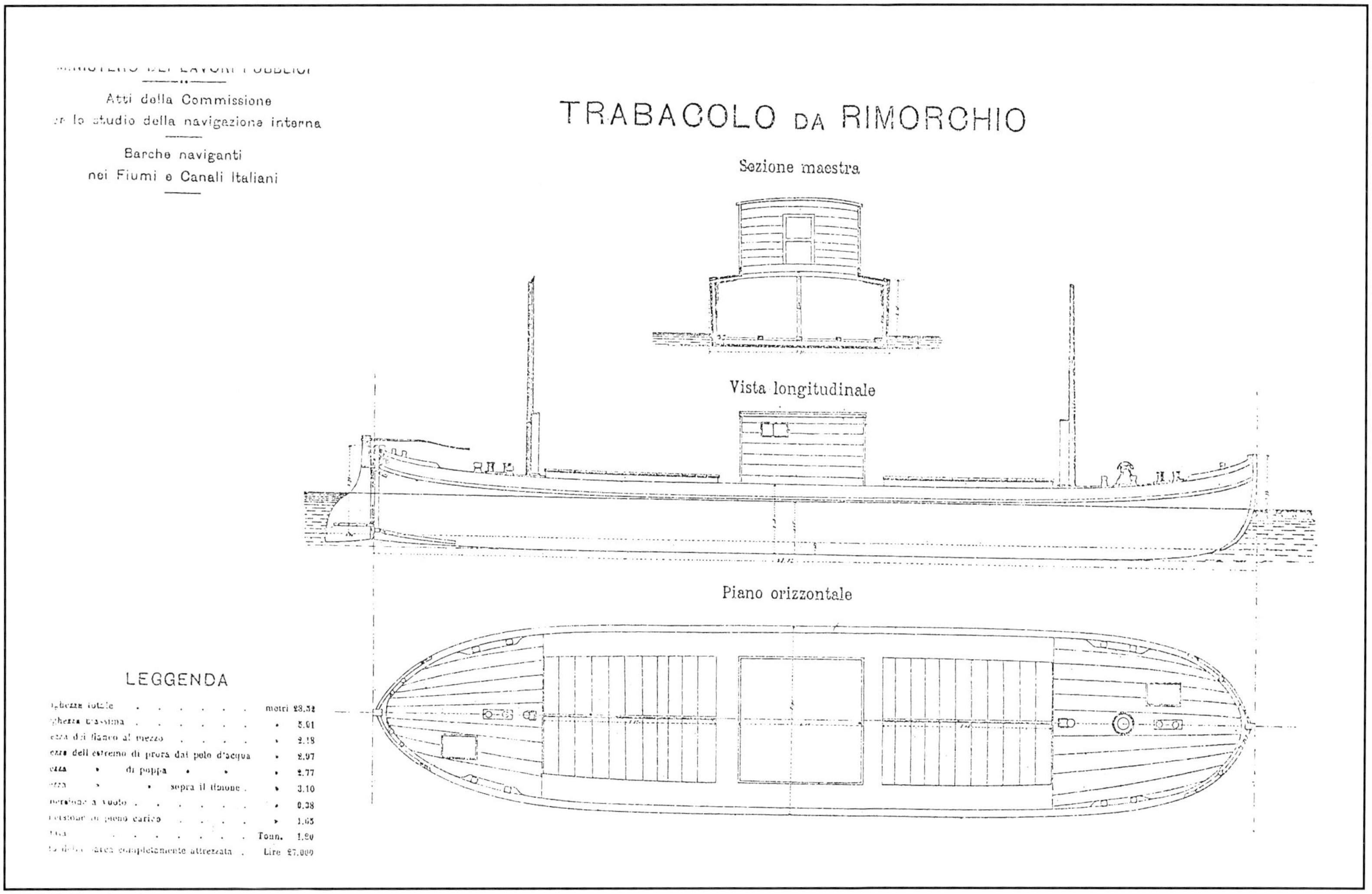

Cat N°: **P 404**
Soggetto / *Subject* A.d.D.: **Tav. 17 Trabacolo da rimorchio**
Scritte / *Text*: dimensioni principali / *principal dimensions*
Autore / *Draughtsman*: Amerigo Roatto
Data / *Date*: 1903
Tecnica / *Technique*: stampa / print
Dimensioni / *Dimensions*: ?
Scala / *Scale*: ?
Archivio e collo. / *Archive*: del redattore / *editor's collection*
Note / *Notes*: Più che un *trabaccolo* si tratta una grande *peata*. / *This is not so much a* trabaccolo *as a large* peata.

BATTELLI MILITARIZZATI

Questa interessante raccolta di rilievi di battelli tipici lagunari adattati al trasporto di ufficiali, truppe e cavalli sono tratte dall'opuscolo: Anon. *Istruzioni pratiche del genio*. Volume 18. 4° Reggimento Genio Battaglione Lagunari. *Istruzioni sui materiali e sulle manodopere dei Lagunari*, Enrico Voghera, Roma, 1905.

Sono trasformazioni realizzate e non solo di progetti astratti, come si abbiamo potuto rilevare da cartoline e altre immagini coeve, in particolare vi abbiamo riconosciuto la *peata*, la *barchetta a coa de gambaro* e il *topo* con *felze*.

BOATS CONVERTED FOR MILITARY USE

This interesting collection of surveys of typical lagoon boats adpated for the transport of officers, troops and horses are taken from the booklet: Anon. Istruzioni pratiche del genio. *Volume 18. 4° Reggimento Genio Battaglione Lagunari.* Istruzioni sui materiali e sulle manodopere dei Lagunari, *Enrico Voghera, Roma, 1905.*

These transformations were not just abstract projects but were actually carried out, as confirmed by postcards and other contemporary images. In particular we have been able to recognise the peata, *the* barchetta a coa de gambaro *and the* topo *with* felze *(cabin).*

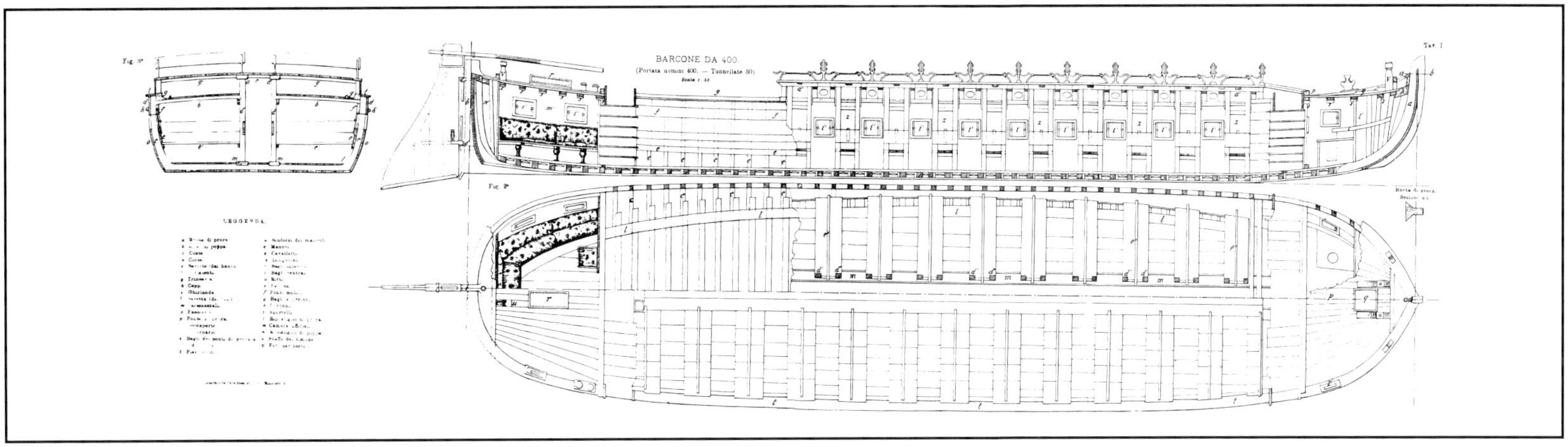

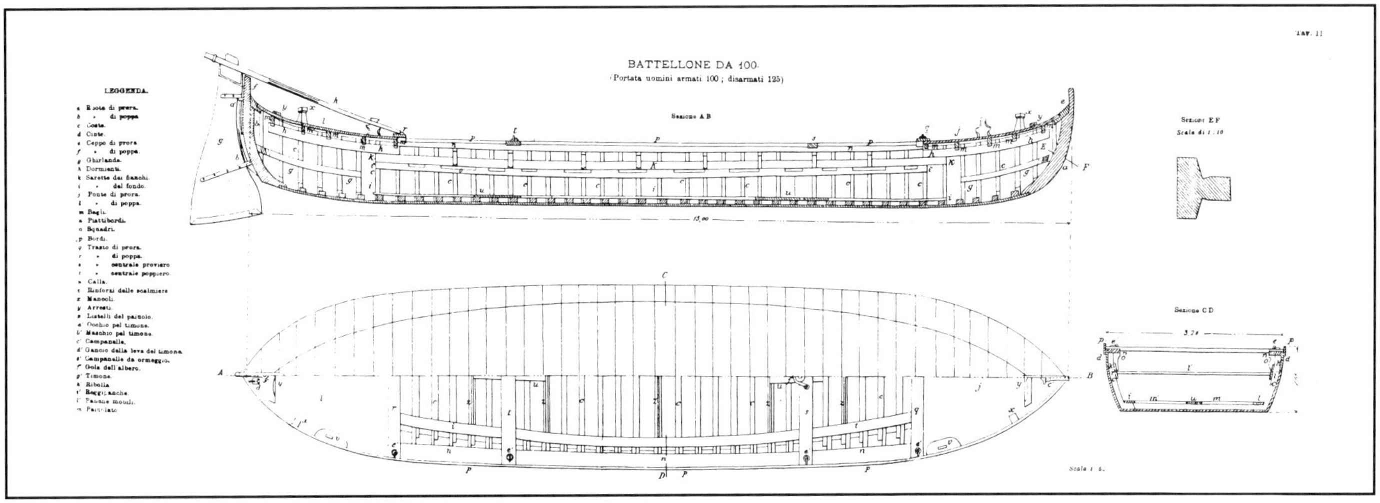

↑ Cat N°: **P 102**
Soggetto / *Subject* A. d. D: **TAV. I: Barcone da 400**
Scritte / *Text:* "Portata uomini 400 - Tonnellate 80." nomenclatura e quote / *nomenclature and dimensions*
Autore / *Draughtsman*: n. i. Laboratorio foto-litografico Ministero della Guerra
Data / *Date:* 1905
Tecnica / *Technique*: stampa / *print*
Dimensioni / *Dimensions*: riq. / *frame* 623x168
Scala / *Scale*: 1:50
Archivio e collo. / *Archive*: del redattore / *editor's collection*

↓Cat N°: **P 103**
Soggetto / *Subject* A. d. D: **TAV. II: Battellone da 100**
Scritte / *Text:* "Portata uomini armati 100; disarmati 125." nomenclatura e quote / *nomenclature and dimensions*
Autore / *Draughtsman*: n. i. Laboratorio foto-litografico Ministero della Guerra
Data / *Date:* 1905
Tecnica / *Technique*: stampa / *print*
Dimensioni / *Dimensions*: riq. / *frame* 467x162
Scala / *Scale*: 1:50
Archivio e collo. / *Archive*: del redattore / *editor's collection*

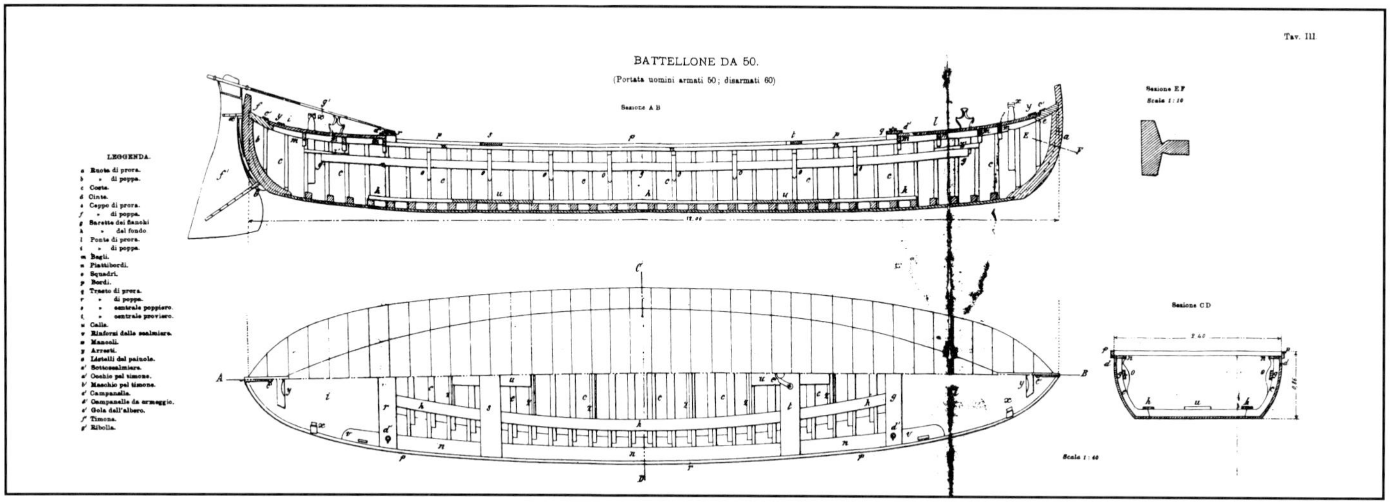

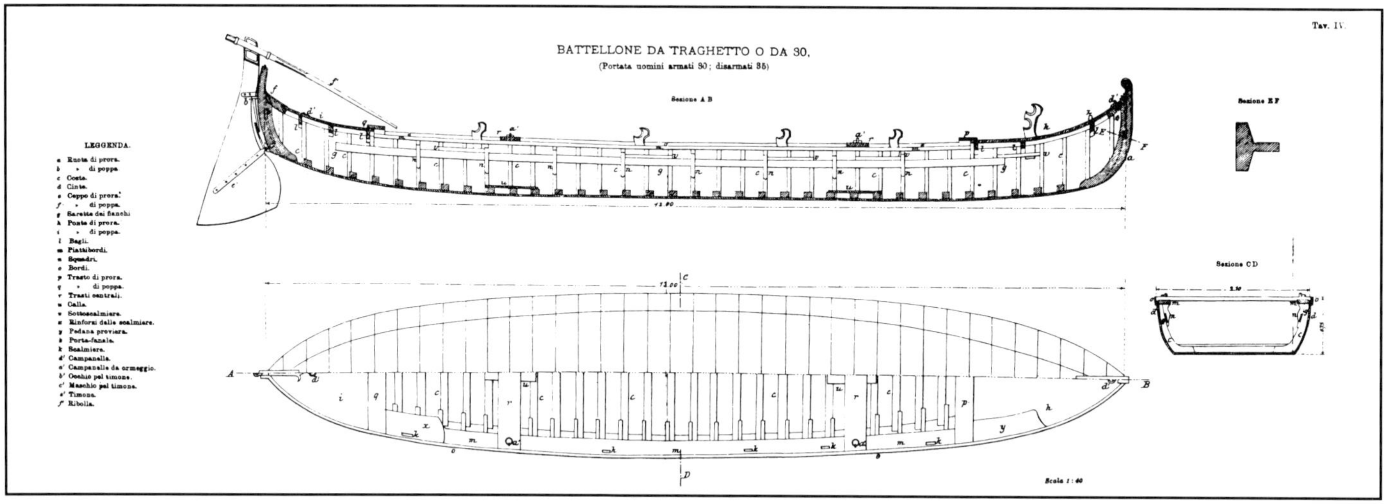

↑ **Cat N°:** **P 104**
Soggetto / *Subject* A. d. D: **TAV. III: Battellone da 50**
Scritte / *Text*: "Portata uomini armati 50; disarmati 60." nomenclatura e quote / *nomenclature and dimensions*
Autore / *Draughtsman*: n. i. Laboratorio foto-litografico Ministero della Guerra
Data / *Date*: 1905
Tecnica / *Technique*: stampa / *print*
Dimensioni / *Dimensions*: riq. / *frame* 464x160
Scala / *Scale*: 1:50
Archivio e collo. / *Archive*: del redattore / *editor's collection*

↓**Cat N°:** **P 105**
Soggetto / *Subject* A. d. D: **TAV. IV: Battellone da traghetto o da 30**
Scritte / *Text*: "Portata uomini armati 30; disarmati 35." nomenclatura e quote / *nomenclature and dimensions*
Autore / *Draughtsman*: n. i. Laboratorio foto-litografico Ministero della Guerra
Data / *Date*: 1905
Tecnica / *Technique*: stampa / *print*
Dimensioni / *Dimensions*: riq. / *frame* 464x160
Scala / *Scale*: 1:40
Archivio e collo. / *Archive*: del redattore / *editor's collection*

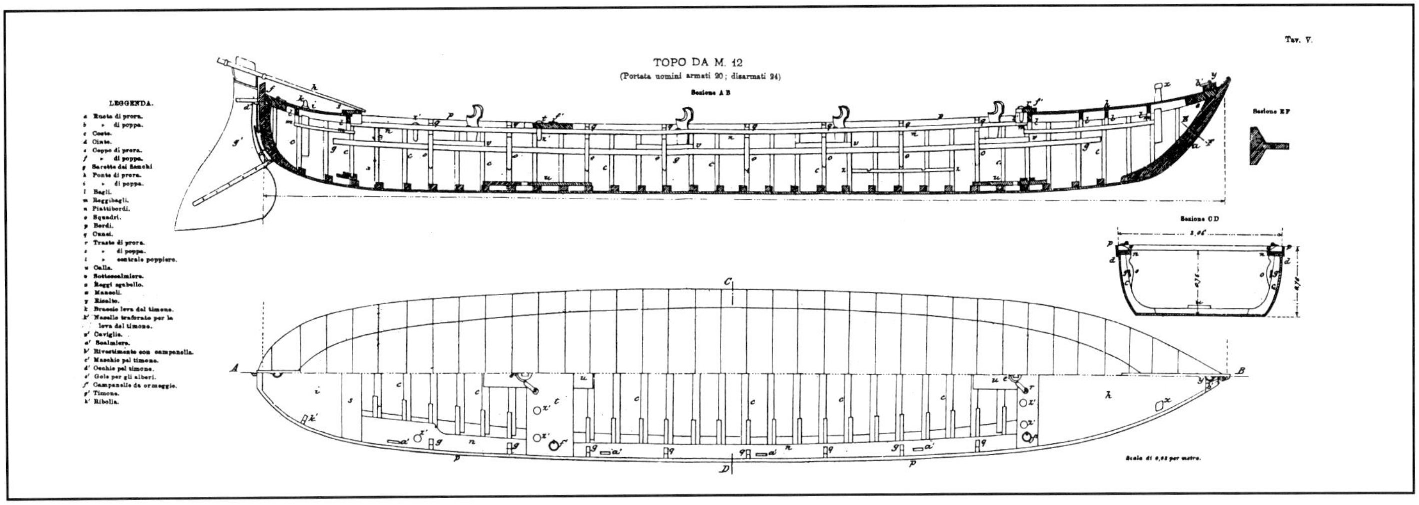

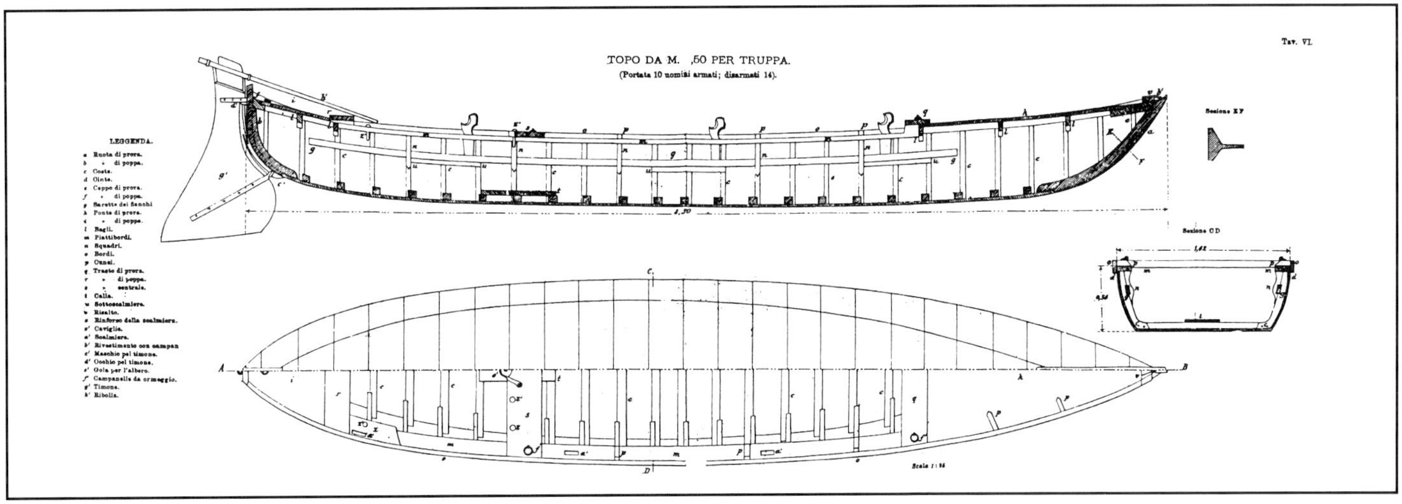

↑ **Cat N°:** **P 106**
Soggetto / *Subject* A. d. D: **TAV. V: Topo da m. 12**
Scritte / *Text*: Portata uomini armati 20; disarmati 24. nomenclatura e quote / *nomenclature and dimensions*
Autore / *Draughtsman*: n. i. Laboratorio foto-litografico Ministero della Guerra
Data / *Date*: 1905
Tecnica / *Technique*: stampa / *print*
Dimensioni / *Dimensions*: riq. / *frame* 475x160
Scala / *Scale*: scala / *scale* 0,03 per metro
Archivio e collo. / *Archive*: del redattore / *editor's collection*

↓**Cat N°:** **P 107**
Soggetto / *Subject* A. d. D: **TAV. VI: Topo da m. 8,50 per truppa**
Scritte / *Text*: Portata 10 uomini armati; disarmati 14. nomenclatura e quote / *nomenclature and dimensions*
Autore / *Draughtsman*: n. i. Laboratorio foto-litografico Ministero della Guerra
Data / *Date*: 1905
Tecnica / *Technique*: stampa / *print*
Dimensioni / *Dimensions*: riq. / *frame* 470x160
Scala / *Scale*: 1:25
Archivio e collo. / *Archive*: del redattore / *editor's collection*

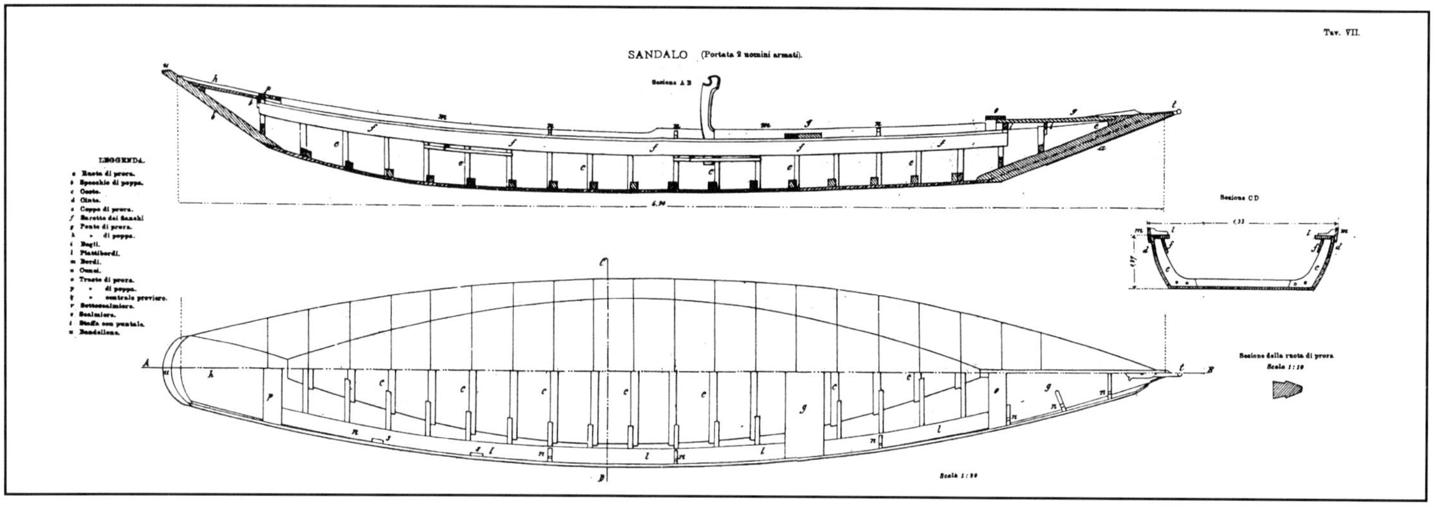

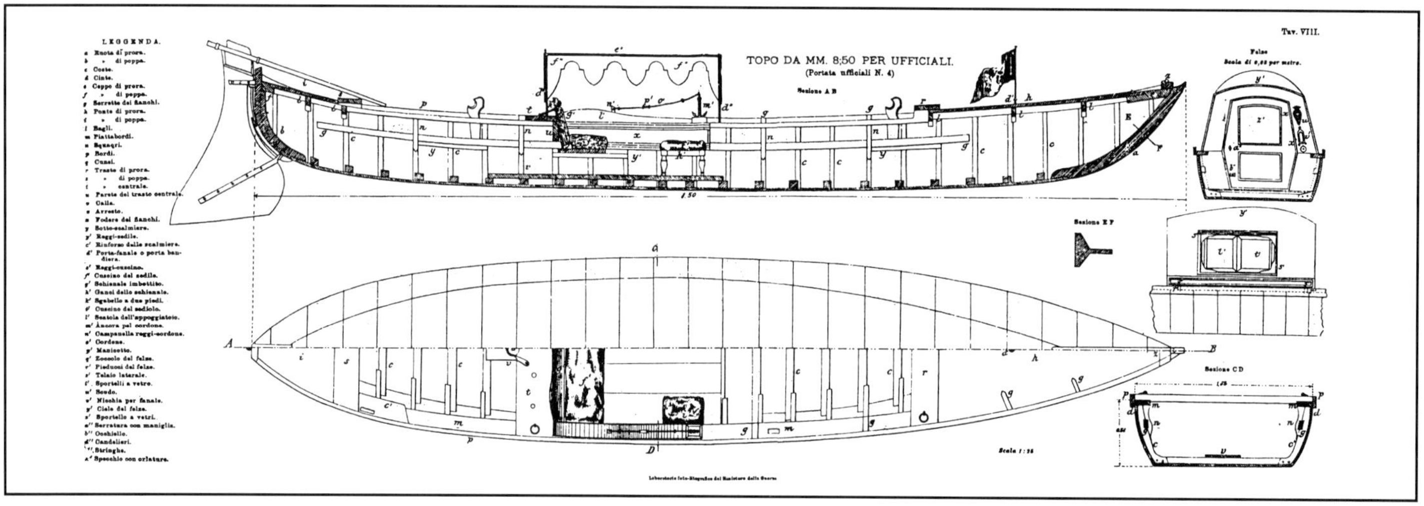

↑Cat N°:	**P 108**
Soggetto / *Subject* A. d. D:	**TAV. VII: Sandalo**
Scritte / *Text:*	“Portata 2 uomini armati.” nomenclatura e quote / *nomenclature and dimensions*
Autore / *Draughtsman*:	n. i. Laboratorio foto-litografico Ministero della Guerra
Data / *Date:*	1905
Tecnica / *Technique*:	stampa / *print*
Dimensioni / *Dimensions*:	riq. / *frame* 472x158
Scala / *Scale*:	1:20
Archivio e collo. / *Archive*:	del redattore / *editor's collection*

↓Cat N°:	**P 109**
Soggetto / *Subject* A. d. D:	**TAV. VIII: Topo da mm. 8,50 per ufficiali**
Scritte / *Text:*	“Portata ufficiali n°4.” nomenclatura e quote / *nomenclature and dimensions*
Autore / *Draughtsman*:	n. i. Laboratorio foto-litografico Ministero della Guerra.
Data / *Date:*	1905
Tecnica / *Technique*:	stampa / print
Dimensioni / *Dimensions*:	riq. / *frame* 471x158
Scala / *Scale*:	1:25
Archivio e collo. / *Archive*:	del redattore / *editor's collection*

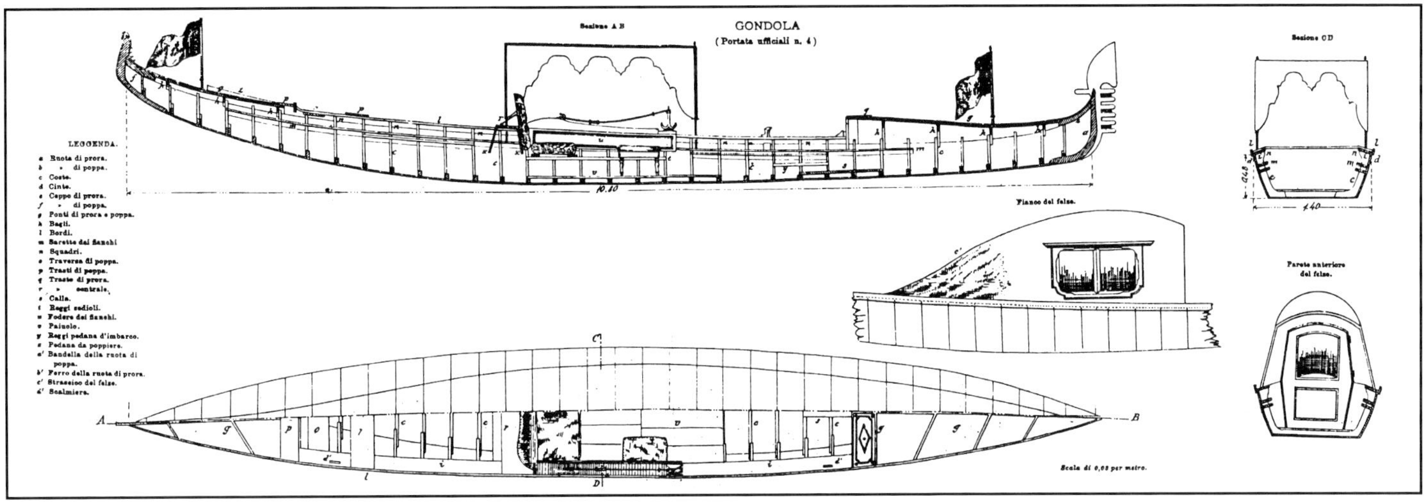

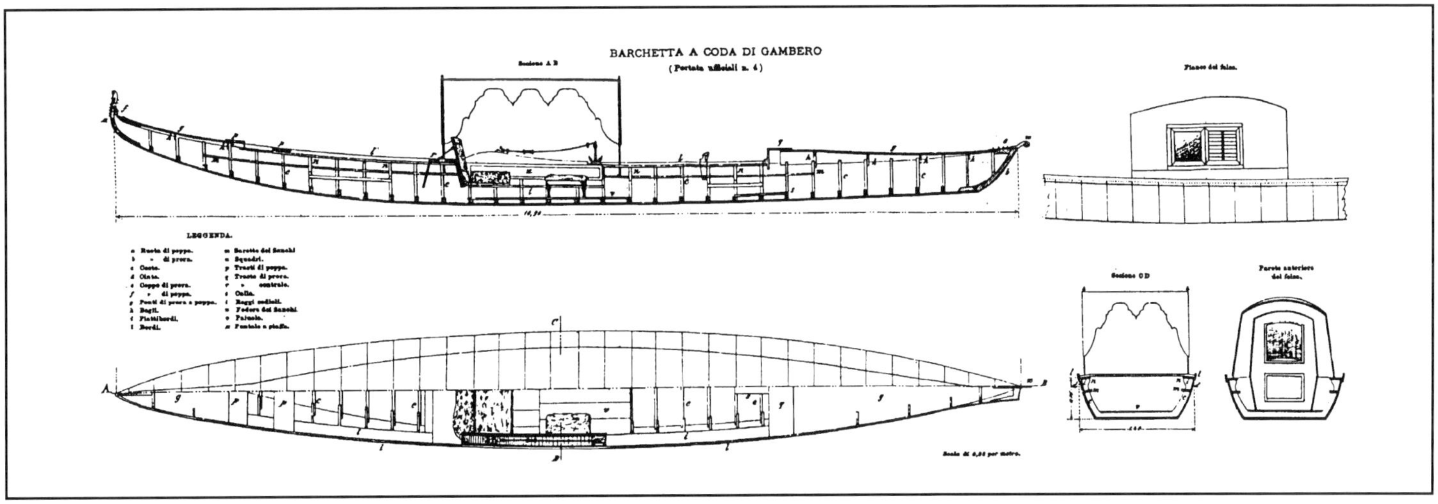

↑**Cat N°:** **P 110**
Soggetto / *Subject* A. d. D: **TAV. IX: Gondola**
Scritte / *Text:* "Portata ufficiali n°4." nomenclatura e quote / *nomenclature and dimensions*
Autore / *Draughtsman*: n. i. Laboratorio foto-litografico Ministero della Guerra.
Data / *Date:* 1905
Tecnica / *Technique*: stampa / *print*
Dimensioni / *Dimensions*: riq. / *frame* 473x159
Scala / *Scale*: 0,03 per metro
Archivio e collo. / *Archive*: del redattore / *editor's collection*

↓**Cat N°:** **P 111**
Soggetto / *Subject* A. d. D: **TAV. X: Barchetta a coda di gambero**
Scritte / *Text:* "Portata ufficiali n°4." nomenclatura e quote / *nomenclature and dimensions*
Autore / *Draughtsman*: n. i. Laboratorio foto-litografico Ministero della Guerra.
Data / *Date:* 1905
Tecnica / *Technique*: stampa / *print*
Dimensioni / *Dimensions*: riq. / *frame* 475x158
Scala / *Scale*: 0,03 per metro
Archivio e collo. / *Archive*: del redattore / *editor's collection*

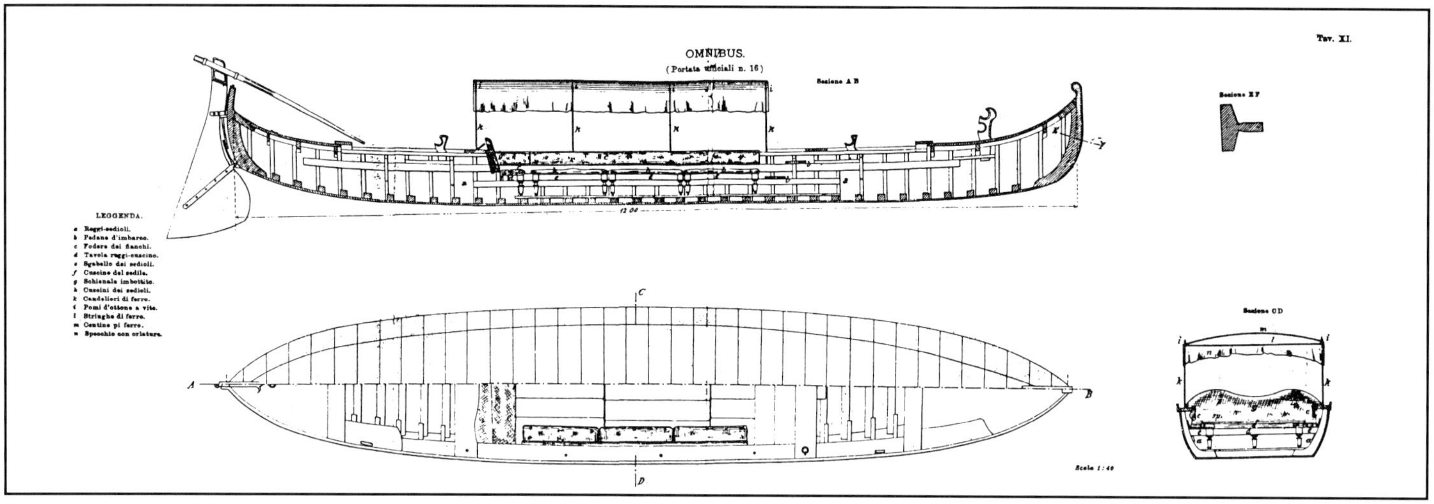

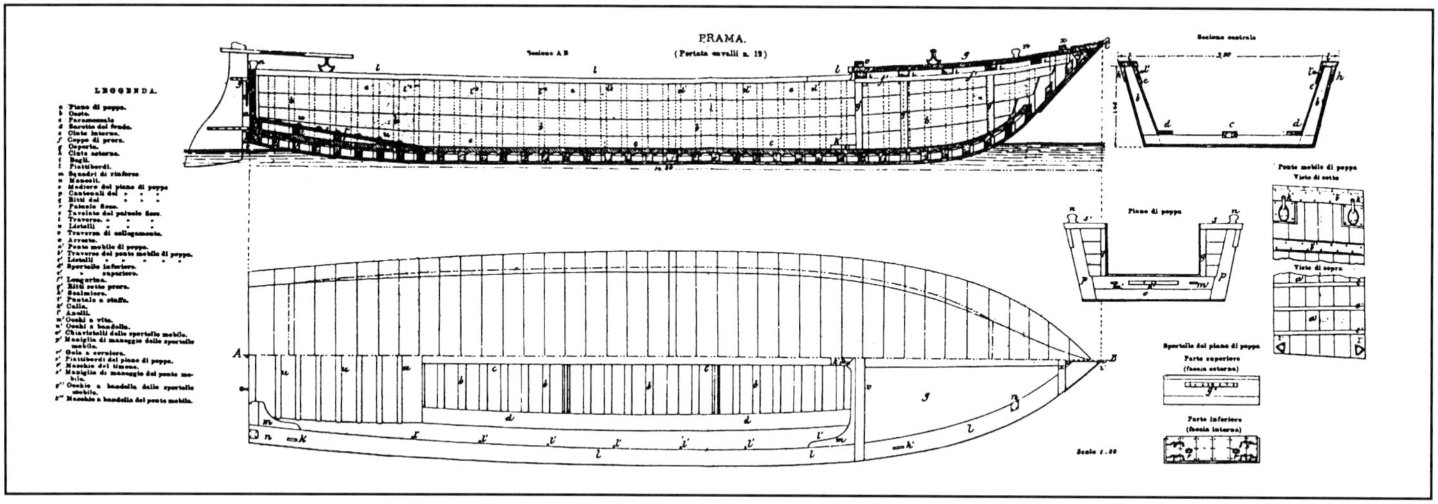

↑**Cat N°:** **P 112**
Soggetto / *Subject* A. d. D: **TAV. XI: Omnibus**
Scritte / *Text:* "Portata ufficiali n°16." nomenclatura e quote / *nomenclature and dimensions*
Autore / *Draughtsman*: n. i. Laboratorio foto-litografico Ministero della Guerra.
Data / *Date:* 1905
Tecnica / *Technique*: stampa / *print*
Dimensioni / *Dimensions*: riq. / *frame* 472x158
Scala / *Scale*: 1:40
Archivio e collo. / *Archive*: del redattore / *editor's collection*

↓**Cat N°:** **P 113**
Soggetto / *Subject* A. d. D: **TAV. XII: Prama**
Scritte / *Text:* "Portata cavalli n°12." nomenclatura e quote / *nomenclature and dimensions*
Autore / *Draughtsman*: n. i. Laboratorio foto-litografico Ministero della Guerra.
Data / *Date:* 1905
Tecnica / *Technique*: stampa / *print*
Dimensioni / *Dimensions*: riq. / *frame* 473x157
Scala / *Scale*: 1:50
Archivio e collo. / *Archive*: del redattore / *editor's collection*

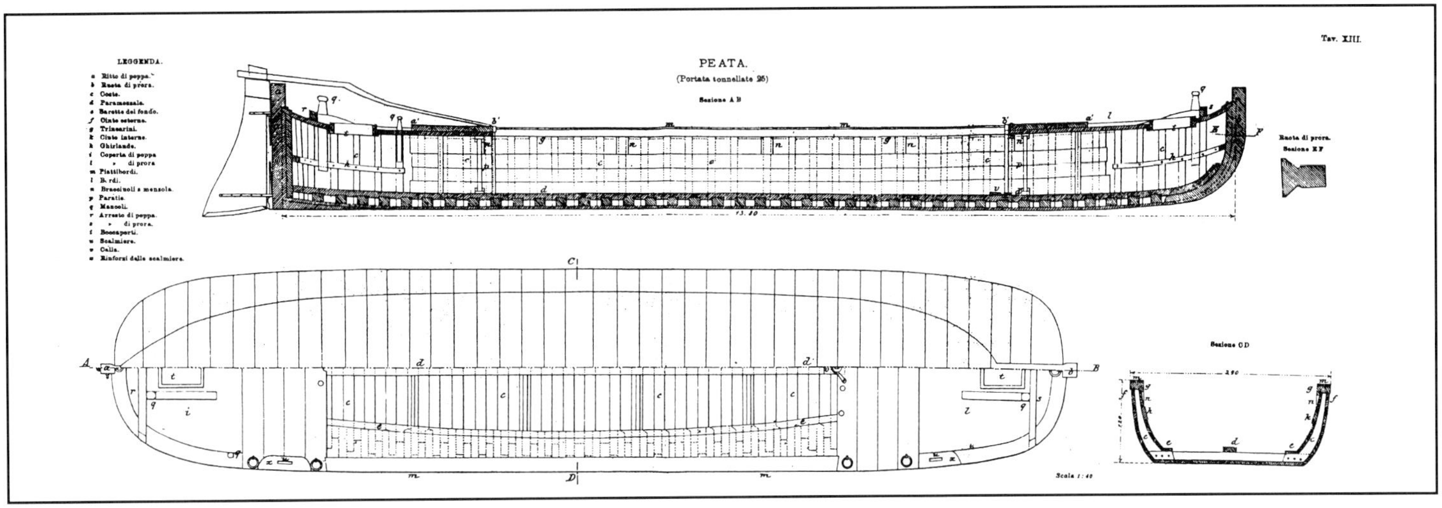

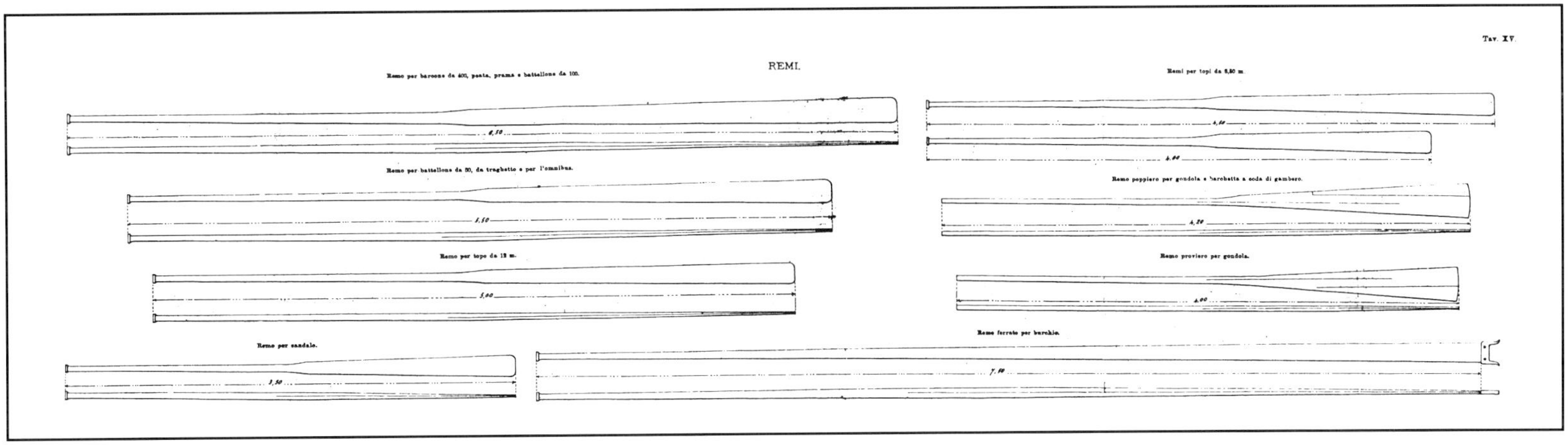

↑Cat N°:	**P 114**
Soggetto / *Subject* A. d. D:	**TAV. XIII: Peata**
Scritte / *Text:*	"portata tonnellate 25." nomenclatura e quote / *nomenclature and dimensions*
Autore / *Draughtsman*:	n. i. Laboratorio foto-litografico Ministero della Guerra.
Data / *Date:*	1905
Tecnica / *Technique*:	stampa / *print*
Dimensioni / *Dimensions*:	riq. / *frame* 474x158
Scala / *Scale*:	1:40
Archivio e collo. / *Archive*:	del redattore / *editor's collection*

↓Cat N°:	**P 116**
Soggetto / *Subject* A. d. D:	**TAV. XV: Remi**
Scritte / *Text:*	nomenclatura e quote / *nomenclature and dimensions*
Autore / *Draughtsman*:	n. i. Laboratorio foto-litografico Ministero della Guerra.
Data / *Date:*	1905
Tecnica / *Technique*:	stampa / *print*
Dimensioni / *Dimensions*:	riq. / *frame* 590x158
Scala / *Scale*:	1:20
Archivio e collo. / *Archive*:	del redattore / *editor's collection*

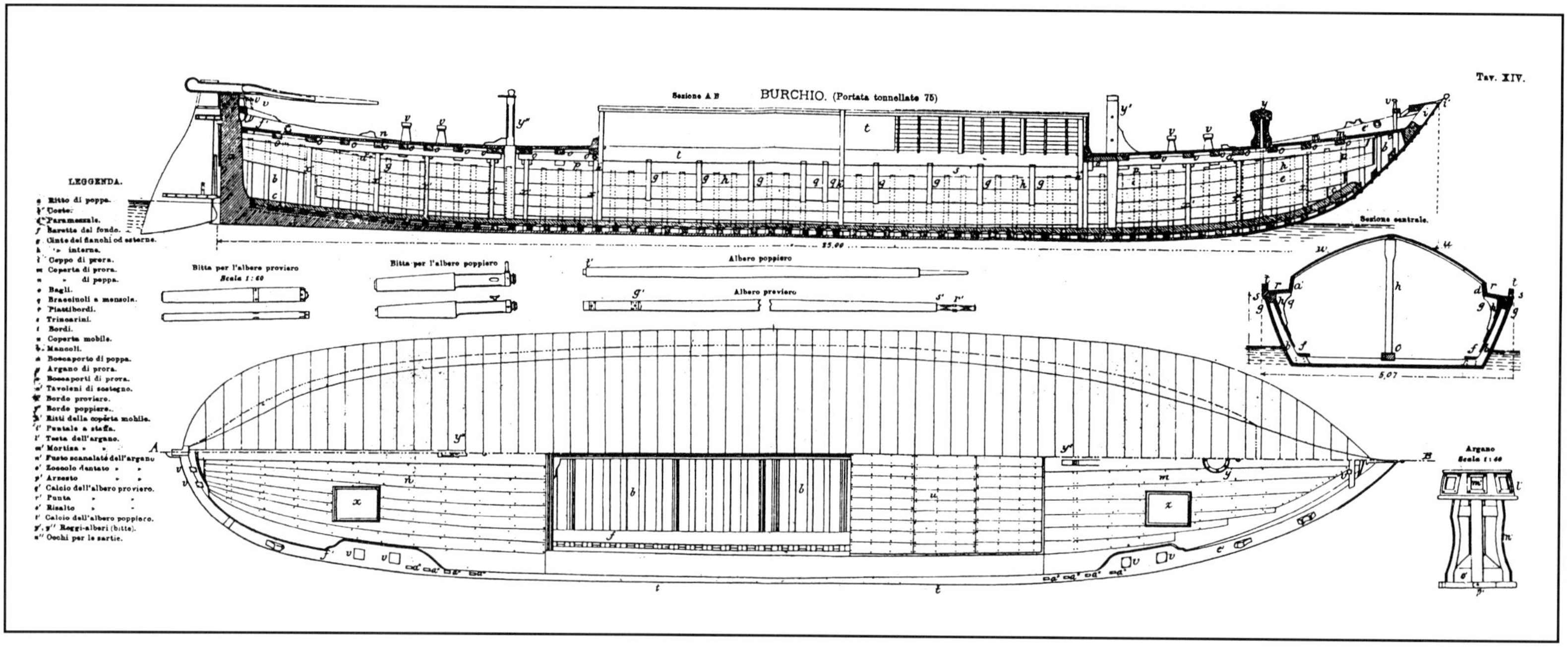

Cat N°: **P 115**
Soggetto / *Subject* A. d. D: **TAV. XIV: Burchio**
Scritte / *Text:* "Portata tonnellate 75".
nomenclatura e quote / *nomenclature and dimensions*
Autore / *Draughtsman*: n. i. Laboratorio foto-litografico Ministero della Guerra.
Data / *Date:* 1905
Tecnica / *Technique*: stampa / *print*
Dimensioni / *Dimensions*: riq. / *frame* 471x185
Scala / *Scale*: 1:40
Archivio e collo. / *Archive*: del redattore / *editor's collection*

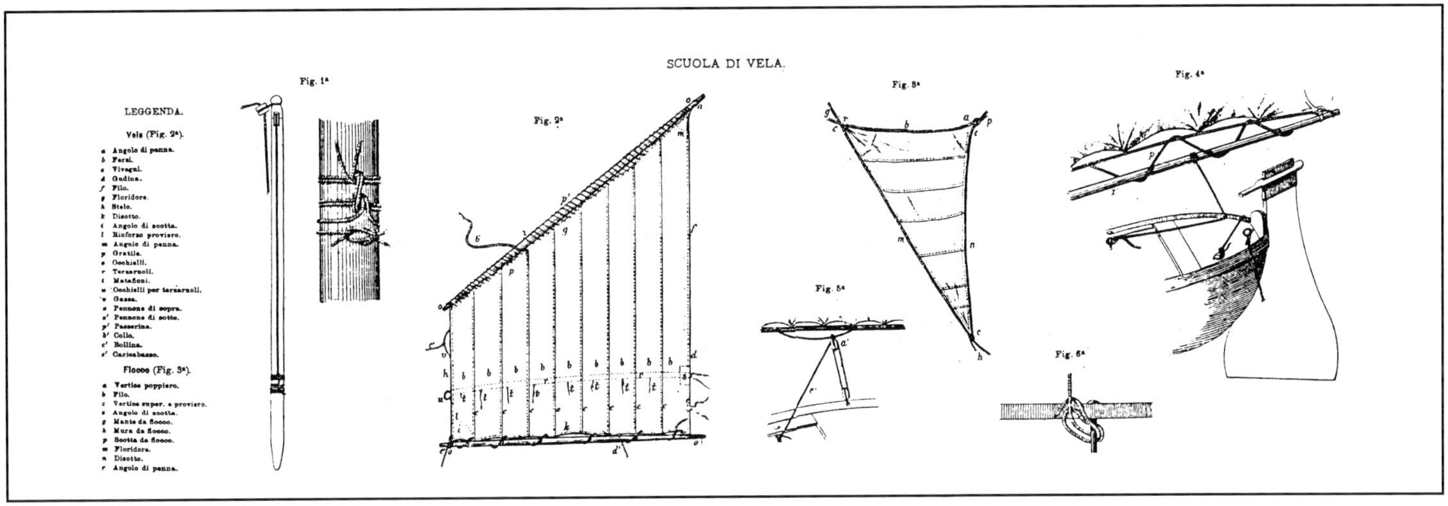

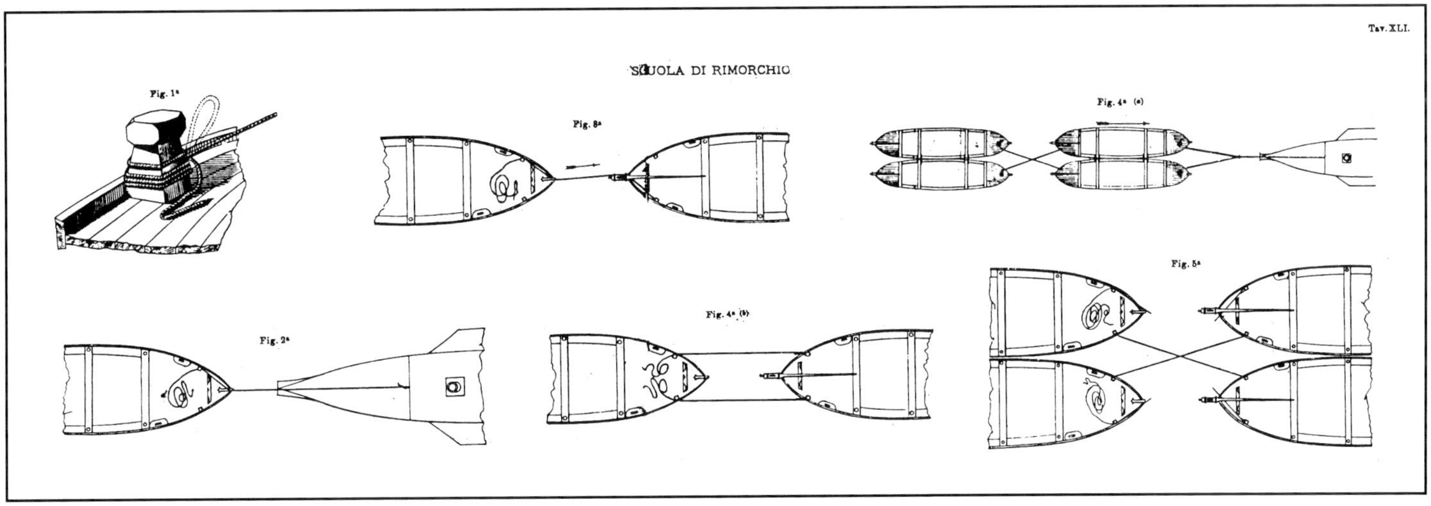

↑**Figura:** **P 117**
Soggetto / *Subject* A. d. D: **TAV. XL: Scuola di vela**
Scritte / *Text*: nomenclatura / *nomenclature*
Autore / *Draughtsman*: n. i. Laboratorio foto-litografico Ministero della Guerra.
Data / *Date*: 1905
Tecnica / *Tecnica*: stampa / *print*
Dimensioni / *Dimensions*: riq. / *frame* 477x158
Scala / *Scale*: non in scala / *not to scale*
Archivio / *Archive*: del redattore / *editor's collection*

↓**Figura:** **P 118**
Soggetto / *Subject* A. d. D: **TAV. XL: Scuola di rimorchio**
Scritte: -
Autore / *Draughtsman*: n. i. Laboratorio foto-litografico Ministero della Guerra.
Data / *Date*: 1905
Tecnica / *Tecnica*: stampa / *print*
Dimensioni / *Dimensions*: riq. / *frame* 472x158
Scala / *Scale*: non in scala / *not to scale*
Archivio / *Archive*: del redattore / *editor's collection*

NARCISO OREL

Le tavole che seguono sono di particolare interesse perché rappresentano la tipologia navale di entrambe le rive dell'alto Adriatico, permettendoci di confrontare scafi che, pur provenienti da zone geografiche adiacenti, si sono diversificati per adattarsi alle diverse conformazioni della costa e tecniche di pesca. L'autore è Narciso Orel nato a Capodistria il 28/1/1914. Ultimo di quattro fratelli ed orfano in giovanissima età è stato allevato da una zia paterna. Dopo le otto classi dell'obbligo, andò a lavorare nel cantiere "Depangher" di Capodistria, apprendendo contemporaneamente la progettazione ed il disegno navale alle scuole serali. Dal 1942 al 1948 ebbe la direzione tecnica del "Cantiere Navale S. Giusto" di Luigi Pertot a Pirano, dove allestì e varò le più grandi navi in legno, costruite nell'Adriatico dopo la prima guerra mondiale. Dal 1948, fino al pensionamento, continuò a progettare e costruire imbarcazioni in ferro e poi in plastica, rimanendo però sempre legato al fascino del legno con cui costruì anche imbarcazioni da diporto e da regata (tra cui una Star con la quale regatò per alcuni anni). Considerato maestro di schiere di carpentieri navali, alcuni divenuti celebri per aver costruito imbarcazioni campionesse mondiali, si è spento a Trieste l'undici maggio del 2000. Alcuni suoi piani di costruzione d'imbarcazioni da pesca dell'Alto Adriatico sono pubblicati nell'Enciclopedia del Friuli - Venezia Giulia.

The following drawings are of particular interest because they represent the types of vessels from both shores of the Upper Adriatic, allowing us to compare the boats that, despite originating from adjacent geographic areas were diversified to adapt to the different conformations of the coast and methods of fishing. The draughtsman was Narciso Orel born in Capodistria on the 28th January 1914. The youngest of four brothers and an orphan while very young, he was brought up by an aunt on his father's side. After the eight years of compulsory schooling, he went to work in the "Depangher" shipyard in Capodistria, while at the same time studying naval design and drawing at evening classes. From 1942 to 1948 he was the technical director of the S. Giusto Shipyard owned by Luigi Pertot in Pirano, where he fitted out and launched the largest wooden ships of the Adriatic built after the First World War. From 1948 until he retired he continued to design and build vessels in iron and later in plastic, remaining however, tied to the charm of wood with which he built pleasure boats and boats for regattas (including a Star with which he participated in regattas for a number of years). Considered the maestro of ranks of naval carpenters, a number of whom became famous for building world champion boats, he died in Trieste on the 11th May 2000. A number of his construction plans for fishing vessels of the Upper Adriatic are included in the Friuli-Venezia Giulia Encyclopaedia.

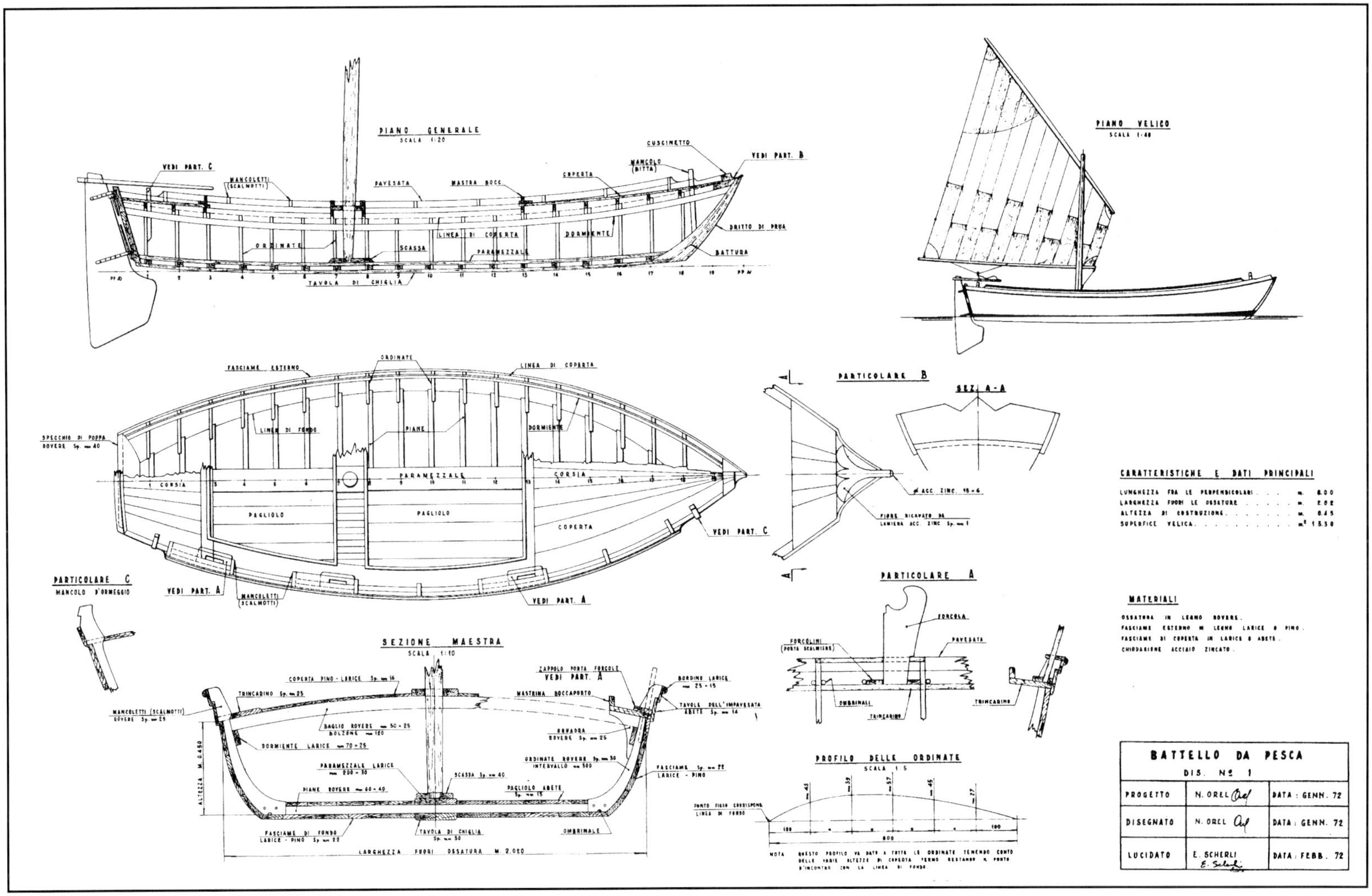

Cat N°: **P 119**
Subject /*Subject* A.d.D.: **Battello da pesca. Dis. n° 1.**
Scritte / *Text:* quote e indicazioni tecniche / *dimensions and technical indications*
Autore / *Draughtsman*: N. Orel. Lucidato E. Scherli.
Data / *Date:* gennaio '72
Tecnica / *Technique*: copia eliografica / *heliographic copy*
Dimensioni / *Dimensions*: riq. / *frame* 643x405
Scala / *Scale*: 1:10, 1:20, 1:40.
Archivio e collo. / *Archive*: coll. Giuliano Orel

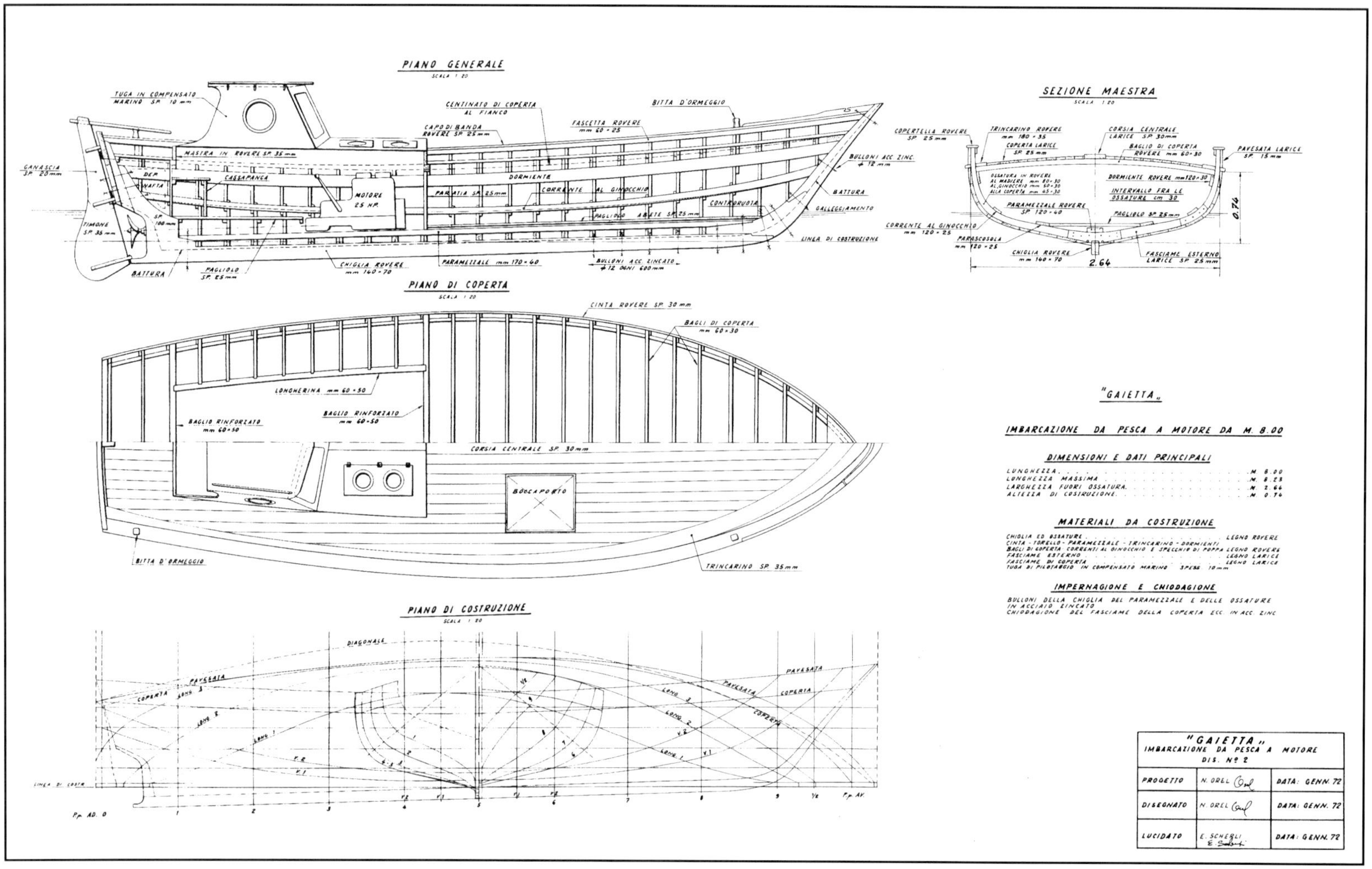

Cat N°:	**P 120**
Soggetto / *Subject* A.d.D.:	**"Gaietta" Imbarcazione da pesca a motore. Dis. n° 2.**
Scritte / *Text*:	quote e indicazioni tecniche / *dimensions and technical indications*
Autore / *Draughtsman*:	N. Orel. Lucidato E. Scherli
Data / *Date*:	gennaio '72
Tecnica / *Technique*:	copia eliografica / *heliographic copy*
Dimensioni / *Dimensions*:	riq. / *frame* 720x440
Scala / *Scale*:	1:20.
Archivio e collo. / *Archive*:	coll. Giuliano Orel

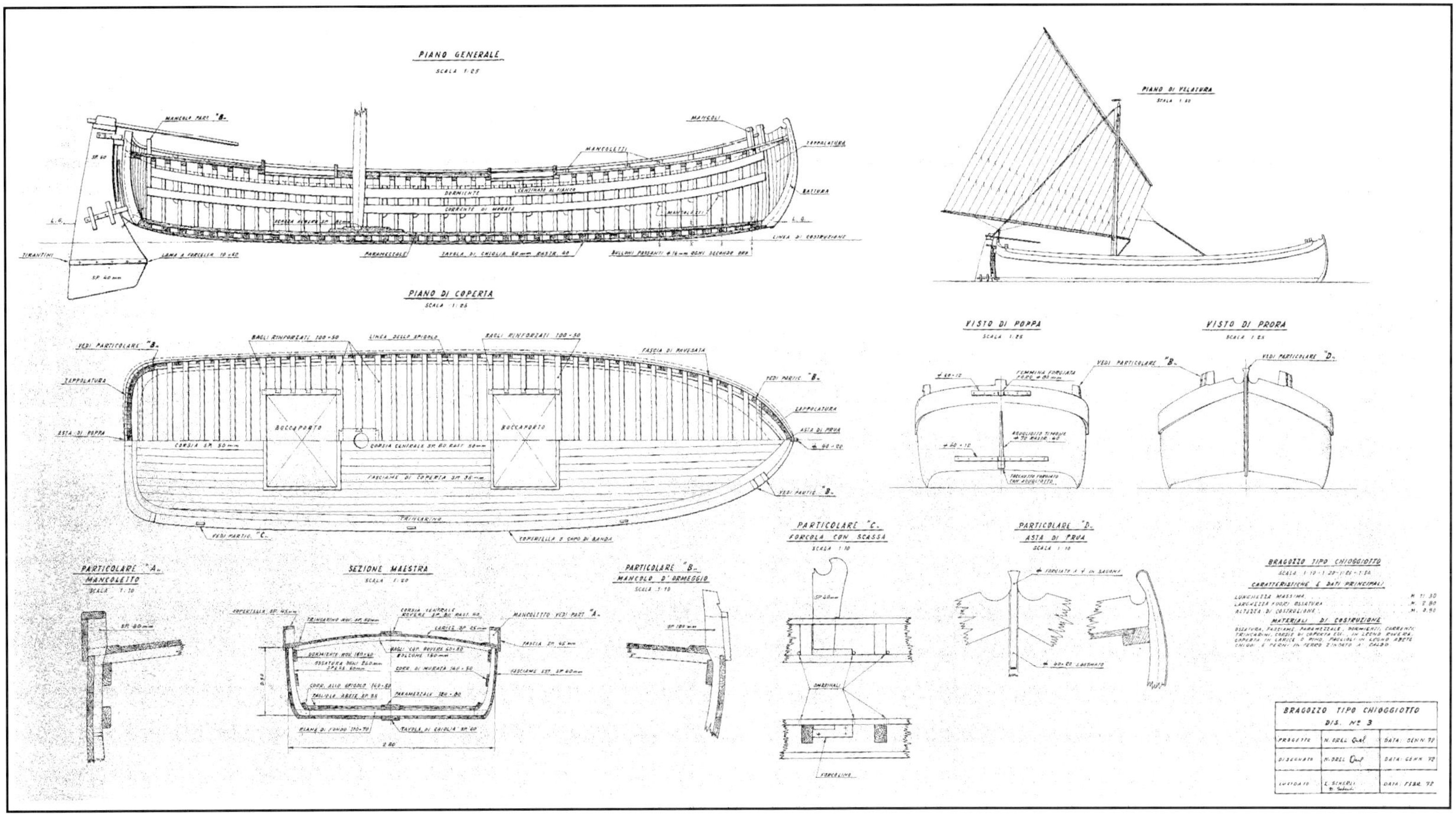

Cat N°:	**P 121**
Soggetto / *Subject* A.d.D.:	**Bragozzo tipo chioggiotto. Dis. n° 3.**
Scritte / *Text*:	quote e indicazioni tecniche / *dimensions and technical indications*
Autore / *Draughtsman*:	N. Orel. Lucidato E. Scherli
Data / *Date*:	gennaio '72
Tecnica / *Technique*:	copia eliografica / *heliographic copy*
Dimensioni / *Dimensions*:	riq. / *frame* 970x525
Scala / *Scale*:	1:10, 1:20, 1:25, 1:50.
Archivio e collo. / *Archive*:	coll. Giuliano Orel

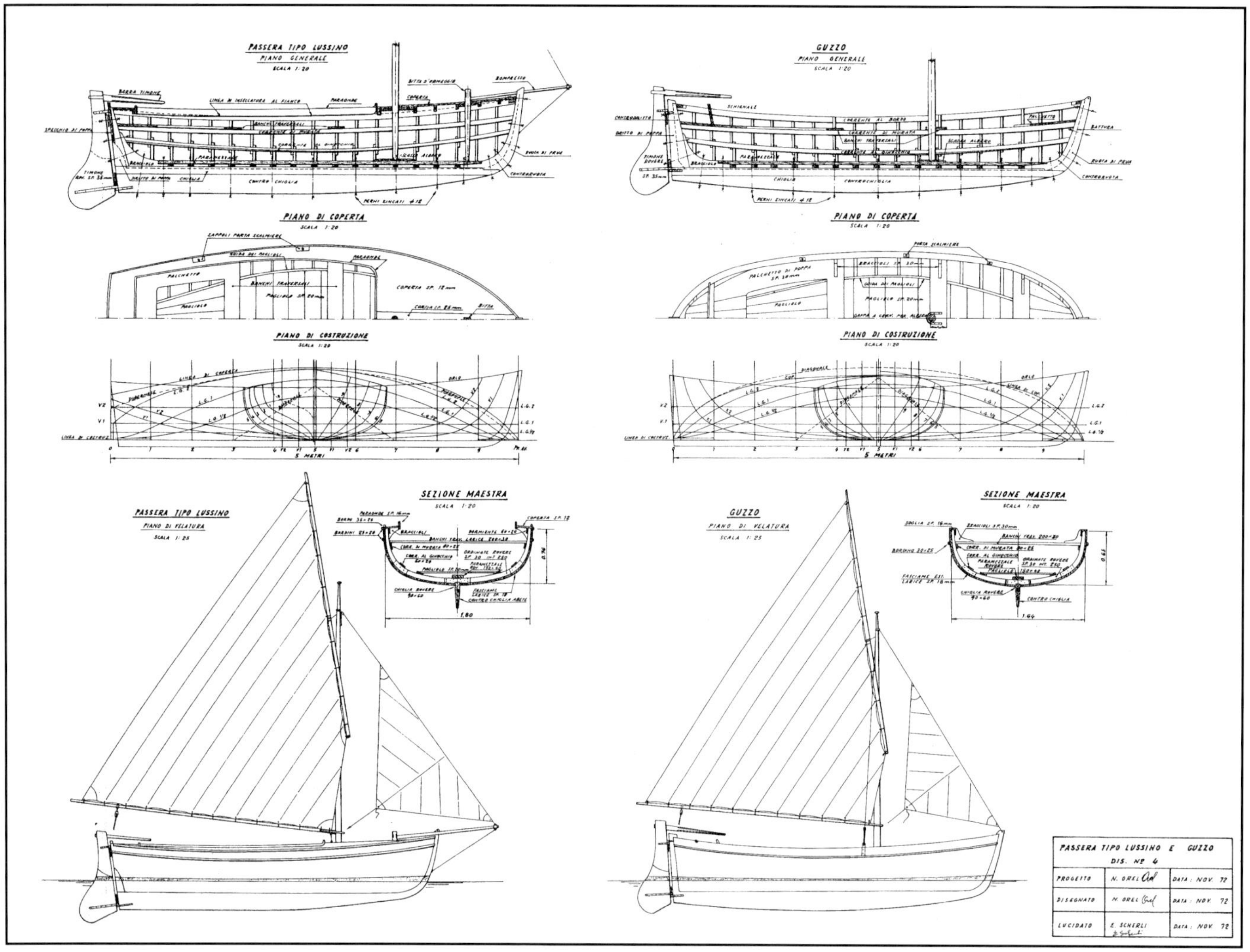

Cat N°:	**P 122**
Soggetto / *Subject* A.d.D.:	**Passera tipo Lussino e Guzzo. Dis. n° 4.**
Scritte / *Text*:	quote e indicazioni tecniche / *dimensions and technical indications*
Autore / *Draughtsman*:	N. Orel. Lucidato E. Scherli
Data / *Date*:	novembre '72
Tecnica / *Technique*:	copia eliografica / *heliographic copy*
Dimensioni / *Dimensions*:	riq. / *frame* 755x556.
Scala / *Scale*:	1:20, 1:25.
Archivio e collo. / *Archive*:	coll. Giuliano Orel

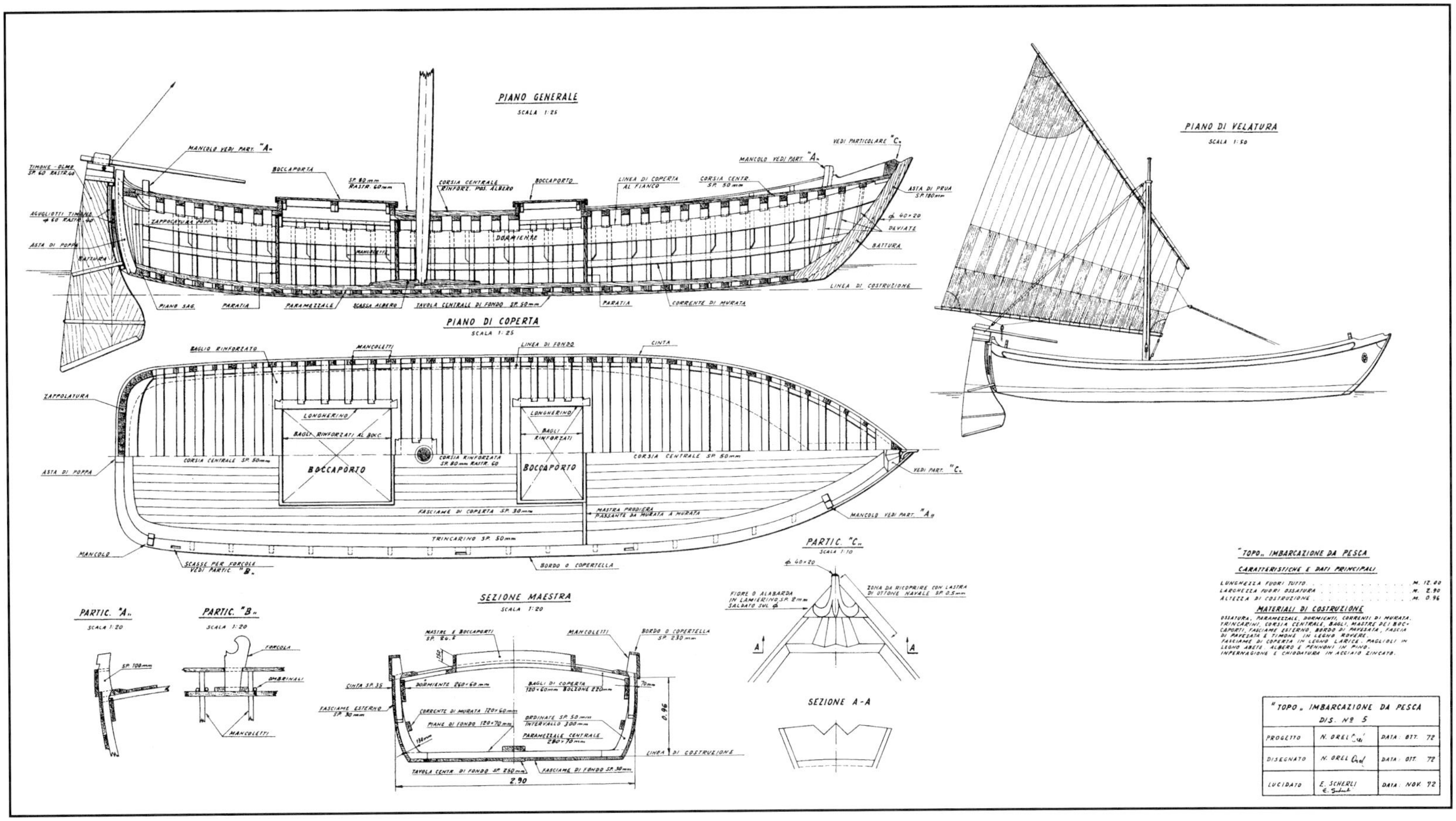

Cat N°: **P 123**
Soggetto / *Subject* A.d.D.: **"Topo" Imbarcazione da pesca. Dis. n° 5.**
Scritte / *Text*: quote e indicazioni tecniche / *dimensions and technical indications*
Autore / *Draughtsman*: N. Orel. Lucidato E. Scherli
Data / *Date*: ottobre '72
Tecnica / *Technique*: copia eliografica / *heliographic copy*
Dimensioni / *Dimensions*: riq. / *frame* 879x476
Scala / *Scale*: 1:20, 1:25, 1:50
Archivio e collo. / *Archive*: coll. Giuliano Orel

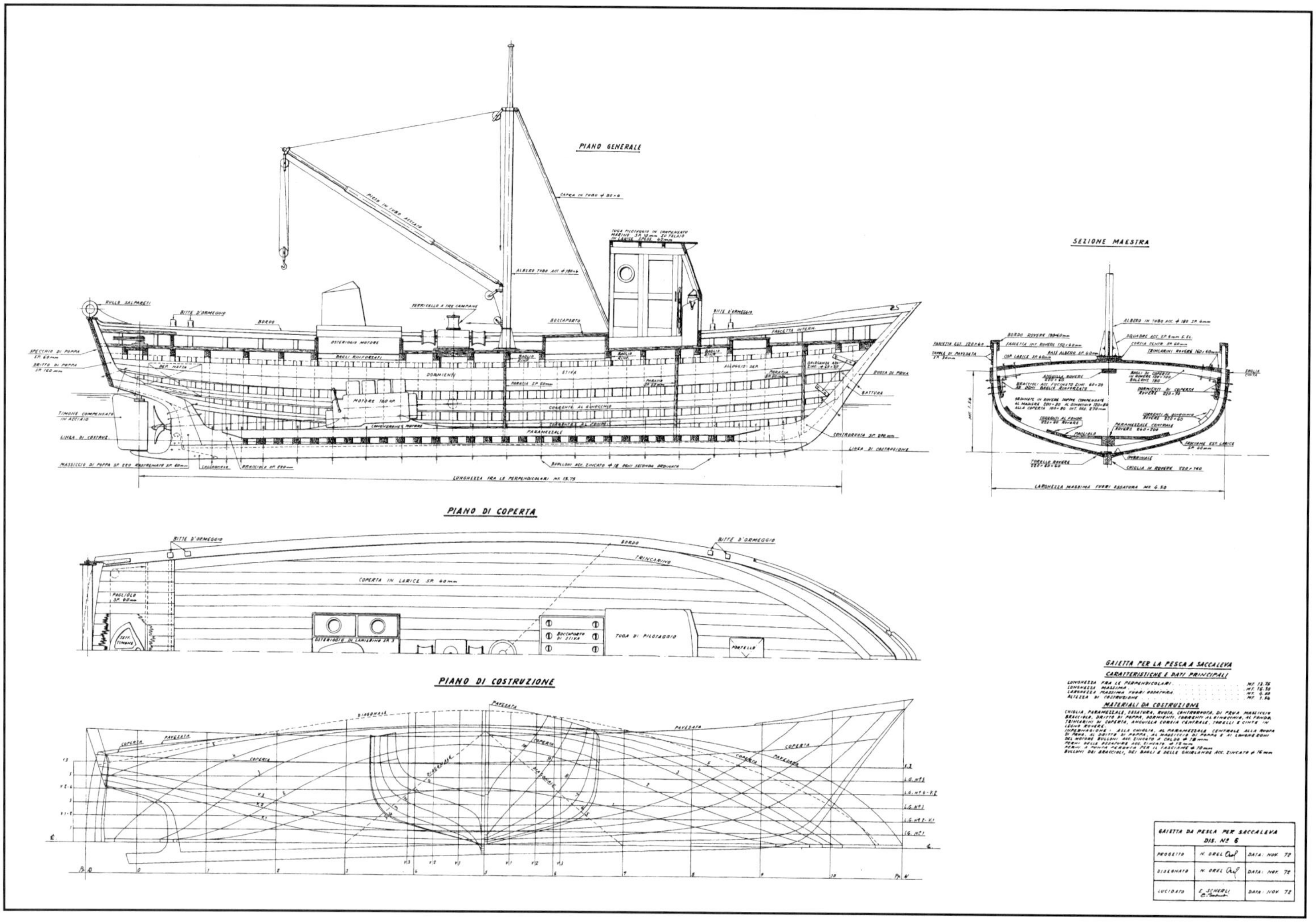

Cat N°: **P 124**

Soggetto / *Subject* A.d.D.: **Gaietta da pesca per saccaleva. Dis. n° 6.**

Scritte / *Text*: quote e indicazioni tecniche / *dimensions and technical indications*

Autore / *Draughtsman*: N. Orel. Lucidato E. Scherli

Data / *Date*: novembre '72

Tecnica / *Technique*: copia eliografica

Dimensioni / *Dimensions*: riq. / *frame* 1004x675

Scala / *Scale*: 1:25.

Archivio e collo. / *Archive*: coll. Giuliano Orel

BARCHETA

Barca, barchéta, barcon, barcagno, assieme a *batèlo, batelùcio, batelón, batèla,* sono i termini più usati dalla gente del mestiere per indicare le loro imbarcazioni. Essi, infatti, sanno con precisione a cosa si riferiscono e al massimo aggiungono la funzione cui erano destinati, ad esempio: *barca da trata,* o una variante costruttiva come *batela a coa de gambaro.* Nel caso specifico la *barchetta* o *barchetta da fresco,* era ed è un'imbarcazione a remi per il trasporto di persone, parente stretta della gondola. Era chiamata anche *barchetta a massoche* dalla forma delle sommità delle aste che si allargavano come un mazzuolo (*massoca* in veneziano). Ancora oggi a Venezia le gondole da traghetto sono chiamate *barchete.*

Barca, barchéta, barcon, barcagno, *together with* batèlo, batelùcio, batelón, batèla, *are the terms most used by people who work in the trade to indicate their boats. In fact they know exactly to what they are referring and at the most add the function to which they were destined, for example:* barca da trata, *or a variation of construction such as* batela a coa de gambaro. *In the specific case of the* barchetta *or* barchetta da fresco, *it was a rowing boat for transporting people, a close cousin of the gondola. It was also called a* barchetta a massoche *with the form of the tops of the stems which widened like a mallet* (massoca *in Venetian dialect). Today the gondolas used to ferry people across the Grand Canal are still referred to as* barchete.

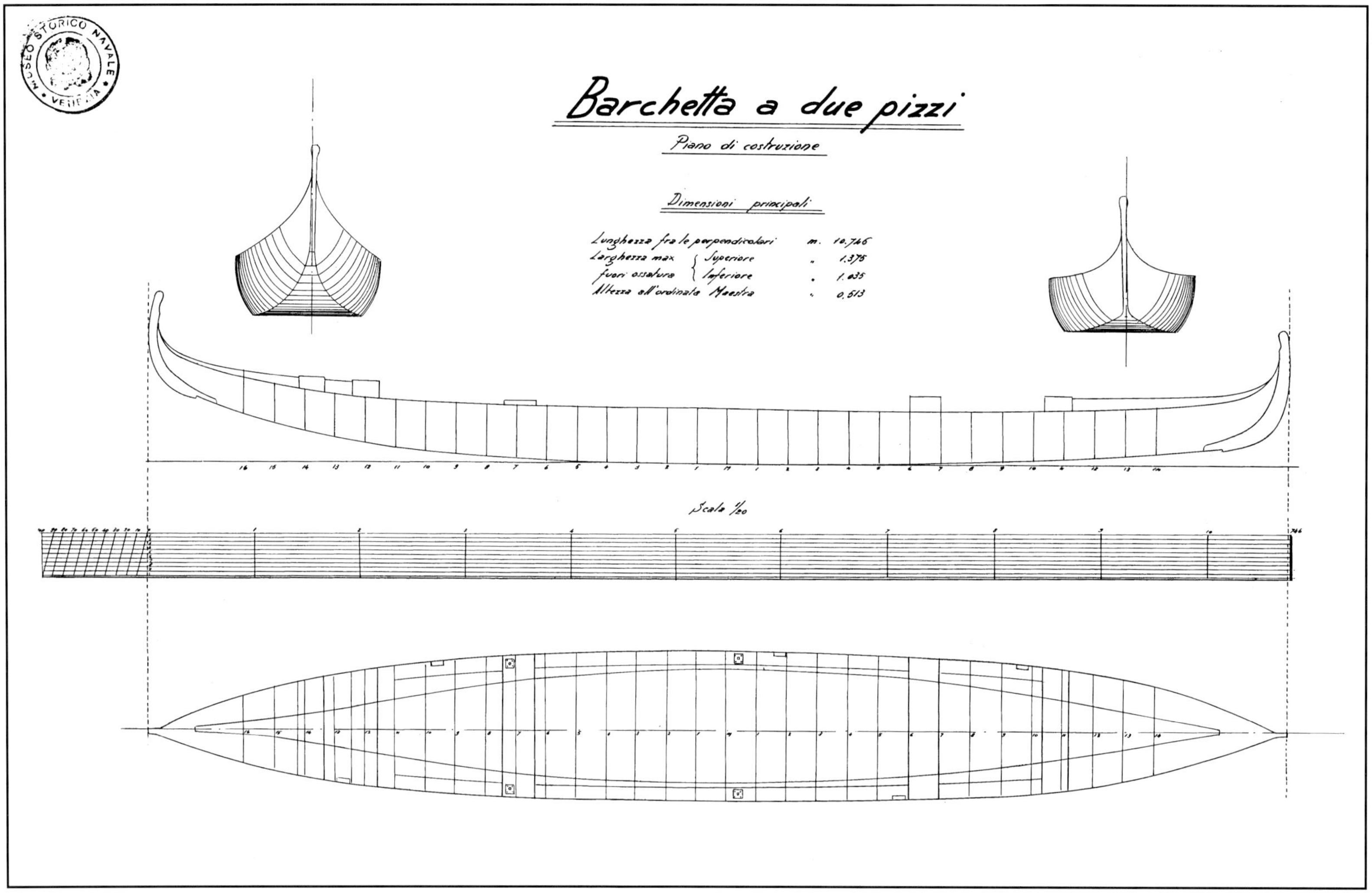

Cat N°: **P 165**
Soggetto / *Subject* A.d.D.: **Barchetta a due pizzi.**
Scritte / *Text*: quote / *dimensions*
Autore / *Draughtsman*: n. i.
Data / *Date*: s. d.
Tecnica / *Technique*: china su lucido / *ink on tracing paper*
Dimensioni / *Dimensions*: riq. / frame 678x412
Scala / *Scale*: 1:20
Archivio e collo. / *Archive*: MSNV inv. n° 3604
Note / *Notes*: Sulla custodia è riportato / *Text on the cover:* "Costruita nel 1899" / *Built in 1899*

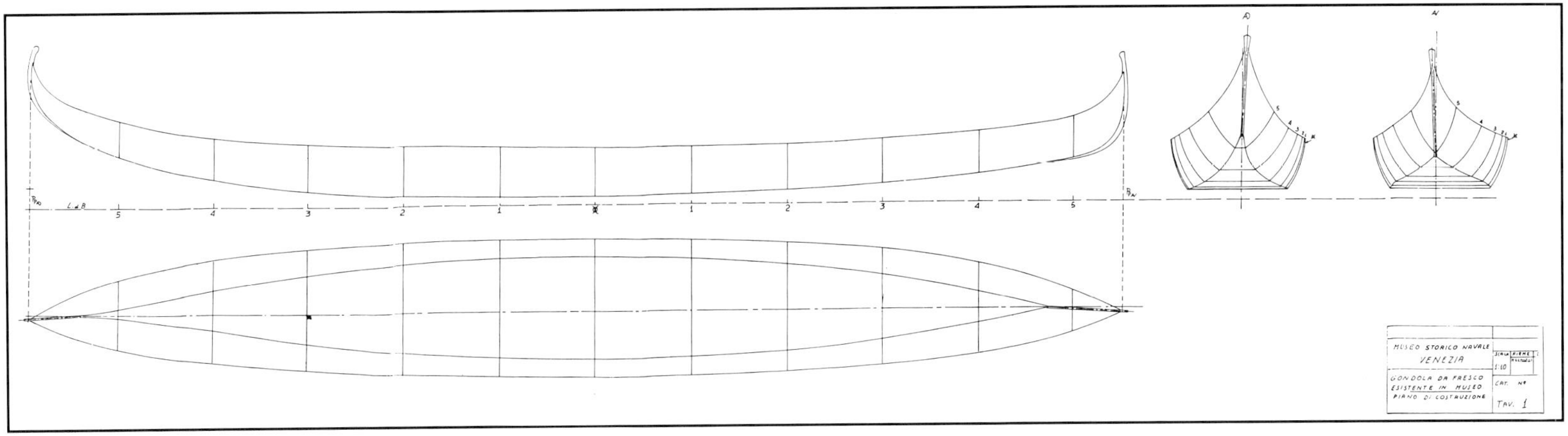

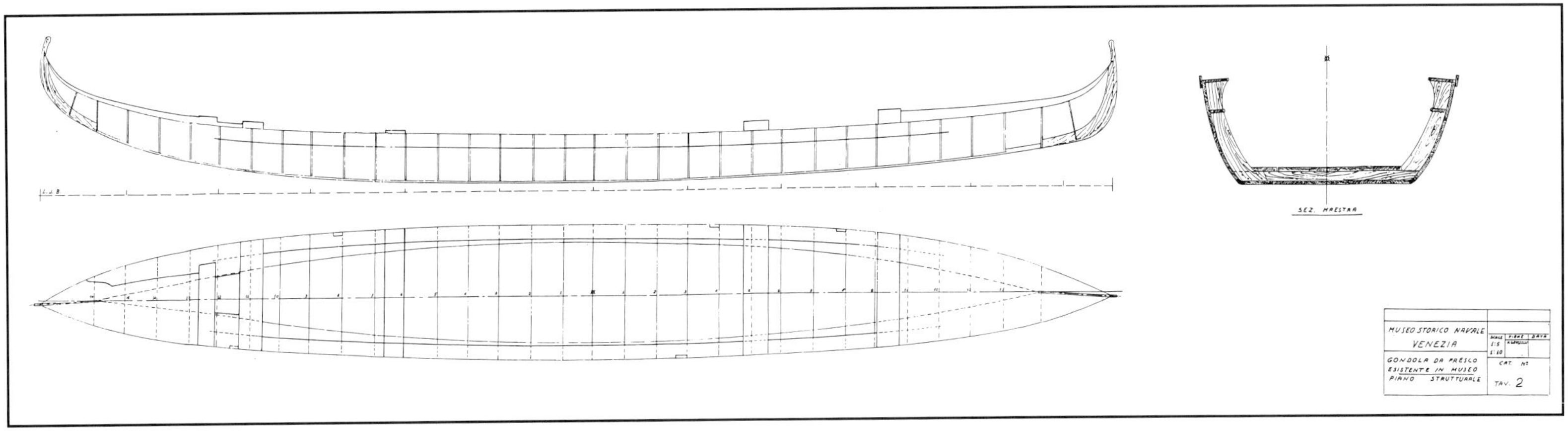

↑Cat N°: **P 166**

Soggetto / *Subject* A.d.D.: **Gondola da fresco. Esistente in Museo. Tav. 1. Piano di costruzione. / *Conserved at the MSNV Plate 1. Construction plan.***

Scritte / *Text:* -

Autore / *Draughtsman*: M. Grasselli

Data / *Date:* s. d.

Tecnica / *Technique*: china su lucido / *ink on tracing paper*

Dimensioni / *Dimensions*: riq. / *frame* 1404x367

Scala / *Scale*: 1:10

Archivio e collo. / *Archive*: MSNV

Note / *Notes:* Nonostante il sottotitolo, ci sono una grande quantità di incongruenze fra il disegno e lo scafo conservato in Museo. *Despite the subtitle there are a large number of inconsistencies between the drawing and the boat kept in the Museum.*

↓Cat N°: **P 167**

Soggetto / *Subject* A.d.D.: **Gondola da fresco - Esistente in Museo. Tav. 2. Piano strutturale. / *Plate 1. Structural plan.***

Scritte / *Text:* -

Autore / *Draughtsman*: M. Grasselli

Data / *Date:* s. d.

Tecnica / *Technique*: china su lucido / *ink on tracing paper*

Dimensioni / *Dimensions*: riq. / *frame* 1410x362

Scala / *Scale*: 1:10, 1:5

Archivio e collo. / *Archive*: MSNV

Note del redattore / *Notes*: come / *like* P 166

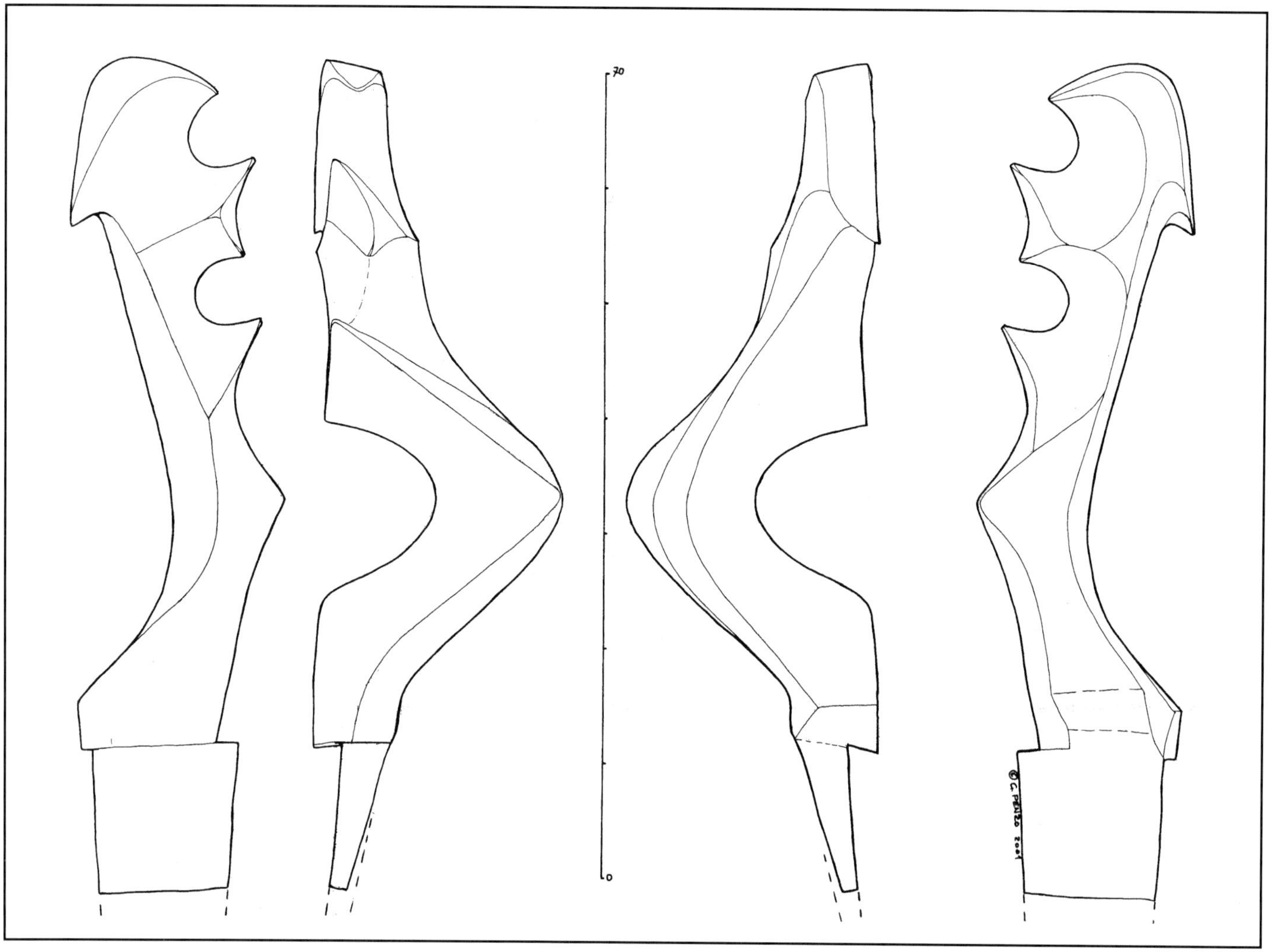

Cat N°: **P 168 (non raff. / *not shown*)**
Soggetto / *Subject* A.d.D.: **Barchetta.**
Scritte / *Text:* quote e ind. tecniche / *dimensions and technical indications*
Autore e costruttore / *Draughtsman & boatbuilder*: Giovanni Giuponi. Lucidato ?
Data / *Date:* s. d.
Tecnica / *Technique*: china su lucido / *ink on tracing paper*
Dimensioni / *Dimensions*: c. 1000x760
Scala / *Scale*: 1:1, 1:5, 1:10.
Archivio e collo. / *Archive*: del redattore / *editor's collection*

Cat N°: **P 1.**
Soggetto / *Subject* A.d.D.: ***Forcola* da poppa per *barchetta da fresco.***
Scritte / *Text:* -
Autore / *Draughtsman*: G. Penzo
Data / *Date:* 4-2001
Tecnica / *Technique*: china su lucido / *ink on tracing paper*
Dimensioni / *Dimensions*: riq. / *frame* 1060x765
Scala / *Scale*: 1:1
Archivio e collo. / *Archive*: dell'autore / *editor's collection*

BATELA

Batela, come si è detto precedentemente, è un nome generico che si dà a molte specie di scafi, in questo caso designa un'imbarcazione lagunare a remi e vela, non pontata, costruita in due varianti la *batèla buranela*, e la *batela a cóa de gambaro*. La prima ha la poppa a specchio mentre la seconda c'è l'ha tonda con l'asta elegantemente sopraelevata. Pensiamo invece che la *barchèta a cóa de gambaro*, spesso usata come sinonimo, sia più slanciata e più simile alla gondola (v. P 111).

Batèla*, as mentioned previously, is a generic name given to many types of boat, in this case it designates a lagoon boat with oars and sails, without a deck; built in two variations: the* batèla buranela *and the* batèla a cóa de gambaro. *The first has a straight while the second has a more rounded stern with an elegantly raised stem post. We think instead that the* batèla a cóa de gambaro, *often used as a synonym, is narrower and more similar to the gondola (v. P 111).*

Cat N°:	**P 169 (Non raffig.)**
Soggetto / *Subject* A.d.D.:	**Batèla a pisso o a cóa de gambaro.**
Scritte / *Text:*	Versione sportiva data a sorteggio fra i partecipanti alla 6a Vogalonga / *Version for competitive rowing. Assigned at random to participants in the 6th Vogalonga.*
Autore e costruttore:	Giovanni Giuponi. Lucidato G. Penzo.
Data / *Date:*	s. d.
Tecnica / *Technique*:	copia elio / *heliographic copy*
Dimensioni / *Dimensions*:	1030 x 693
Scala / *Scale*:	1:10
Archivio e collo. / *Archive*:	del redattore / *editor's collection*

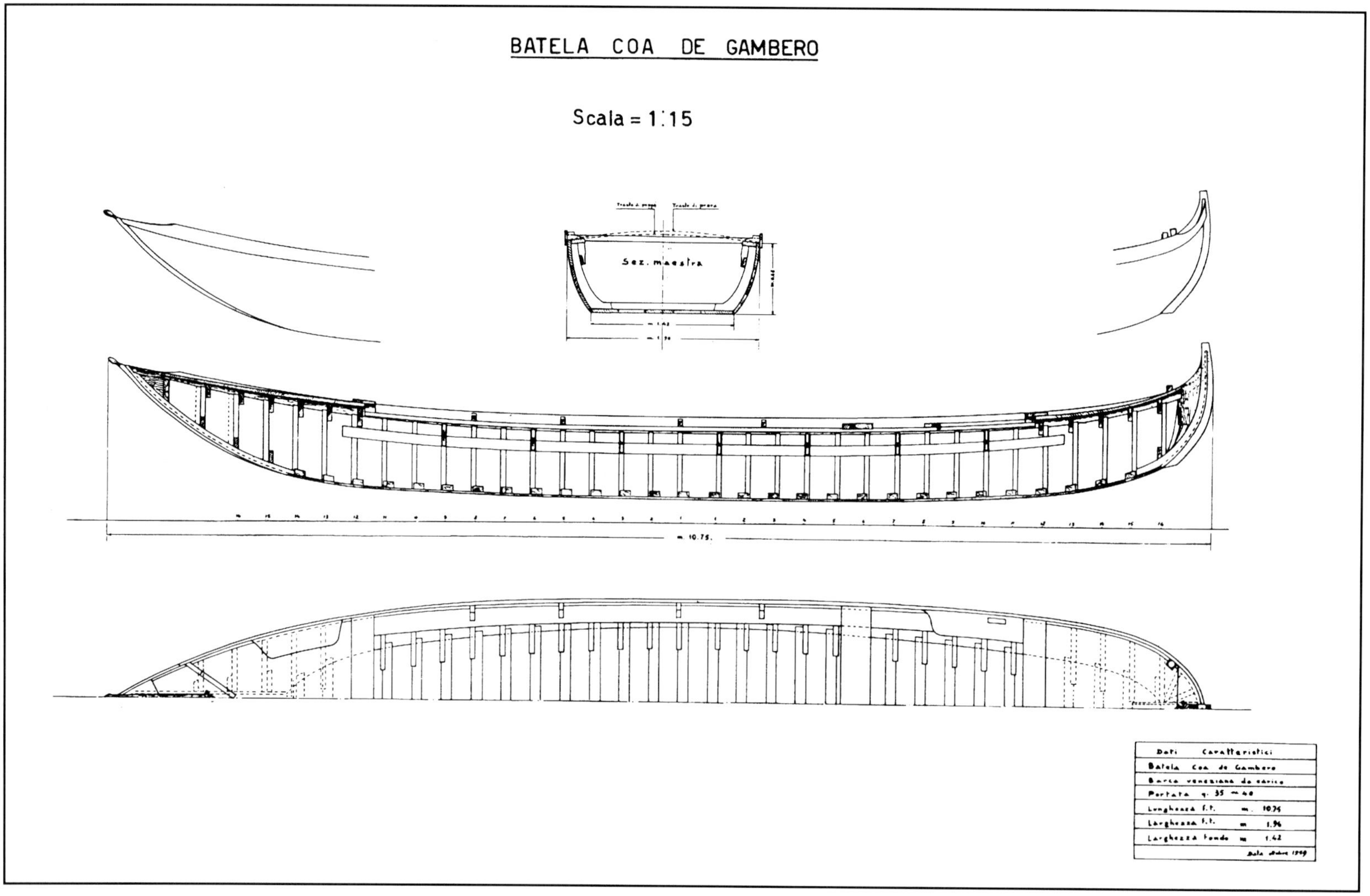

Cat N°:	**P 170**
Soggetto / *Subject* A.d.D.:	**Batela coa de gambero.**
Scritte / *Text:*	dimensioni e indicazioni tecniche / *dimensions and technical indications*
Autore / *Draughtsman*:	n. i.
Data / *Date:*	ottobre 1959
Tecnica / *Technique*:	copia elio / *heliographic copy*
Dimensioni / *Dimensions*:	riq. / *frame* 888 x 595
Scala / *Scale*:	1:15
Archivio e collo. / *Archive*:	MSNV

Cat N°:	**P 171 (non raff. / *not shown*)**
Soggetto / *Subject* A.d.D.:	**Batela a coa de gambaro.**
Scritte / *Text:*	"Ricostruita in base ai dati conservati presso il Museo Storico Navale di Venezia e a rilevamenti fotografici." / *Reconstruction based on data kept at the MSNV and measurements taken from photographic material.*
Autore / *Draughtsman*:	Riccardo Pergolis
Data / *Date:*	ottobre 1980
Tecnica / *Technique*:	china su lucido / *ink on tracing paper*
Dimensioni / *Dimensions*:	?
Scala / *Scale*:	?
Archivio e collo. / *Archive*:	del redattore / *editor's collection*
Note / *Notes*:	tratta dal dis. / *based on* P 170

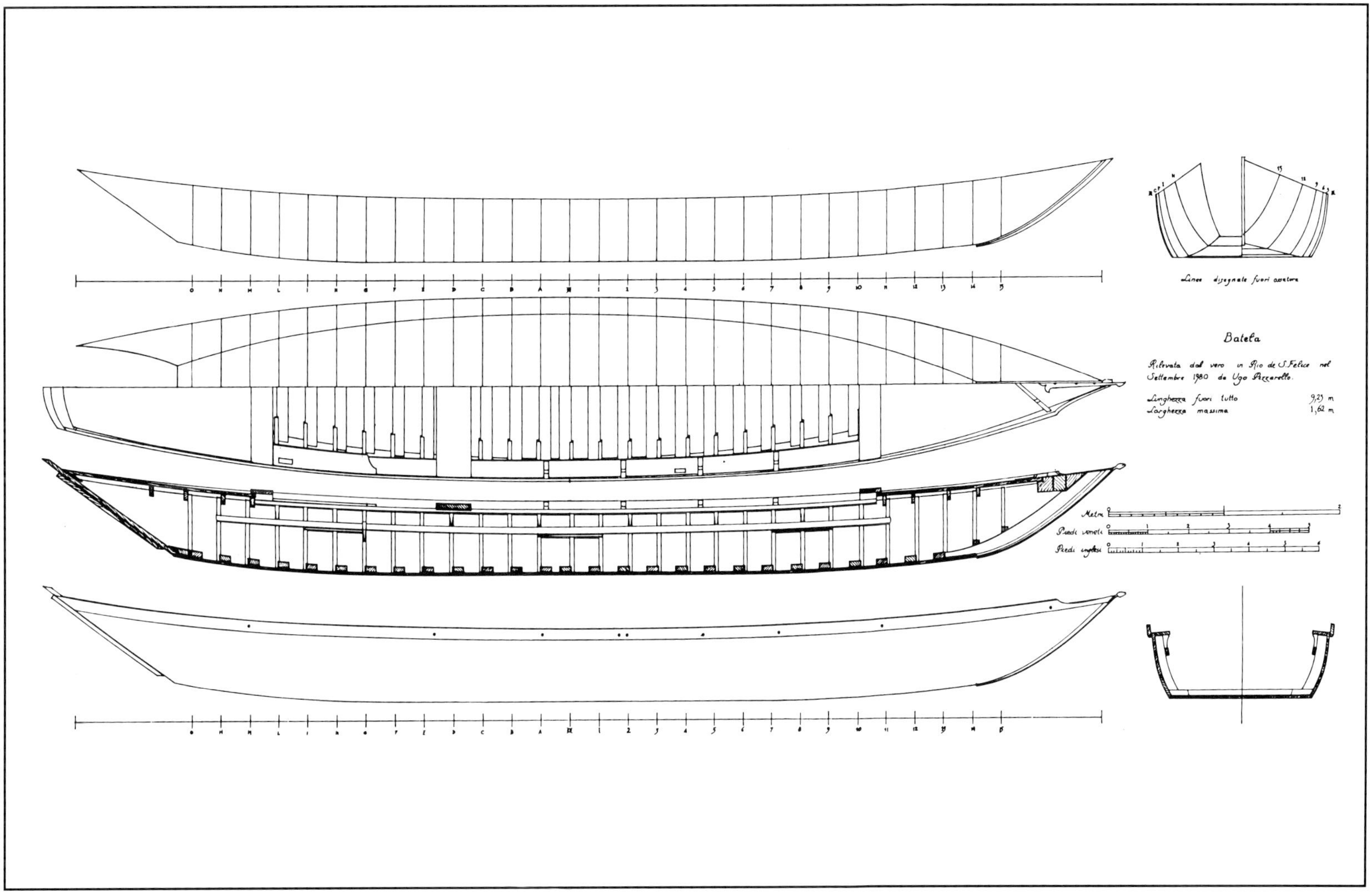

Cat N°: **P 172**
Soggetto / *Subject* A.d.D.: **Batela.**
Scritte / *Text*: "Rilevata dal vero in Rio di S. Felice." / *Drawn from a boat in Rio di S. Felice.*
Autore / *Draughtsman*: Ugo Pizzarello
Data / *Date*: settembre 1980
Tecnica / *Technique*: china su lucido / *ink on tracing paper*
Dimensioni / *Dimensions*: c. 830 x 430
Scala / *Scale*: 1:15
Archivio e collo. / *Archive*: del redattore / *editor's collection*

Cat N°: **P 173 (non raff. / *not shown*)**
Soggetto / *Subject* A.d.D.: **Batela da regata. Barca da diporto a remi.**
Scritte / *Text*: -
Autore e costruttore / *Draughtsman & boatbuilder*: Giovanni Giuponi. Lucidato / *redrawn by* G. Penzo
Data / *Date*: n. i.
Tecnica / *Technique*: china su poliestere / *ink on polyester*
Dimensioni / *Dimensions*: riq. / *frame* 1030x433
Scala / *Scale*: 1:10
Archivio e collo. / *Archive*: del redattore / *editor's collection*

BATELON

Il *batelón* è una imbarcazione lagunare da trasporto a remi e vela, simile alla *caorlina*, ma di taglia più grande e dalla poppa leggermente sopraelevata.

The batelón *is a lagoon boat for transport with oars and sail, similar to the* caorlina, *but larger and with a slightly raised stern.*

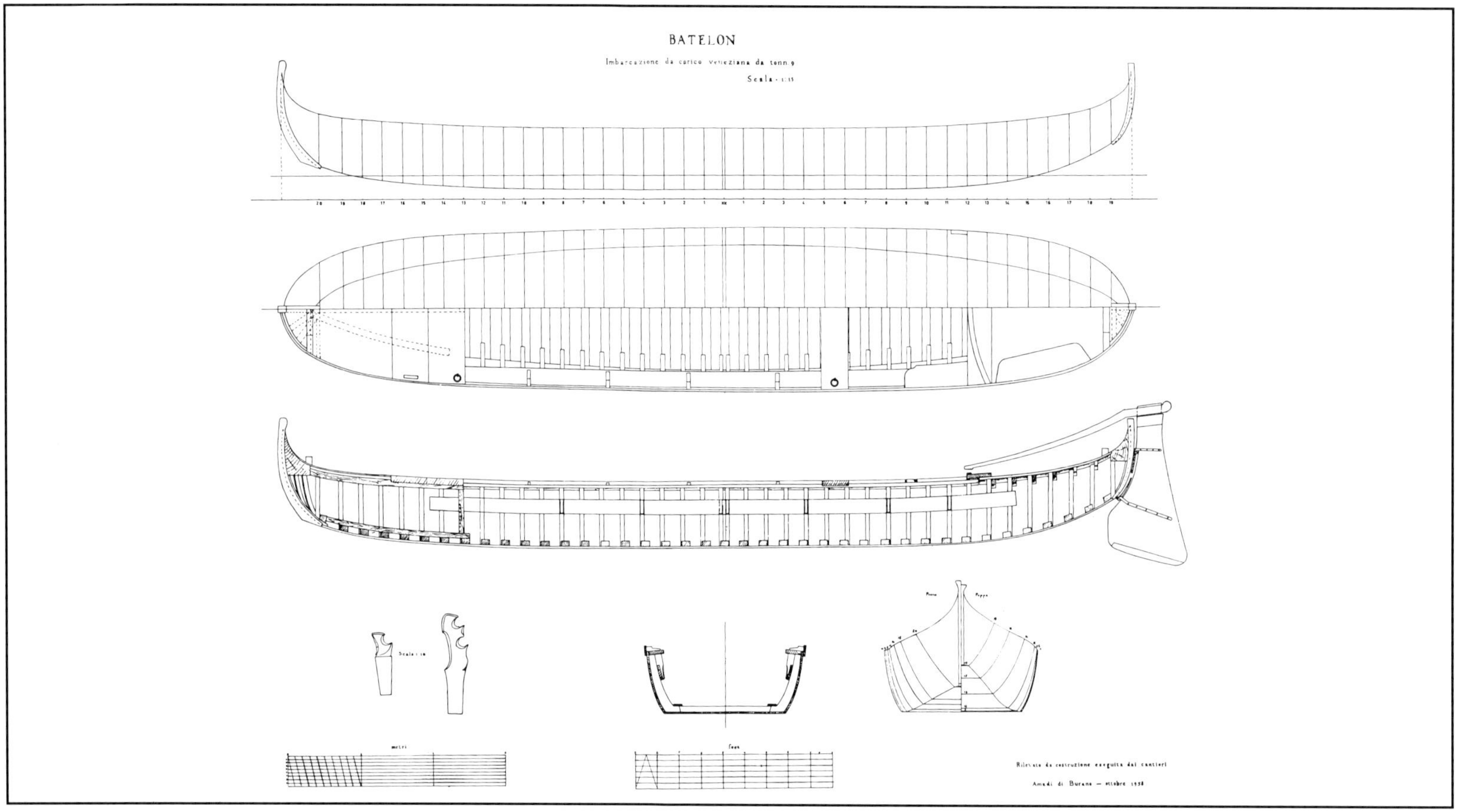

Cat N°: **P 174**
Soggetto / *Subject* A. d. D.: **Batelon. Imbarcazione da carico veneziana da tonn. 9.**
Scritte / *Text*: "Rilevato da costruzione eseguita dai cantieri Amadi di Burano." / *Drawing of a construction made by the Amadi di Burano boatyard.*
Autore e costruttore: / *Draughtsman* and builder: n. i.
Data / *Date*: ottobre 1958
Tecnica / *Technique*: copia elio / *heliographic copy*
Dimensioni / *Dimensions*: riq. / *frame* 890 x 750
Scala / *Scale*: 1:15, 1:10
Archivio e collo. / *Archive*: MSNV

Cat N°: **P 175 (non raff. / *not shown*)**
Soggetto / *Subject* A. d. D.: **Batelon.**
Scritte / *Text*: "Ricostruito in base ai dati conservati presso il Museo Storico Navale di Venezia e a rilevamenti dal vero." / *Reconstruction based on data kept at the MSNV and measurements taken from actual boat.*
Autore / *Draughtsman*: R. Pergolis, U. Pizzarello
Data / *Date*: 1980
Tecnica / Tecnique: china su lucido / *ink on tracing paper*
Dimensioni / *Dimensions*: ?
Scala / *Scale*: ?
Archivio e collo. / *Archive*: del redattore / *editor's collection*
Note / *Notes*: tratto dal piano / *based on* P 174

BRAGAGNA

La *bragàgna* è sia un tipo d'imbarcazione sia una rete lagunare, non sappiamo chi abbia imposto il nome all'altra. La tipologia più antica è la *bragàgna a tre alberi* o *a do proe*, dotata appunto d'estremità simmetriche e caso unico fra le barche lagunari di tre alberi. Va posto in risalto che la pesca si svolgeva scarrocciando sul letto del vento, tenendo aperta la bocca della rete mediante due aste fissate alle estremità dello scafo. Questa tipologia fu poi sostituito in questo secolo, mantenendo la stessa tecnica di pesca, con una simile a un piccolo *bragòsso* non pontato.

The bragàgna *is both a type of boat and a type of lagoon fishing net, we do not know which gave its name to which. The most ancient type is the* bragàgna a tre alberi *or* a do proe. *It has symmetrical extremities and is the only lagoon boat with three masts. Fishing was carried out making leeway in the eye of the wind, keeping the mouth of the net open by means of two poles fixed at to the ends of the boat. This method of fishing continued in the the twentieth century with a boat similar to a small deckless* bragòsso.

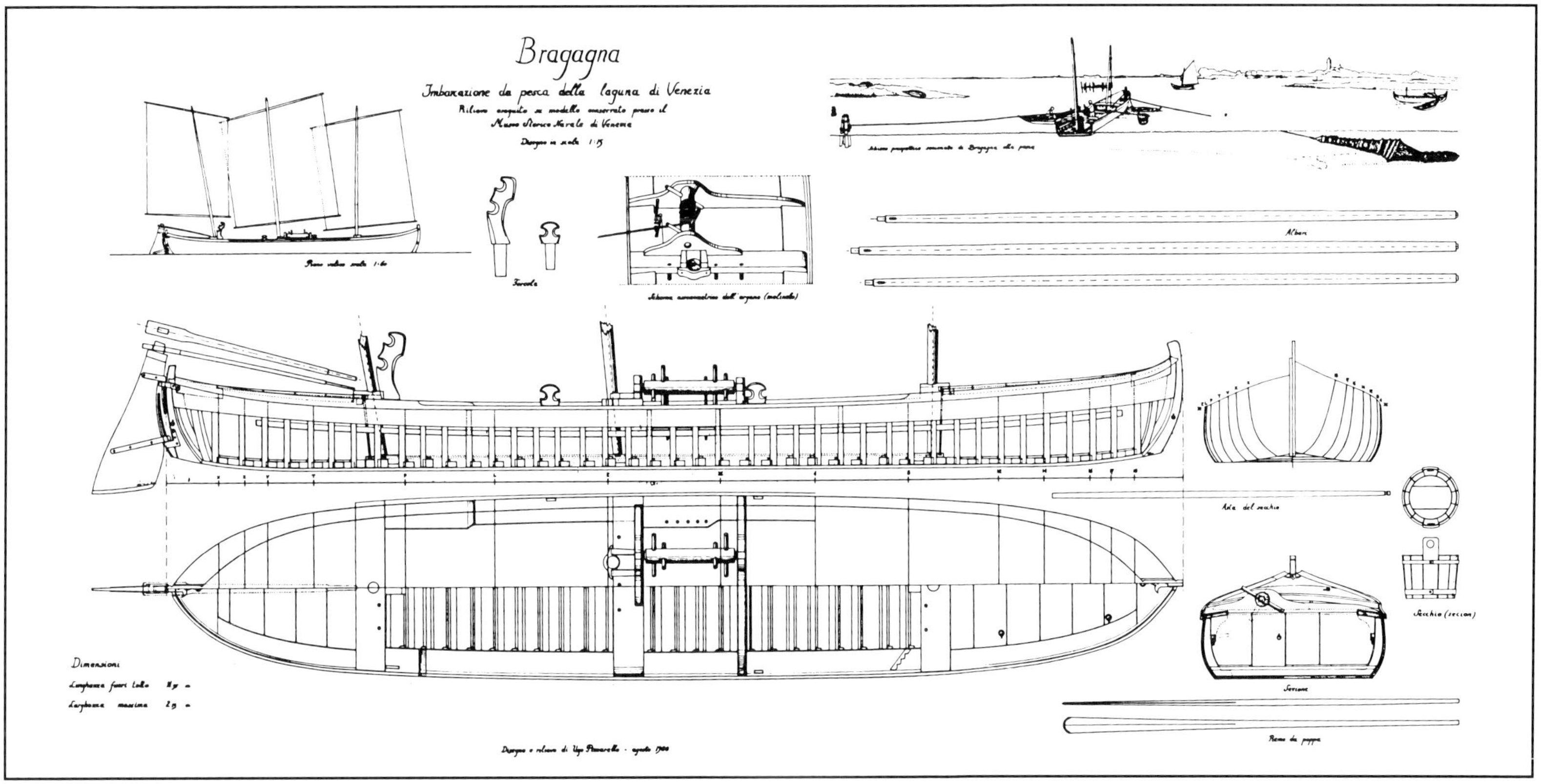

Cat N°: **P 180**

Soggetto/ *Subject* A.d.D.: **Bragagna. Imbarcazione da pesca della laguna di Venezia. / *Fishing boat of the Venetian lagoon.***

Scritte / *Text*: "Rilievo eseguito su modello conservato presso il Museo Storico Navale di Venezia."
Drawn from a model kept at the MSNV

Autore / *Draughtsman*: Ugo Pizzarello

Data / *Date*: Agosto 1980

Tecnica / *Technique*: china su lucido / *ink on tracing paper*

Dimensioni / *Dimensions*: C. 920 x 460

Scala / *Scale*: 1:15, 1:60

Archivio / *Archive*: del redattore / *editor's collection*

Note / *Notes*: Si veda anche il nostro rilievo / *see also* P 357-365

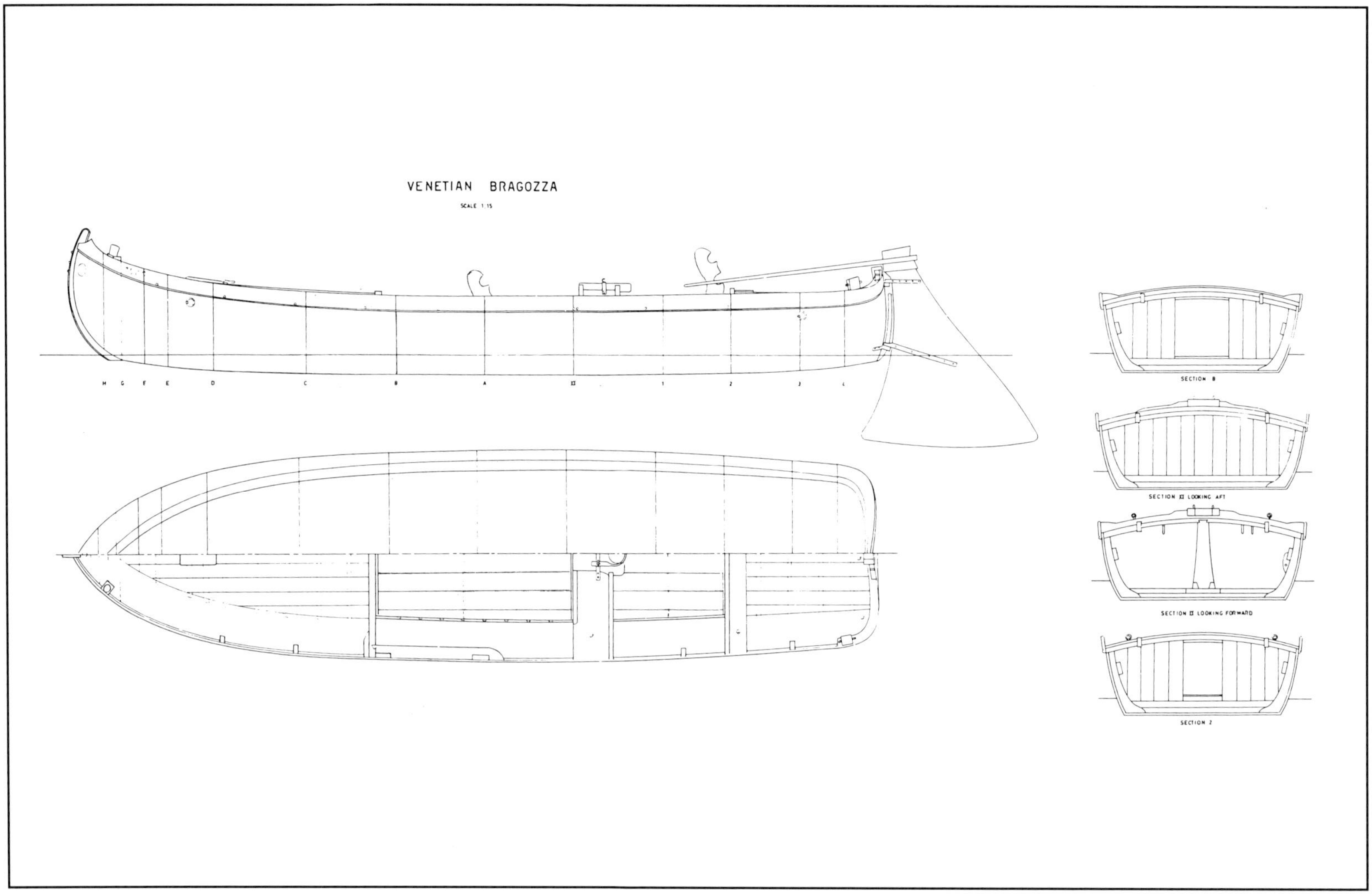

Cat N°: **P 178**
Soggetto / *Subject* A.d.R.: ***Bragàgna* Maria Luisa. Scafo / *Hull***
Scritte / *Text*: “Venetian bragozza.” Indicazioni in inglese. / *Indications in English*
Autore / *Draughtsman*: William Bromell
Data / *Date*: 1974
Tecnica / *Technique*: china su carta da lucido / *ink on tracing paper*
Dimensioni / *Dimensions*: Riq. 960x638
Scala / *Scale*: 1:15
Archivio / *Archive*: MSNV
Note / *Notes*: Rilievo della *bragàgna* Maria Luisa, costruita nel 1950 a Chioggia nello squèro di Frizziero Giuseppe, reg. R. N. M. Ve 5659, conservata al MSNV nel padiglione delle navi, inv. 6292. L'autore ha realizzato anche il modello conservato presso lo stesso Museo.
Drawing of the bragàgna *Maria Luisa, built in 1950 in Chioggia at the Frizziero squèro (boatyard), reg. R. N. M. Ve5659, kept at the MSNV in the hall of the ships, inv. 6292. The draughtsman also made the model on display at the same museum.*

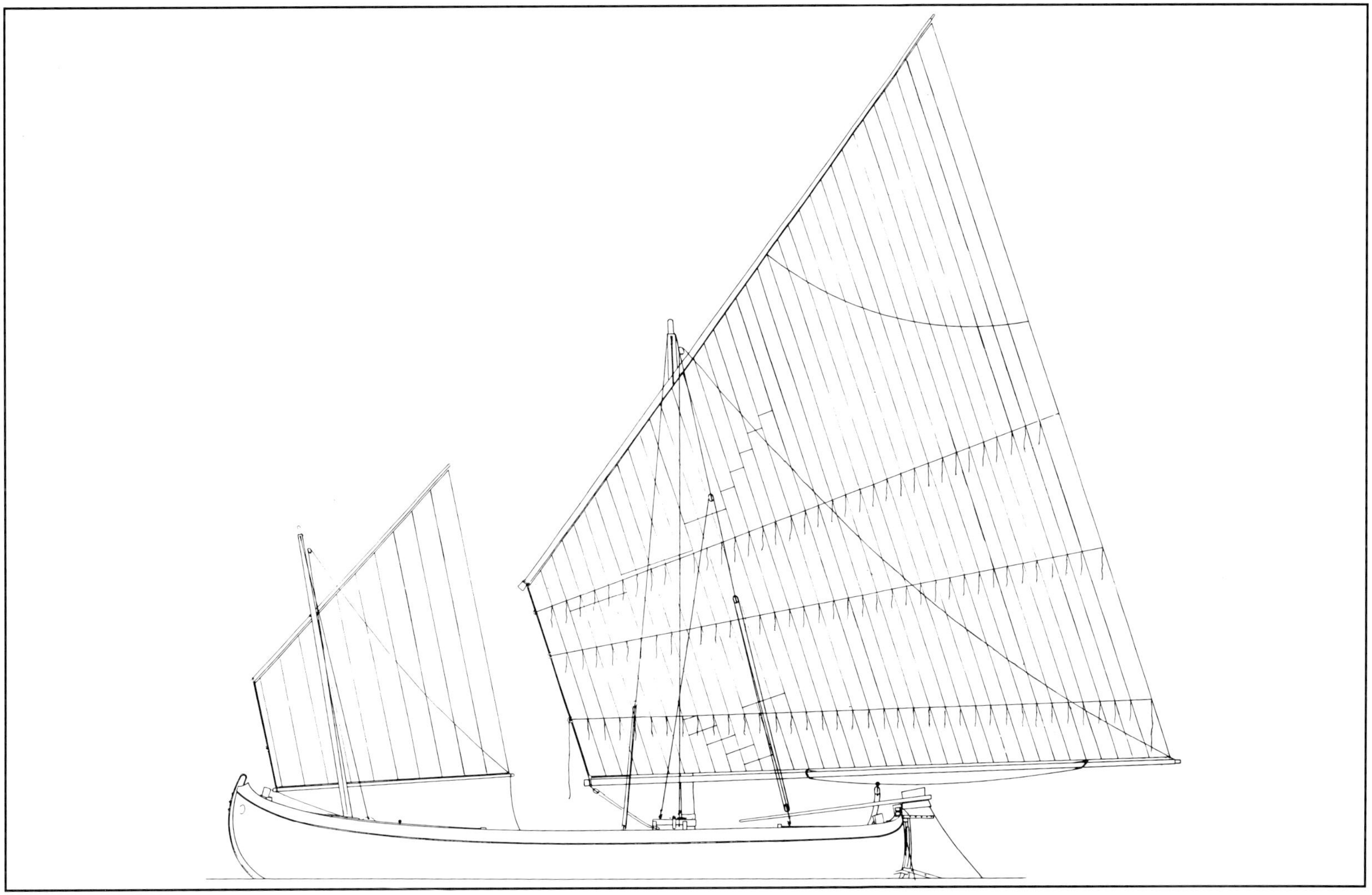

Cat N°: **P 179**
Soggetto / *Subject* A.d.R.: ***Bragàgna* Maria Luisa. Piano velico / *Sail plan***
Scritte / *Text*: -
Autore / Draughtsman: William Bromell
Data / *Date*: 1974
Tecnica / *Technique*: china su carta da lucido / *ink on tracing paper*
Dimensioni / *Dimensions*: Riq. 965x770
Scala / *Scale*: 1:15
Archivio / *Archive*: MSNV
Note / *Notes*: Idem come / See *notes* for P 178.

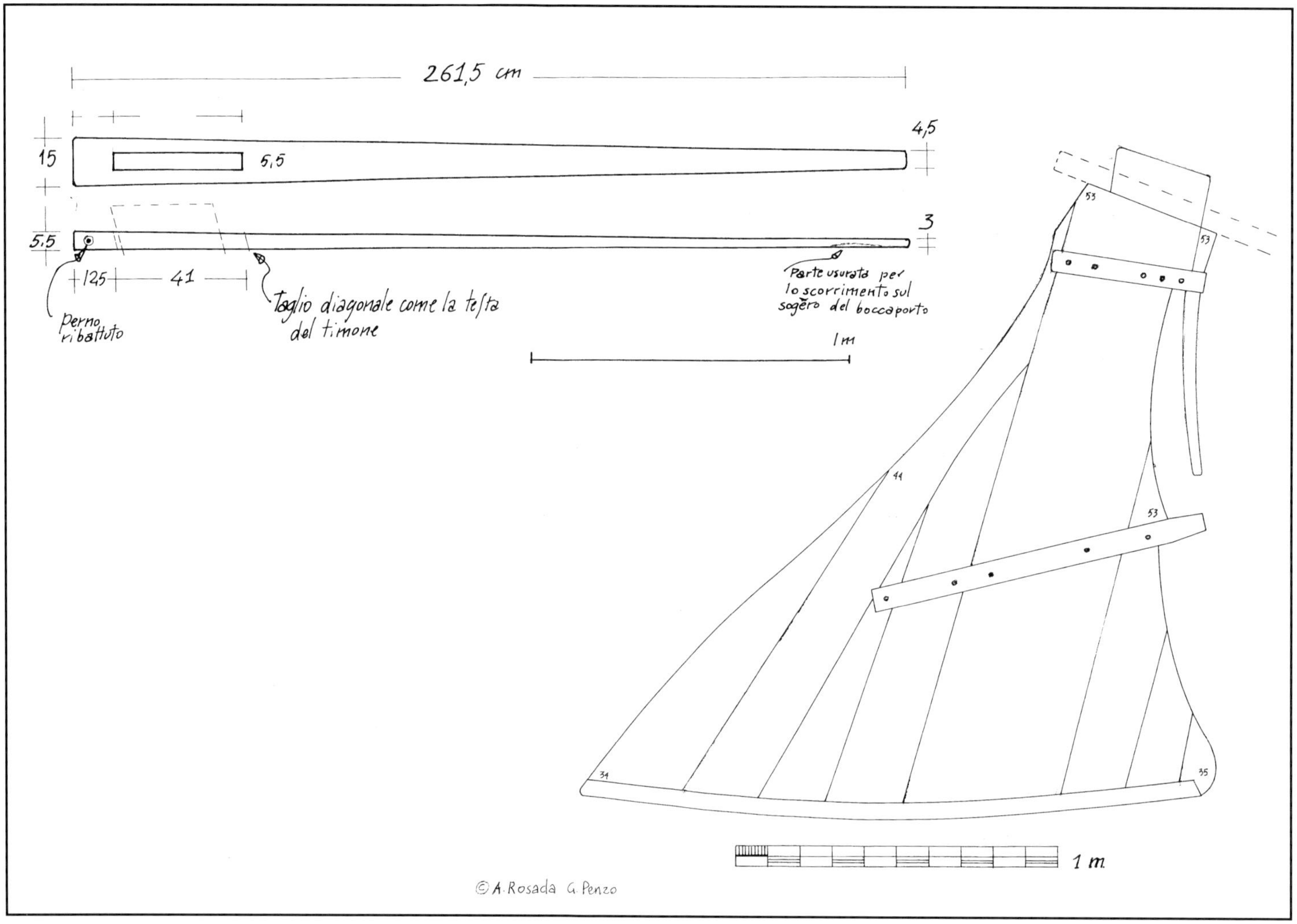

Cat N°:	**P 176**
Soggetto / *Subject* A.d.D.:	**Bragàgna Maria Luisa. Timone / *Rudder***
Scritte / *Text*:	quote e indicazioni varie / *dimensions and various indications*
Autore / Draughtsman:	Antonio Rosada, Gilberto Penzo.
Data / *Date*:	2001
Tecnica / *Technique*:	china su carta da lucido / *ink on tracing paper*
Dimensioni / *Dimensions*:	riq. / *frame* 403 x 277
Scala / *Scale*:	1:10
Archivio / *Archive*:	dell'autore / *editor's collection*
Note / *Notes*:	Rilievo dal vero del timone, con correzioni rispetto a quello di Bromell. *Rudder with corrections in respect to the drawing by Bromell.*

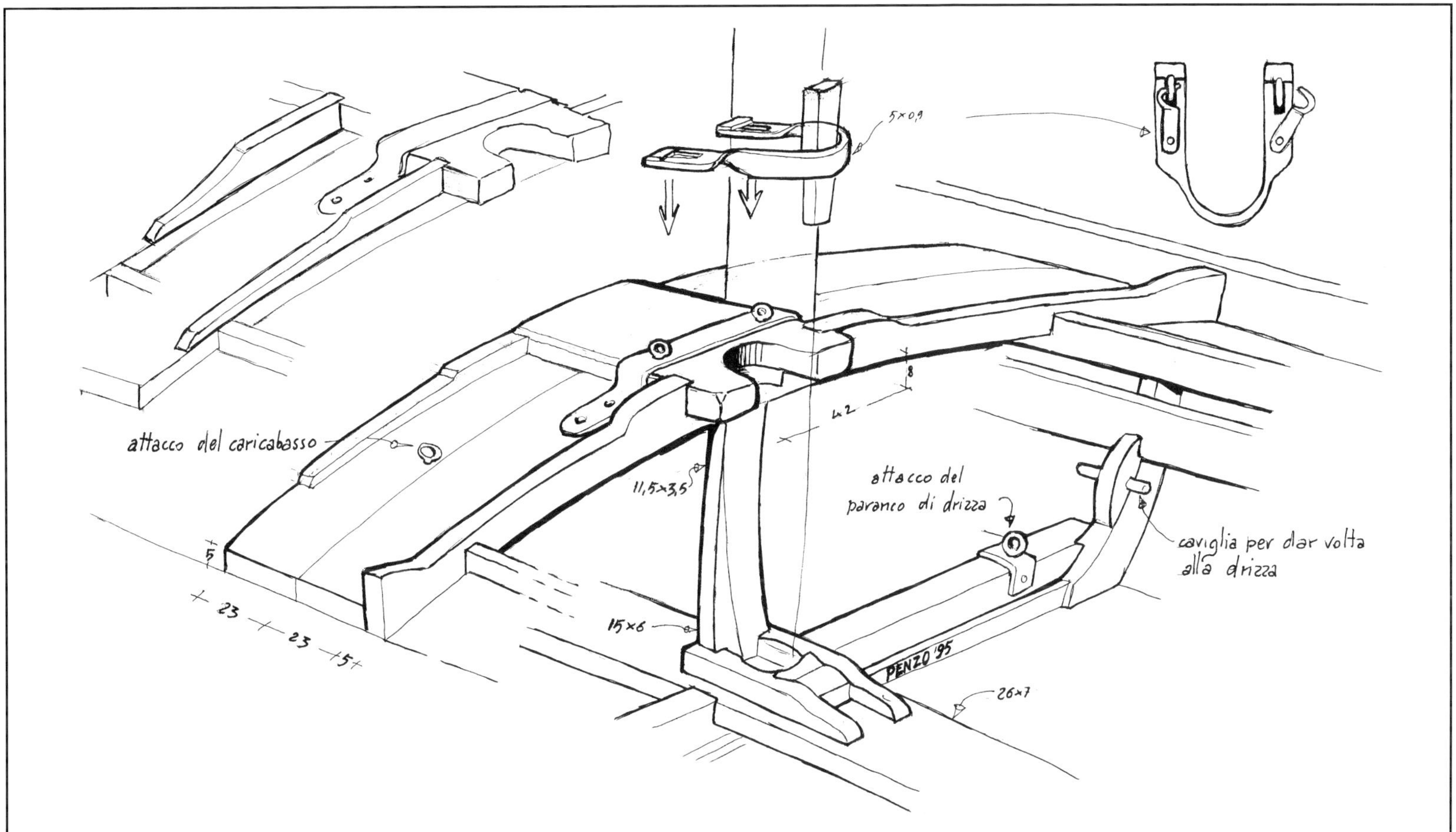

Rilevato dal vero dalla *bragàgna* Maria Luisa, costruita nel 1950
a Chioggia nello *squèro* di Frizziero Giuseppe, reg. R.N.M. Ve 5659, e attualmente
conservata al Museo Storico Navale di Venezia, nel Padiglione delle navi, inv. 6292.

Cat N°:	**P 177**
Soggetto / *Subject* A.d.D.:	**Sistemi di fissaggio dell'albero abbattibile di maestra sulle *bragàgne* e *bragosséti.* / *Method of fixing the removable mainmast on* bragàgne *and* bragosséti.**
Scritte / Text:	quote e indicazioni varie / *dimensions and various indications*
Autore / Draughtsman:	Gilberto Penzo
Data / *Date*:	1995
Tecnica / *Technique*:	china su carta / *ink on paper*
Dimensioni / *Dimensions*:	c. 1030x300
Scala / *Scale*:	non in scala / *not to scale*
Archivio / *Archive*:	dell'autore / *editor's collection*
Note / *Notes*:	Disegni basati sul rilievo dal vero della *bragàgna* Maria Luisa e la foto Naya n° 16013. *Drawings based on measurements taken from the* bragàgna *Maria Luisa and the photo Naya n° 16103.*

BRAGOSSO

Il *bragòsso* è stata l'imbarcazione da pesca, a vela e remi, più diffuso in tutto il medio e alto Adriatico. Lungo dai 9 ai 16 metri, aveva due alberi armati con vele "al terzo" e un lungo timone che faceva anche da piano di deriva.

The bragòsso *was the most widely used fishing boat with oars and sails in the Central and Northern Adriatic. Nine to sixteen metres long, it had two masts rigged with lugsails and a long rudder which also functioned as a fin keel.*

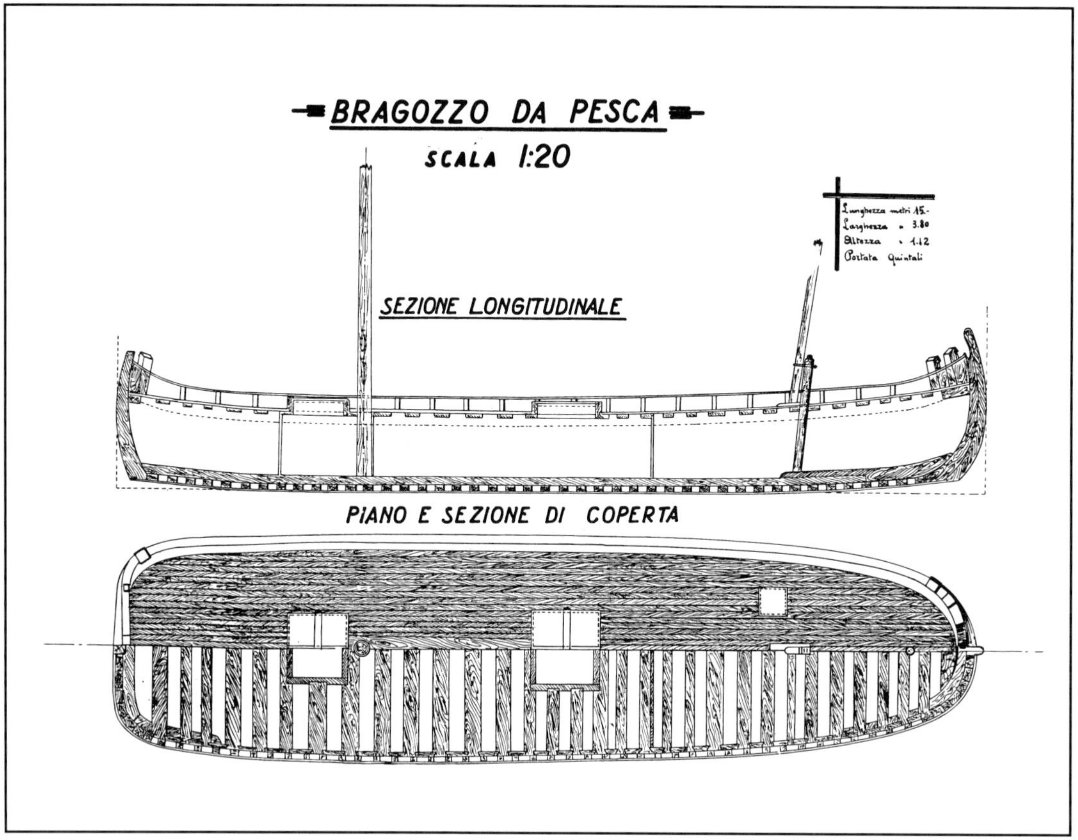

Cat N°:	**P 26.**
Soggetto / *Subject* A.d.D.:	**Bragozzo da pesca. Lungo 15 metri.**
Scritte / *Text*:	"Scala 1:20. Sezione longitudinale. Piano e sezione di coperta. Lunghezza metri 15. Larghezza metri 3.80. Altezza metri 1.12. Portata quintali."/ *Scale 1:20. Fore-and-aft section. Plan and deck section. Length 15m. Width 3.80m. Height 1.12 m. Capacity quintals.*
Autore / *Draughtsman*:	n. i.
Data / *Date*:	s. d.
Tecnica / *Technique*:	inchiostro di china su carta da lucido / *ink on tracing paper.*
Dimensioni / *Dimensions*:	riq. / *frame* 447x331
Scala / *Scale*:	dichiarata / *declared* 1:20, effettiva / *actual* 1:40.
Archivio / *Archive*:	Dell'autore, provenienza cantiere Gino Bertotto, Chioggia. *Author's collection, originally from the Gino Bertotto boatyard, Chioggia.*
Note / *Notes*:	Carta parzialmente attaccata dal pesciolino d'argento. / *Paper damaged in parts by silverfish.*

Figura: **P 46 (non raff. / *not shown*)**
Soggetto / *Subject* A.d.D.: **Bragozzo da pesca lungo metri 13,750.**
Scritte / *Text*: quote e calcoli di portata / *dimensions and calculations of capacity*
Autore / *Draughtsman*: n. i.
Data / *Date*: s. d.
Tecnica / *Technique*: copia eliografica / *heliographic copy*
Dimensioni / *Dimensions*: riq. / frame 65x54.
Scala / *Scale*: 1:50,1:20
Archivio / *Archive*: M.S.N.V.
Note / *Notes*: Sulla tavola vi sono molti dettagli discutibili. Nel giardinetto di poppa è riportato il nome S. Marco anche se la tradizione lo voleva dipinto all'interno della poppa.
There are a large number of questionable details in this drawing. The name 'S. Marco' is printed in the quarter, when traditionally the name was painted in the interior.

Figura: **P 47 (non raff. / *not shown*).**
Soggetto / *Subject* A.d.D.: **Bragozzo. Linee.**
Scritte / *Text*: quote e indicazioni tecniche / *dimensions and technical indications*
Autore / *Draughtsman*: n. i.
Data / *Date*: s. d.
Tecnica / *Technique*: copia xerografica / *xerographic copy.*
Dimensioni / *Dimensions*:
Scala / *Scale*: 1:25.
Archivio / *Archive*: I. R. Ministero dei Lavori Pubblici di Vienna.
Note / *Notes*: contenuti in / *included in*: Hesky, Jeroniti, Carlini, *Tipi di costruzioni navali in legno*, Imp. Regio Ministero dei Lavori Pubblici. Vienna, Vienna, Trieste 1909. Probabile copia di quello contenuto nei Souvenirs de Marine Conserves ma assolutamente inattendibile per quanto riguarda le soluzioni costruttive.
Probably a copy of the drawing in Souvenirs de Marine Conserves, *but the construction solutions are absolutely unreliable.*

Figura: **P 48 (non raff. / *not shown*).**
Soggetto/ *Subject* A.d.D.: **Bragozzo. Piano dei legni e piano velico / *Structure and sail plan.***
Scritte / *Text*: quote e indicazioni tecniche / *dimensions and technical indications*
Autore / *Draughtsman:* n. i.
Data / *Date*: s. d.
Tecnica / *Technique*: copia xerografica / *xerographic copy*
Dimensioni / *Dimensions*: 620x450
Scala / *Scale*: 1:8, 1:25, 1:80.
Archivio / *Archive*: I. R. Ministero dei Lavori Pubblici di Vienna
Note / *Notes*: sta in: come / *ssimilar to* P 47.

Cat N°: **P 49 (non raff. / *not shown*).**
Soggetto/ *Subject* A.d.R.: **Bragosso, struttura della poppa e della prua.**
Scritte / *Text*: quote e indicazioni tecniche / *dimensions* and technical indications / *dimensions and technical indications*
Autore / *Draughtsman*: n. i.
Data / *Date*: s. d.
Tecnica / *Technique*: copia xerografica / *xerographic copy*
Dimensioni / *Dimensions*: 620x450
Scala / *Scale*: 1:8
Archivio / *Archive*: I. R. Ministero dei Lavori Pubblici di Vienna
Note / *Notes*: sta in: come / *similar to* P 47.

BRAGOSSO CHIOGGIOTTO

Queste tavole fanno parte di miei rilievi e rielaborazioni utilizzate per l'inserimento del volume *Il bragosso,* Il leggio, Sottomarina. Sulla base di questi disegni sono stati realizzati alcuni modelli in scala 1:10 fra cui quello commissionatami dal Museo Nazionale delle Arti e Tradizioni Popolari di Roma.

These are some of the drawings I made for the book Il Bragosso *(see Bibliography). A number of models were made in 1:10 scale based on these drawing including the one I was commissioned to build by the Museo Nazionale delle Arti e Tradizioni Popolari di Roma (National Museum of Folk Arts and Traditions, Rome).*

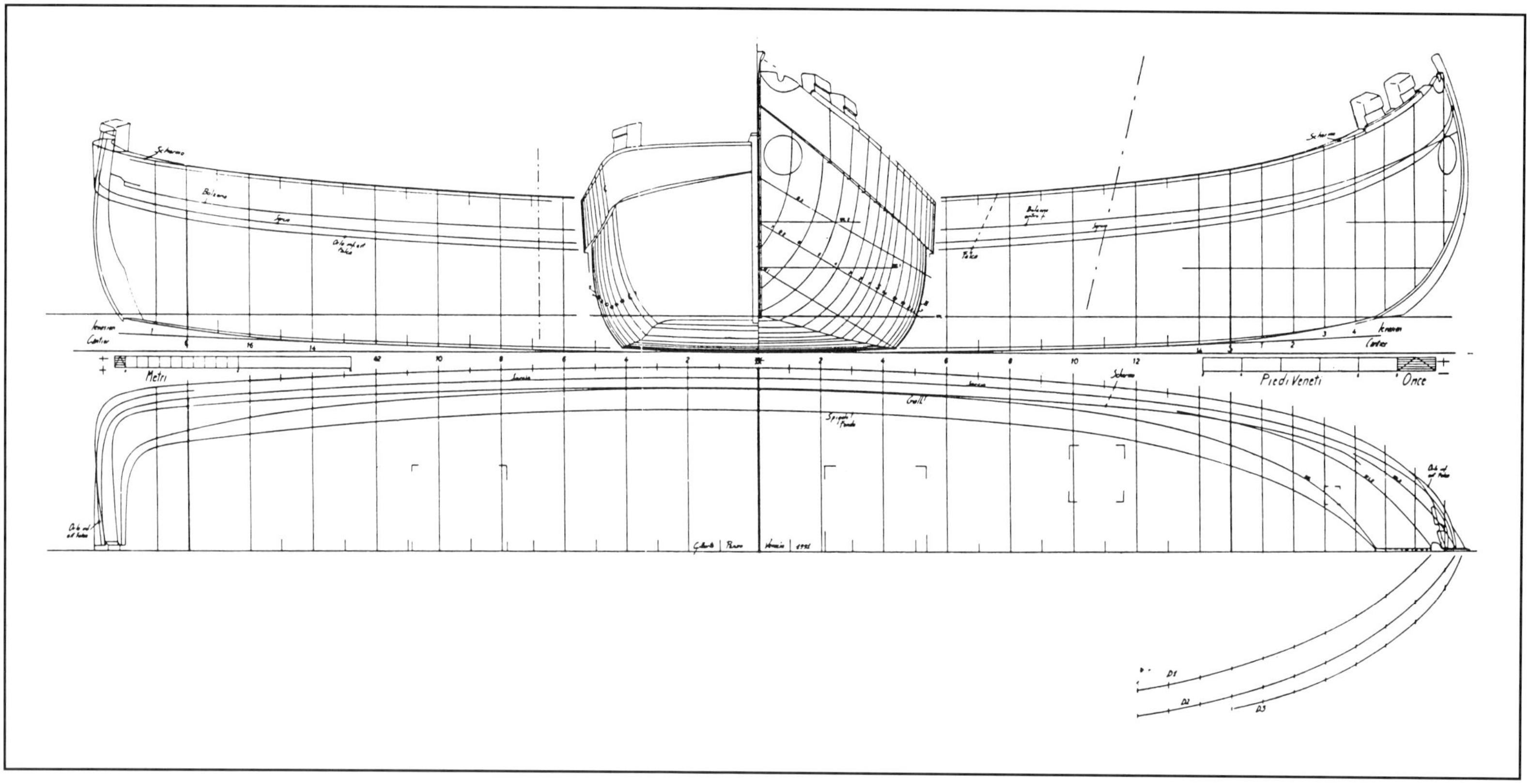

Cat N°:	**P 183**
Soggetto / *Subject* A.d.D.:	**Bragosso Chioggiotto. Tav. I: Linee / *Plate I: Lines***
Scritte / *Text*:	nomenclatura e quote / *nomenclature and dimensions*
Autore / *Draughtsman*:	Gilberto Penzo
Data / *Date*:	1990 - 1991
Tecnica / *Technique*:	china su lucido / *ink on tracing paper*
Dimensioni / *Dimensions*:	c. della copia / *of the copy* 980 x 600
Scala / *Scale*:	1:10 (della copia 1:15)
Archivio / *Archive*:	dell'autore / *editor's collection*

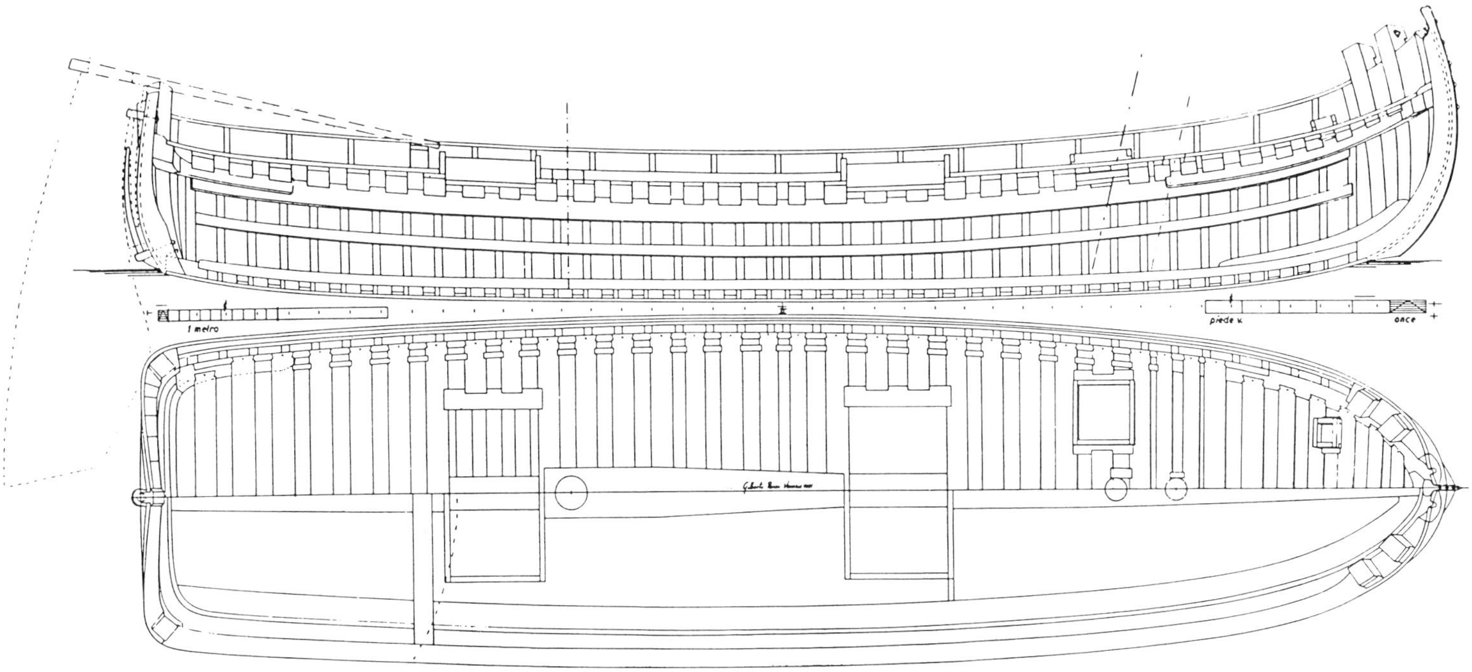

Figura: **P 184**
Soggetto / *Subject* A.d.D.: **Bragosso chioggiotto. Tav. II: Piano dei legni / *Plate II: Structural plan***
Scritte / *Text*: -
Autore / *Draughtsman*: Gilberto Penzo
Data / *Date*: 1990 - 1991
Tecnica / *Technique*: china su lucido / *ink on tracing paper*
Dimensioni / *Dimensions*: c. della copia 1130 x 600
Scala / *Scale*: 1:10 (della copia / *of the copy* 1:15)
Archivio / *Archive*: dell'autore / *editor's collection*

74

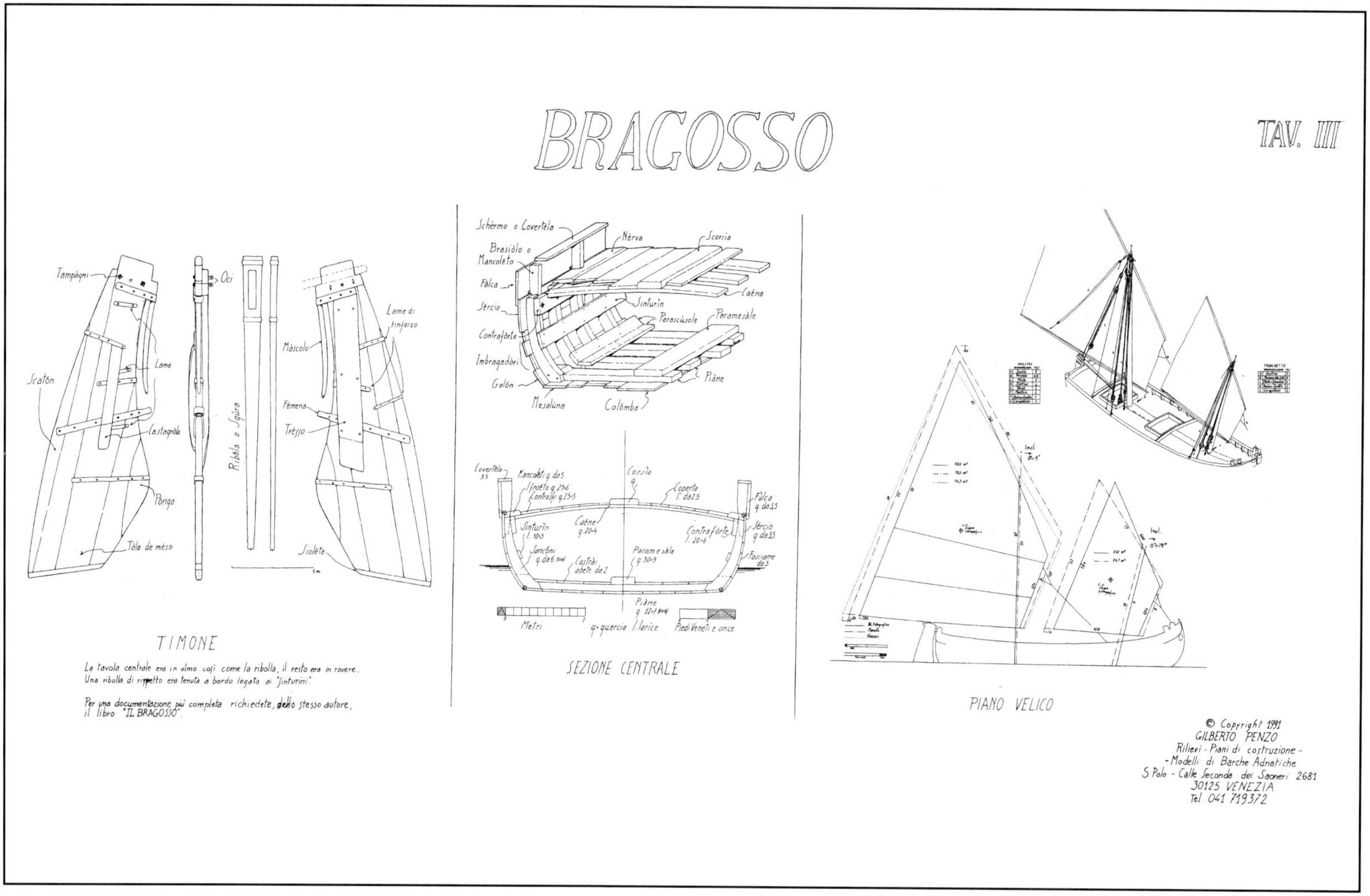

Figura: **P 185**

Soggetto / *Subject* A.d.D.: **Bragosso chioggiotto. Tav. III: Dettagli, armo, timone. / *Plate III: Details, rigging, rudder.***

Scritte / *Text*: indicazioni tecniche / *technical indications*

Autore / *Draughtsman*: Gilberto Penzo

Data / *Date*: 1990 - 1991

Tecnica / *Technique*: china su lucido / *ink on tracing paper*

Dimensioni / *Dimensions*: c. della copia / *of the copy* 1130 x 600

Scala / *Scale*: 1:10 (della copia / *of the copy* 1:15)

Archivio / *Archive*: dell'autore / *editor's collection*

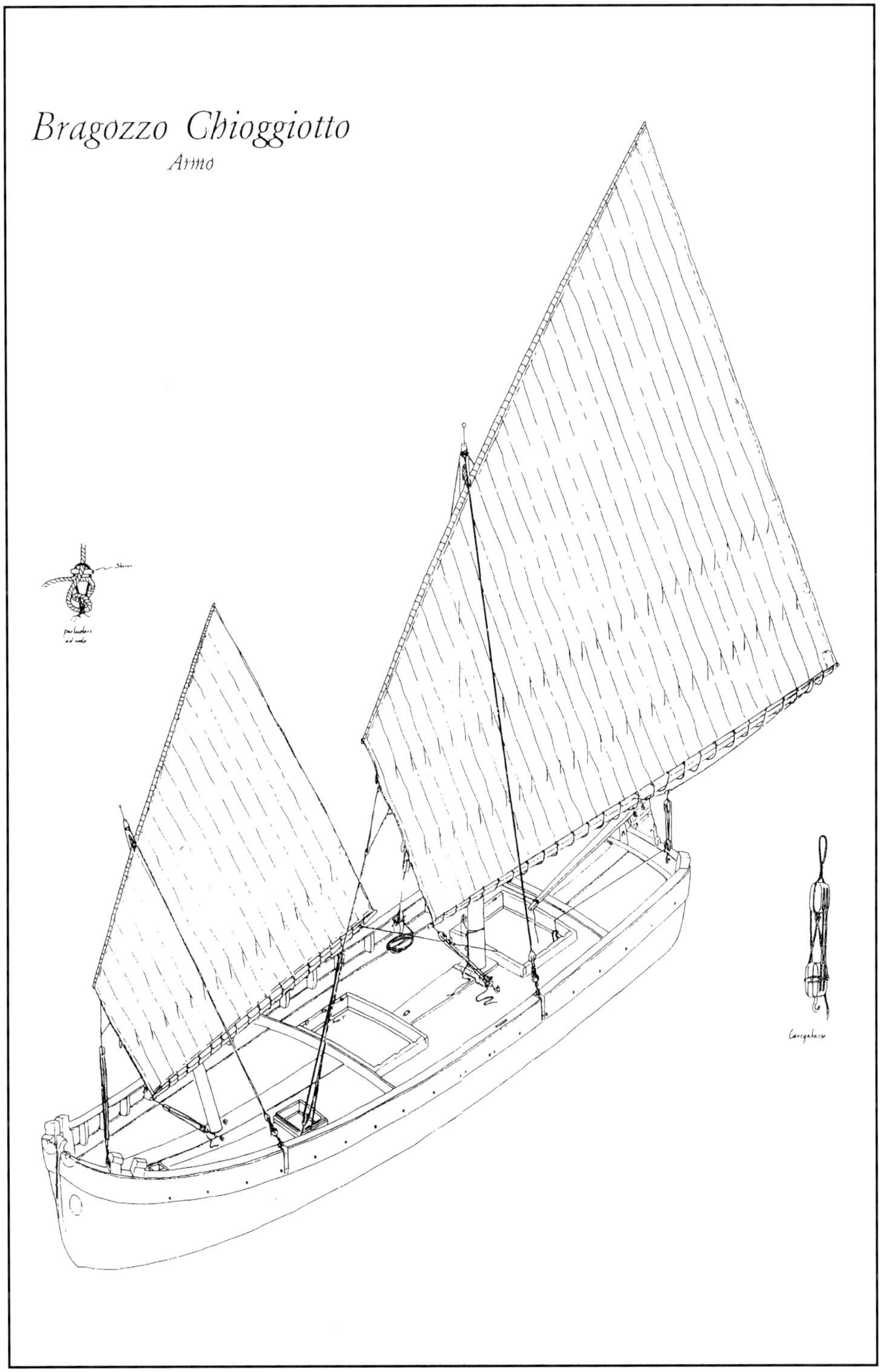

Figura:	**P 186**
Soggetto / *Subject* A.d.D.:	**Bragosso chioggiotto. Tav. IV: Armo. / *Plate IV:Rigging.***
Scritte / *Text*:	nomenclatura / *nomenclature*
Autore / *Draughtsman*:	Gilberto Penzo
Data / *Date*:	1990 - 1991
Tecnica / *Technique*:	Stampa su cartoncino / *print on cardboard*
Dimensioni / *Dimensions*:	c. 1000 x 700
Scala / *Scale*:	assonometria / *isometric drawing*
Archivio / *Archive*:	dell'autore / *editor's collection*

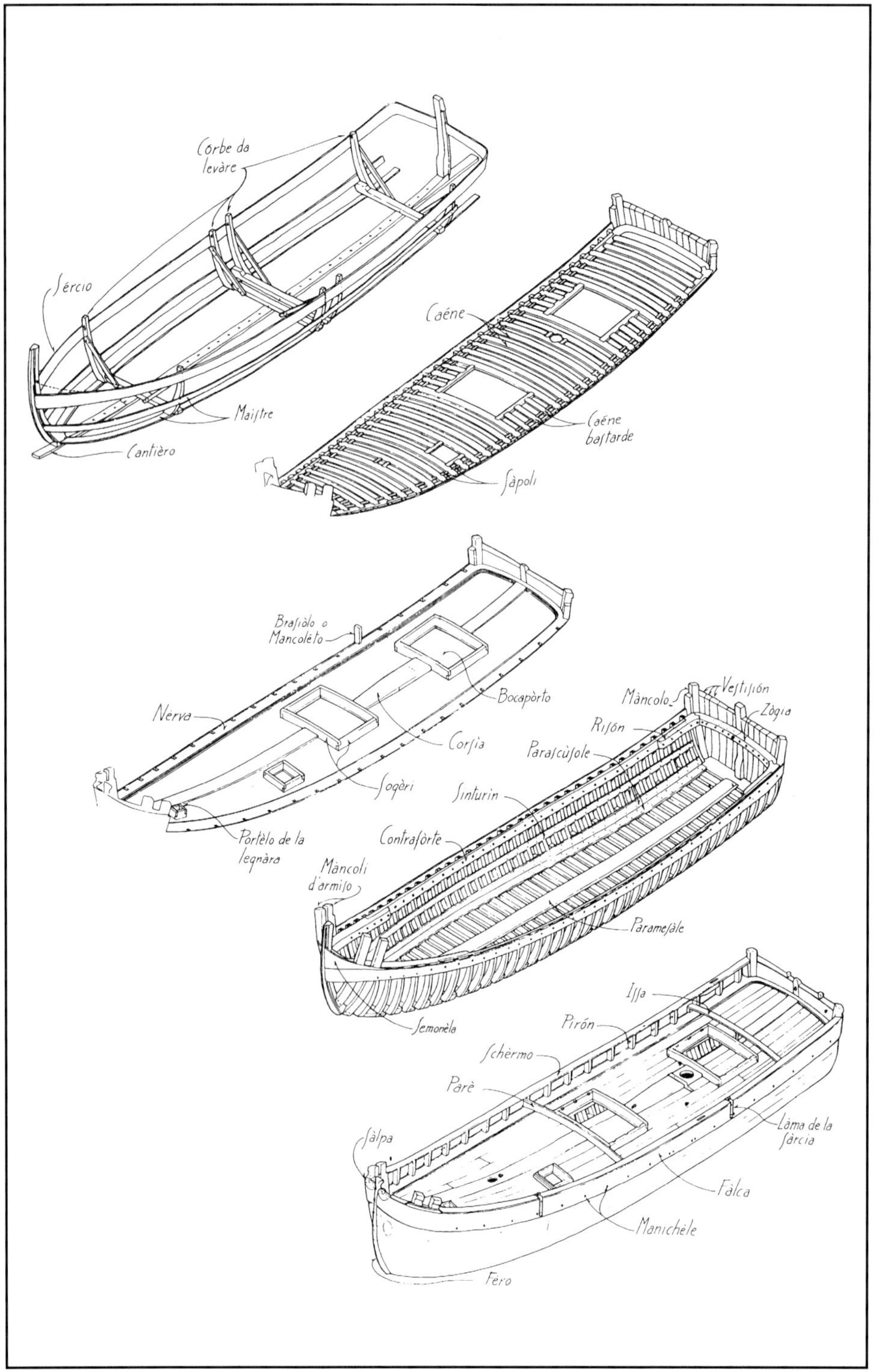

Figura: **P 187**
Soggetto / *Subject* A.d.D.: **Bragosso chioggiotto.**
Tav. V: Fasi di costruzione. /
Plate V: Construction stages.
Scritte / *Text*: nomenclatura / *nomenclature*
Autore / *Draughtsman*: Gilberto Penzo
Data / *Date*: 1990 - 1991
Tecnica / *Technique*: Stampa su cartoncino / *print on cardboard*
Dimensioni / *Dimensions*: c. 1000 x 700
Scala / *Scale*: assonometria / *isometric drawing*
Archivio / *Archive*: dell'autore / *editor's collection*

Cat N°: **P 188 (non raff. / *not shown*)**
Soggetto / *Subject* A.d.D.: ***Bragòsso* decorazioni /** decorations
Scritte / *Text*: indicazioni dei colori / *indications for the colours*
Autore / *Draughtsman*: G. Penzo, G. Munerotto
Data / *Date*: (in preparazione) / *(being prepared)*
Tecnica / *Technique*: china su lucido / *ink on tracing paper.*
Dimensioni / *Dimensions*: ?
Scala / *Scale*: 1:1
Archivio / *Archive*: del redattore / *editor's collection*

Cat N°: **P 189 (non raff. / *not shown*).**
Soggetto / *Subject* A.d.D.: ***Bragòsso*, decorazioni. Angeli di prua. / *decorations. Bow angels.***
Scritte / *Text*: indicazioni dei colori / *indications for the colours*
Autore / *Draughtsman*: G. Penzo, G. Munerotto
Data / *Date*: (in preparazione) / *(being prepared)*
Tecnica / *Technique*: china su lucido / *ink on tracing paper.*
Dimensioni / *Dimensions*: ?
Scala / *Scale*: 1:1
Archivio / *Archive*: del redattore / *editor's collection*

Cat N°: **P 190 (non raff. / *not shown*).**
Soggetto / *Subject* A.d.D.: ***Bragòsso*, decorazioni delle falche 1 / *decorations on the wales 1***
Scritte / *Text*: indicazioni dei colori / *indications for the colours*
Autore / *Draughtsman*: G. Penzo, G. Munerotto
Data / *Date*: (in preparazione) / *(being prepared)*
Tecnica / *Technique*: china su lucido / *ink on tracing paper.*
Dimensioni / *Dimensions*: ?
Scala / *Scale*: 1:1
Archivio / *Archive*: del redattore / *editor's collection*

Cat N°: **P 191 (non raff. / *not shown*).**
Soggetto / *Subject* A.d.D.: **Bragòsso, decorazioni delle falche 2. / *decorations on the wales 1***
Scritte / *Text*: indicazioni dei colori / *indications for the colours*
Autore / *Draughtsman*: G. Penzo, G. Munerotto
Data / *Date*: (in preparazione) / *(being prepared)*
Tecnica / *Technique*: china su lucido / *ink on tracing paper.*
Dimensioni / *Dimensions*: ?
Scala / *Scale*: 1.1
Archivio / *Archive*: del redattore / *editor's collection*

Cat N°: **P 192 (non raff. / *not shown*).**
Soggetto/ *Subject* A.d.D.: **Sagome aste di prua di *bragòsso.* / *Templates for* bragòsso *bow stems***
Scritte / *Text*: quote e indicazioni tecniche / *dimensions and technical indications*
Autore / *Draughtsman*: Gilberto Penzo
Data / *Date*: 19-5-1990
Tecnica / *Technique*: penna blu e rossa su carta / *red and blue ink on paper*
Dimensioni / *Dimensions*: c. 3000x1000
Scala / *Scale*: 1:1
Archivio / *Archive*: dell'autore / *editor's collection*
Note / *Notes*: Rilevate dal vero nello *squèro* di Gino e Aristide Bertotto, Chioggia. *Measurements taken from the stems of a bragosso at the Bertotto boatyard, Chioggia.*

Cat N°: **P 193 (non raff. / *not shown*).**
Soggetto/ *Subject* A.d.D.: **Sagome aste, menai e sesti per *bragòssi.* / *Profiles for stem posts, menai and templates for* bragòssi.**
Scritte / *Text*: quote e indicazioni tecniche / *dimensions and technical indications*
Autore / *Draughtsman*: Gilberto Penzo
Data / *Date*: 5-1990
Tecnica / *Technique*: penna blu su carta, utilizzata su entrambi i lati / *blue ink on paper, used on both sides*
Dimensioni / *Dimensions*: c. 2200x1000
Scala / *Scale*: 1:1
Archivio / *Archive*: dell'autore
Note / *Notes*: Sagome rilevate dal vero nello *squèro* di Gino Bertotto ora coll. Sambo. E altre provenienti dallo *squèro* Giuseppe Frizziero appartenente alla coll. Bonaldo ora al Museo Civico di Chioggia. *Templates measured at the Bertotto (boatyard), now in the Sambo collection; others originating from the Frizziero boatyard in the Bonaldo collection now in the Chioggia Civic Museum.*

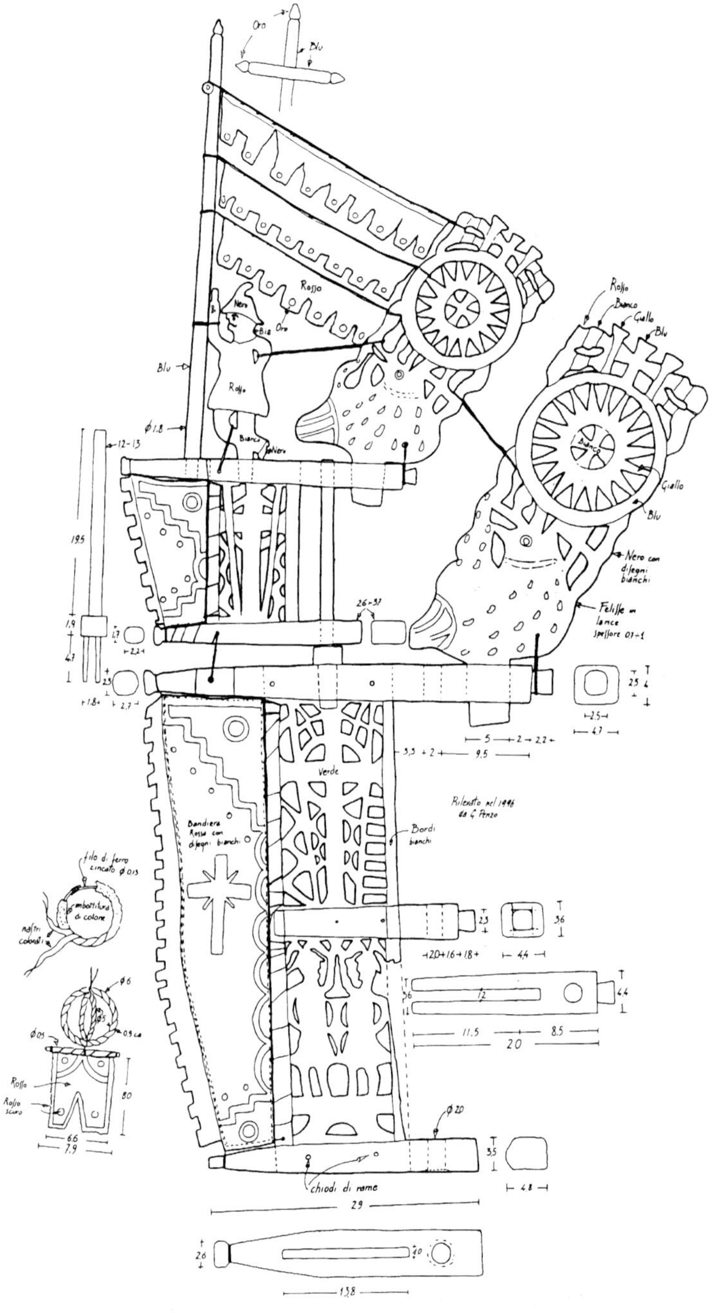

Figura: **P 194**

Soggetto / *Subject* A.d.R.: ***Penèlo.* Segnavento decorativo usato nelle barche da pesca chioggiotte. / *Decorative weather vane used on the fishing boats of Chioggia.***

Scritte / *Text*: dimensioni e indicazioni tecniche / *dimensions and technical indications*

Autore / *Draughtsman*: Gilberto Penzo

Data / *Date*: 1996

Tecnica / *Technique*: china su carta da lucido / *ink on tracing paper.*

Dimensioni / *Dimensions*: c. 1500 x 670

Scala / *Scale*: 1:1

Archivio / *Archive*: dell'autore / *editor's collection*

Note / *Notes*: rilievo dal vero di un *penèlo* chioggiotto originale di collezione dell'autore / *measurements taken from an original Chioggia* penèlo *in the editor's collection.*

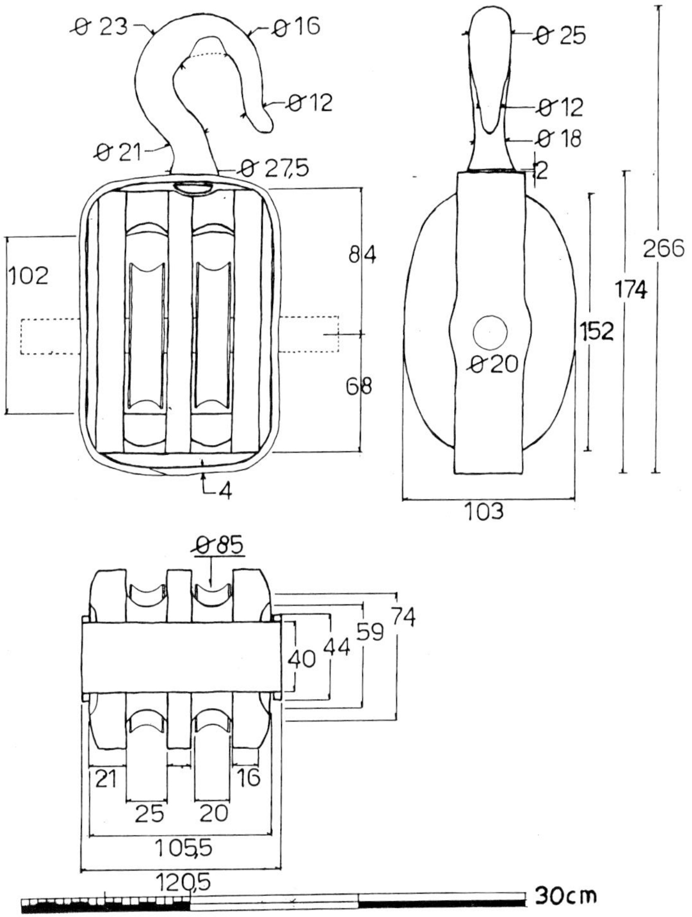

79

Cat N°: **P 44.**

Soggetto / *Subject* A.d.D.: **Bozzello doppio per la drizza di un bragosseto di 10 metri. / *Double block for the drizza of a 10 m* bragossetto**

Scritte / *Text*: quote e note descrittive / *dimensions and descriptive notes*

Autore / *Draughtsman*: Antonio Rosada

Data / *Date*: aprile 1996

Tecnica / *Technique*: china su carta da lucido / *ink on tracing paper.*

Dimensioni / *Dimensions*: riq. / *frame* 885x580

Scala / *Scale*: 1: 1, 1:2, 1:3.

Archivio / *Archive*: coll. dell'autore / *draughtsman's collection*

Note / *Notes*: Apparteneva al bragosséto Antonio B., costruito nel 1946 per la famiglia Bonaldo di Chioggia detti Polentina. / *This block belonged to the* bragosséto *Antonio B., built in 1946 for the Bonaldo family in Chioggia.*

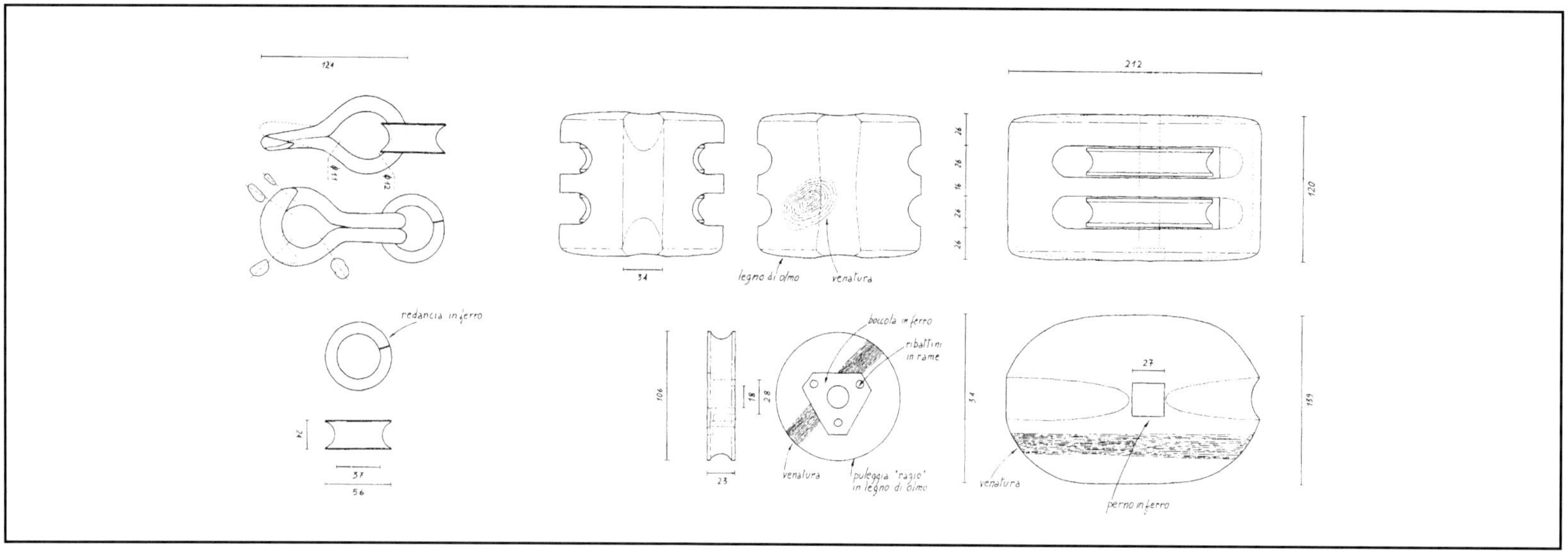

Cat N°:	**P 45.**
Soggetto / *Subject* A.d.D.:	**Bozzello a due vie. *Tàgia a dó ragi.***
Scritte / *Text*:	quote e indicazioni tecniche / *dimensions and technical indications*
Autore / *Draughtsman*:	Antonio Rosada e Gilberto Penzo
Data / *Date*:	giugno 1997
Tecnica / *Technique*:	china su carta da lucido / *ink on tracing paper*
Dimensioni / *Dimensions*:	riq. / frame 1190x400
Scala / *Scale*:	1:1
Archivio / *Archive*:	coll. dell'autore / *editor's collection*
Note / *Notes*:	Bozzello di provenienza ignota, coll. Furlanetto. / *Block of unknown origin, Furlanetto collection.*

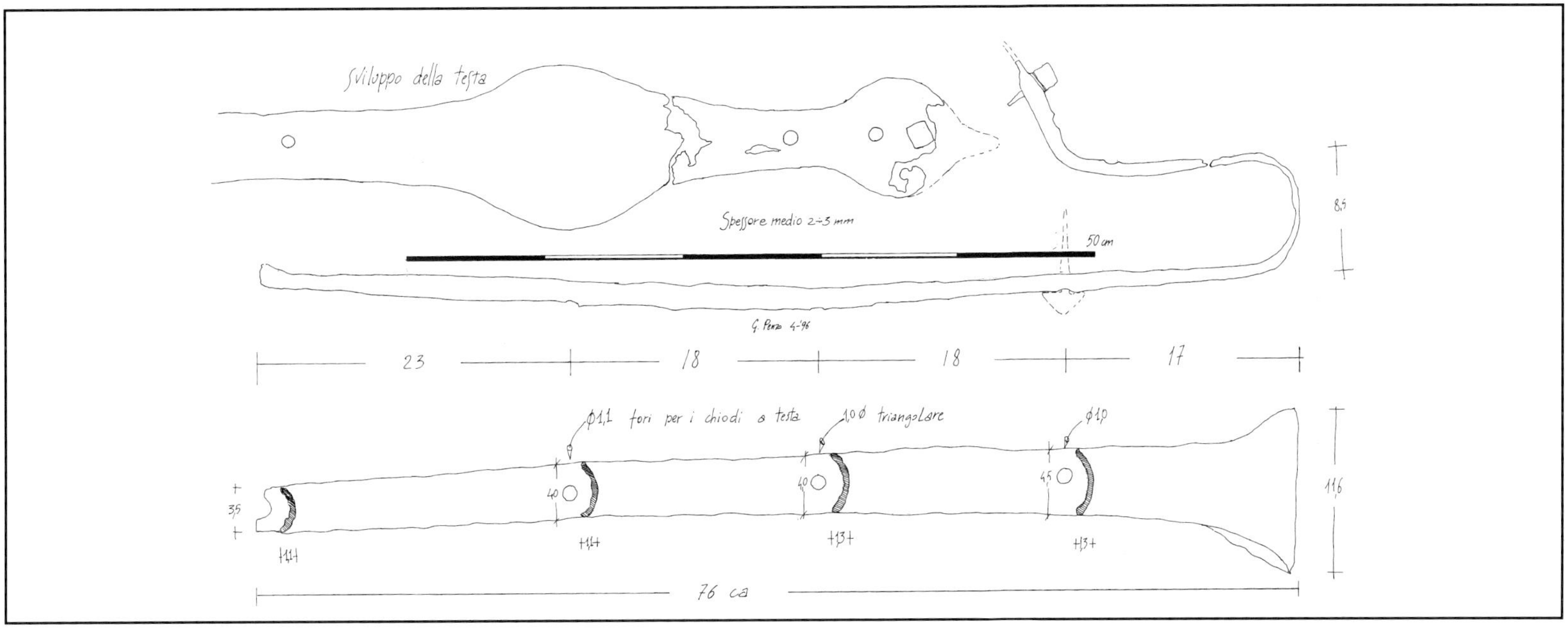

Cat N°: **P 6.**
Soggetto / *Subject* A.d.D.: **Bragosséto, ferro di prua.**
Scritte / *Text*: quote e indicazioni tecniche / *dimensions and technical indications*
Autore / *Draughtsman*: Gilberto Penzo
Data / *Date*: 1996
Tecnica / *Technique*: china su carta da lucido / *ink on tracing paper*
Dimensioni / *Dimensions*: riq. / frame 1100x420
Scala / *Scale*: 1:1
Archivio / *Archive*: coll. dell'autore / *editor's collection*
Note / *Notes*: Apparteneva al bragosseto Antonio B. costruito nel 1946 per la famiglia Bonaldo di Chioggia detti Polentina. / *This* ferro *was part of the* bragosséto *Antonio B., built in 1946 for the Bonaldo family in Chioggia.*

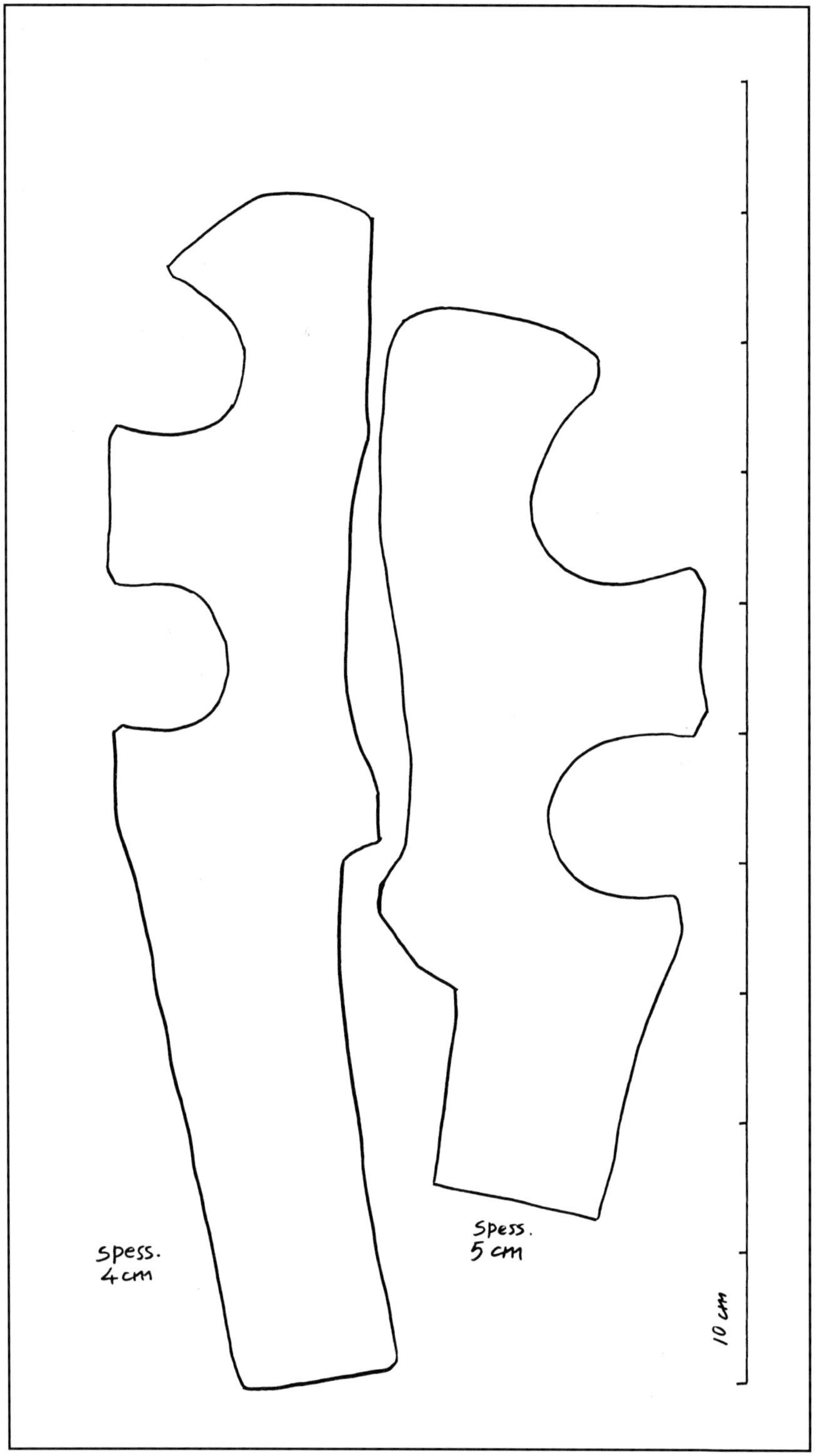

Cat N°: **P 50.**
Soggetto / *Subject* A.d.D.: ***Fórcole* per *batèlo* e *bragòsso.***
Scritte / *Text*: quote / *dimensions*
Autore / *Draughtsman*: Gilberto Penzo
Data / *Date*: agosto 1989
Tecnica / *Technique*: china su carta da lucido / *ink on tracing paper*
Dimensioni / *Dimensions*: riq. / *frame* 1300x600
Scala / *Scale*: 1:1
Archivio / *Archive*: coll. dell'autore / *editor's collection*
Note / *Notes*: Rilievo da vero di due *fórcole* della collezione di Giorgio Vianello, Chioggia.
Drawing of two fórcole *belonging to Giorgio Vianello, Chioggia.*

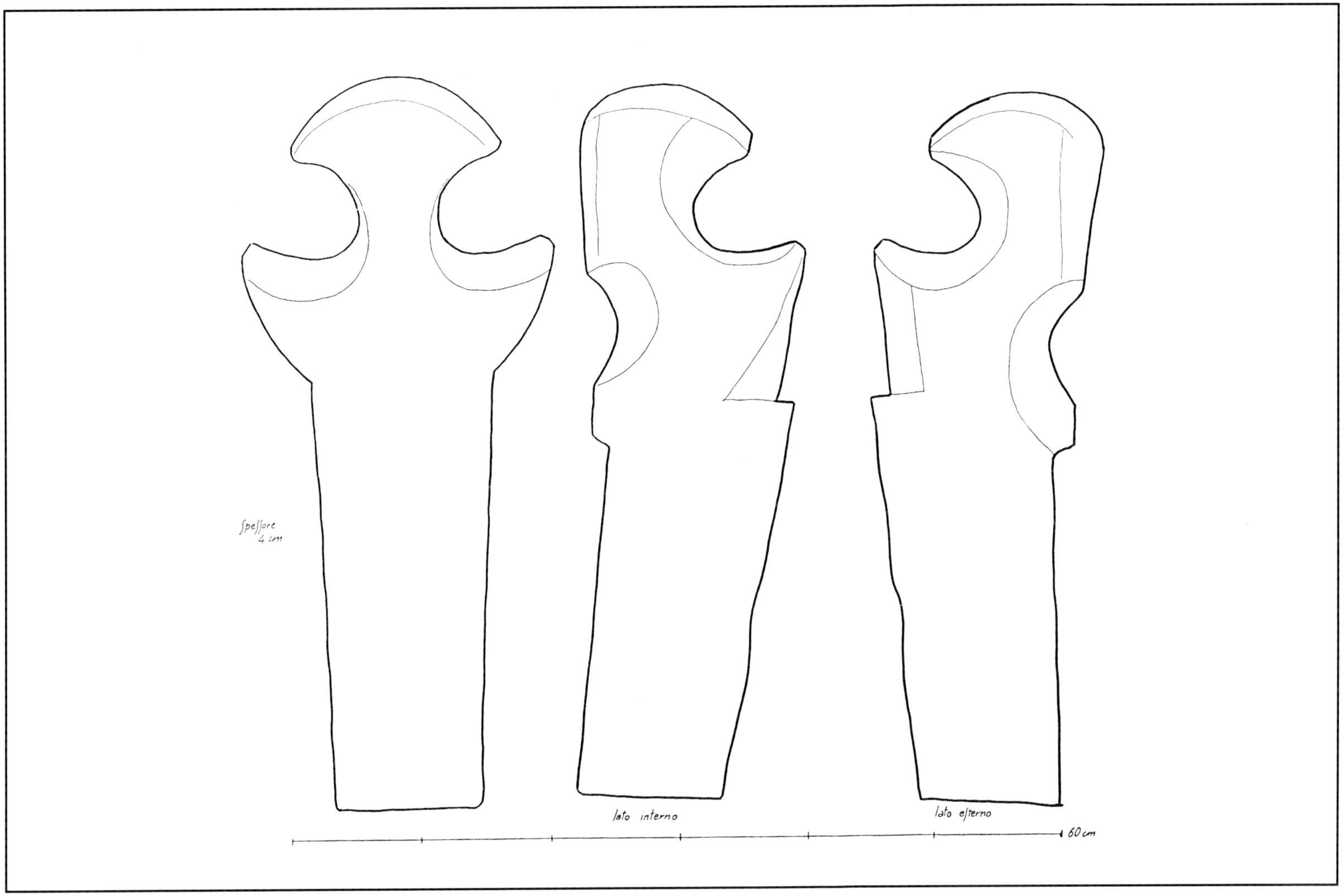

Cat N°:	**P 51.**
Soggetto/A. d. D:	***Fórcole* chioggiotte.**
Scritte / *Text*:	quote e indicazioni tecniche / *dimensions and technical indications*
Autore / *Draughtsman*:	Gilberto Penzo
Data / *Date*:	1995
Tecnica / *Technique*:	china su carta da lucido / *ink on tracing paper*
Dimensioni / *Dimensions*:	riq. / *frame* 1000x640
Scala / *Scale*:	1:1
Archivio / *Archive*:	coll. dell'autore
Note / *Notes*:	*Fórcole* realizzate dal *remèr* Camuffo di Chioggia, coll. Giorgio Suppiej. / Fórcole *made by the* remèr *Camuffo, Chioggia. Now owned by Giorgio Suppiej.*

BURCELA

La *burcèla* era l'imbarcazione di servizio dei *bùrci* (da cui ha preso il nome) e dei cantieri chioggiotti. Era robusta, poco raffinata, perfettamente adatta allo scopo di traghetto e di trasporto di materiale fra una riva e l'altra dei canali.

La burcèla *was the tender used by the bùrci (from which it took its name) and by the boatyards of Chioggia. It was robust, unrefined and ideal for use as a ferry and to transport materials from one side of the canal to the other.*

Cat N°:	**P 195 (Non raffig. / *not shown*).**
Soggetto / Subject A.d.D.:	***Burcèla da squèro.***
Scritte / *Text*:	indicazioni tecniche / *technical information*
Autore / *Draughtsman*:	Gilberto Penzo
Data / *Date*:	in preparazione / *awaiting completion*
Tecnica / *Technique*:	china su lucido / *ink on tracing paper*
Dimensioni / *Dimensions*:	?
Scala / *Scale*:	1:10
Archivio / *Archive*:	dell'autore / *editor's collection*
Note / *Notes*:	Rilievo della *burcèla* utilizzata nello squero chioggiotto e ora conservata alla Associazione Arzanà. *Drawing of the* burcèla *used in the Chioggia boatyard and now kept at the* Arzanà *Association.*

BURCIO

E' la più grossa imbarcazione da carico fluviale e lagunare, lunga fino a 30 metri, caratterizzata dalla mancanza dell'asta di prua, con il fondo che saliva ripidamente unendosi, a prisma, con i fianchi. Era dotato di remi e due alberi con vele "al terzo".

The bùrcio *(barge) is the largest river and lagoon cargo vessel, up to thirty metres long, characterised by the absence of the bow stem, with the steeply rising bottom which joined, like a prism, with the sides. It had oars and two masts rigged with lugsails.*

Cat N°: **P 196 (Non raffig. / *not shown*)**
Soggetto / Subject A.d.D.: **Piano di costruzione per burchio della portata di tonn. 240 t / *Construction plan for barge with a 240 tonne capacity***
Scritte / *Text*: quote e nomenclatura / *dimensions and nomenclature*
Autore / *Draughtsman*: n. i.
Data / *Date*: s. d.
Tecnica / *Technique*: matita su lucido / pencil on tracing paper
Dimensioni / *Dimensions*: c. 110 x 40
Scala / *Scale*: 1:50, 1:20
Archivio / *Archive*: del redattore / editor's collection
Note / *Notes*: Più che *burchio* dovrebbe essere chiamato *comacina* per la prua terminante con l'asta invece che con la consueta *passara*. *This appears to be more like a* comacina *more than it does a* burchio *because the bow terminates with a post rather than the usual* passara.

Cat N°: **P 199 (non raff. / *not shown*)**
Soggetto / Subject A.d.D.: **Piano di costruzione di una barca (Burchio in legno). / *Construction plan for a boat (Wooden Burchio)***
Scritte / *Text*: "Questo disegno è una riproduzione dell'originale su cartoncino eseguito da maestro d'ascia Oreste Cobelli negli anni '30. Carrara S. Giorgio 19-2-1995. Mario Pasina [?]"
Autore / *Draughtsman*: Oreste Cobelli
Data / *Date*: anni '30
Tecnica / *Technique*: copia elio. / *heliographic copy*
Dimensioni / *Dimensions*: riq. / *frame* 1040x625
Scala / *Scale*: 1:32
Archivio / *Archive*: del redattore / *editor's collection*

Cat N°: **P 200 (non raff. / *not shown*)**
Soggetto / Subject A.d.D.: **Burchio veneto con carico di paglie di lino. / *Veneto barge loaded with flax.***
Scritte / *Text*: -
Autore / *Draughtsman*: Artù Chiggiato
Data / *Date*: 1941
Tecnica / *Technique*: china su carta / *ink on paper*
Dimensioni / *Dimensions*: riq. / *frame* 342x 243
Scala / *Scale*: 1:100
Archivio / *Archive*: MSNV

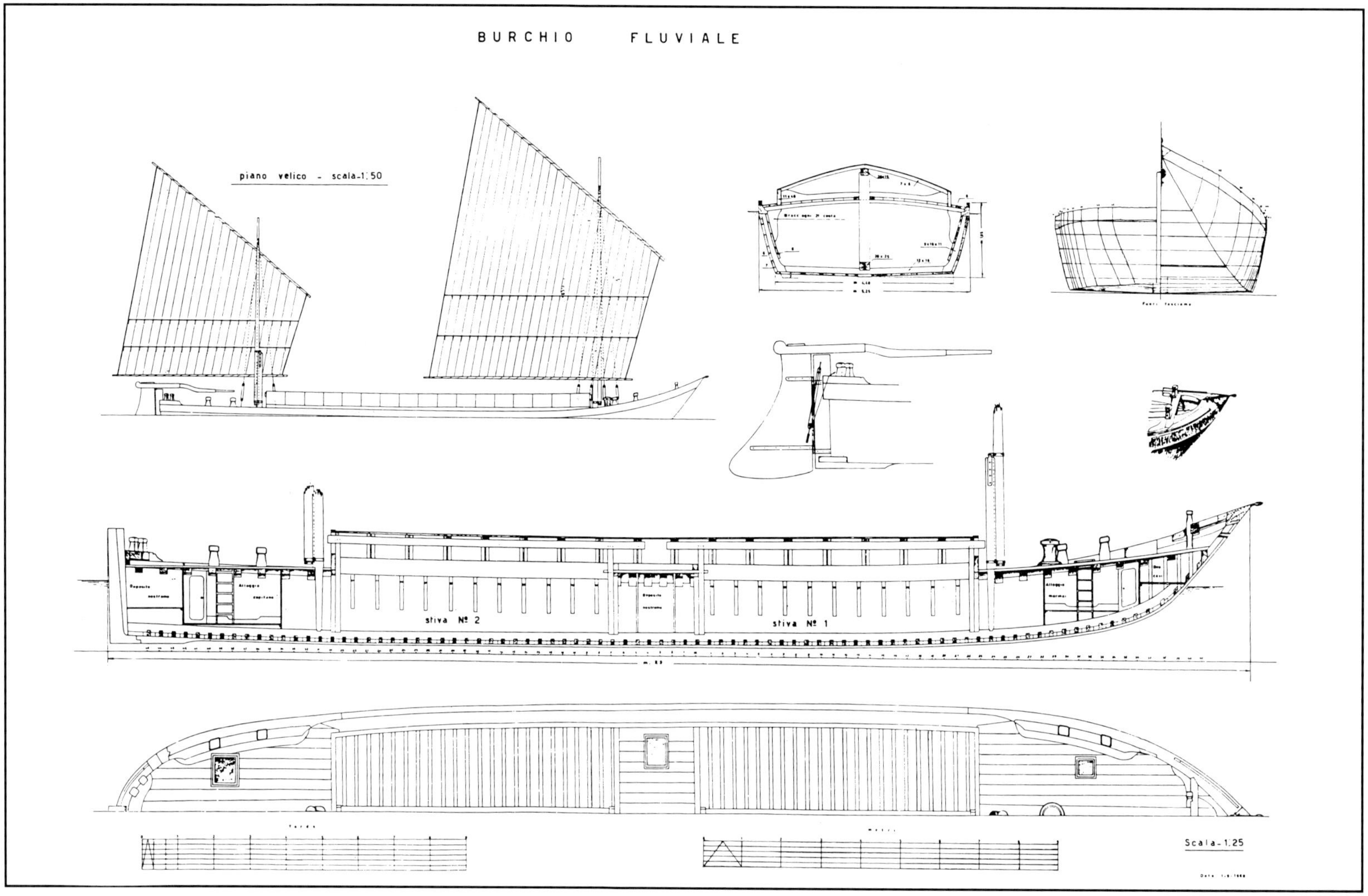

Cat N°: **P 197**
Soggetto / Subject A.d.D.: **Burchio fluviale / *River barge***
Scritte / *Text*: quote e indicazioni tecniche / *dimensions and technical indications*
Autore / *Draughtsman*: n. i.
Data / *Date*: 1/9/1960
Tecnica / *Technique*: china su lucido / *ink on tracing paper*
Dimensioni / *Dimensions*: 140 x 80
Scala / *Scale*: 1:50, 1:25
Archivio / *Archive*: MSNV
Note / *Notes*: Ne abbiamo lucidato una copia apportando piccole correzioni.
We have traced a copy, making minor corrections.

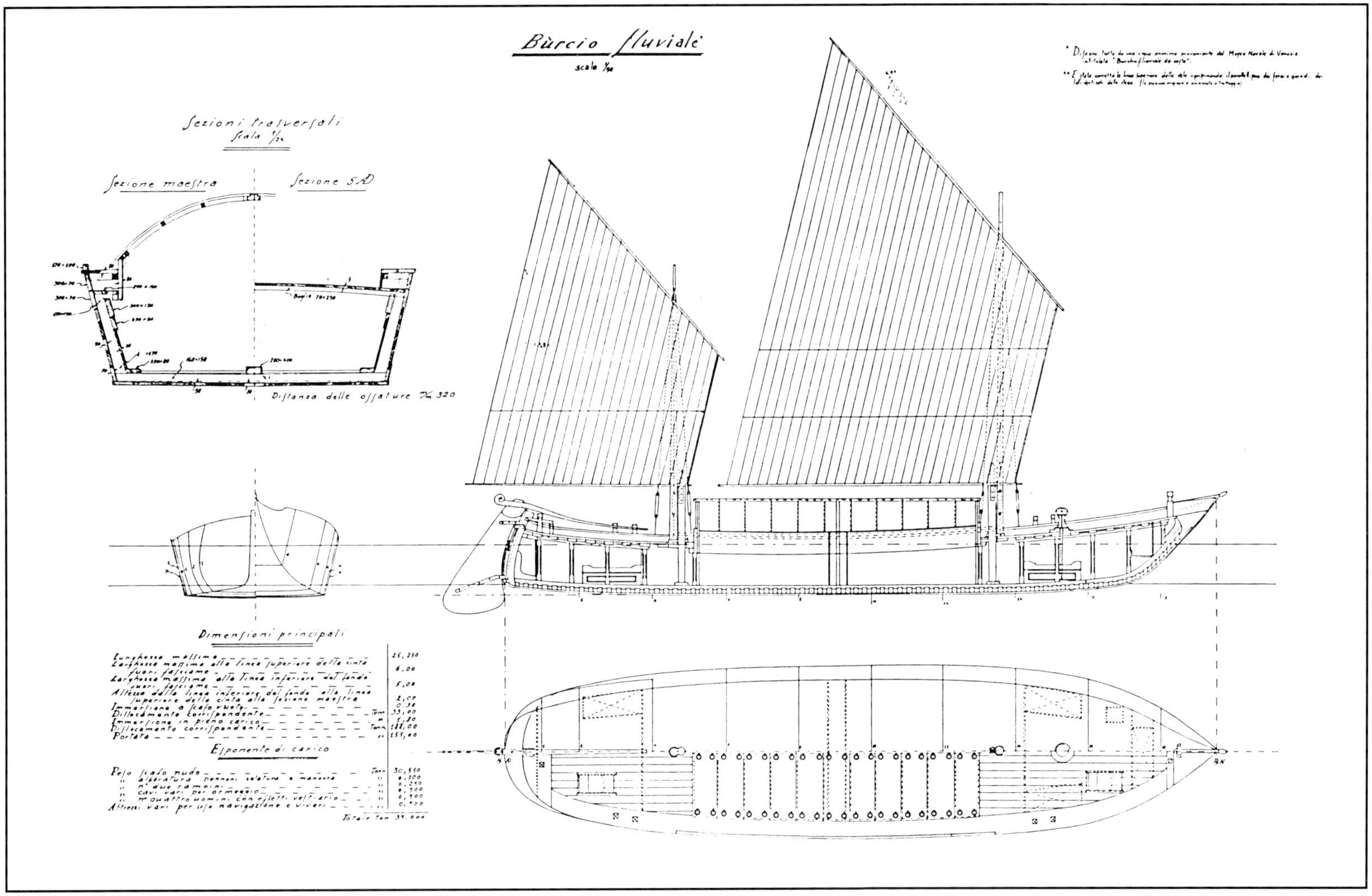

Cat N°: **P 198**
Soggetto / Subject A.d.D.: **Burchio fliuviale [sic] da costa. / *Coastal river barge.***
Scritte / *Text*: quote indicazioni tecniche / *dimensions and technical indications*
Autore / *Draughtsman*: n. i.,
Data / *Date*: s. d.
Tecnica / *Technique*: china su lucido / *ink on tracing paper*
Dimensioni / *Dimensions*: 98 x 67
Scala / *Scale*: 1:50, 1:25.
Archivio / *Archive*: MSNV
Note / *Notes*: l'illustrazione rappresenta la copia lucidata da G. Penzo con il titolo Bùrcio fluviale.
The figure shown is the copy redrawn by G. Penzo with the title "Bùrcio fluviale".

BUSEGATA

La *busegàta* era una piccola, poco conosciuta, imbarcazione chioggiotta da pesca di 6,5 - 7,5 metri di lunghezza caratterizzata dalla poppa da *topo* e la prua da s*anpierota*. Al profilo dell'asta di prua è sovrapposto il rilievo di una vera asta rilevata nello *squero* Frizziero di Chioggia il 16-11993.

The busegàta *was a small, little known Chioggia fishing boat, 6.5 to 7.5 metres long characterised by the* topo-*style stern and the* sanpierota-*style bow. Superimposed on the bow stem is a drawing of an actual stem from the Frizziero* squero *(boatyard) in Chioggia on the 16th January 1993.*

Cat N°:	**P 201 (non raff. / *not shown*).**
Soggetto / Subject A.d.D.:	***Busegata*. Sagome aste di poppa e prua.**
Scritte / *Text*:	note e quote / *notes and dimensions*
Autore / *Draughtsman*:	G. Penzo
Data / *Date*:	8-11-1991
Tecnica / *Technique*:	penna su carta / *ink on paper*
Dimensioni / *Dimensions*:	c. 1340x380
Scala / *Scale*:	1:1
Archivio / *Archive*:	dell'Autore / *editor's collection*
Note / *Notes*:	Sagome rilevate dal vero nello squèro di Gino Bertotto a Chioggia. / *Drawn from templates at the Bertotto boatyard, Chioggia.*

BISSONA

Antica imbarcazione veneziana da parata, vogata da otto rematori in costume, fastosamente addobbata con sculture e intagli dorati secondo un tema allegorico. Era utilizzata per sfilare o accogliere personaggi importanti. Tuttora dieci di queste imbarcazioni, ricostruite, da Giovanni Giuponi formano il corteo acqueo durante la Regata Storica. La stesa scheda è valida anche per le tavole, non raffigurate, relative agli altri nove scafi denominati: Bizantina P 218, Cavalli P 219, Cinese P 220, Floreale P 221, Geografia P 222, Nettuno P 223, Pescantina P 224, Querini P 225, Rezzonico P 226.

The Bissóna *is an ancient Venetian ceremonial boat, rowed by eight oarsmen in costume, lavishly decorated with allegorical sculptures and gilded leaf carving. It was used in parades or to welcome important people. Ten of these boats, reconstructions built by Giovanni Giuponi, still form the canal procession during the Regata Storica. The data below are also valid for the other drawings of the other nine boats denominated:* Bizantina *(Byzantine)* P 218, Cavalli *(Horses)* P 219, Cinese *(Chinese)* P. 220, Floreale *(Floreal)* P 221, Geografia *(Geography)* P 222, Nettuno *(Neptune)* P 223, Pescantina *(Fish)* P 224, Querini P 225, Rezzonico P 226.

Cat N°:	**P 227 (non raff. / *not shown*).**
Soggetto / Subject A. d. R.:	**Bissona Serenissima. Piano delle strutture. Imbarcazione da parata a 18 rematori. / *Structural Plan. Ceremonial boat for 18 oarsmen.***
Scritte / *Text*:	quote e indicazioni tecniche / *dimensions and technical indications*
Autore / *Draughtsman*:	n. i. Costruttore: Giovanni Giuponi. Intagliatore: Federico Del Santo.
Data / *Date*:	s. d.
Tecnica / *Technique*:	copia elio. / heliographic copy
Dimensioni / *Dimensions*:	riq. / frame 1040 x 557
Scala / *Scale*:	1:10, 1:20
Archivio / *Archive*:	del redattore / editor's collection
Note / *Notes*:	Annotazioni a matita con proposta di modifica della poppa. / *Notes in pencil suggesting changes to the stern.*

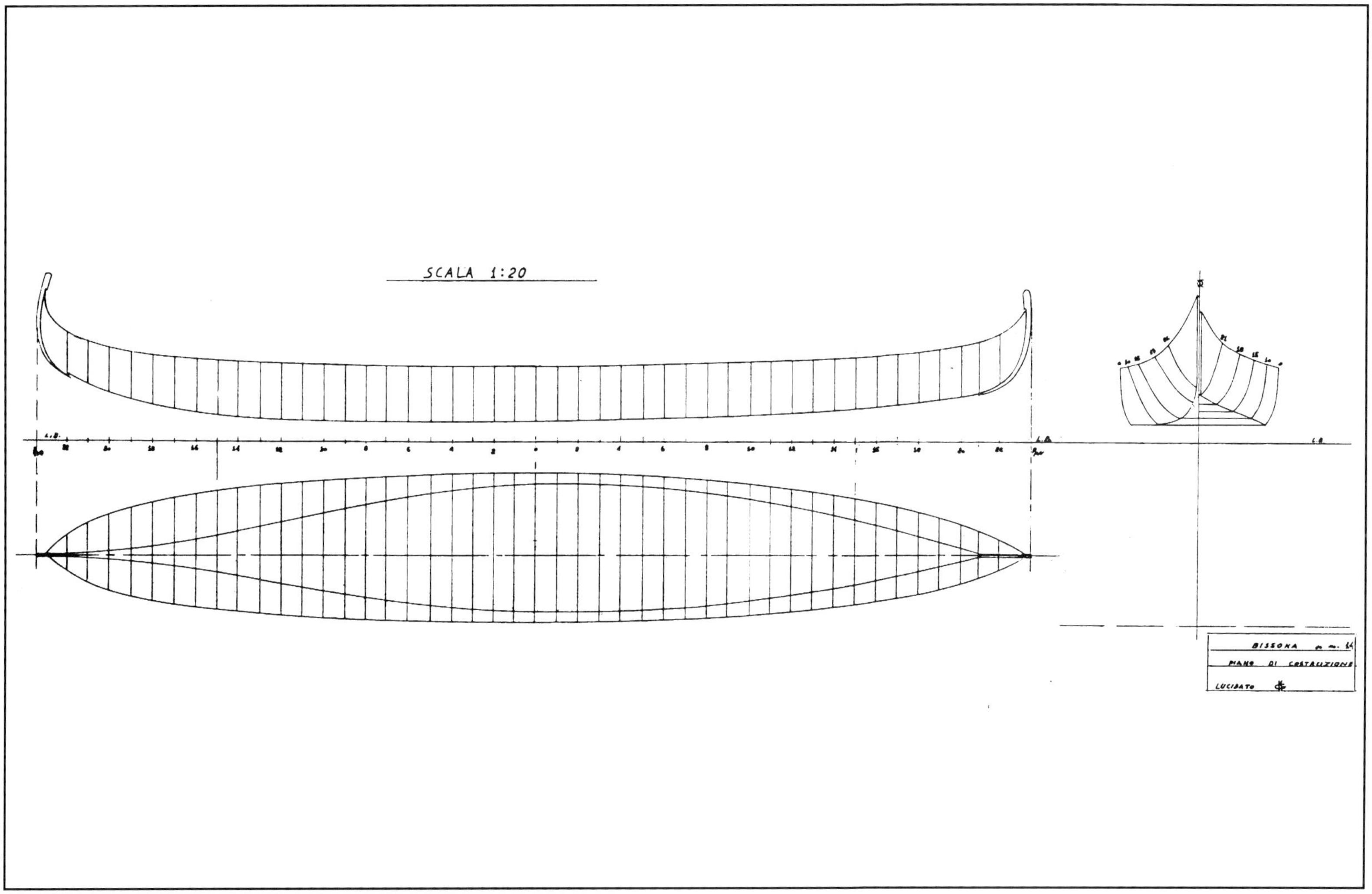

Cat N°: **P 215 ex fig. 6.**

Soggetto / *Subject* A.d.D.: ***Bissona* da m 14.00. Piano di costruzione. Imbarcazione da parata ad otto rematori. *Structural plan. Ceremonial boat for eight oarsmen.***

Scritte / *Text*: -

Autore e costruttore *Draughtsman* and builder: Giovanni Giuponi. Lucidato MG.

Data / *Date*: 10/11/1961

Tecnica / *Technique*: copia elio. / *heliographic copy*

Dimensioni / *Dimensions*: riq. / frame 983 x 340

Scala / *Scale*: 1:20

Archivio / *Archive*: del redattore / *editor's collection*

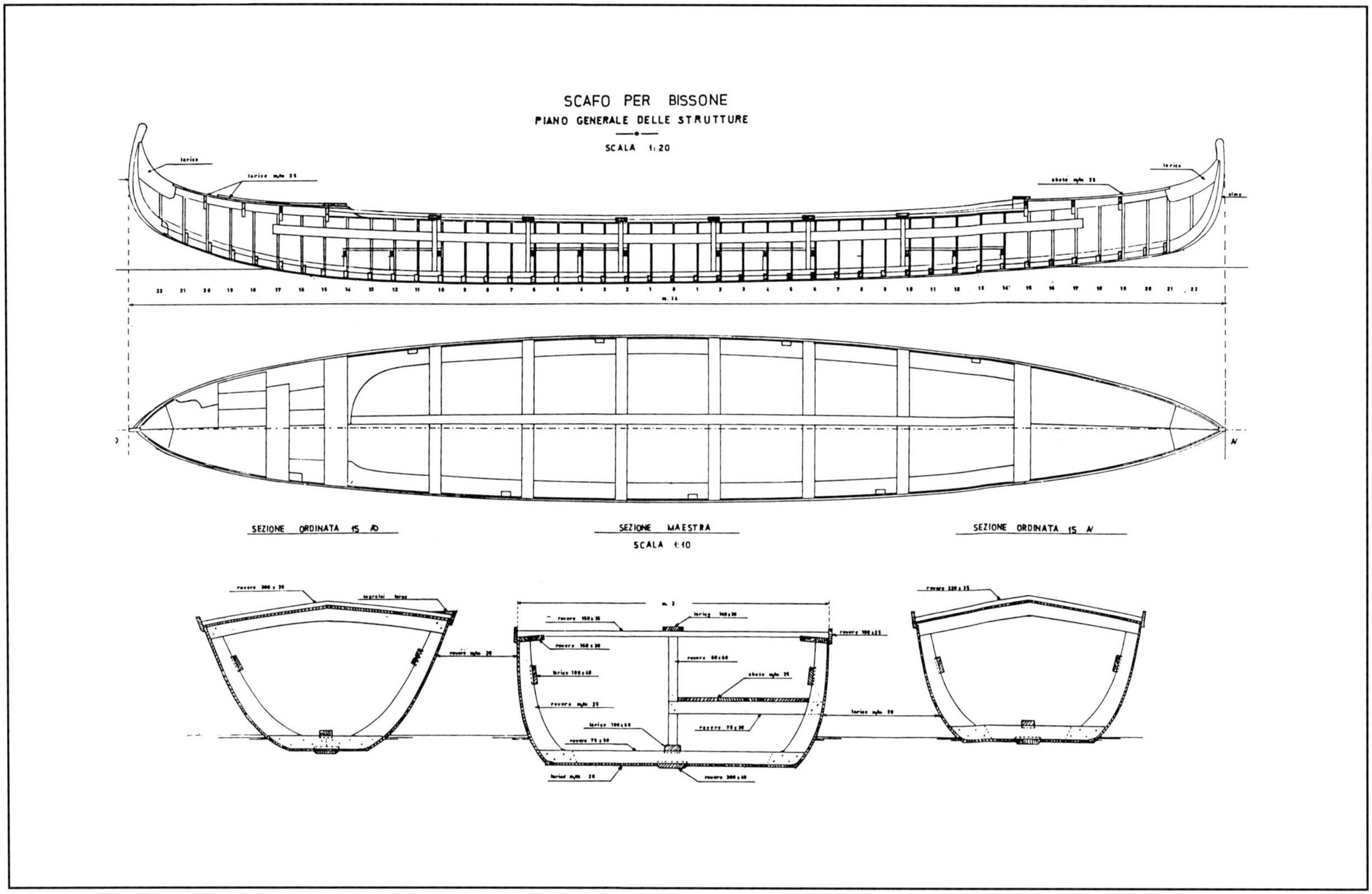

Cat N°: **P 216**
Soggetto / *Subject* A.d.D.: **Scafo per *bissone*. Piano generale delle strutture. Imbarcazione da parata ad otto rematori. / *General structural plan. Ceremonial boat for eight oarsmen.***
Scritte / *Text*: quote e indicazioni tecniche / *dimensions and technical indications*
Autore e costrutore / *Draughtsman & boatbuilder*: Giovanni Giuponi.
Data / *Date*: 10/11/1961
Tecnica / *Technique*: copia elio. / *heliographic copy*
Dimensioni / *Dimensions*: riq. / frame 983 x 340
Scala / *Scale*: 1:10, 1:20
Archivio / *Archive*: del redattore / *editor's collection*

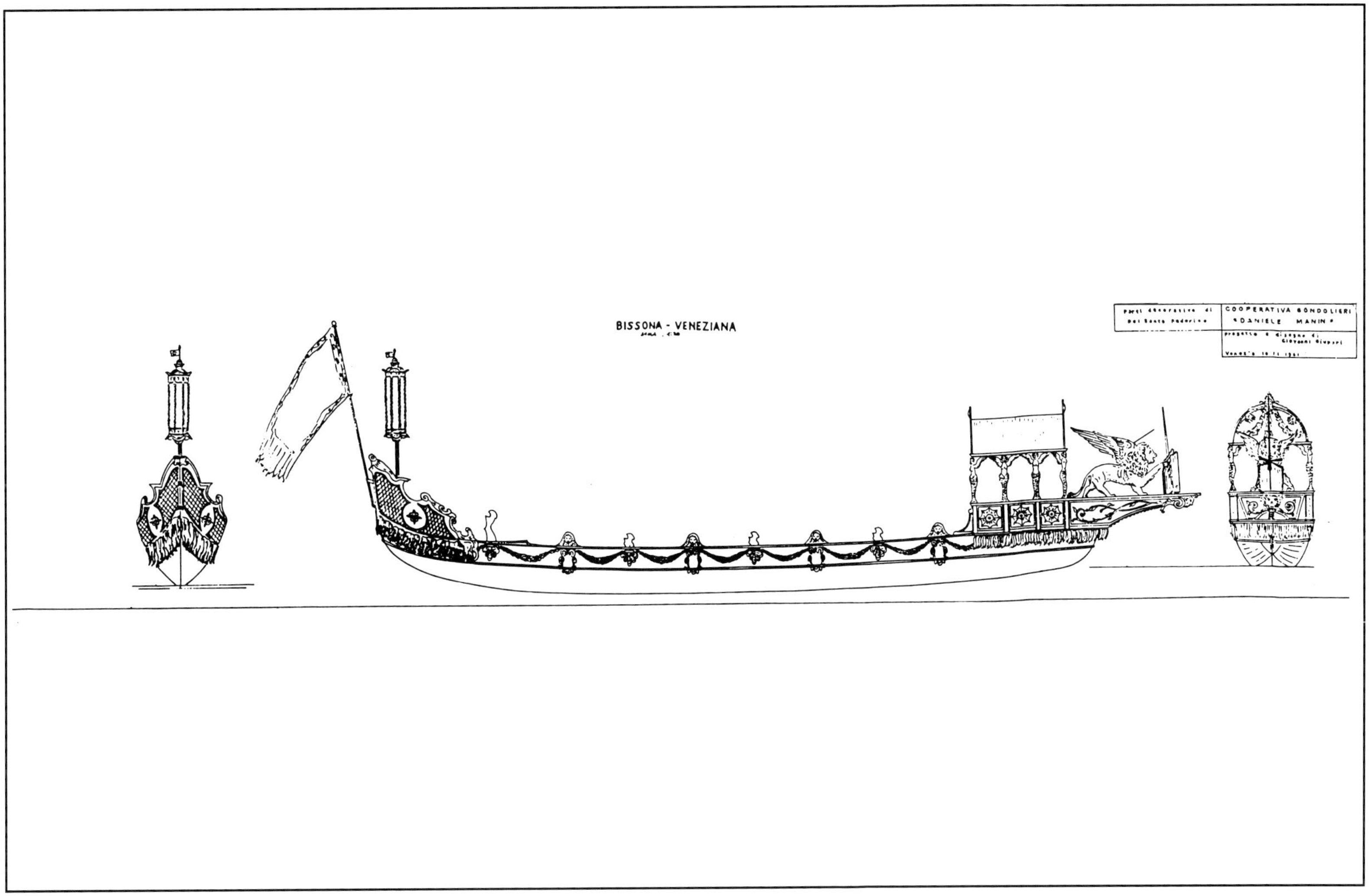

Cat N°: **P 217**
Soggetto / *Subject* A.d.D.: **Bissona Veneziana.**
Scritte / *Text*: Parti decorative di del Santo Federico. Cooperativa Gondolieri "Daniele Manin".
Autore e costrutore / *Draughtsman & boatbuilder*: Giovanni Giuponi.
Data / *Date*: 10/11/1961
Tecnica / *Technique*: copia elio. / *heliographic copy*
Dimensioni / *Dimensions*: 1350 x 350
Scala / *Scale*: 1:20
Archivio / *Archive*: del redattore / *editor's collection*

CAORLINA

La *caorlìna* è un'imbarcazione lagunare molto bella, con poppa e prua tonde e simmetriche, dotata di aste a mezzaluna dall'estremità verticale e fianchi paralleli, capiente senza per questo risultare sgraziata. Pochi esemplari costruiti secondo i sistemi tradizionali si sono conservati, mentre si contano molte ricostruzioni per diporto e regate in compensato marino. Può essere utilizzata sia a remi (fino a 6 vogatori) che a vela. Era impiegata per il trasporto e per la pesca detta a *seràgia*, nel qual caso a poppa era ricavata una bassa cabina per alloggiare i pescatori, detto *camaròto*.

The caorlìna *is a beautiful lagoon boat, with symmetrical, rounded bow and stern, crescent-shaped stems with vertical ends and parallel sides; the boat is capacious without being ungainly. Only a few examples built to traditional systems have survived, but many reconstructions have been made in marine plywood as pleasure boats or for regattas. It can be used both with oars (up to six oarsmen) and with sails. It was used for transport and for a style of fishing known as* seràgia, *in which case a* camaròto *(low cabin) was built for the fishermen.*

Cat N°:	**P 229 (non raff. / *not shown*).**
Soggetto / *Subject* A.d.D.:	***Caorlina.***
Scritte / *Text*:	"Ricostruita in base ai dati conservati presso il MSNV e a rilevamenti dal vero." / *Reconstruction based on data kept at the MSNV and on measurements taken from actual boat.*
Autore / *Draughtsman*:	Riccardo Pergolis
Data / *Date*:	ottobre 1980
Tecnica / *Technique*:	china su lucido / *ink on tracing paper*
Dimensioni / *Dimensions*:	730x400
Scala / *Scale*:	1:20
Archivio / *Archive*:	del redattore / *editor's collection*
Note / *Notes*:	tratta dal piano / *based on* P 228

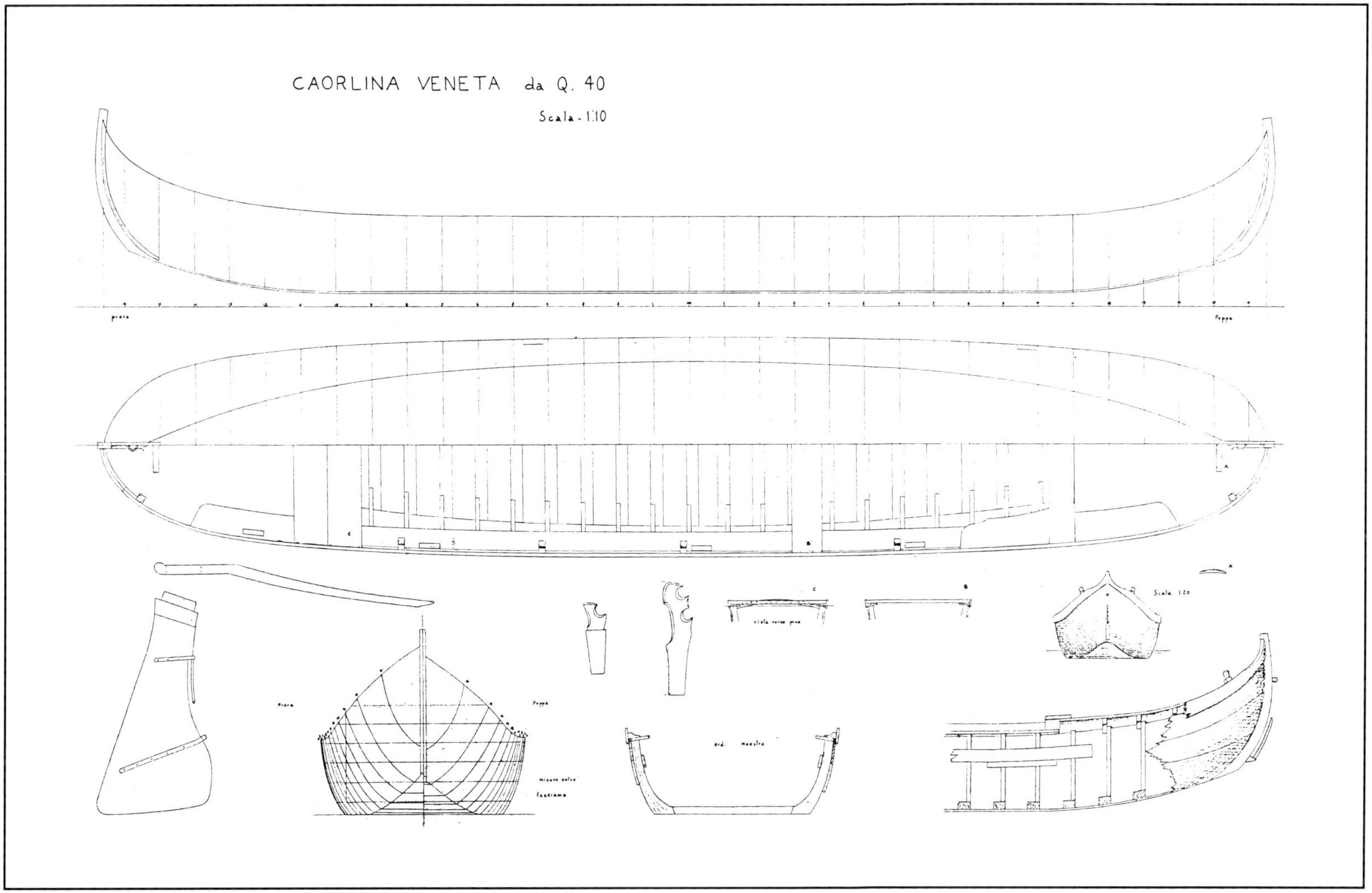

Cat N°: **P 228**
Soggetto / *Subject* A.d.D.: ***Caorlina* veneta da q. 40.**
Scritte / *Text*: indicazioni tecniche / *technical indications*
Autore / *Draughtsman*: U. Miori
Data / *Date*: 1959
Tecnica / *Technique*: copia elio. / *heliographic copy*
Dimensioni / *Dimensions*: riq. / *frame* 1030 x 652
Scala / *Scale*: 1:10, 1:20.
Archivio / *Archive*: MSNV

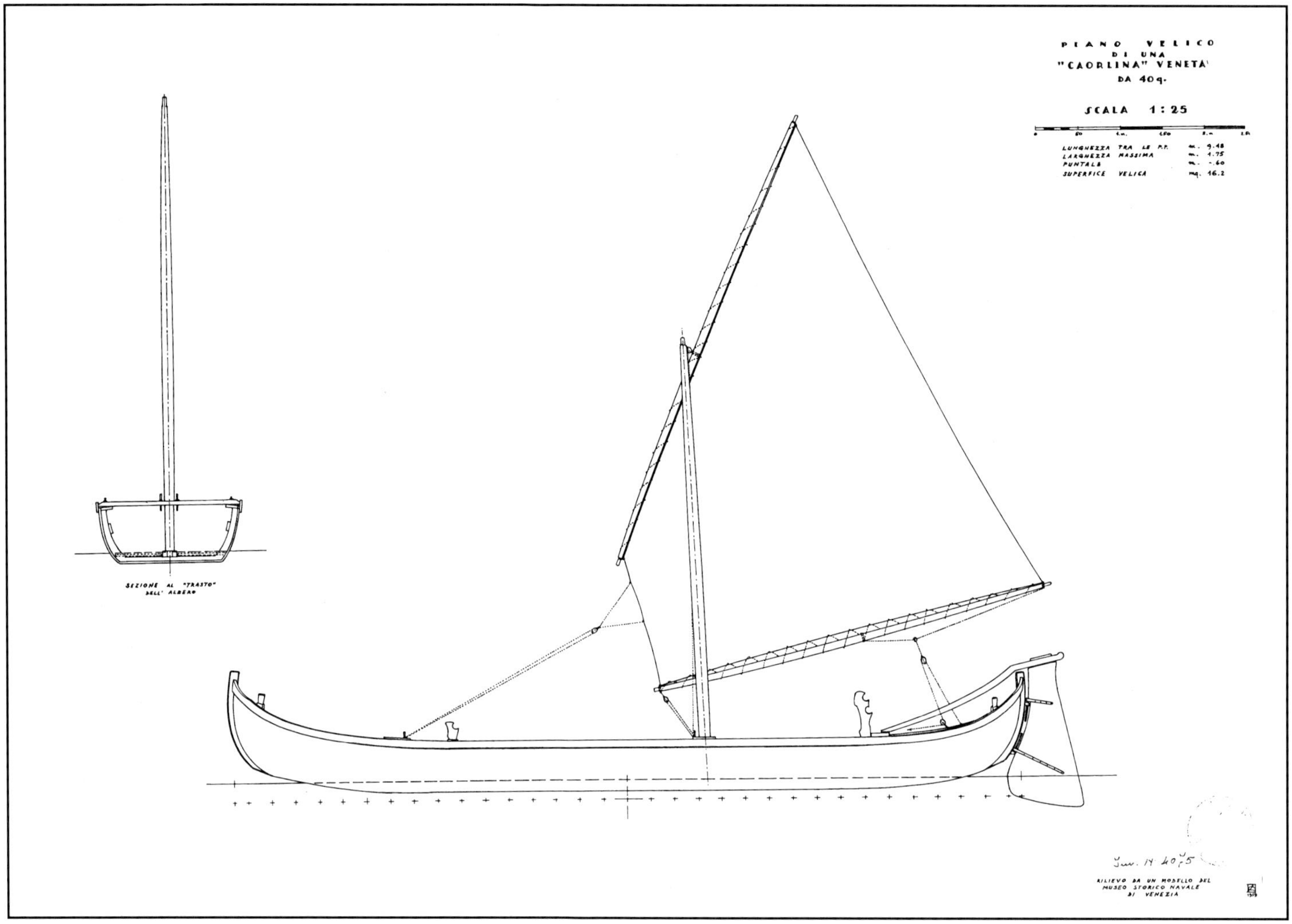

Cat N°:	**P 230.**
Soggetto / *Subject* A.d.D.:	**Piano velico di una "Caorlina" veneta da 40 q. Rilievo da un modello del Museo Storico Navale di Venezia. / *Sail plan of a 40 q. Veneto* Caorlina. *Drawing of a model at the MSNV.***
Scritte / *Text*:	dimensioni e indicazioni tecniche / *dimensions and technical indications*
Autore / *Draughtsman*:	AC [Artù Chiggiato]
Data / *Date*:	1959
Tecnica / *Technique*:	china su lucido / *ink on tracing paper*
Dimensioni / *Dimensions*:	riq. / *frame* 594x411
Scala / *Scale*:	1:25
Archivio / *Archive*:	MSNV inv. n° 4075

DODESONA, QUATORDESONA, DISDOTONA

A Venezia vi sono una serie d'imbarcazioni a remi utilizzate per diporto dalle società di canottaggio e remiere, sono ingrandimenti della gondola e sono identificate dal numero dei vogatori impiegati: *dodesóna, quatordesóna, disdotóna,* in altre parole barca con dodici, quattordici diciotto vogatori.

La *disdotóna* è la maggiore di esse, costruita per la Società canottieri F. Querini la prima volta su progetto dell'ingegner Meloncini nel 1903, poi ricostruita identica dal cantiere Carraro di Venezia nel 1926 e ora ricoverata presso il Museo Storico Navale di Venezia. Lo scafo attuale, il terzo della serie, fu costruito da Giovanni Giuponi nel 1973; particolare curioso esso è divisibile in tre parti in modo da essere ricoverato anche in locali notevolmente più corti dei suoi 24 metri di lunghezza.

There is a series of rowing boats used by Venetian rowing clubs and remiere that are enlargements of the gondola and are identified by the number of oarsmen employed: dodesóna, quatordesóna, disdotóna, *in other words a boat with twelve, fourteen or eighteen oarsmen.*

The disdotóna *is the largest of these, initially built for the F. Querini rowing club following the design by the engineer Meloncini in 1903, then reconstructed identically by the Carraro boatyard in Venice in 1926 and now kept in the Venice Museum of Naval History. The present boat, the third of the series, was built by Giovani Giuponi in 1973. It has a curious feature: it can be separated into three parts so that it can be kept in spaces considerably shorter than its 24-metre length.*

Cat. N.:	**P 231 (non raff. / *not shown*).**
Soggetto / *Subject* A.d.D.:	**Barca di rappresentanza a 18 remi. / *Rowing club boat for 18 oarsmen***
Scritte / *Text:*	Società F. Querini.
Autore / *Draughtsman*:	Ing. Angelo Meloncini.
Data / *Date:*	s. d.
Tecnica / *Technique*:	china su lucido / *ink on tracing paper*
Dimensioni / *Dimensions*:	riq. / *frame* 1065x330
Scala / *Scale*:	1:25
Archivio / *Archive*:	MSNV inv. 3587

Cat. N.:	**P 232 (non raff. / *not shown*).**
Soggetto / *Subject* A.d.D.:	**Barca di rappresentanza a 18 remi. / *Rowing club boat for 18 oarsmen.***
Scritte / *Text:*	-
Autore / *Draughtsman*:	n. i.
Data / *Date:*	s. d.
Tecnica / *Technique*:	china su lucido / *ink on tracing paper*
Dimensioni / *Dimensions*:	riq. / *frame*
Scala / *Scale*:	1:20
Archivio / *Archive*:	MSNV inv. n° 3588
Note / Notes:	Identico e speculare rispetto al disegno P 233. / *Identical but mirror image of P 233.*

Cat. N.:	**P 237 (non raff. / *not shown*).**
Soggetto / *Subject* A.d.D.:	**Dodesona. Piano generale. Sezione maestra. / *General plan and midship section.***
Scritte / *Text:*	Cantiere Agostino Amadi - Ve.
Autore progetto / *Designer*:	Amadi - Giuponi.
Data / *Date:*	Giugno 1988
Tecnica / *Technique*:	china su lucido / *ink on tracing paper*
Dimensioni / *Dimensions*:	riq. / *frame* 1026x582
Scala / *Scale*:	1:20, 1:5.
Archivio / *Archive*:	del redattore / *editor's collection*

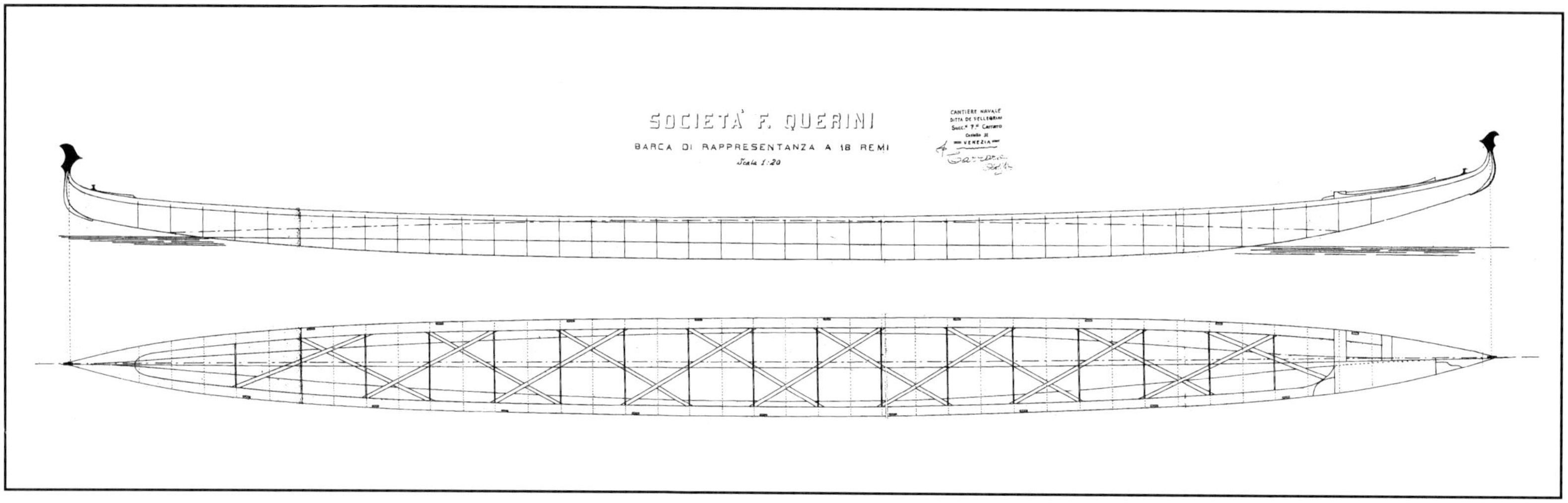

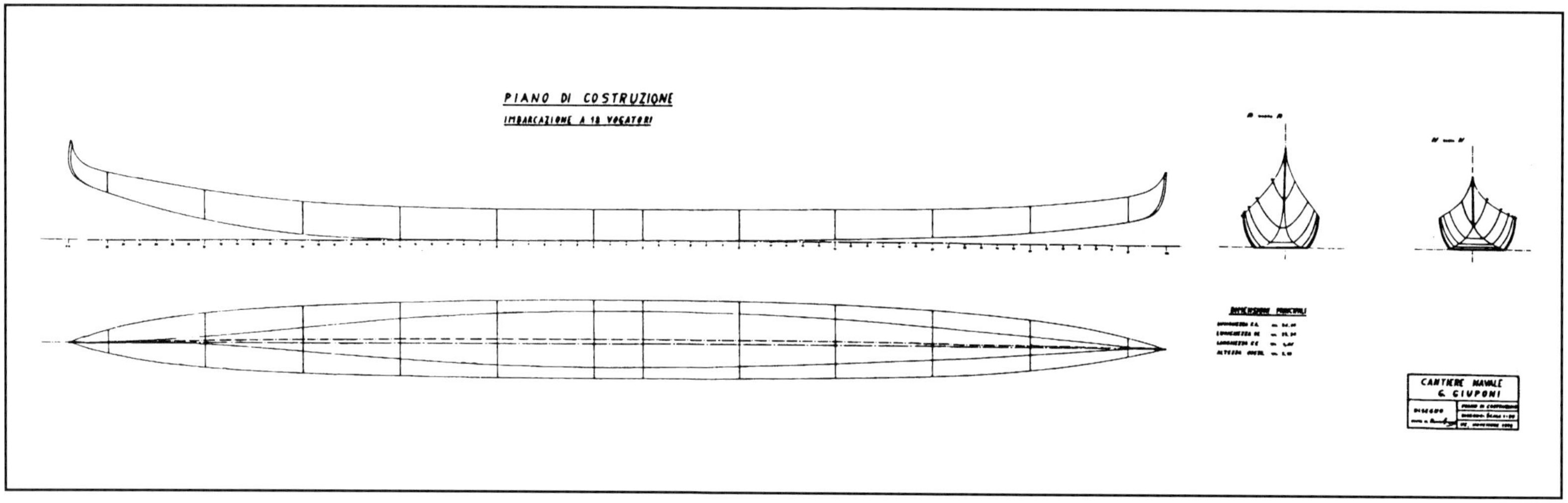

↑**Cat. N.:** **P 233.**
Soggetto / *Subject* A.d.R.: **Barca di rappresentanza a 18 remi. / *Rowing club boat for 18 oarsmen***
Scritte / *Text:* Società F. Querini. Timbro: Cantiere navale ditta De Pellegrini. Succ.ri F.lli Carraro. Castello 32 Venezia.
Autore / *Draughtsman*: Carraro Attilio
Data / *Date:* s. d.
Tecnica / *Technique*: copia elio. / *heliographic copy*
Dimensioni / *Dimensions*: irr. 1355x330.
Scala / *Scale*: scala / *scale* 1/20
Archivio / *Archive*: del redattore / *editor's collection*

↓**Cat N°:** **P 234**
Soggetto / *Subject* A.d.D.: **Imbarcazione a 18 vogatori. Piano di costruzione. / *Boat for 18 oarsmen. Construction plan.***
Scritte / *Text:* dimensioni principali / *principal dimensions.*
Autore della cos. / *Built by*: Giovanni Giuponi
Del disegno/ *Draughtsman*: Renzo Giuponi.
Data / *Date:* novembre 1972
Tecnica / *Technique*: copia elio / *heliographic copy*
Dimensioni / *Dimensions*: c. 1750 x 470.
Scala / *Scale:* 1:20
Archivio / *Archive*: del redattore / *editor's collection*

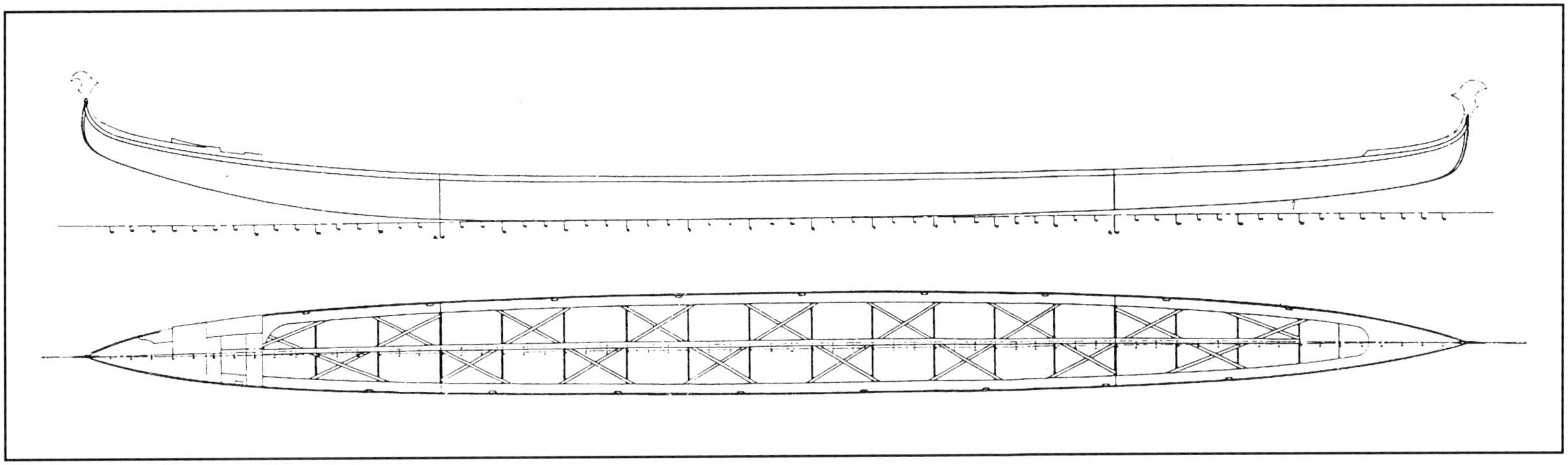

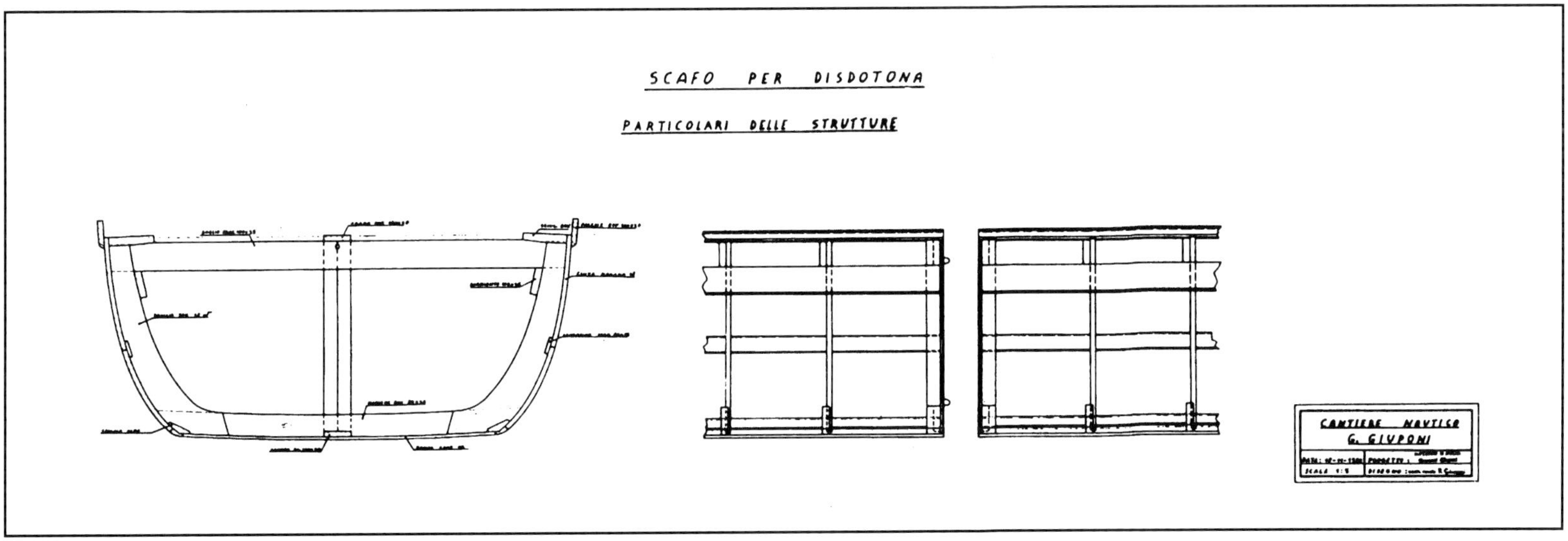

↑Cat. N.: **P 235**
Soggetto / *Subject* A.d.R.: **Disdotona. Piano dei legni / *Structural plan***
Scritte / *Text:* -
Autore / *Draughtsman*: "Progetto maestro d'Ascia Giovanni Giuponi. Disegno Costruttore navale R. Giuponi."
Data / *Date:* "novembre 1972"
Tecnica / *Technique*: copia elio. / *heliographic copy*
Dimensioni / *Dimensions*: c. 1350 x 381.
Scala / *Scale*: 1:20
Archivio / *Archive*: del redattore / *editor's collection*

↓Cat. N.: **P 236**
Soggetto / *Subject* A.d.D.: **Scafo per disdotona. Particolari delle strutture. / *Hull for disdotona. Structural details.***
Scritte / *Text:* indicazioni tecniche / *technical indications*
Autore / *Draughtsman*: Progetto maestro d'Ascia Giovanni Giuponi. Disegno Costruttore navale R. Giuponi.
Data / *Date:* 18-11-1972
Tecnica / *Technique*: copia elio / *heliographic copy*
Dimensioni / *Dimensions*: c. 1150 x 420.
Scala / *Scale*: 1:5
Archivio / *Archive*: del redattore / *editor's collection*

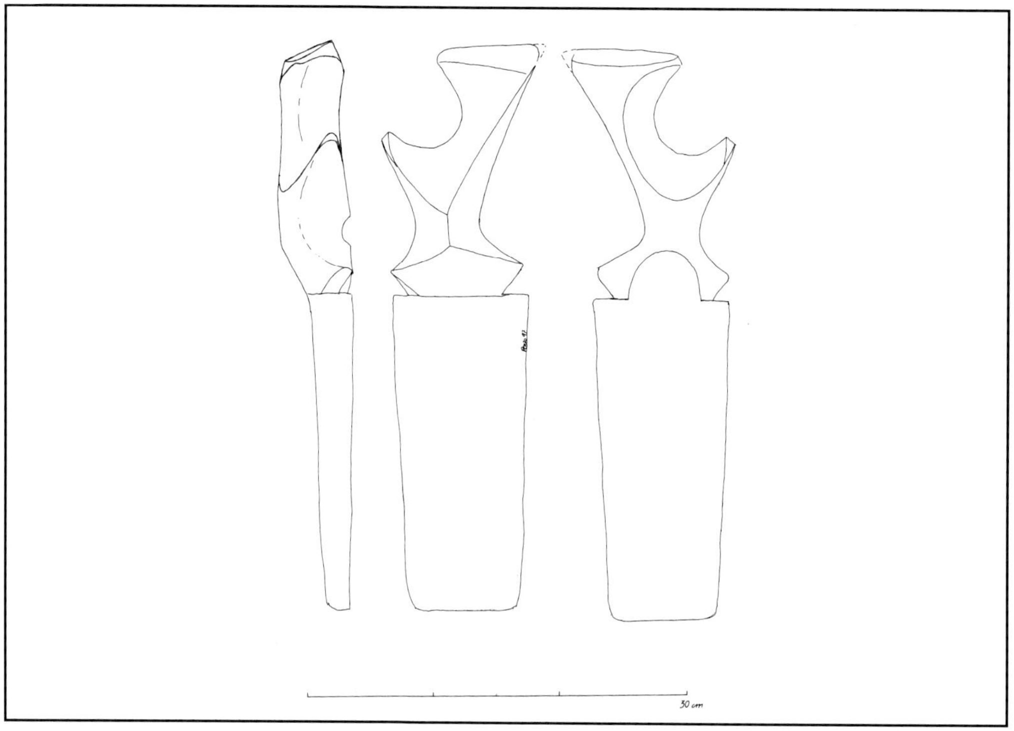

FORCOLE

Le *fórcole,* sono i caratteristici scalmi usati per la voga nelle lagune venete, disponibili in un'infinità di varianti permettono non solo la propulsione in avanti ma anche tutta la serie di manovre anche in spazi angusti come gli stretti rii veneziani. Il catalogo completo di tutti i modelli e delle tecniche costruttive si trova nel nostro: *Fórcole, remi e voga alla Veneta* (vedi Bibliografia).

Fórcole *are the characteristic rowlocks used in the Veneto lagoons. Available in an infinite variety of shapes and sizes, they allow not only forward propulsion but also the whole range of manoeuvres even in tight spaces like the narrow Venetian canals. The complete catalogue of all the different types of* fórcola, *with a detailed description of the methods used to make them, is included in our book:* Fórcole, remi e voga alla Veneta *(see Bibliography).*

Cat. N.:	**P 2.**
Soggetto / Subject A.d.D.:	**Fórcola di prua. Imbarcazione non identificata. / *Bow fórcola. Type of boat unknown.***
Scritte / *Text*:	-
Autore / *Draughtsman*:	Gilberto Penzo
Data / *Date*:	31-1-1997
Tecnica / *Technique*:	china su lucido / *ink on tracing paper*
Dimensioni / *Dimensions*:	riq. / frame 613x424
Scala / *Scale*:	1:1
Archivio / *Archive*:	dell'autore
Note / *Notes*:	Forcola coll. Sergio Vianello detto "Cele". *Forcola owned by Sergio Vianello.*

GONDOLA - EVOLUZIONE STORICA.

Diamo di seguito i disegni della più famosa tra le imbarcazioni veneziane, la Gondola, iniziando da quelli più antichi sia originali sia ricostruzioni posteriori, fino ai rilievi contemporanei.

GONDOLA - HISTORICAL EVOLUTION.

The following are drawings of the most famous type of Venetian boat, the Gondola, starting with the most ancient – both original and reconstructions – to present-day versions.

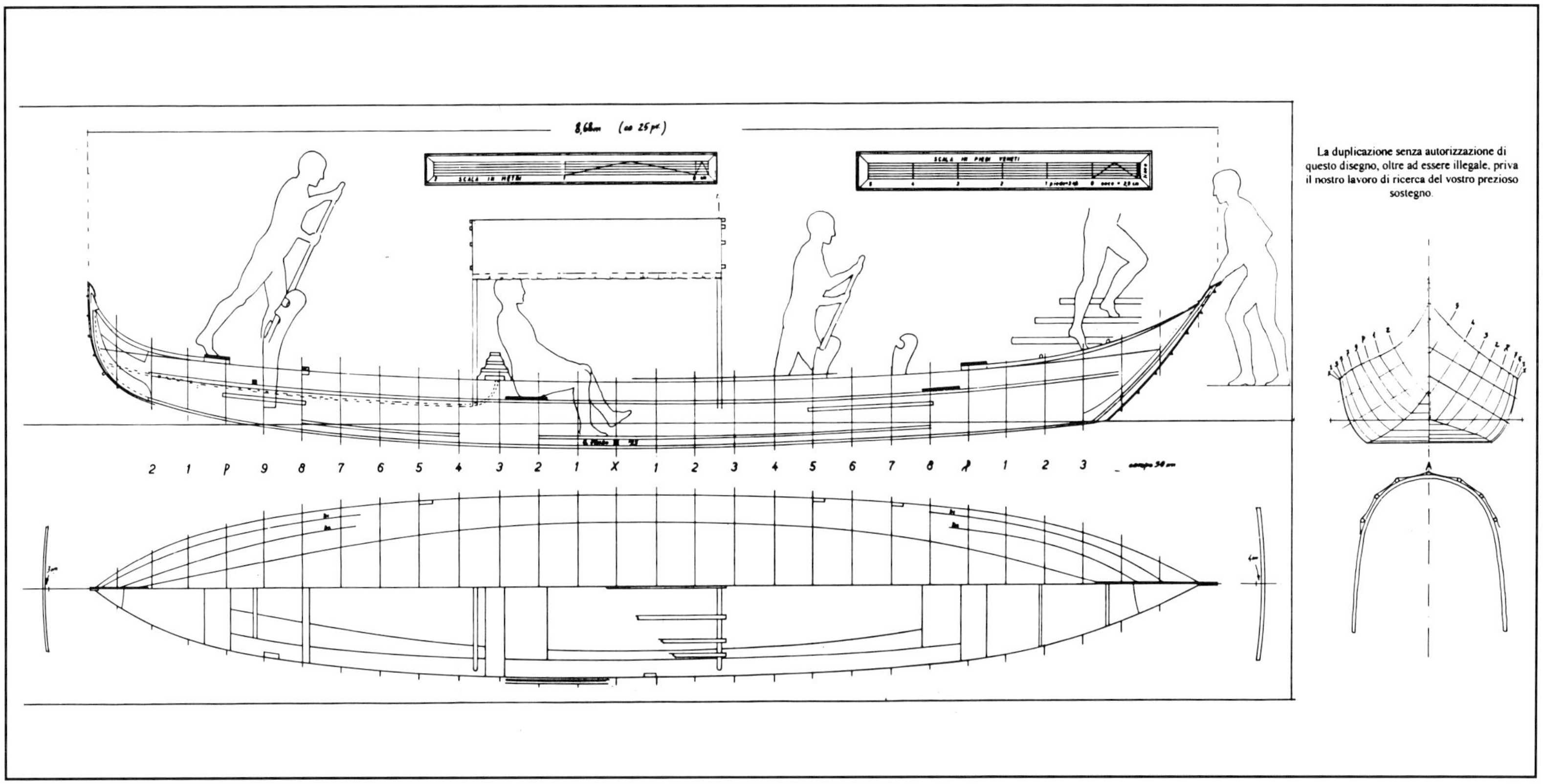

Cat. N.: **P 238 (non raff. / *not shown*).**
Soggetto / *Subject* A.d.D.: **Gondola rinascimentale. Imbarcazione a remi per il trasporto di passeggeri. / *Renaissance rowing boat for transporting passengers***
Scritte / *Text:* quote / *dimensions*
Autore / *Draughtsman*: U. Pizzarello, R. Pergolis
Data / *Date:* 1980
Tecnica / *Technique*: china su lucido / *ink on tracing paper.*
Dimensioni / *Dimensions*: c. 700x320
Scala / *Scale*: 1:20
Archivio / *Archive*: del redattore / *editor's collection*

Cat. N.: **P 239**
Soggetto / *Subject* A.d.D.: **Gondola Quattrocentesca. / *Fifteenth century Gondola.***
Scritte / *Text:* indicazioni tecniche / *technical indications*
Autore disegno e ricos.: *Draughtsman and builder of the replica*: Gilberto Penzo
Data / *Date:* 1995
Tecnica / *Technique*: china su poliestere / *ink on polyester*
Dimensioni / *Dimensions*: c. 1420 x 500
Scala / *Scale*: 1:10
Archivio / *Archive*: dell'autore / *editor's collection*

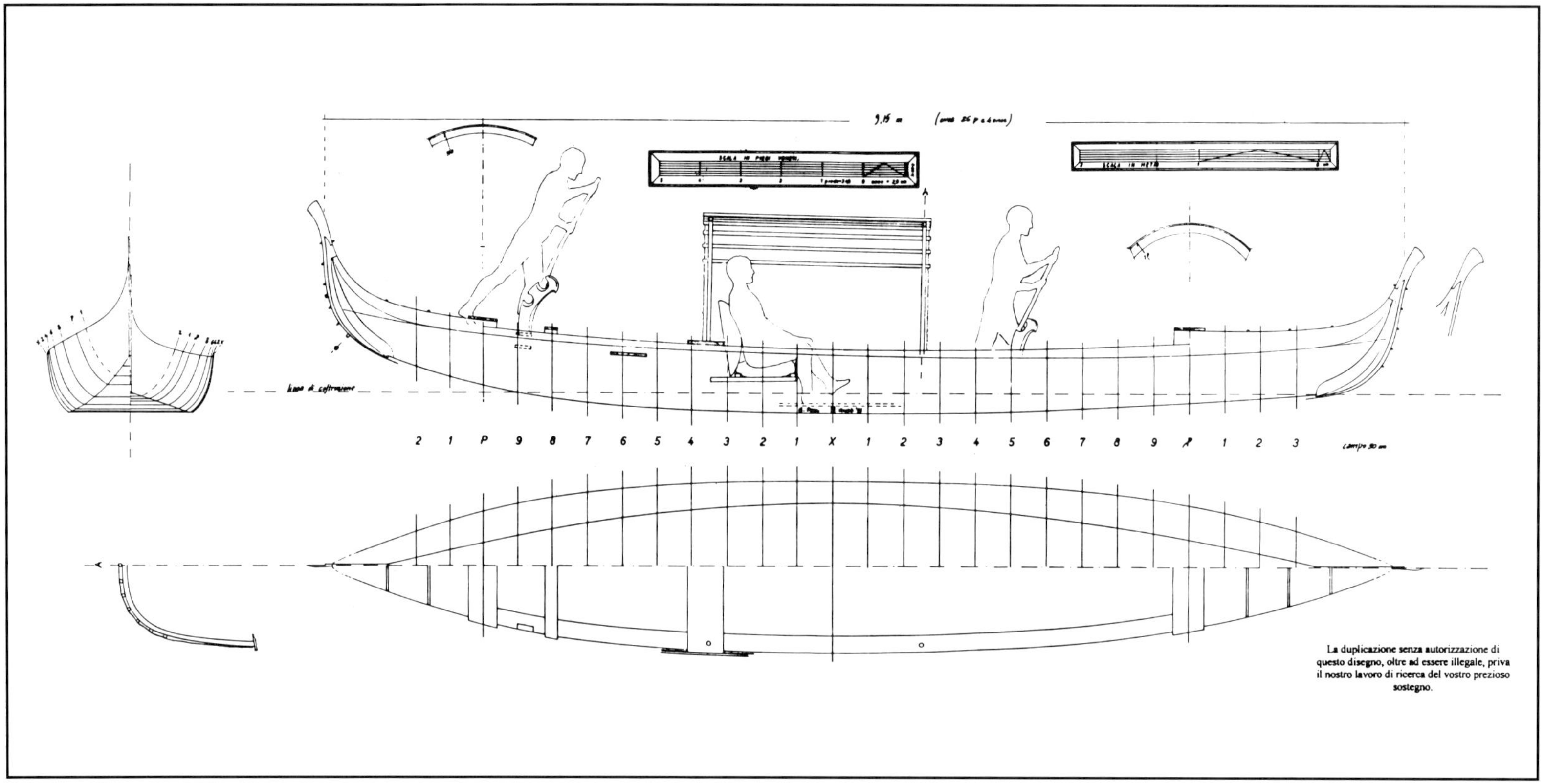

Cat. N.:	**P 240. (non raff. / *not shown*)**
Soggetto / *Subject* A.d.D.:	**Gondolla.**
Scritte / *Text:*	quote e indicazioni tecniche / *dimensions and technical indications*
Autore / *Draughtsman*:	Pre Teodoro de Nicolò.
Data / *Date:*	seconda metà XVI sec. / *second half of XVI century*
Tecnica / *Technique*:	penna nera su carta con tracce di puntasecca / *black ink on paper with traces of silver point*
Dimensioni / *Dimensions*:	c. 275x420
Scala / *Scale*:	1:32 ca.
Archivio / *Archive*:	Biblioteca Marciana Venezia. Ms It. cl IV cod. 26 segn. 5131.
Note / *Notes*:	Per una trattazione più completa si veda l'edizione anastatica in corso di stampa, *Instructione sul modo di fabricare galee*, a cura di Gilberto Penzo e Mauro Bondioli. *For more information, see the anastatic edition of* Instructione sul modo di fabricare galee*, edited by Gilberto Penzo and Mauro Bondioli to be published shortly.*

Cat. N.:	**P 241**
Soggetto / *Subject* A.d.D.:	**Gondola Cinquecentesca.**
Scritte / *Text:*	indicazioni tecniche / *technical indications*
Autore disegno e ricos.: *Draughtsman and builder of the replica*:	Gilberto Penzo
Data / *Date:*	1995
Tecnica / *Technique*:	china su poliestere / *ink on polyester*
Dimensioni / *Dimensions*:	c. 1570 x 550
Scala / *Scale*:	1:10
Archivio / *Archive*:	dell'autore / *editor's edition*

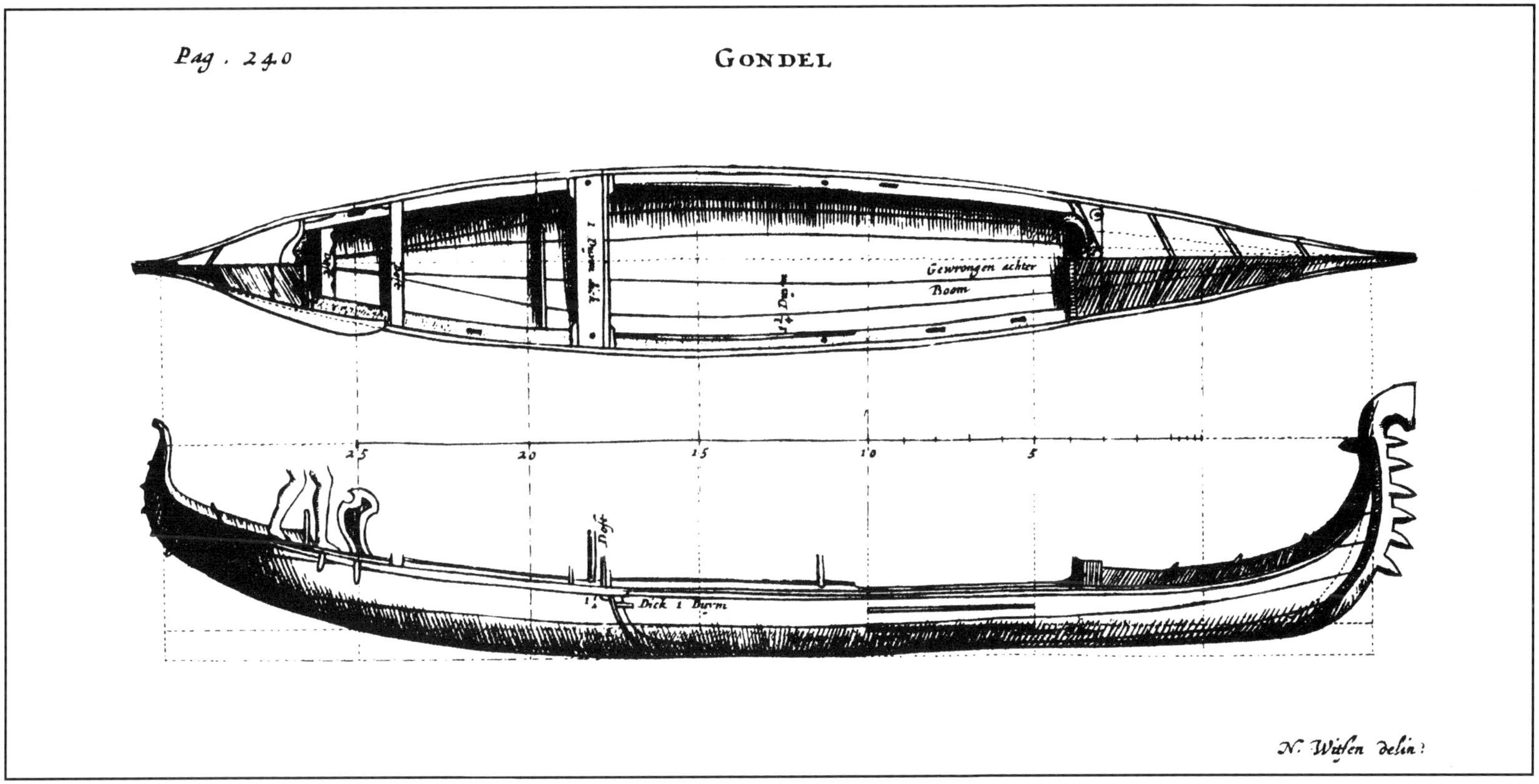

Cat. N.:	**P 242.**
Soggetto / *Subject* A. d. R.:	**Gondola Secentesca. / *Seventeenth century Gondola***
Scritte / *Text:*	"Gondel." Indicazioni tecniche / *Technical indications*
Autore / *Draughtsman*:	Witsen Nicolaes
Data / *Date:*	1671
Tecnica / *Technique*:	incisione / *engraving*
Dimensioni / *Dimensions*:	?
Scala / *Scale*:	?
Archivio / *Archive*:	Tav. / Plate LXXXVI contenuta in / *in*: *Architectura navalis et regimen nauticum, ofte ...*, P. & G. Blaeus, Amsterdam, 1 vol. in folio, Rist. 1690, 1975.

Cat. N.:	**P 243 (non raff. / *not shown*).**
Soggetto / *Subject* A.d.D.:	**Gondola secentesca / *Seventeenth century Gondola***
Scritte / *Text:*	Indicazioni tecniche / Technical indications
Autore / *Draughtsman*:	Åke Rålamb
Data / *Date:*	1691
Tecnica / *Technique*:	incisione / *engraving*
Dimensioni / *Dimensions*:	?
Scala / *Scale*:	?
Archivio / *Archive*:	incisione inserita in/ *engraving in*: Skeps Biggerij eller Adelig Öfuing, Stockolm.
Note / Notes:	Molto simile a quella precedente di Witsen. *Very similar to the previous engraving by Witsen.*

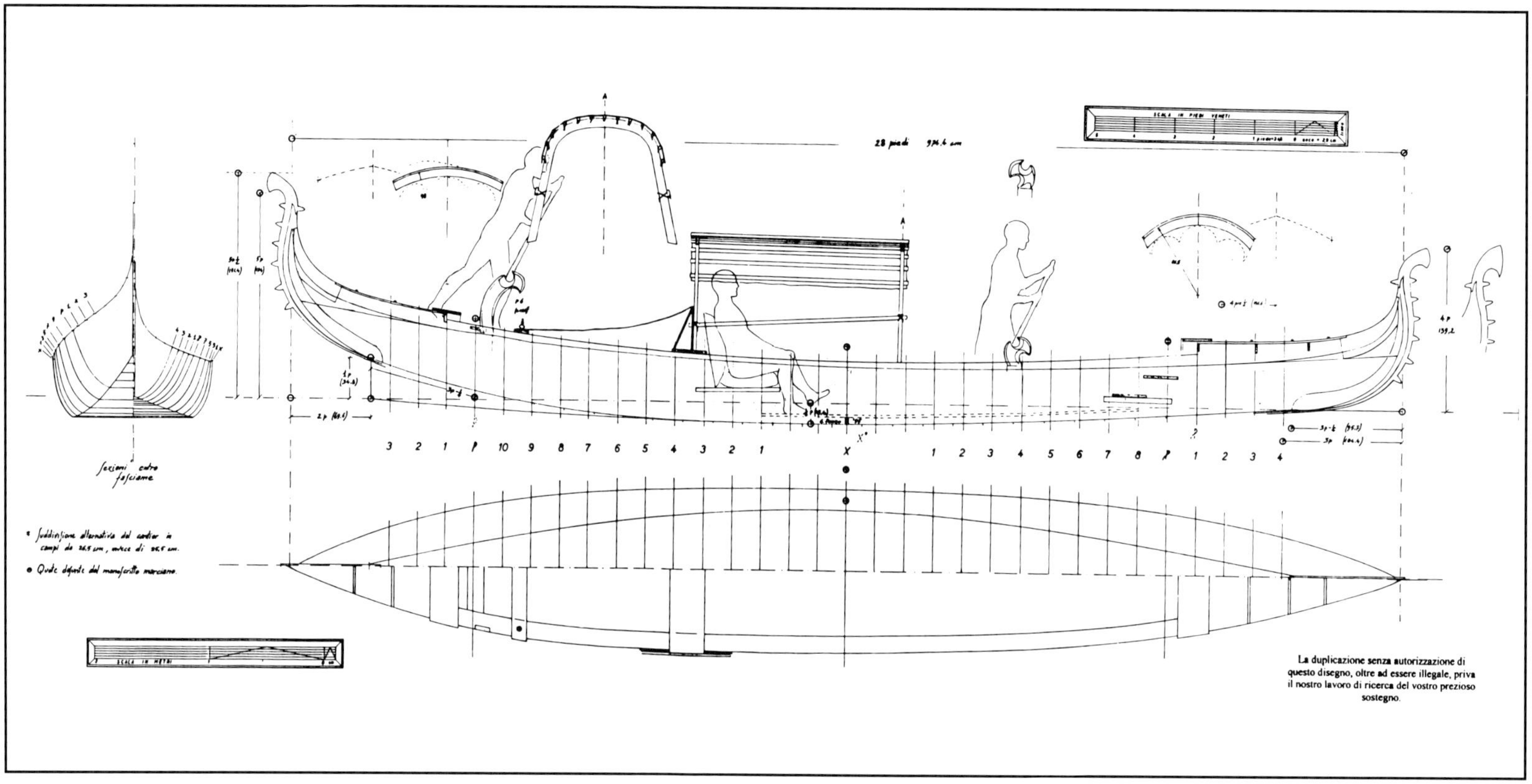

Cat. N.: **P 244**
Soggetto / *Subject* A.d.D.: **Gondola secentesca. Tav. I. Piano generale. *Seventeenth century Gondola. Plate I. General plan.***
Scritte / *Text:* nomenclatura e indicazioni delle dimensioni / *nomenclature and dimensions*
Autore / *Draughtsman*: Gilberto Penzo
Data / *Date:* 1995
Tecnica / *Technique*: inchiostro nero su lucido / *black ink on tracing paper*
Dimensioni / *Dimensions*: c. 1600x570
Scala / *Scale*: 1:10
Archivio / *Archive*: dell'autore / *editor's collection*

Cat. N.: **P 245 (non raff. / *not shown*).**
Soggetto / *Subject* A.d.D.: **Gondola secentesca. Tav. II. Ferro di prua. *Seventeenth century Gondola. Plate II.* Ferro di prua.**
Scritte / *Text:* nomenclatura e indicazioni delle dimensioni / *Nomenclature and dimensions*
Autore / *Draughtsman*: Gilberto Penzo
Data / *Date:* 1995
Tecnica / *Technique*: china su poliestere / *ink on polyester*
Dimensioni / *Dimensions*: riq. / *frame* 1365x450
Scala / *Scale*: 1/1
Archivio / *Archive*: dell'autore / *editor's collection*
Note / Notes: Rilievo del ferro conservato al Civico Museo Correr di Venezia, rilievo poi integrato nelle parti mancanti e inserito nella tavola d'insieme.
Measurements of the ferro *kept at the Correr Museum in Venice integrated with the missing parts and inserted into the drawing of the complete object.*

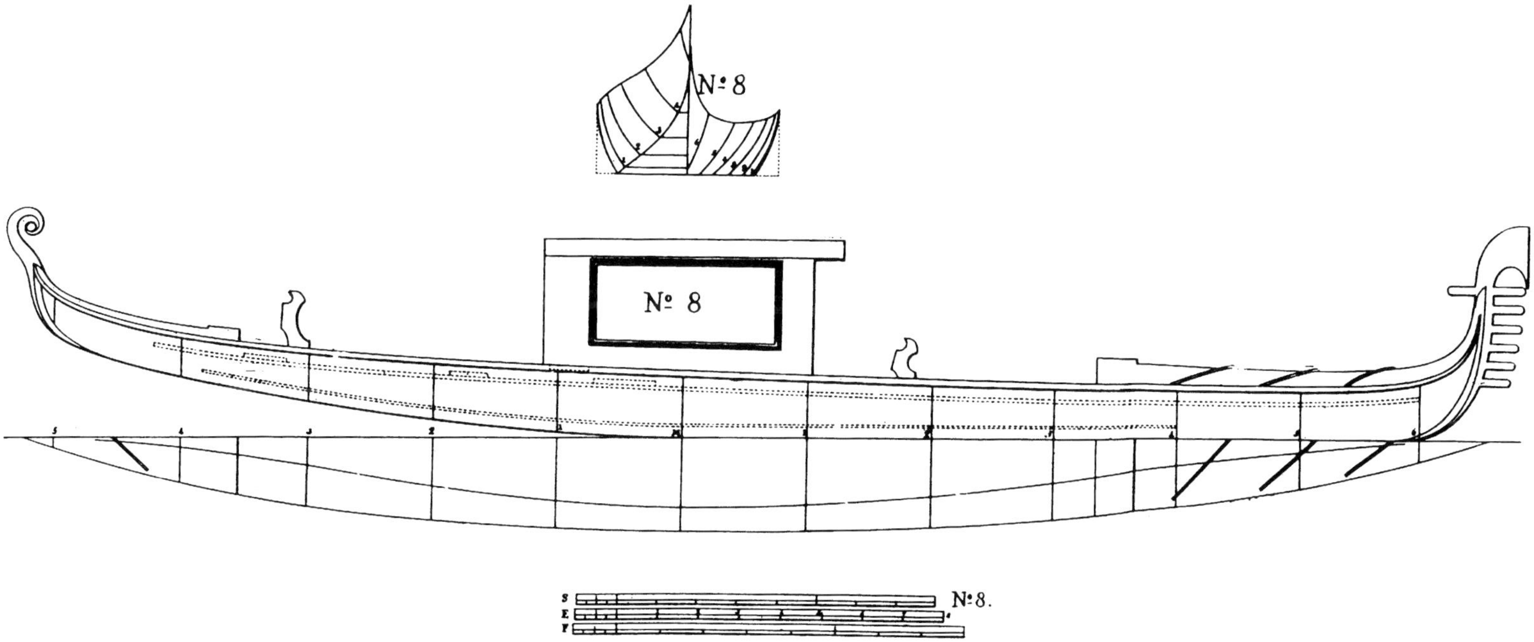

Cat. N.: **P 246**
Soggetto / *Subject* A.d.D.: **Venetian gondola**
Scritte / *Text:* *N°8 A (Diferent sorts of smaller vessels). Length between the perpendiculars 43 ft. Breadth moulded 4 7/12 ft.*
Autore / *Draughtsman*: Fredrik Henrik Chapman.
Data / *Date:* 1768
Tecnica / *Technique*: incisione / *engraving*
Dimensioni / *Dimensions*: della copia / *of the copy* 920 x 430.
Scala / *Scale*: della copia / *of the copy* 1/15.
Archivio / *Archive*: sta in / *in*: CHAPMAN Fredrik Henrik af, *Architectura navalis mercatoria*, Stoccolma, 1768, rist. anast. Adlard Coles, Londra 1968.

Ricostruzione gondola settecentesca

Di tutte le nostre ricostruzioni storiche abbiamo fatto, come d'abitudine, anche dei modelli in scala uno a dieci per controllare l'avviamento delle linee, i dettagli costruttivi e l'assetto sul galleggiamento. Fortunatamente dal progetto di quella settecentesca, è stata fatta anche un'imbarcazione in scala reale grazie alla sensibilità dello *squerariolo* veneziano Gianpaolo Proto, che ci ha commissionato lo sviluppo dello scafo. Al collaudo finale lo scafo si è rivelato stabile, veloce e manovriero nonostante la forma così inconsueta rispetto alle gondole attuali.

Reconstruction of an eighteenth century gondola

We normally build 1:10 scale models to check the lines, the details of the construction and the trim of all our historic reconstructions. Fortunately in the case of the eighteenth century gondola, a life-size reconstruction was made thanks to the sensibility of the Venetian squerariolo Gianpaolo Proto who commissioned us to draw the development of the hull. The final test run proved it to be stable, fast and easy to manoeuvre despite its having a shape so different to that of the modern gondola.

Cat. N.:	**P 248 (non raff. / *not shown*).**
Soggetto / *Subject* A.d.D.:	**Gondola settecentesca. Tav. II. Cantièr.**
Scritte / *Text:*	nomenclatura e indicazioni delle dimensioni / *nomenclature and dimensions*
Autore / *Draughtsman*:	Gilberto Penzo
Data / *Date:*	1994
Tecnica / *Technique*:	inchiostro nero su lucido / *black ink on tracing paper*
Dimensioni / *Dimensions*:	c. 1500x380
Scala / *Scale*:	1.10
Archivio / *Archive*:	dell'autore / *editor's collection*
Note / *Notes*:	Progetto utilizzato per la prima ricos. navigante. / *Project used for the first working replica.*

Cat. N.:	**P 249 (non raff. / *not shown*).**
Soggetto / *Subject* A.d.D.:	**Gondola settecentesca. Tav. III. Sesto per corbame.**
Scritte / *Text:*	nomenclatura e indicazioni delle dimensioni / *nomenclature and dimensions*
Autore / *Draughtsman*:	Gilberto Penzo
Data / *Date:*	1996
Tecnica / *Technique*:	inchiostro nero su lucido / *black ink on tracing paper*
Dimensioni / *Dimensions*:	c. 1200x500
Scala / *Scale*:	1:1
Archivio / *Archive*:	dell'autore / *editor's collection*
Note / *Notes*:	Progetto utilizzato per la prima ricos. navigante. / *Project used for the first working replica.*

Cat. N.:	**P 250 (non raff. / *not shown*).**
Soggetto / *Subject* A.d.D.:	**Gondola settecentesca. Tav. IV. Aste di poppa e di prua / *Plate IV. Stern and bow stems***
Scritte / *Text:*	nomenclatura e indicazioni delle dimensioni / *nomenclature and dimensions*
Autore / *Draughtsman*:	Gilberto Penzo
Data / *Date:*	1996
Tecnica / *Technique*:	inchiostro nero su lucido / black *ink on tracing paper*
Dimensioni / *Dimensions*:	c. 1660x680
Scala / *Scale*:	1:1
Archivio / *Archive*:	dell'autore / *editor's collection*
Note / Notes:	Progetto utilizzato per la prima ricos. navigante. / *Project used for the first working replica.*

Cat. N.:	**P 2 (non raff. / *not shown*).**
Soggetto / *Subject* A.d.D.:	**Gondola settecentesca. Tav. V. Semiordinate / Plate V. Half frames**
Scritte / *Text:*	nomenclatura e indicazioni delle dimensioni / *nomenclature and dimensions*
Autore / *Draughtsman*:	Gilberto Penzo
Data / *Date:*	1996
Tecnica / *Technique*:	inchiostro nero su lucido / *black ink on tracing paper*
Dimensioni / *Dimensions*:	c. 1550x750
Scala / *Scale*:	1:1
Archivio / *Archive*:	dell'autore / *editor's collection*
Note / Notes:	Progetto utilizzato per la prima ricos. navigante. / *Project used for the first working replica.*

Cat. N.: **P 252 (non raff. / *not shown*).**
Soggetto / *Subject* A.d.D.: **Gondola settecentesca. Tav. VI. Ferro di prua. / *Plate VI. Bow* Ferro.**
Scritte / *Text:* nomenclatura e indicazioni delle dimensioni / *nomenclature and dimensions*
Autore / *Draughtsman*: Gilberto Penzo, Gianfranco Munerotto
Data / *Date:* 1997
Tecnica / *Technique*: inchiostro nero su carta / *black ink on paper*
Dimensioni / *Dimensions*: c. 2300x800
Scala / *Scale*: 1:1
Archivio / *Archive*: dell'autore / *editor's collection*
Note / *Notes*: Rilievo di un ferro originale in collezione privata. / *Drawn from an original* ferro *in a private collection.*

Cat. N.: **P 253 (non raff. / *not shown*).**
Soggetto / *Subject* A.d.D.: **Gondola settecentesca. Tav. VII. Ferro di prua. / *Plate VII. Bow* Ferro.**
Scritte / *Text:* nomenclatura e indicazioni delle dimensioni / *nomenclature and dimensions*
Autore / *Draughtsman*: Gilberto Penzo
Data / *Date:* 1997
Tecnica / *Technique*: inchiostro nero su lucido / *black ink on tracing paper*
Dimensioni / *Dimensions*: c. 2100x700
Scala / *Scale*: 1:1
Archivio / *Archive*: dell'autore / *editor's collection*
Note / *Notes*: Rielaborazione del dis. tav. VI utilizzato per la ricos. navigante. / *Based on the drawing in tav. VI used for the working replica.*

Cat. N.: **P 254 (non raff. / *not shown*).**
Soggetto / *Subject* A.d.D.: **Gondola settecentesca. Tav. VIII Ferro di prua. / *Plate VIII. Bow* Ferro.**
Scritte / *Text:* nomenclatura e indicazioni delle dimensioni / *nomenclature and dimensions*
Autore / *Draughtsman*: Gilberto Penzo
Data / *Date:* 2000
Tecnica / *Technique*: inchiostro nero su lucido / *black ink on tracing paper*
Dimensioni / *Dimensions*: 210x90
Scala / *Scale*: 1/1
Archivio / *Archive*: dell'autore / *editor's collection*
Note / *Notes*: Rilievo dal vero di uno dei due ferri delle gondole di casa Savoia. / *Drawn from one of the two ferri of the gondolas of the house of Savoia.*

Cat. N.: **P 255 (non raff. / *not shown*).**
Soggetto / *Subject* A.d.D.: **Gondola settecentesca. tav. IX Ferro di prua. / *Plate IX. Bow* Ferro.**
Scritte / *Text:* nomenclatura e indicazioni delle dimensioni / *nomenclature and dimensions*
Autore / *Draughtsman*: Gilberto Penzo
Data / *Date:* 2000
Tecnica / *Technique*: inchiostro nero su lucido / *black ink on tracing paper*
Dimensioni / *Dimensions*: 210x90
Scala / *Scale*: 1/1
Archivio / *Archive*: dell'autore / *editor's collection*
Note / *Notes*: Rilievo dal vero di uno dei due ferri delle gondole di casa Savoia. / *Drawn from one of the two ferri of the gondolas of the house of Savoia.*

Cat. N.: **P 256 (non raff. / *not shown*).**
Soggetto / *Subject* A.d.D.: **Gondola del XVIII sec. Schema decorativo del pontafòssine desunto dalle fonti iconografiche.**
Scritte / *Text:* nomenclatura e indicazioni delle dimensioni / *nomenclature and dimensions*
Autore / *Draughtsman*: Gianfranco Munerotto
Data / *Date:* 1997
Tecnica / *Technique*: inchiostro nero su lucido / *black ink on tracing paper*
Dimensioni / *Dimensions*: 100x80
Scala / *Scale*: 1/1
Archivio / *Archive*: dell'autore / *editor's collection*

Cat. N.: **P 257 (non raff. / *not shown*).**
Soggetto / *Subject* A.d.D.: ***Plan d'une Gondole.***
Scritte / *Text:* indicazioni tecniche / *tecnical indications*
Autore / *Draughtsman*: Campaignac A.
Data / *Date:* 1835
Tecnica / *Technique*: incisione / *engraving*
Dimensioni / *Dimensions*: ?
Scala / *Scale*: in piedi di Parigi / *in Parisian feet*
Archivio / *Archive*: CAMPAIGNAC A., *Atlas du génie maritime par les Officiers de ce Corps*, Lith. Du Gènie Maritime, Dessinè sur pierre par J. Ardouvin, Toulon, 1835 – 1850 Service Historique de la Marine francese sotto la segnatura 8 DD1 15 n° 26

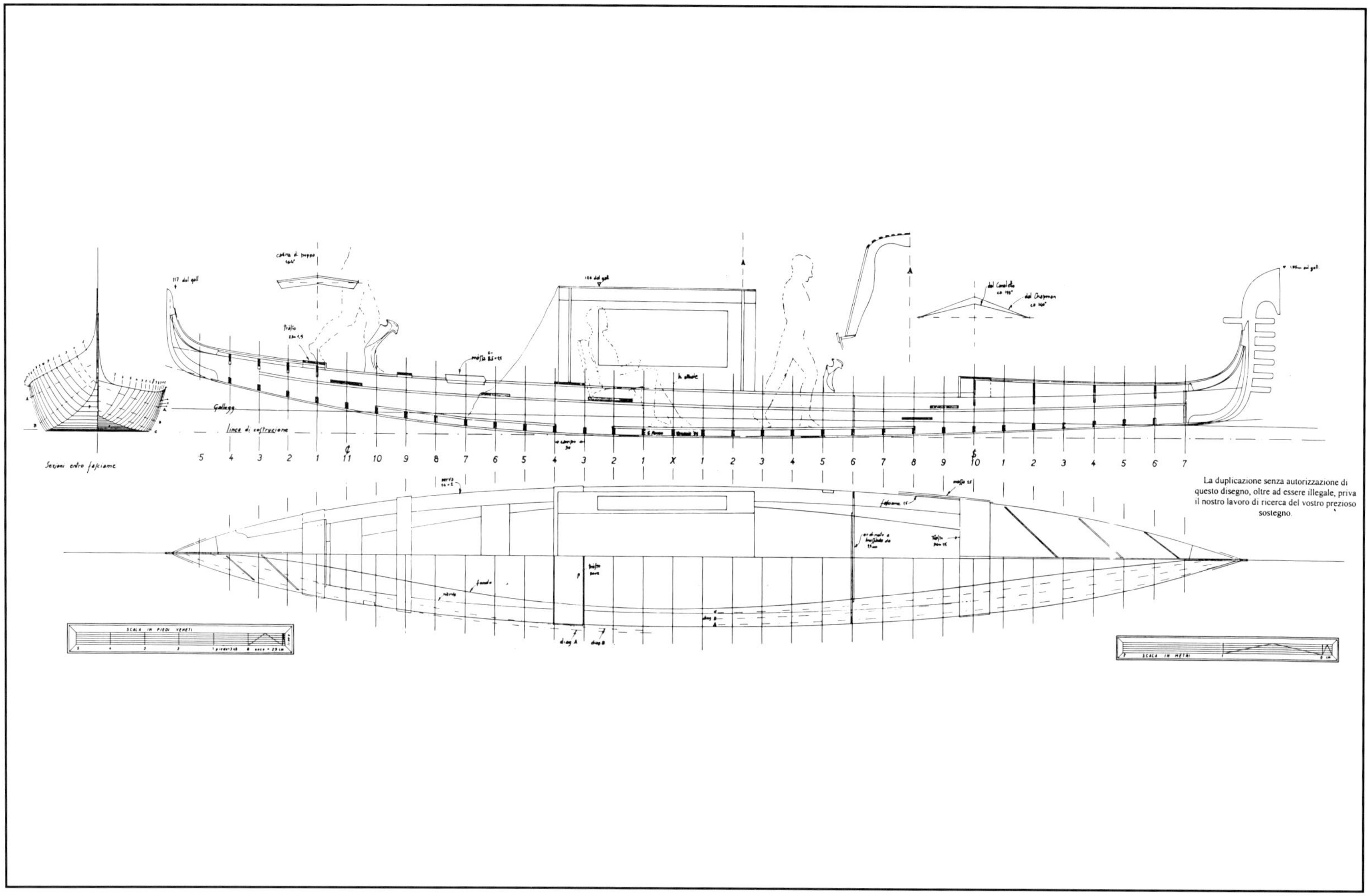

Cat. N.: **P 247 ex fig. 27.**

Soggetto / *Subject* A.d.D.: **Gondola settecentesca. Tav. I. Piano generale. / *18th Century gondola. Plate I. General plan.***

Scritte / *Text:* nomenclatura e indicazioni delle dimensioni / *nomenclature and dimensions*

Autore / *Draughtsman*: Gilberto Penzo

Data / *Date:* 1994

Tecnica / *Technique*: inchiostro nero su lucido / *black ink on tracing paper*

Dimensioni / *Dimensions*: c. 1660x480

Scala / *Scale*: 1:10

Archivio / *Archive*: dell'autore / *editor's collection*

Note / *Notes*: Progetto utilizzato per la prima ricos. navigante. / *Based on the drawing in tav. VI used for the working replica.*

Gondola di casa Savoia

Rilievo gondola della casa Savoia commissionatemi dal Museo Nazionale delle Arti e Tradizioni Popolari di Roma dove è conservata nella Sala delle Marinerie.

Drawing of the gondola of the house of Savoia commissioned by the MNATP (National Museum of Folk Arts and Traditions, Rome) where it is kept in the Sala delle Marinerie (maritime hall).

Cat. N.:	**P 135 (non raff. / *not shown*).**
Soggetto / *Subject* A.d.D.:	**Gondola MNATP. Profilo laterale del fondo / *lateral profile of the bottom***
Scritte / *Text:*	quote / *dimensioni*
Autore / *Draughtsman*:	Gilberto Penzo
Data / *Date:*	18-11-1992
Tecnica / *Technique*:	china, penna verde, rossa e matita su lucido. / *ink, green and red pen and pencil on tracing paper*
Dimensioni / *Dimensions*:	c. 1360x540
Scala / *Scale*:	1:10
Archivio / *Archive*:	dell'autore / *editor's collection*
Note / *Notes*:	Rilevato dal vero fuori fasciame. / *Measurements taken with planking removed.*

Cat. N.:	**P 137 (non raff. / *not shown*).**
Soggetto / *Subject* A.d.D.:	**Gondola MNATP. Rilievo ferro di poppa. / *Stern* ferro.**
Scritte / *Text:*	quote / *dimensions*
Autore / *Draughtsman*:	Gilberto Penzo
Data / *Date:*	1992
Tecnica / *Technique*:	penna blu su carta / *blue ink on paper*
Dimensioni / *Dimensions*:	c. 350x420
Scala / *Scale*:	1:1
Archivio / *Archive*:	dell'autore / *editor's collection*

Cat. N.:	**P 139 (non raff. / *not shown*).**
Soggetto / *Subject* A.d.D.:	**Gondola MNATP. Rilievo forcole di poppa e prua. / *Bow and stern* forcole.**
Scritte / *Text:*	quote / *dimensions*
Autore / *Draughtsman*:	Gilberto Penzo
Data / *Date:*	1992
Tecnica / *Technique*:	penna nera su lucido / *black ink on tracing paper*
Dimensioni / *Dimensions*:	c. 780x980
Scala / *Scale*:	1:1
Archivio / *Archive*:	dell'autore / *editor's collection*
Note / *Notes*:	lucidatura del dis. / *redrawing of* P 138

Cat. N.:	**P 140 (non raff. / *not shown*).**
Soggetto / *Subject* A.d.D.:	**Gondola MNATP. Costruzione assonometria ossatura, cantier. / *Isometric drawing of frame.***
Scritte / *Text:*	quote / *dimensions*
Autore / *Draughtsman*:	Gilberto Penzo
Data / *Date:*	1988
Tecnica / *Technique*:	china e matite su lucido / *ink and pencil on tracing paper*
Dimensioni / *Dimensions*:	c. 1280x780
Scala / *Scale*:	1:10
Archivio / *Archive*:	dell'autore / *editor's collection*

Cat. N.:	**P 141 (non raff. / *not shown*).**
Soggetto / *Subject* A.d.D.:	**Gondola MNATP. Costruzione assonometria ossatura. Tre maistre. / *Isometric drawing of frame. Three sections.***
Scritte / *Text*:	quote / *dimensions*
Autore / *Draughtsman*:	Gilberto Penzo
Data / *Date*:	1988
Tecnica / *Technique*:	china e matita su lucido / *ink and pencil on tracing paper*
Dimensioni / *Dimensions*:	c. 1200x800
Scala / *Scale*:	1:10
Archivio / *Archive*:	dell'autore / *editor's collection*
Note / *Notes*:	copia / *copy* 1:1 140/bis

Cat. N.:	**P 142 (non raff. / *not shown*).**
Soggetto / *Subject* A.d.D.:	**Gondola MNATP. Costruzione assonometria ossatura. Profilo scafo. / *Isometric drawing of frame. Profile of the hull.***
Scritte / *Text*:	quote / *dimensions*
Autore / *Draughtsman*:	Gilberto Penzo
Data / *Date*:	1988
Tecnica / *Technique*:	china su lucido / *ink on tracing paper*
Dimensioni / *Dimensions*:	c. 1260x780
Scala / *Scale*:	1:10
Archivio / *Archive*:	dell'autore / *editor's collection*

Cat. N.:	**P 143 (non raff. / *not shown*).**
Soggetto / *Subject* A.d.D.:	**Gondola MNATP. Assonometria ossatura. / *Isometric drawing of the frame.***
Scritte / *Text*:	-
Autore / *Draughtsman*:	Gilberto Penzo
Data / *Date*:	1988
Tecnica / *Technique*:	china su poliestere / *ink on polyester*
Dimensioni / *Dimensions*:	c. 1200x800
Scala / *Scale*:	1:10
Archivio / *Archive*:	dell'autore / *editor's collection*
Note / *Notes*:	copia / *copy* 1:1 143/bis

Cat. N.:	**P 144 (non raff. / *not shown*).**
Soggetto / *Subject* A.d.D.:	**Gondola MNATP. Assonometria scafo.**
Scritte / Text:	**-**
Autore / Draughtsman:	**Gilberto Penzo**
Data / Date:	**1992**
Tecnica / Technique:	**china su poliestere**
Dimensioni / Dimensions:	**c. 1210x770**
Scala / Scale:	**1:10**
Archivio / Archive:	**MNATP.**
Note / Notes:	**P 145 copia con nomenclatura.**

Cat. N.:	**P 146 (non raff. / *not shown*).**
Soggetto / *Subject* A.d.D.:	**Gondola MNATP. Assonometria scafo con parecio. / *Isometric view of hull with movable items.***
Scritte / *Text*:	-
Autore / *Draughtsman*:	Gilberto Penzo
Data / *Date*:	1992
Tecnica / *Technique*:	china su lucido / *ink on tracing paper*
Dimensioni / *Dimensions*:	c. 1200x720
Scala / *Scale*:	1:10
Archivio / *Archive*:	MNATP
Note / *Notes*:	Disegno *felze* incollato sopra, copia 1:1 con nomenclatura P 147. *Drawing of the* felze *(canopy) attached with glue. Copy in scale 1:1 with nomenclature: P 147*

Tavole di studio nelle quali si è tentato un confronto fra gli scafi di gondole che si sono succeduti nelle varie epoche.

Study drawings in which an attempt is made to compare the hulls of gondolas originating in successive historical periods.

Cat. N.:	**P 132 (non raff. / *not shown*)**
Soggetto / *Subject* A.d.D.:	**Confronto tra i profili del fondo di gondole di epoche diverse. / *Comparison of the bottom profiles of gondolas in various eras.***
Scritte / *Text:*	-
Autore / *Draughtsman*:	Gilberto Penzo
Data / *Date:*	1992
Tecnica / *Technique*:	china, penna verde e blu su lucido / *ink, green and blue pen on tracing paper*
Dimensioni / *Dimensions*:	riq. / *frame* 1175x112
Scala / *Scale*:	1:10
Archivio / *Archive*:	dell'autore / *editor's collection*

Cat. N.:	**P 133 (non raff. / *not shown*)**
Soggetto / *Subject* A.d.D.:	**Confronto tra i profili del fondo di gondole di epoche diverse. / *Comparison of the bottom profiles of gondolas in various eras.***
Scritte / *Text:*	-
Autore / *Draughtsman*:	Gilberto Penzo
Data / *Date:*	1992
Tecnica / *Technique*:	china, penna verde, rossa e blu su lucido / *ink, green, red and blue pen on tracing paper*
Dimensioni / *Dimensions*:	riq. / *frame* 420x295
Scala / *Scale*:	1:10
Archivio / *Archive*:	dell'autore / *editor's collection*

Cat. N.:	**P 134 (non raff. / *not shown*)**
Soggetto / *Subject* A.d.D.:	**Confronto fra gondole di epoche diverse. / *Comparison between gondolas of different eras.***
Scritte / *Text:*	ind. tecniche / *technical indications*
Autore / *Draughtsman*:	Gilberto Penzo
Data / *Date:*	1992
Tecnica / *Technique*:	china su lucido / *ink on tracing paper*
Dimensioni / *Dimensions*:	riq. / *frame* 1246 x 330
Scala / *Scale*:	1:15
Archivio / *Archive*:	dell'autore / *editor's collection*

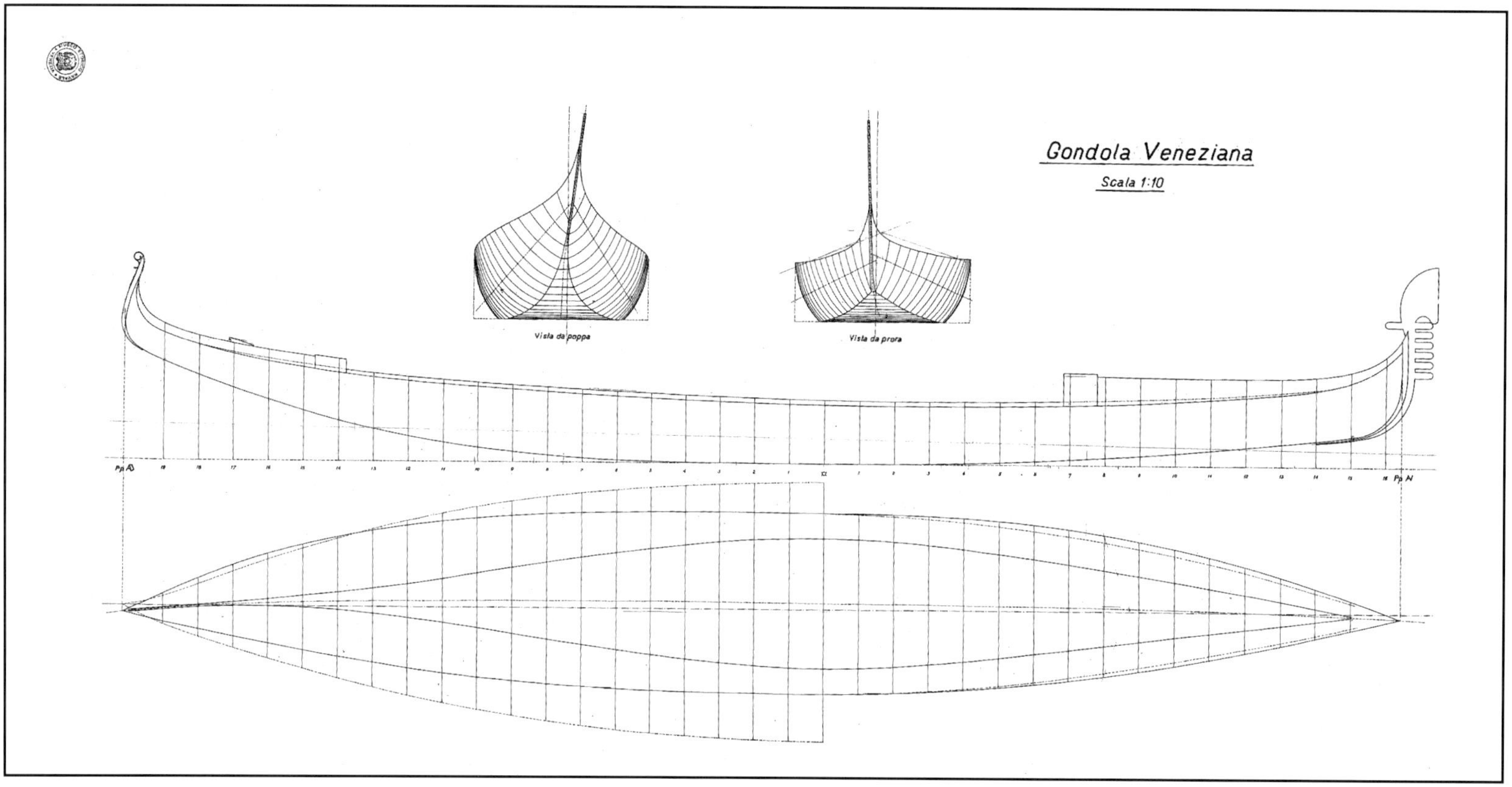

Cat. N.:	**P 356**
Soggetto / Subject A.d.D.:	**Gondola veneziana. / *Venetian gondola***
Scritte / *Text*:	-
Autore / *Draughtsman*:	n. i.
Data / *Date*:	s. d.
Tecnica / *Technique*:	china su lucido / *ink on tracing paper*
Dimensioni / *Dimensions*:	c. 129 x 65
Scala / *Scale*:	1:10
Archivio / *Archive*:	MSNV
Note dell'Archivio / *Notes*:	sul contenitore (a matita) / *on the container (in pencil)* "F 132", (a macchina in blu) / *(typed in blue)* "Inv. N. ...... =1= Lucido di piano di costruzione d'una "GONDOLA VENEZIANA" in scala 1:10 (proprietà del capo disegnatore De Clobuciar)"

Cat. N.:	**P 352 (non raff. / *not shown*)**
Soggetto / *Subject* A. d. R.:	**Gondola.**
Scritte / *Text*:	nomenclatura e quote / *nomencalture and dimensions*
Autore / *Draughtsman*:	Giovanni Tramontina chiamato Tramontin.
Data / *Date*:	(sulla cornice / *on the frame*) Feb. 1955
Tecnica / *Technique*:	china su lucido / *ink on tracing paper*
Dimensioni / *Dimensions*:	riq. / frame 134x574
Scala / *Scale*:	1:10
Archivio / *Archive*:	MSNV inv. n° 4076
Note / *Notes*:	E' uno dei più accurati disegni di gondola, inoltre riporta le sagome e i sesti più importanti per la sua costruzione. *This is one of the most accurate drawings of a gondola, and also includes the most important templates for its construction.* Pubblicato/Published in: BRAZOLO e/*and* CARGASACCHI NEVE (v. bibliografia/*bibliography*)

Cat. N.:	**P 353 (non raff. / *not shown*)**
Soggetto / *Subject* A.d.D.:	**Gondola**
Scritte / *Text:*	nomenclatura / *nomenclature*
Autore / *Draughtsman*:	n. i.
Data / *Date:*	s. d.
Tecnica / *Technique*:	china su lucido / *ink on tracing paper*
Dimensioni / *Dimensions*:	c.
Scala / *Scale*:	1:15
Archivio / *Archive*:	MSNV inv. n°?
Note / *Notes*:	Deriva dal dis. P 352, al quale sono state aggiunte le sezioni e la scala in feet. *Based on P 352 to which the sections and scale in feet have been added.*

Cat. N.:	**P 354 (non raff. / *not shown*)**
Soggetto / *Subject* A.d.D.:	**Gondola Veneziana. Scala 1:20 / Venetian gondola. Scale 1:20**
Scritte / *Text:*	nomenclatura / *nomenclature*
Autore / *Draughtsman*:	n. i. (U. Miori?)
Data / *Date:*	s. d.
Tecnica / *Technique*:	china su lucido / *ink on tracing paper*
Dimensioni / *Dimensions*:	c. 700x350
Scala / *Scale*:	1:20
Archivio / *Archive*:	MSNV inv. n° 4078
Note / *Notes*:	Deriva dal dis. 352, al quale sono state aggiunte le sezioni maistre e il ferro. *Based on P 352 to which the midship sections and* ferro *have been added.*

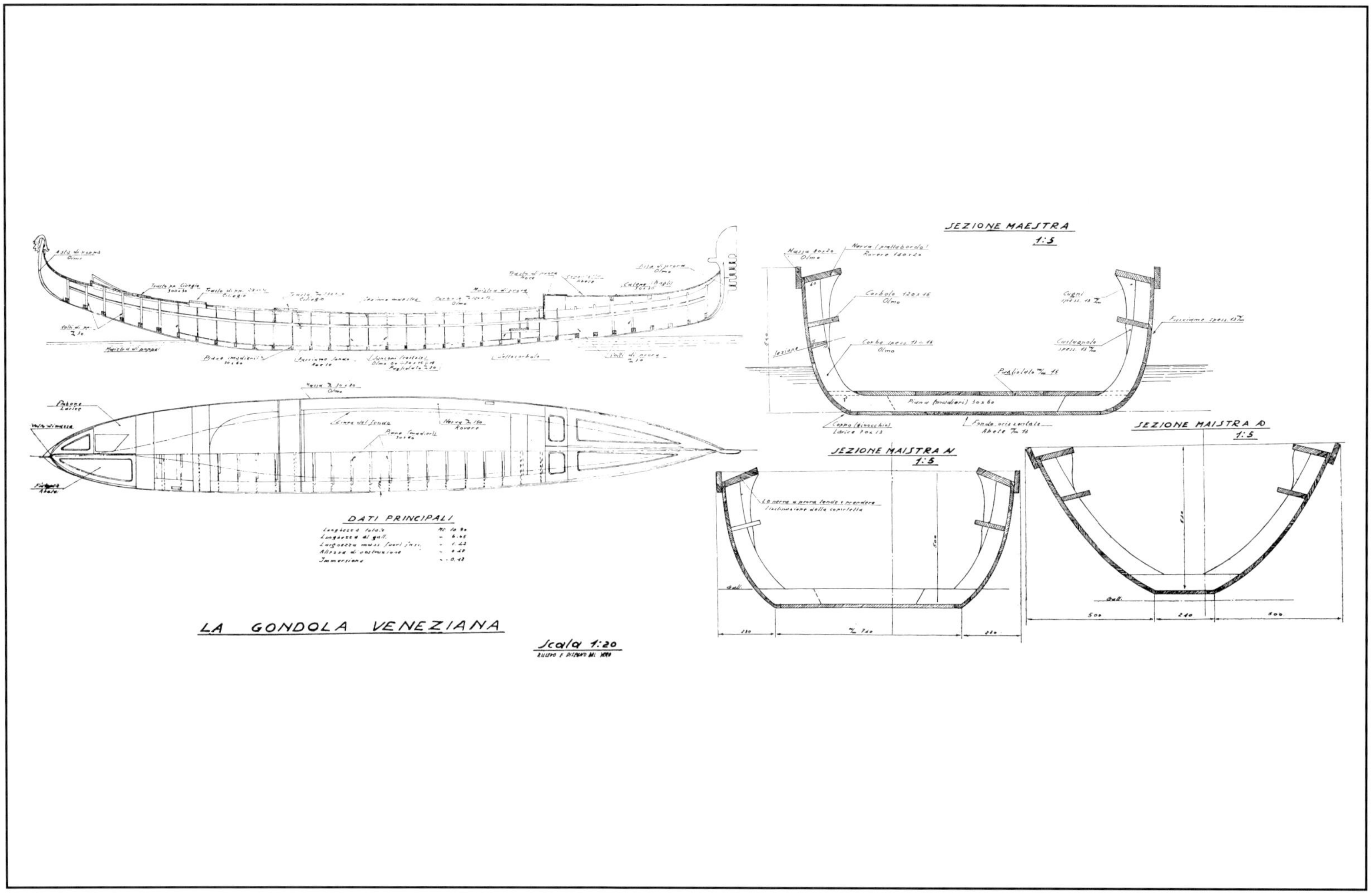

Cat. N.: **P 355 (non raff. / *not shown*)**
Soggetto / *Subject* A.d.D.: **Gondola Veneziana. Coop. Gondolieri "D. Manin"**
Scritte / *Text*: nomenclatura / *nomenclature*
Autore / *Draughtsman*: firma illegibile / *illegible signature*
Data / *Date*: s. d.
Tecnica / *Technique*: copia elio / *heliographic copy*
Dimensioni / *Dimensions*: riq. / *frame* 860x297
Scala / *Scale*: 1.46, 1:10, 1:24.
Archivio / *Archive*: del redattore / editor's collection
Note / *Notes*: Disegno molto scadente, interessante solo la nomenclatura e i materiali impiegati. *Poor quality drawing, of interest only for the nomenclature and materials used.*

Cat. N.: **P 348**
Soggetto / *Subject* A.d.D.: **La gondola veneziana. / *The Venetian gondola.***
Scritte / *Text*: Rilievo e disegno dal vero. Quote e nomenclatura tradizionale. / *Measurements and drawings taken from an actual gondola. Traditional dimensions and nomenclature.*
Autore / *Draughtsman*: n. i.
Data / *Date*: s. d.
Tecnica / *Technique*: copia elio / *heliographic copy*
Dimensioni / *Dimensions*: riq. / *frame* 1036x350
Scala / *Scale*: 1:20, 1:5.
Archivio / *Archive*: del redattore / *editor's collection*

Cat. N.: **P 349 (non raff. / *not shown*)**
Soggetto / *Subject* A. d. R.: **Gondola.**
Scritte / *Text*: -
Autore / *Draughtsman*: Giovanni Giuponi senior.
Data / *Date*: primi anni del '900 / *early 20th century*
Tecnica / *Technique*: or. *matita su carta.*
Dimensioni / *Dimensions*: riq. / *frame* 1174x68
Scala / *Scale*: 1:10
Archivio / *Archive*: Giovanni Giuponi, copia del redattore / *copy in editor's collection*
Note / *Notes*: l'originale era completamente deteriorato, è stato quindi necessario, nel 1993, lucidarlo su poliestere.
The original drawing was so badly deteriorated that it was necessary, in 1993, to trace it on polyester.

Cat. N.: **P 351 (non raff. / *not shown*)**
Soggetto / *Subject* A. d. R.: **Gondola**
Scritte / *Text*: -
Autore / *Draughtsman*: Giovanni Martinuzzi
Data / *Date*: 1985
Tecnica / *Technique*: china su lucido / *ink on tracing paper*
Dimensioni / *Dimensions*:
Scala / Scale: 1:10
Archivio / *Archive*: del redattore / *editor's collection*
Note / *Notes*: Pubblicata in / *Published in*: Associazione Settemari, Giovanni Giuponi. *Arte di far gondole*, La stamperia di Venezia, Venezia, 1985.

Cat. N.: **P 346 (non raff. / *not shown*)**
Soggetto / *Subject* A. d. R.: **Sesti per gondola. / *Templates for gondola.***
Scritte / *Text:* nomenclatura e quote / *dimensions*
Autore / *Draughtsman*: Giovanni Tramontin
Data / *Date:* s. d.
Tecnica / *Technique*: matita su carta / *pencil on paper*
Dimensioni / *Dimensions*: c. 760x540
Scala / *Scale*: n. i.
Archivio / *Archive*: Cantiere Tramontin ora coll. del redattore / *now in editor's collection*
Note / *Notes*: Potrebbe far parte del quaderno manoscritto, dello stesso autore, che riporta sesti e misure di gondole e barche varie.
May be part of the handwritten notebook by Giovanni Tramontin which includes sesti (templates) and measurements of gondolas and various boats.

Cat. N.: **P 161 (non raff. / *not shown*)**
Soggetto / *Subject* A.d.D.: **Ornamenti per modello di gondola eseguito per la mostra del mare di Taranto. Venezia luglio 1948. / *Ornaments for model of a gondola made for the exhibition of the sea in Taranto. Venice July 1948.***
Scritte / *Text:* indicazioni tecniche / *technical indications*
Autore / *Draughtsman*: n. i.
Data / *Date:* 7 - 1948
Tecnica / *Technique*: or. matita copia a china su lucido / *ink on tracing paper.*
Dimensioni / *Dimensions*: c. 1096x380
Scala / *Scale*: n. i.
Archivio / *Archive*: MSNV
Note / *Notes*: Sulla custodia / *on the cover*: "F143, 4 lucidi Ornamenti per modelli di gondola veneziana eseguiti dall'Arsenale di Venezia per la mostra del mare di Taranto del 1948." Di questa serie fanno parte anche le tavole seguenti / *The following drawings are part of the same series*: P 162-163-164
Note / *Notes*: La portella a spigolo porta la scritta: *Venietiam. The word* Venetiam *is written on the* portella a spigolo.

Cat. N.: **P 162 (non raff. / *not shown*)**
Soggetto / *Subject* A. d. R.: **Intaglio prua di gondola. / *Carving on gondola bow.***
Scritte / *Text:* -
Autore / *Draughtsman*: n. i.
Data / *Date:* s. d.
Tecnica / *Technique*: china su seta / *ink on silk*
Dimensioni / *Dimensions*: c. 500x300
Scala / *Scale*: n. i.
Archivio / *Archive*: MSNV

Cat. N.: **P 163 (non raff. / *not shown*)**
Soggetto / *Subject* A. d. R.: **Cavallo ornamentale per gondola. / *Ornamental horse for gondola***
Scritte / Text: **-**
Autore / *Draughtsman*: n. i.
Data / *Date:* s. d.
Tecnica / *Technique*: china su lucido / *ink on tracing paper*
Dimensioni / *Dimensions*: c. 295x420
Scala / *Scale*: n. i.
Archivio / *Archive*: MSNV

Cat. N.:	**P 164 (non raff. / *not shown*)**
Soggetto / *Subject* A. d. R.:	**Intaglio portella a spigolo per gondola. / *Carving on the* portella a spigolo *for gondola***
Scritte / *Text:*	-
Autore / *Draughtsman*:	n. i.
Data / *Date:*	s. d.
Tecnica / *Technique*:	china su lucido / *ink on tracing paper*
Dimensioni / *Dimensions*:	c. 520x300
Scala / *Scale*:	?
Archivio / *Archive*:	MSNV

Cat. N.:	**P 271 (non raff. / *not shown*)**
Soggetto / *Subject* A.d.D.:	**Gondola Veneziana.**
Scritte / *Text:*	ind. tecniche / *technical indications*
Autore / *Draughtsman*:	Angelo Meloncini.
Data / *Date:*	1942
Tecnica / *Technique*:	stampa tipografica / *typographic print*
Dimensioni / *Dimensions*:	riq. / *frame* 222x150
Scala / *Scale*:	1:30, 1:61 ca.
Archivio / *Archive*:	sta in / *in*: Meloncini Angelo (v. bibliogr.)

Cat. N.:	**P 272 (non raff. / *not shown*)**
Soggetto / *Subject* A.d.D.:	**Gondola**
Scritte / *Text:*	"Costruita nello squero di Angelo Casal tra il 1920 e il 1930." / *Built at the Angelo Casal boatyard between 1920 and 1930*
Autore / *Draughtsman*:	Ugo Pizzarello
Data / *Date:*	1980
Tecnica / *Technique*:	china su lucido / *ink on tracing paper*
Dimensioni / *Dimensions*:	?
Scala / *Scale*:	?
Archivio / *Archive*:	del redattore / *editor's collection*
Note / *Notes*:	tratta da / *from* CORSICO Mario, (v. bibl.)

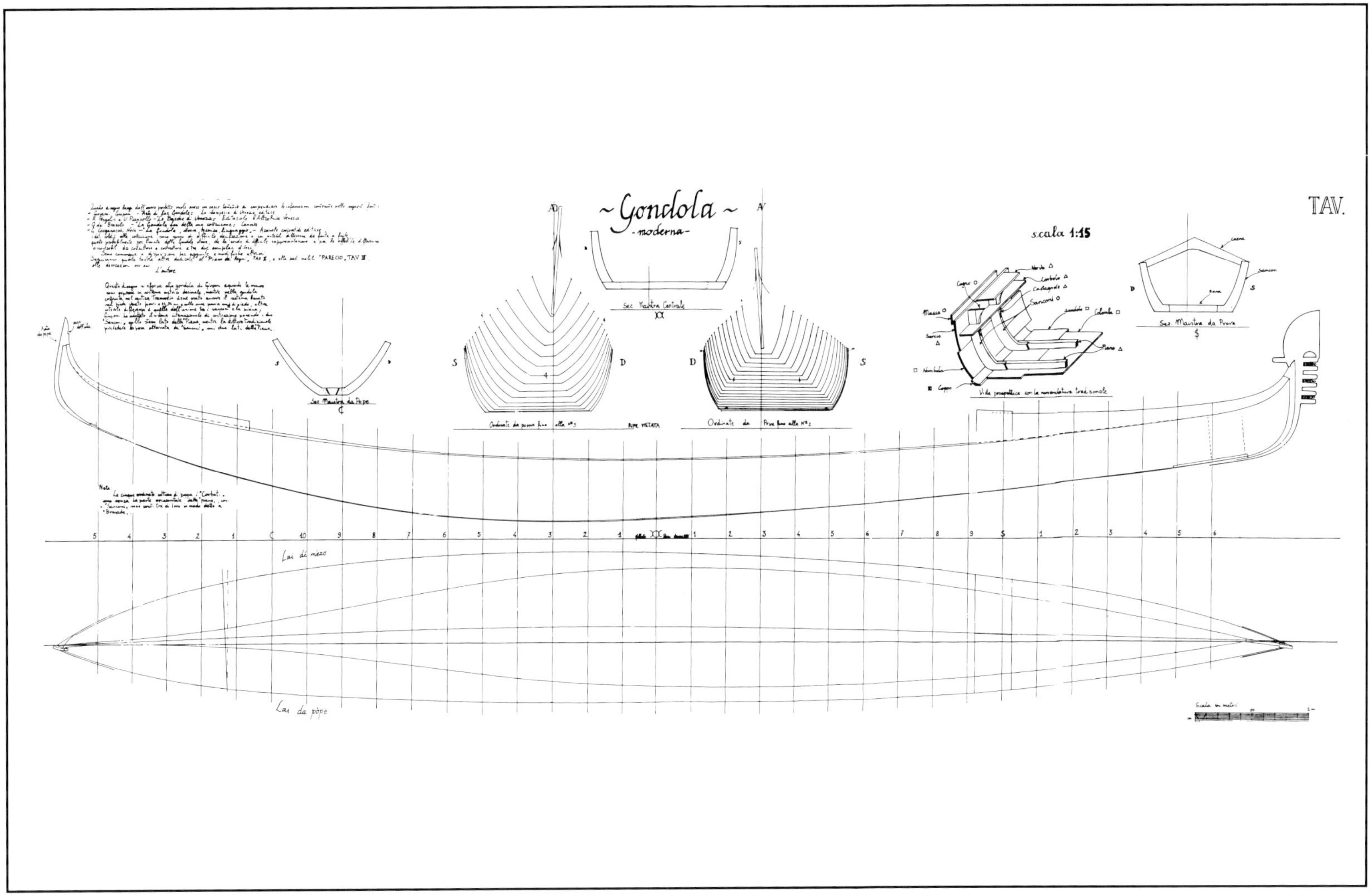

Cat. N.: **P 260**

Soggetto / *Subject* A.d.D.: **Gondola moderna. Tav. I: Piano di costruzione / *Modern Gondola. Plate I: Construction plan***

Scritte / *Text*: quote e indicazioni tecniche / *dimensions and technical indications*

Autore / *Draughtsman*: Gilberto Penzo

Data / *Date*: 1986

Tecnica / *Technique*: china su lucido / *ink on tracing paper*, della copia stampa tipografica / *copy: typographic print*

Dimensioni / *Dimensions*: dell'or. / *original* 1200x525, della copia / *copy* 800 x 350

Scala / *Scale*: dell'or. / *original* 1:10, della copia / *copy* 1:15

Archivio / *Archive*: dell'autore / *editor's collection*

Note / *Notes*: Primo progetto realizzato sulla base dei disegni già esistenti, sostituito dalla serie successiva.
First project made based on pre-existing drawings, substituted by the following series.

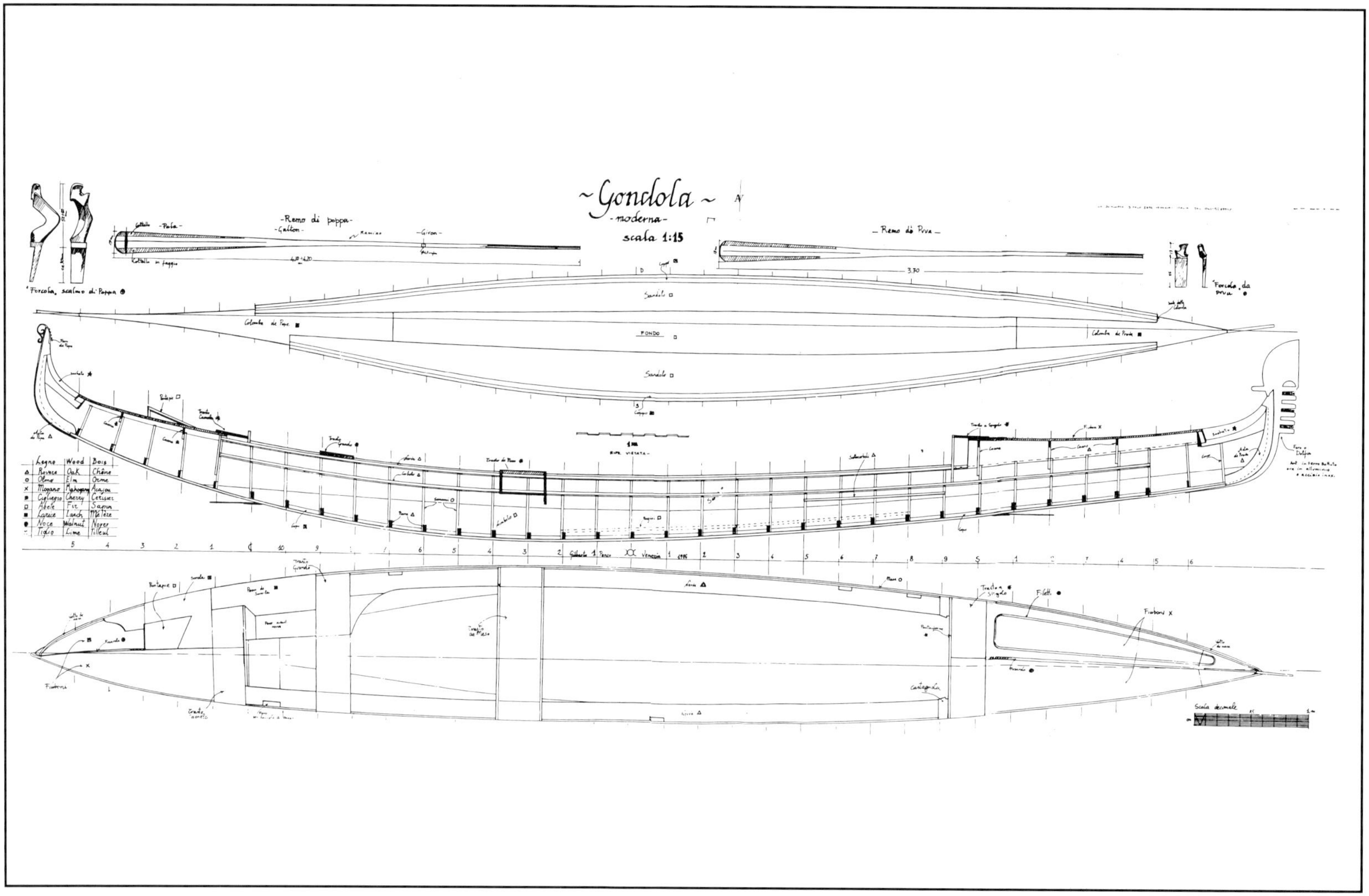

Cat. N.: **P 261**
Soggetto / *Subject* A.d.D.: **Gondola moderna. Tav. II: Piano dei legni / *Modern Gondola. Plate II: Structural plan***
Scritte / *Text:* quote e indicazioni tecniche / *dimensions and technical indications*
Autore / *Draughtsman*: Gilberto Penzo
Data / *Date:* 1986
Tecnica / *Technique*: china su lucido / *ink on tracing paper*, della copia: stampa tipografica / *copy: typographic print*
Dimensioni / *Dimensions*: dell'or. / *original* 1200x525, della copia / *copy* 800 x 350
Scala / *Scale*: dell'or. / *orig.*1:10, della copia / *copy* 1:15
Archivio / *Archive*: dell'autore / editor's collection
Note / *Notes*: v. P 261.

Cat. N.: **P 344 (non raff. / *not shown*)**
Soggetto / *Subject* A.d.D.: **Gondola Ossatura.**
Scritte / *Text:* quote e indicazioni tecniche / *dimensions and technical indications*
Autore / *Draughtsman*: Gilberto Penzo
Data / *Date:* 1988
Tecnica / *Technique*: china su lucido / *ink on tracing paper*
Dimensioni / *Dimensions*: riq. / *frame* 1170x670
Scala / *Scale*: 1:10, 1:6.
Archivio / *Archive*: dell'autore / *editor's collection*
Note / *Notes*: E' stata sostituita dalla tav. P 264 / *Substituted by* P 264

Gondola nuovo rilievo

Rilievo eseguito negli anni 1993-94-95 da Gilberto Penzo con la collaborazione di Antonio Rosada, per la realizzazione del libro *La gondola. Storia, progettazione e costruzione della più straordinaria imbarcazione di venezia*, Il Cardo, Venezia, 1999. In questa pubblicazione sono inclusi centinaia di tavole originali che non abbiamo catalogato per non appesantire troppo il presente elenco. Questa serie sostituisce i miei disegni precedenti.

Gondola, new drawings

These drawings were made between 1993 and 1995 by Gilberto Penzo and Antonio Rosada for the book La gondola. Storia, progettazione e costruzione della più straordinaria imbarcazione di venezia, *Il Cardo, Venezia, 1999. The book includes hundreds of original drawings which we have not included in this present catalogue for reasons of space. This series substitutes my previous drawings.*

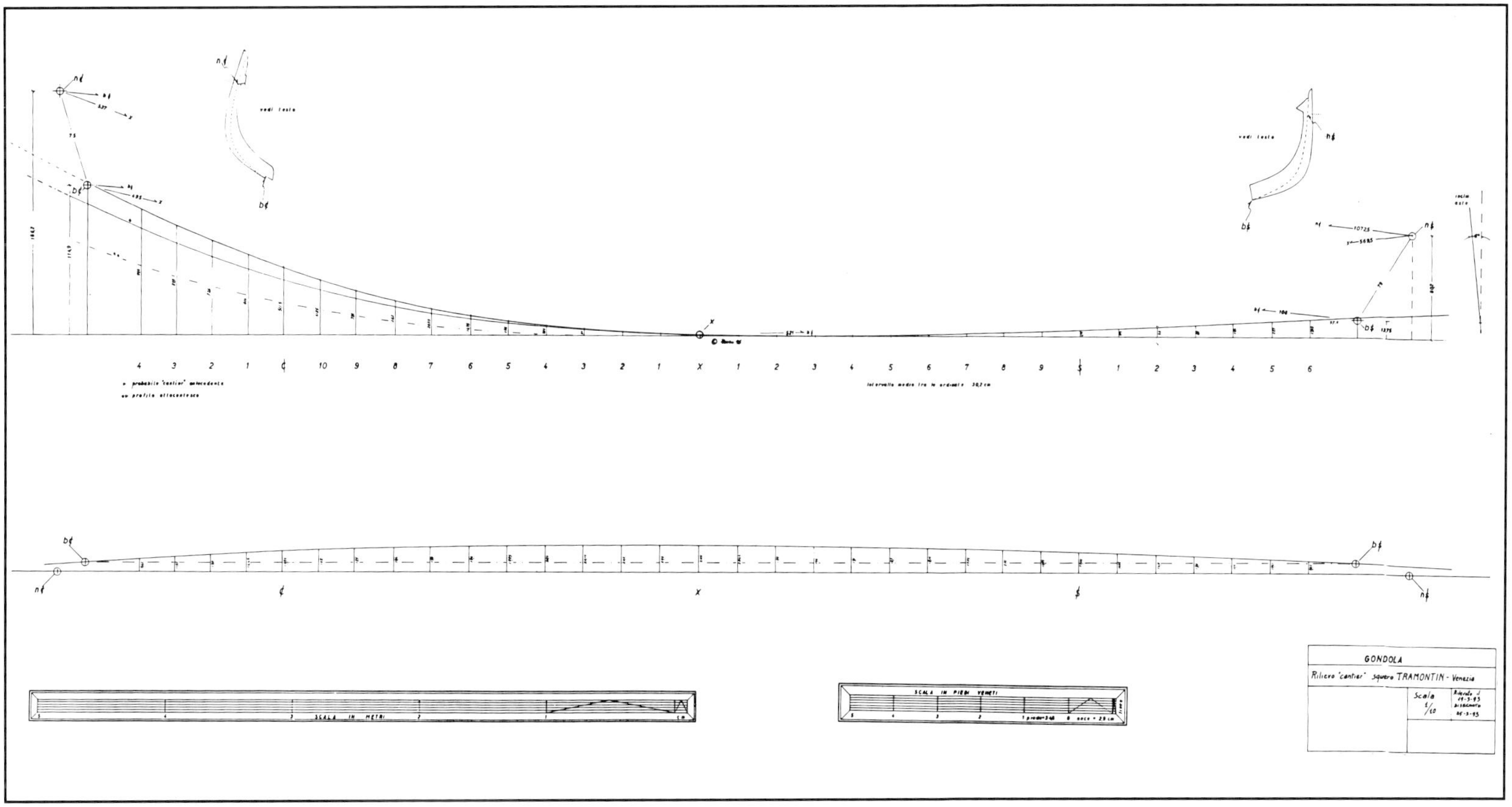

Cat. N.: **P 262**
Soggetto / *Subject*: **Tav. I: Cantièr e sezioni. / Cantièr *and sections***
Scritte / *Text:* nomenclatura e indicazioni delle dimensioni / *nomenclature and dimensions*
Autore / *Draughtsman*: Gilberto Penzo
Data / *Date:* 1995
Tecnica / *Technique*: inchiostro nero su lucido / *black ink on tracing paper*
Dimensioni / *Dimensions*: c. 1400 x 590.
Scala / *Scale*: 1:10
Archivio / *Archive*: dell'autore / *editor's collection*

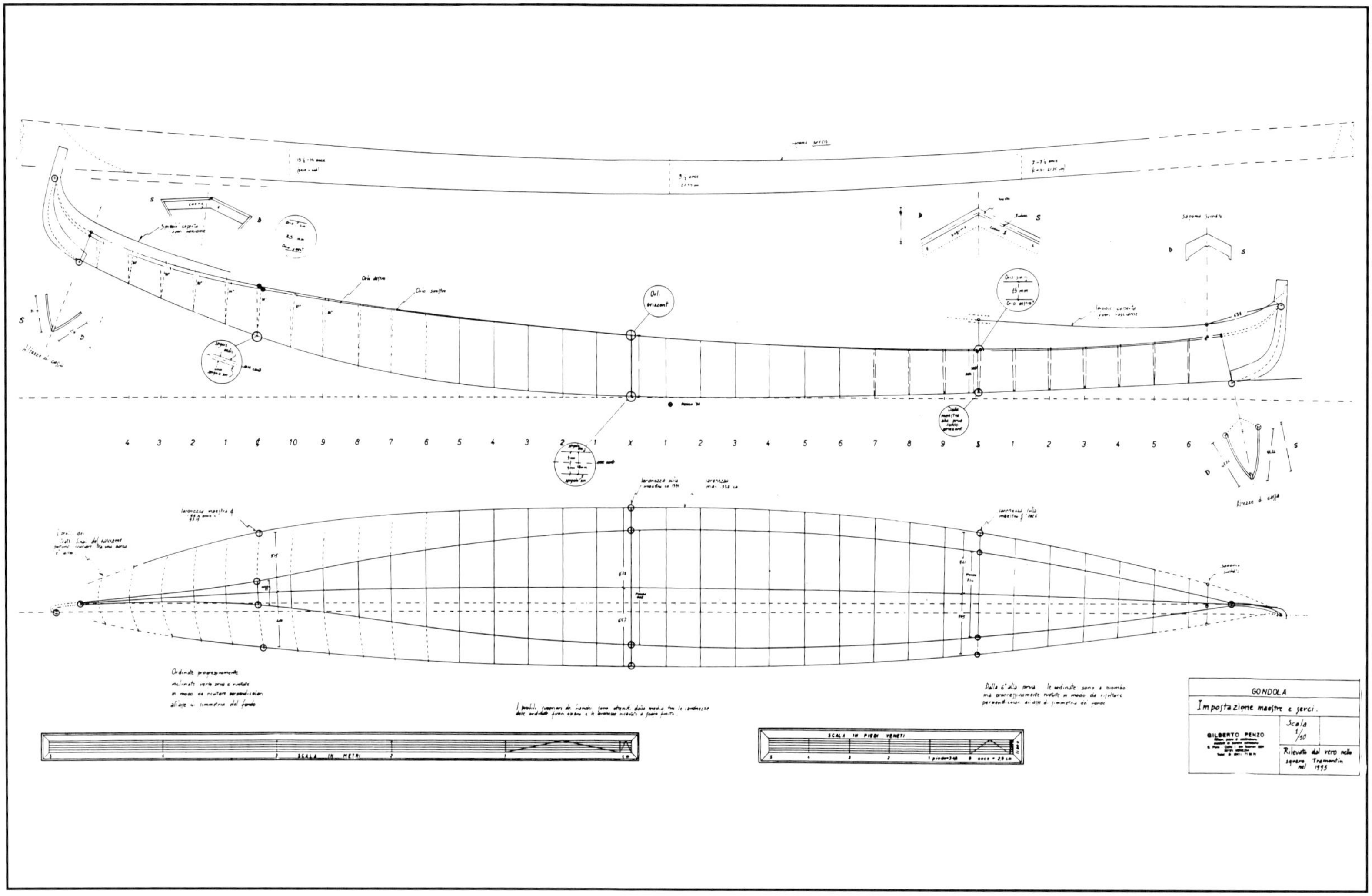

Cat. N.: **P 263**
Soggetto / *Subject* A. d. D.: **Tav. II: Impostazione dello scafo / *Plate II: Layout of the hull***
Scritte / *Text:* nomenclatura e indicazioni delle dimensioni / *nomenclature and dimensions*
Autore / *Draughtsman*: Gilberto Penzo
Data / *Date:* 1995
Tecnica / *Technique*: inchiostro nero su lucido / *black ink on tracing paper*
Dimensioni / *Dimensions*: c. 1400 x 580
Scala / *Scale*: 1:10
Archivio / *Archive*: dell'autore / *editor's collection*

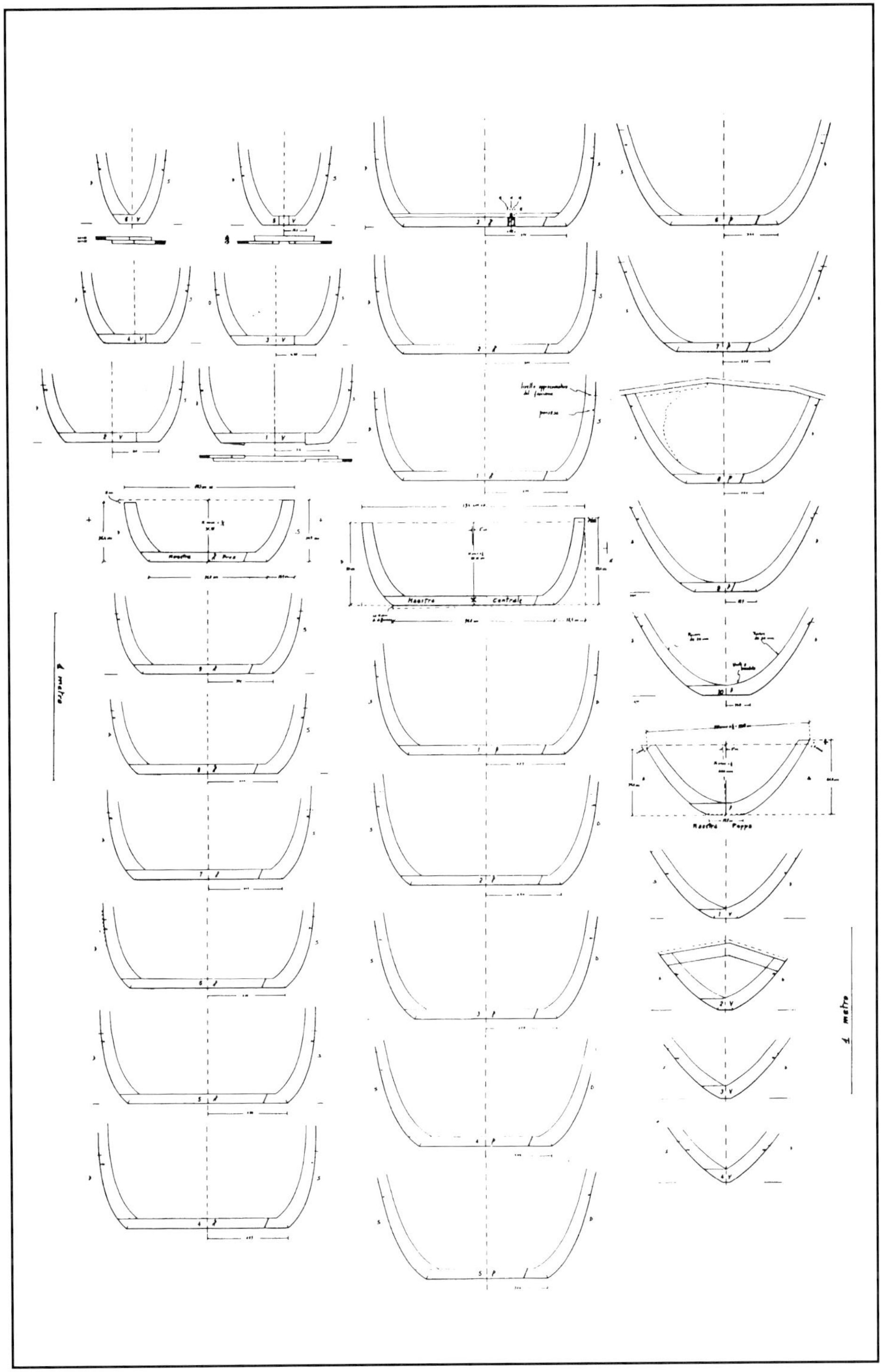

Cat. N.:	**P 264**
Soggetto / *Subject* A. d. D.:	**Tav. III Ordinate /** ***Plate III: Timbers***
Scritte / *Text:*	nomenclatura e indicazioni delle dimensioni / *nomenclature and dimensions*
Autore / *Draughtsman*:	Gilberto Penzo
Data / *Date:*	1995
Tecnica / *Technique*:	inchiostro nero su lucido / *black ink on tracing paper*
Dimensioni / *Dimensions*:	c. 1000 x 580
Scala / *Scale*:	1:10
Archivio / *Archive*:	dell'autore / *editor's collection*
Note / *Notes*:	Gli originali ordinata per ordinata sono in scala 1:1. *The orginal drawings are of each individual timber in scale 1:1.*

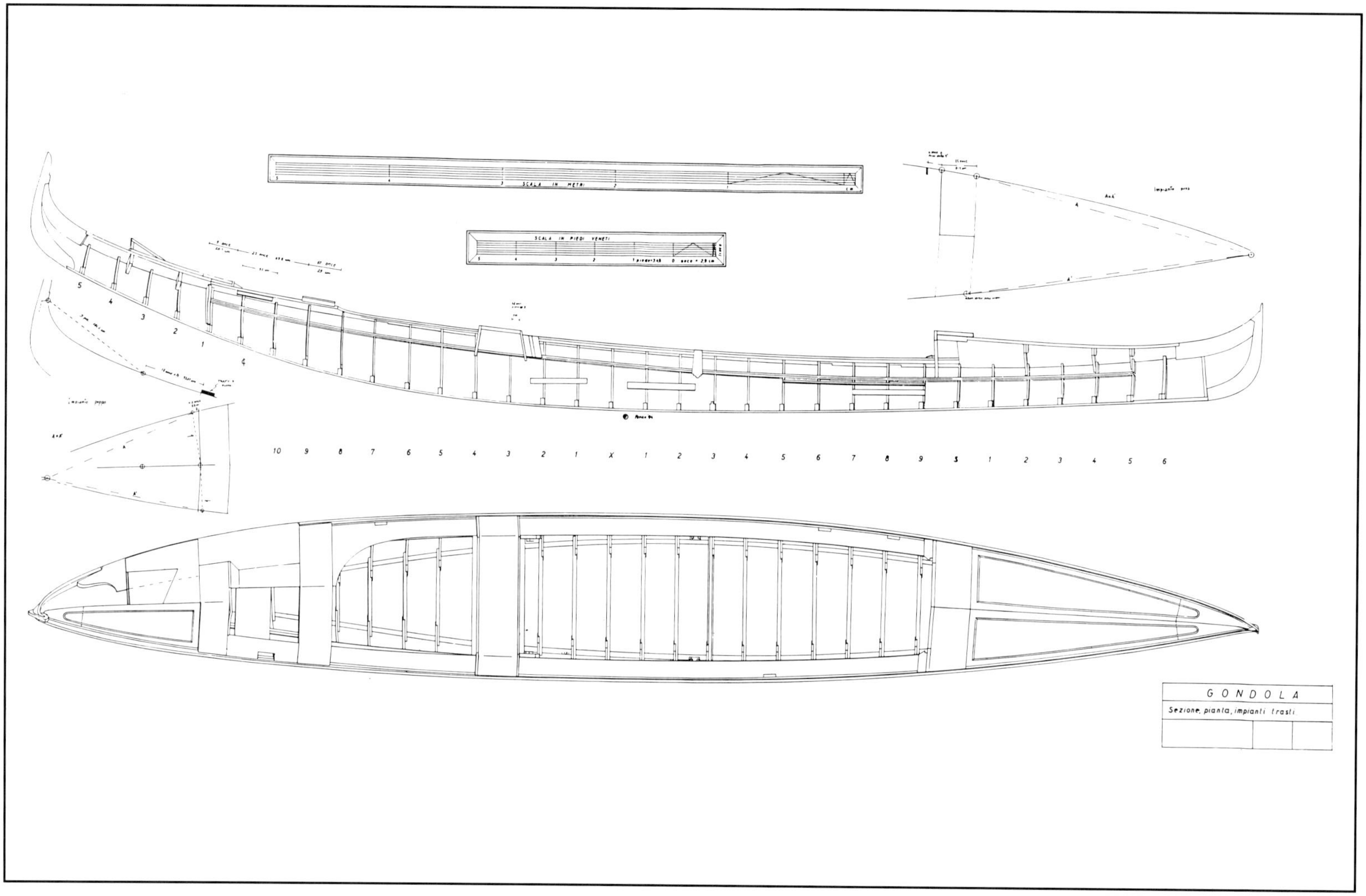

Cat. N.: **P 265**

Soggetto / *Subject* A. d. D.: **Tav. IV Sezione longitudinale e coperta. / *Plate IV: Fore-and-aft section and deck***

Scritte / *Text:* nomenclatura e indicazioni delle dimensioni / *nomenclature and dimensions*

Autore / *Draughtsman*: Gilberto Penzo

Data / *Date:* 1995

Tecnica / *Technique*: inchiostro nero su lucido / *black ink on tracing paper*

Dimensioni / *Dimensions*: c. 1420 x 550

Scala / *Scale*: 1:10

Archivio / *Archive*: dell'autore / *editor's collection*

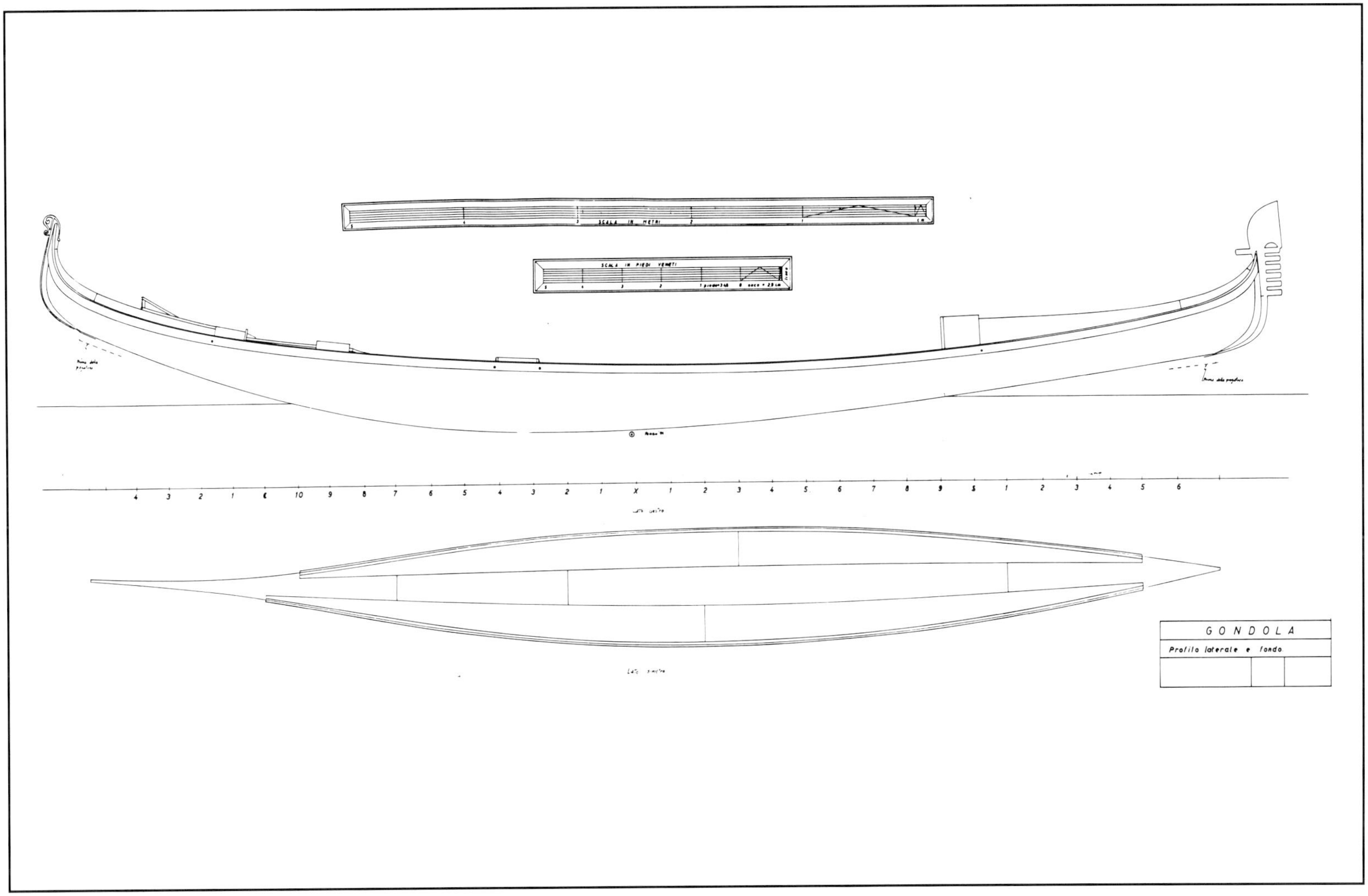

Cat. N.: **P 266**
Soggetto / *Subject* A. d. D.: **Tav. V Vista laterale e fondo / *Plate V: Side view and bottom***
Scritte / *Text:* nomenclatura e indicazioni delle dimensioni / *nomenclature and dimensions*
Autore / *Draughtsman*: Gilberto Penzo
Data / *Date:* 1995
Tecnica / *Technique*: inchiostro nero su lucido / *black ink on tracing paper*
Dimensioni / *Dimensions*: c. 1430 x 470
Scala / *Scale*: 1:10
Archivio / *Archive*: dell'autore / *editor's collection*

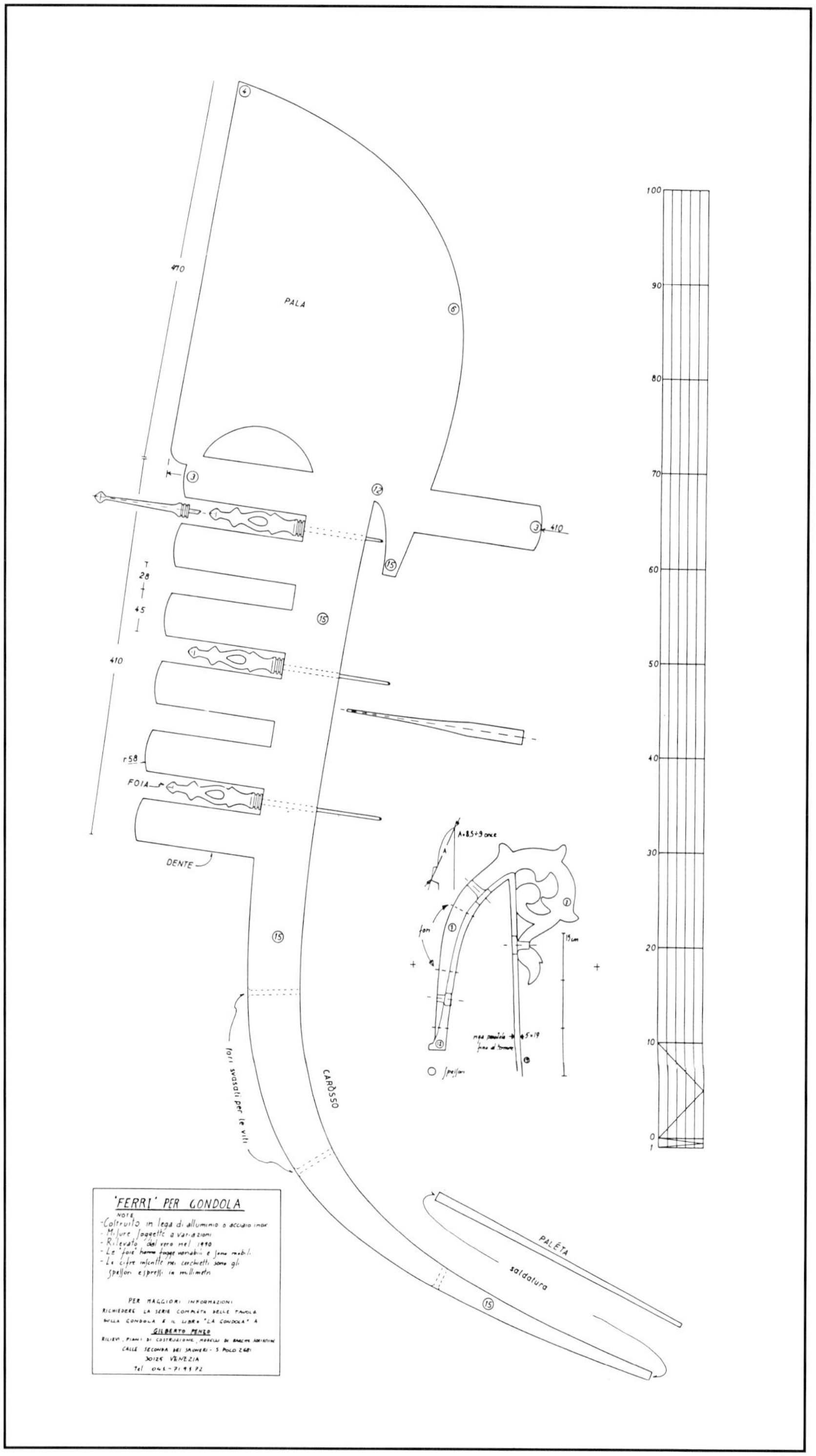

Cat. N.:	**P 267**
Soggetto / *Subject* A. d. D.:	**Tav. VI Ferro di prua. Lama di poppa. / *Bow* ferro. *Stern blade.***
Scritte / *Text:*	nomenclatura e indicazioni delle dimensioni / *nomenclature and dimensions*
Autore / *Draughtsman*:	Gilberto Penzo
Data / *Date:*	1995
Tecnica / *Technique*:	inchiostro nero su lucido / *black ink on tracing paper*
Dimensioni / *Dimensions*:	c. 910 x 380
Scala / *Scale*:	1:2
Archivio / *Archive*:	dell'autore / *editor's collection*
Note / *Notes*:	La stessa tavola è disponibile in scala naturale. *The same drawing is available in scale 1:1.*

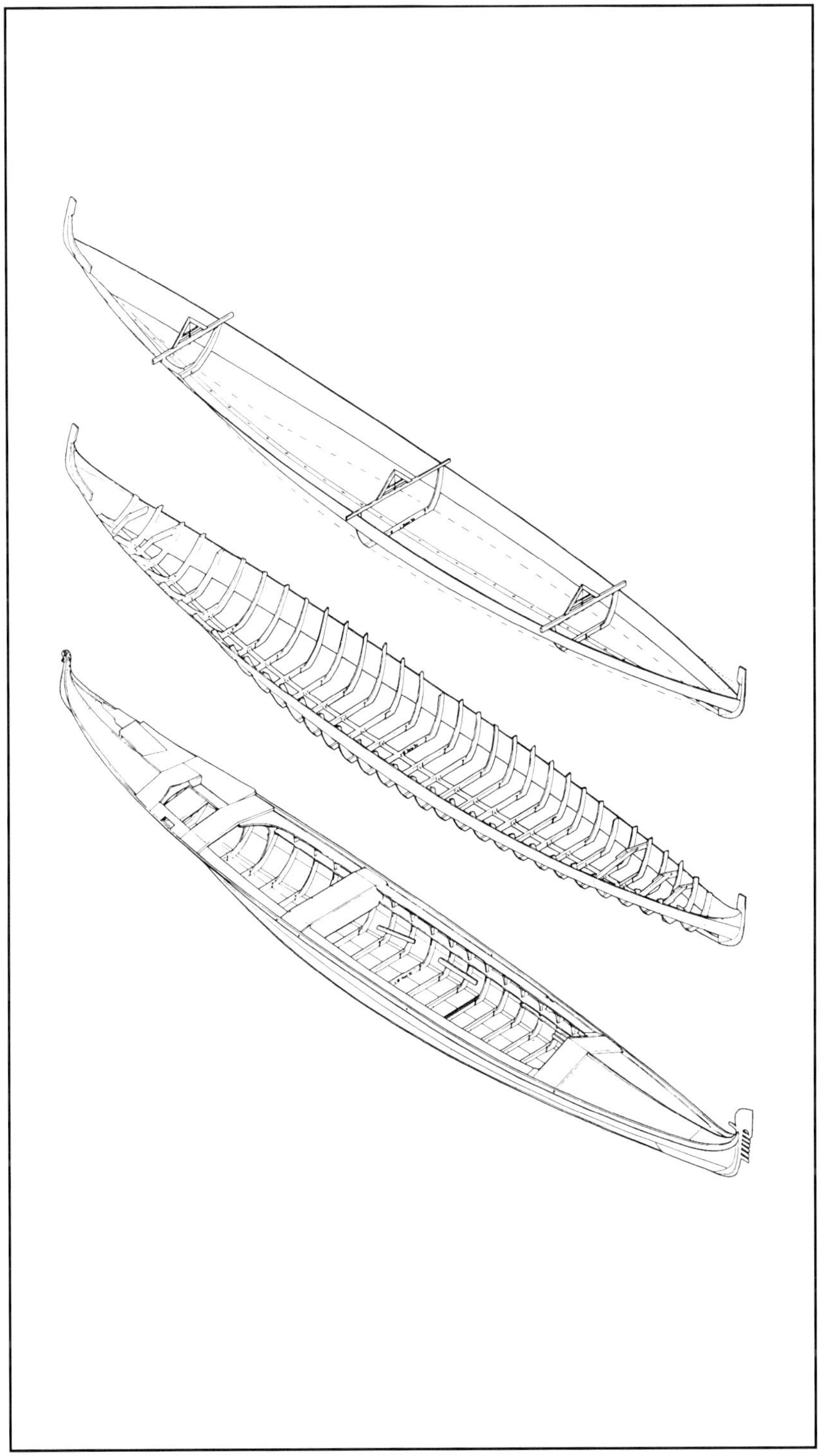

Cat. N.: **P 268**
Soggetto / *Subject* A. d. D.: **Tav. VII Viste assonometriche, nomenclatura delle parti e materiali. / *Plate VII isometric views, nomenclature and materials.***
Scritte / *Text:* nomenclatura e indicazioni delle dimensioni / *nomenclature and dimensions*
Autore / *Draughtsman*: Gilberto Penzo
Data / *Date:* 1995
Tecnica / *Technique*: inchiostro nero su lucido / *black ink on tracing paper*
Dimensioni / *Dimensions*: c. 1090 x 700
Scala / *Scale*: fuori scala / *not to scale*
Archivio / *Archive*: dell'autore / *editor's collection*

Cat. N.: **P 270 (non raff. / *not shown*)**
Soggetto / *Subject*: **Tav. IX Struttura dello scafo con la nomenclatura tradizionale. / *Plate IX. Structure of the hull with traditional nomenclature.***
Scritte / *Text:* nomenclatura e indicazioni delle dimensioni / *nomenclature and dimensions*
Autore / *Draughtsman*: Gilberto Penzo
Data / *Date:* 2000
Tecnica / *Technique*: inchiostro nero su lucido / *black ink on tracing paper*
Dimensioni / *Dimensions*: c. 210 x 290
Scala / *Scale*: fuori scala / *not to scale*
Archivio / *Archive*: dell'autore / *editor's collection*

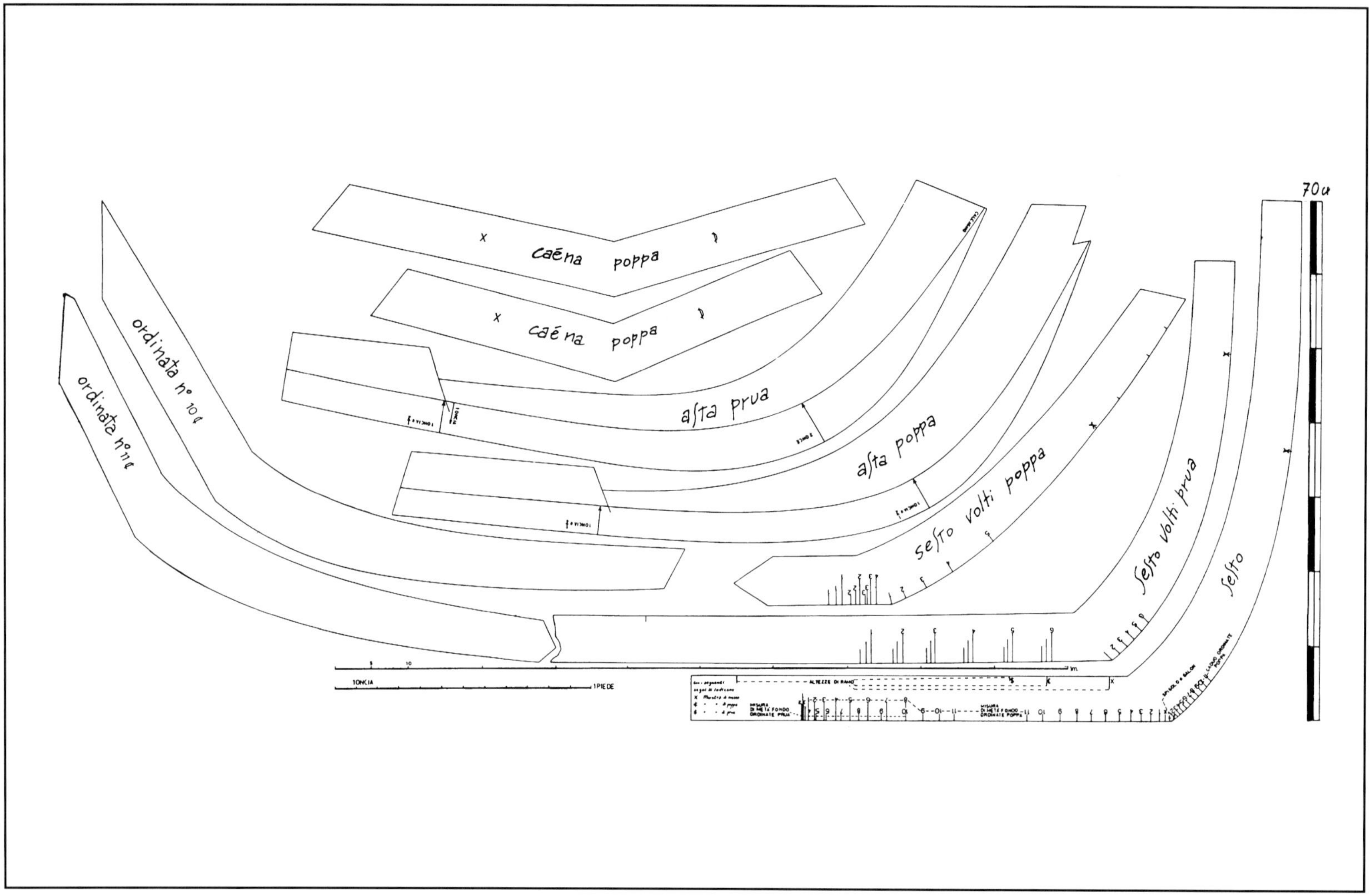

Cat. N.:	**P 269 (non raff. / *not shown*)**
Soggetto / *Subject* A. d. D.:	**Tav. VIII Gondola sagome. / *Plate VIII: Gondola templates***
Scritte / *Text:*	nomenclatura e indicazioni delle dimensioni / *nomenclature and dimensions*
Autore / *Draughtsman*:	Gilberto Penzo
Data / *Date:*	1995
Tecnica / *Technique*:	inchiostro nero su lucido / *black ink on tracing paper*
Dimensioni / *Dimensions*:	c. 970 x 490
Scala / *Scale*:	1:4, 1:10
Archivio / *Archive*:	dell'autore / editor's collection
Note / *Notes*:	Le stesse sagome sono disponibili in scala naturale. (P 149) / *The same templates are available in scale 1:1 (P 149).*

Cat. N.:	**P 149**
Soggetto / *Subject* A. d. D.:	**Gondole Sagome. Tav. 1 Sesti e sagome. / *Gondola templates. Plate 1 Templates and profiles.***
Scritte / *Text:*	Rilevate dal vero nello squero Tramontin di Venezia / *Drawings of actual templates at the Tramontin boatyard in Venice*
Autore / *Draughtsman*:	Gilberto Penzo, Antonio Rosada
Data / *Date:*	1994 - 1998
Tecnica / *Technique*:	china su poliestere / *ink on polyester*
Dimensioni / *Dimensions*:	c. 1800 x 880
Scala / *Scale*:	1:1
Archivio / *Archive*:	del redatore / editor's collection

Rilievi gondola in scala naturale / *Life-size drawings of gondola templates*

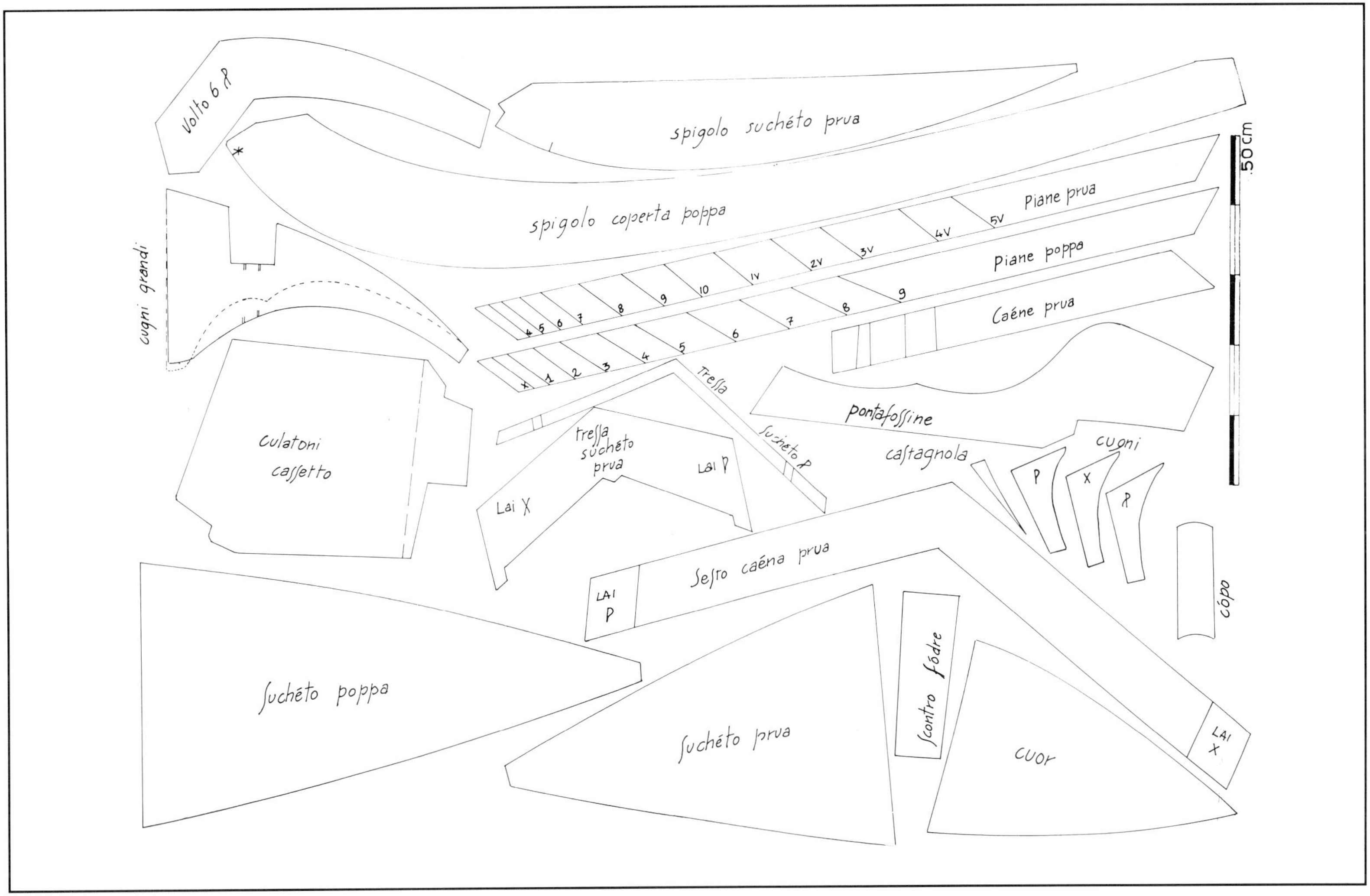

Cat. N.: **P 150**
Soggetto / *Subject* A. d. D.: **Gondola Sagome. Tav. 2 Sagome. / *Plate 2 Templates.***
Scritte / *Text:* Rilevate dal vero nello squero Tramontin di Venezia / *Drawn from actual templates at the Tramontin boatyard in Venice*
Autore / *Draughtsman*: Gilberto Penzo, Antonio Rosada.
Data / *Date:* 1994 -1998
Tecnica / *Technique*: china su poliestere / *ink on polyester*
Dimensioni / *Dimensions*: 173 x 121
Scala / *Scale*: 1:1
Archivio / *Archive*: del redattore / *editor's collection*

Cat. N.: **P 151 (non raff. / *not shown*)**
Soggetto / *Subject* A. d. D.: **Gondola Sagome. Tav. 3 Sagome vòlti de massa.**
Scritte / *Text:* Rilevate dal vero nello squero Tramontin di Venezia / *Drawn from actual templates at the Tramontin boatyard in Venice*
Autore / *Draughtsman*: Gilberto Penzo, Antonio Rosada.
Data / *Date:* 1994 -1998
Tecnica / *Technique*: china su poliestere / *ink on polyester*
Dimensioni / *Dimensions*: 96 x 65
Scala / *Scale*: 1:1
Archivio / *Archive*: del redattore / *editor's collection*

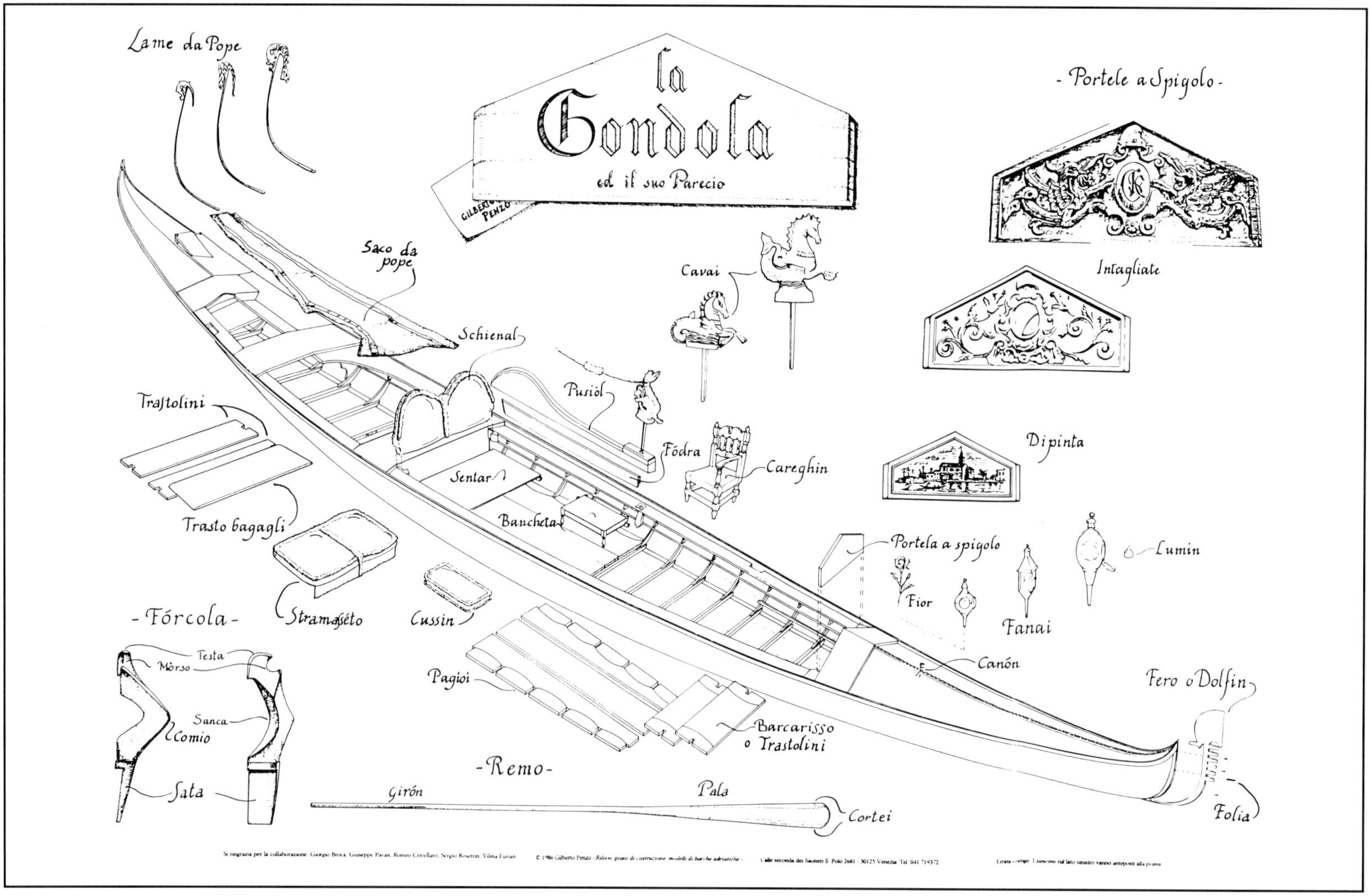

Cat. N.: **P 152 (non raff. / *not shown*)**
Soggetto / *Subject* A. d. D.: **Gondola. Semiordinate in scala naturale. / *Half frames in scale 1:1.***
Scritte / *Text:* Rilevate dal vero nello squero Tramontin di Venezia / *Drawn from actual half frames at the Tramontin boatyard in Venice*
Autore / *Draughtsman*: Gilberto Penzo
Data / *Date:* 1988 - 1996
Tecnica / *Technique*: china su lucido / *ink on tracing paper*
Dimensioni / *Dimensions*: c. 1720x800
Scala / *Scale*: 1:1
Archivio / *Archive*: del redattore / *editor's collection*

Cat. N.: **P 153**
Soggetto / *Subject* A. d. D.: **La gondola e il suo parecio.**
Scritte / *Text:* nomenclatura tradizionale / *traditional nomenclature*
Autore / *Draughtsman*: Gilberto Penzo
Data / *Date:* 1987
Tecnica / *Technique*: china su carta, stampa tipografica / *ink on paper, typographic print*
Dimensioni / *Dimensions*: c. 680 x 490
Scala / *Scale*: assonometria / *isometric drawing*
Archivio / *Archive*: del redattore / *editor's collection*
Note / *Notes:* Descrizione delle parti mobili d'arredamento della gondola. / *Description of the movable parts of the gondola.* Per gentile concessione / *by kind concession* Filippi Editore.

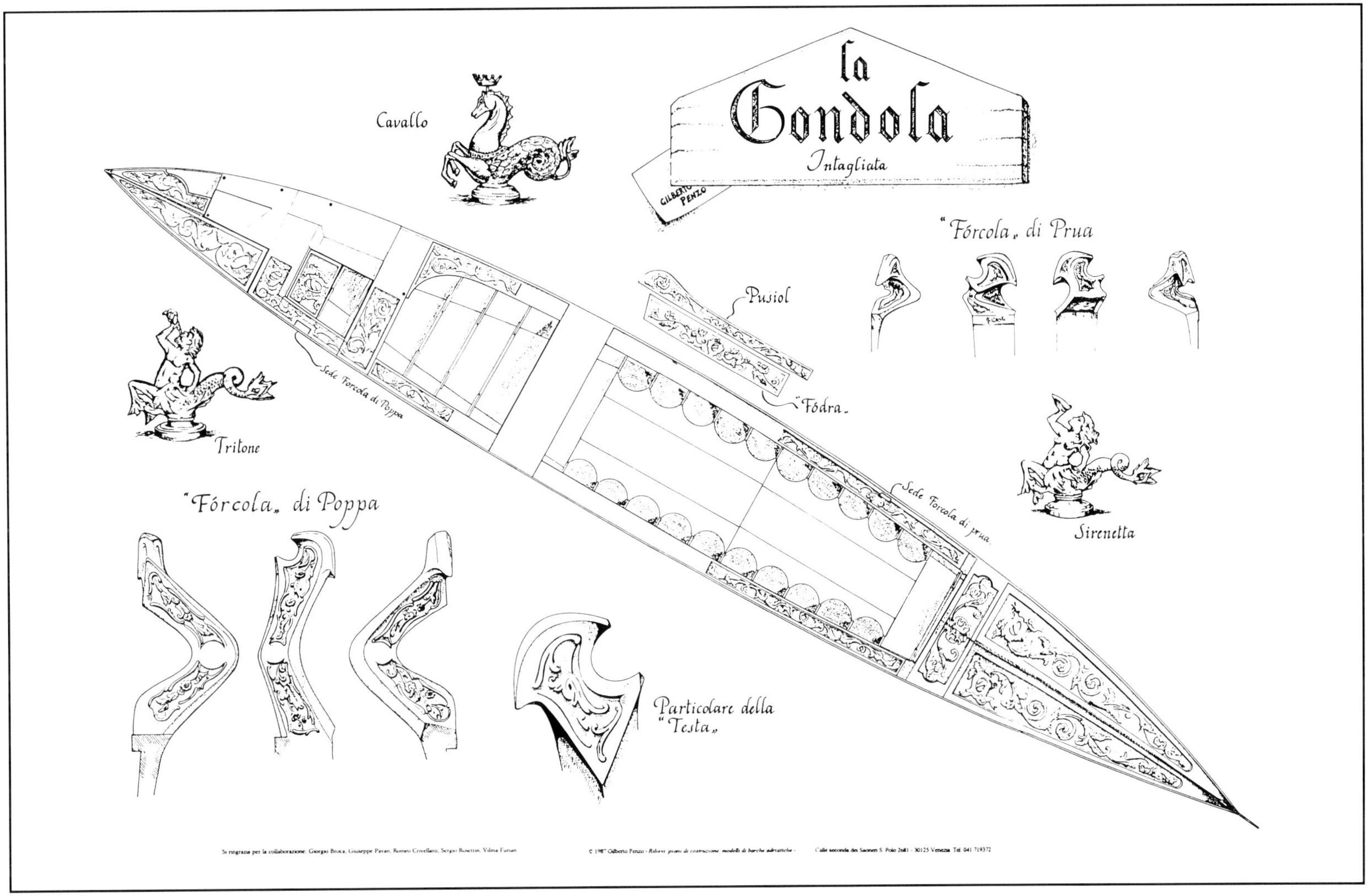

Cat. N.: **P 154**
Soggetto / *Subject* A. d. D.: **La gondola intagliata. / *The carved gondola.***
Scritte / *Text:* nomenclatura tradizionale / *traditional nomenclature*
Autore / *Draughtsman*: Gilberto Penzo
Data / *Date:* 1987
Tecnica / *Technique*: china su carta, stampa tipografica / *ink on paper, typographic print*
Dimensioni / *Dimensions*: c. 680 x 490
Scala / *Scale*: fuori scala / *not to scale*
Archivio / *Archive*: del redattore / *editor's collection*
Note / *Notes*: Descrizione delle decorazioni dello scafo e delle *fórcole* di una gondola di lusso. / *Description of the decorations of the hull and the* fórcole *of a luxury gondola.* Per gentile concessione / *By kind concession of* Filippi Editore Venezia.

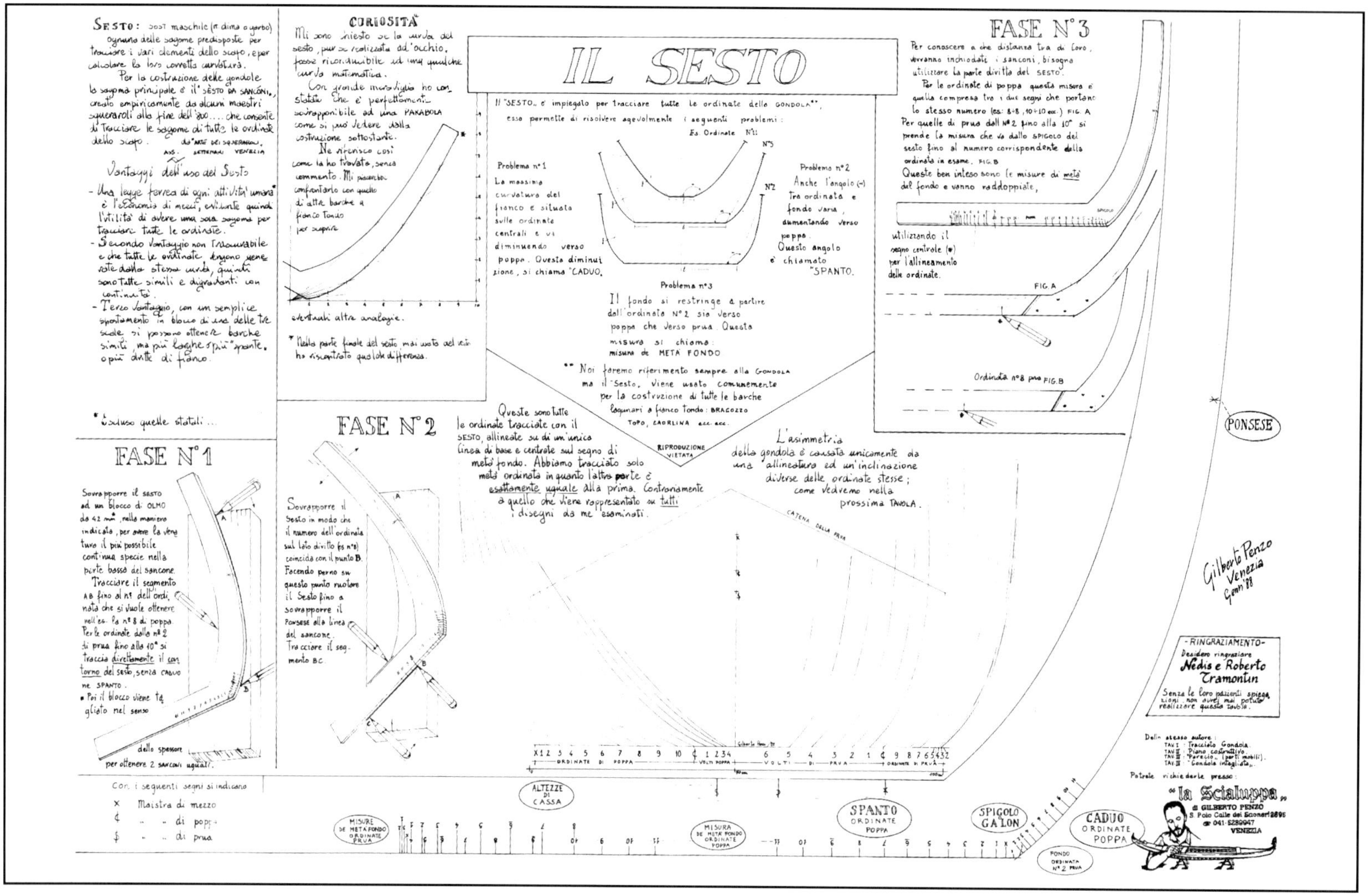

Cat. N.: **P 155**
Soggetto A. d. D.: **Sesto per gondola.**
Scritte / *Text:* Rilevato nel 1988, dal vero, nello squero di Nedis Tramontin a Venezia / *Drawn from actual template in the Nedis Tramontin boatyard in Venice*
Autore / *Draughtsman*: Gilberto Penzo
Data / *Date:* 1988
Tecnica / *Technique*: china su lucido / *ink on tracing paper*
Dimensioni / *Dimensions*: c. 1220x720
Scala / *Scale*: 1:1, 1:3.
Archivio / *Archive*: del redattore / *editor's collection*

Fórcole e remi per gondola. *Oarlocks and oars for gondola.*

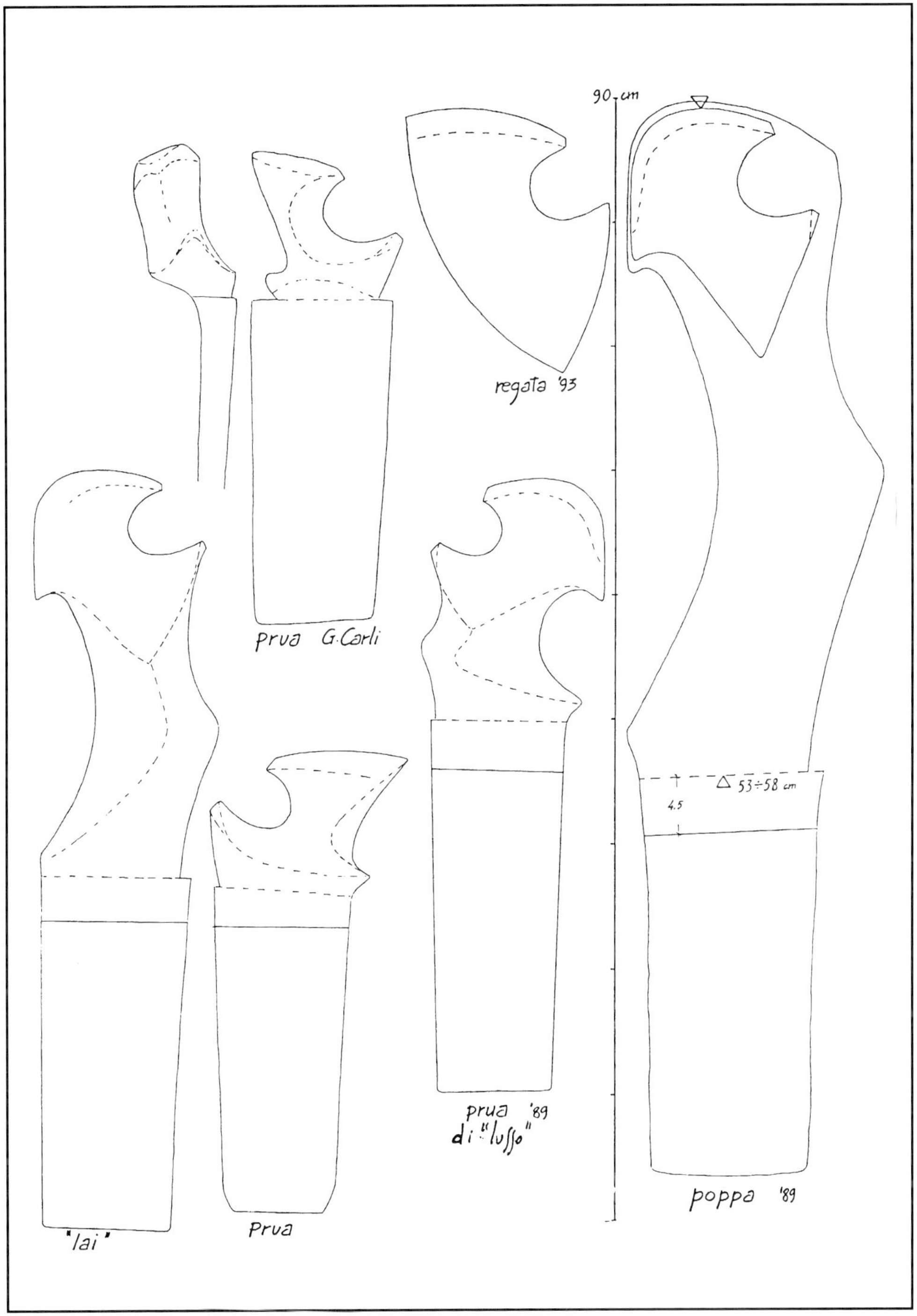

Cat. N.:	**P 156**
Soggetto / *Subject* A. d. D.:	**Fórcole per gondola**
Scritte / *Text:*	quote e indicazioni tecniche / *dimensions and technical indications*
Autore / *Draughtsman*:	Gilberto Penzo
Data / *Date:*	1995
Tecnica / *Technique*:	china su lucido / *ink on tracing paper*
Dimensioni / *Dimensions*:	c. 760 x 1040
Scala / *Scale*:	1:1
Archivio / *Archive*:	del redattore / *editor's collection*
Note / *Notes*:	Sagome rilevate presso il remèr Saverio Pastor. Tavola realizzata assieme alle P 157 e P 158 per la pubblicazione *Forcole Remi e Voga alla Veneta* (vedi Bibliografia) *Drawn from templates at Saverio Pastor's workshop. Drawing made together with P 157 and P 158 for the book* Venetian Oarlocks, Oars and Rowing *Techniques (see Bibliography)*

Cat. N.:	**P 159 (non raff. / *not shown*)**
Soggetto / *Subject* A. d. R.:	**Rilievo dei remi di poppa delle gondole dei musei del Lago di Como e di Newport USA / *Stern oars of the gondolas at the museums of Lake Como and Newport USA***
Scritte / *Text:*	quote e indicazioni tecniche / *dimensions and technical indications*
Autore / *Draughtsman*:	Gianfranco Munerotto
Data / *Date:*	1999
Tecnica / *Technique*:	china su lucido / *ink on tracing paper*
Dimensioni / *Dimensions*:	c. 4060 x 800
Scala / *Scale*:	1:1
Archivio / *Archive*:	del redattore / *editor's collection*

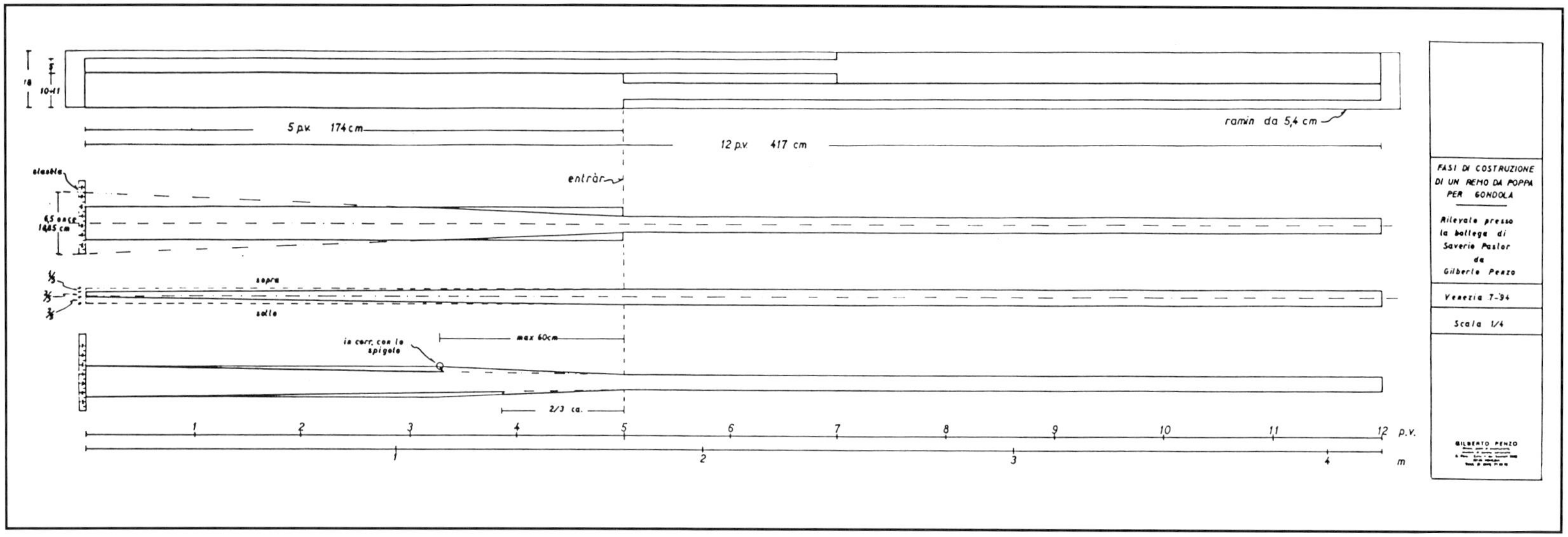

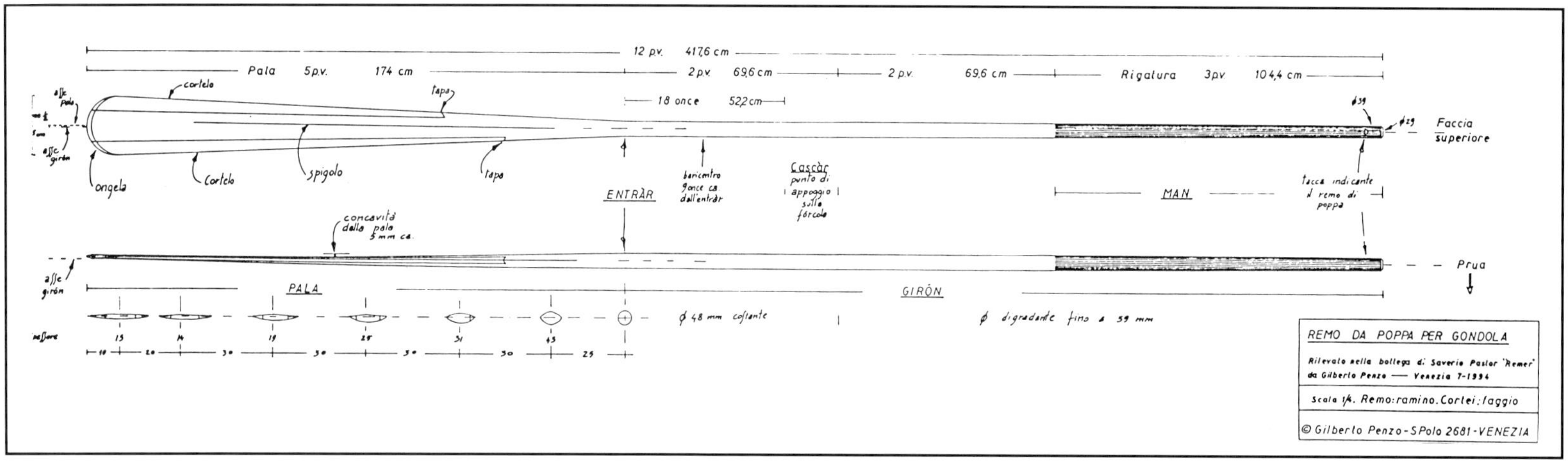

↑ **Cat. N.:** **P 157**

Soggetto / *Subject* A. d. D.: **Remo per gondola Tav. 1 Costruzione / *Oar for gondola. Plate 1. Construction***

Scritte / *Text:* quote e indicazioni tecniche / *dimensions and technical indications*

Autore / *Draughtsman*: Gilberto Penzo

Data / *Date:* 1994

Tecnica / *Technique*: china su lucido / *ink on tracing paper*

Dimensioni / *Dimensions*: c. 1270 x 350

Scala / *Scale*: 1:4

Archivio / *Archive*: del redattore / *editor's collection*

↓ **Cat. N.:** **P 158**

Soggetto / *Subject* A. d. D.: **Remo per gondola. Tav. 2 Rilievo. / *Oar for gondola. Plate 2. Finished oar.***

Scritte / *Text:* quote e indicazioni tecniche / *dimensions and technical indications*

Autore / *Draughtsman*: Gilberto Penzo

Data / *Date:* 1994

Tecnica / *Technique*: china su lucido / *ink on tracing paper*

Dimensioni / *Dimensions*: c. 1270 x 320

Scala / *Scale*: 1:4

Archivio / *Archive*: del redattore / *editor's collection*

Ferri per gondola

Cat. N.:	**P 126 (non raff. / *not shown*)**
Soggetto / *Subject* A. d. R:	**Ferro di prua per gondola / *Bow ferro for gondola***
Scritte / *Text*:	Ferro di proprietà Suppiej. quote e indicazioni tecniche / Ferro *belonging to Suppiej. Dimensions and technical indications*
Autore / *Draughtsman*:	Gianfranco Munerotto
Data / *Date*:	1999
Tecnica / *Technique*:	china su lucido / *ink on tracing paper*
Dimensioni / *Dimensions*:	c. 1530x770
Scala / *Scale*:	1:1
Archivio / *Archive*:	dell'autore / *editor's collection*

Cat. N.:	**P 127 (non raff. / *not shown*)**
Soggetto / *Subject* A. d. R:	**Ferro di prua per gondola / *Bow ferro for gondola***
Scritte / *Text*:	Ferro di proprietà Suppiej. Prob. data primi '900. quote e indicazioni tecniche / Ferro *belonging to Suppiej Prob early 20th century. Dimensions and technical indications*
Autore / *Draughtsman*:	Gianfranco Munerotto
Data / *Date*:	1999
Tecnica / *Technique*:	china su lucido / *ink on tracing paper*
Dimensioni / *Dimensions*:	c. 1480x780
Scala / *Scale*:	1:1
Archivio / *Archive*:	dell'autore / *editor's collection*

Cat. N.:	**P 128 (non raff. / *not shown*)**
Soggetto / *Subject* A. d. R:	**Ferro di prua per gondola / *Bow ferro for gondola***
Scritte / *Text*:	Ferro di proprietà ... quote e indicazioni tecniche / *dimensions and technical indications*
Autore / *Draughtsman*:	Gianfranco Munerotto
Data / *Date*:	1999
Tecnica / *Technique*:	china su lucido / *ink on tracing paper*
Dimensioni / *Dimensions*:	c. 1510x750
Scala / *Scale*:	1:1
Archivio / *Archive*:	dell'autore / *editor's collection*

Cat. N.:	**P 129 (non raff. / *not shown*)**
Soggetto / *Subject* A. d. R:	**Ferro di proprietà Levi. Prob. data I° metà sec. XIX. / *Ferro belonging to Levi. Prob. date first half of XIX century.***
Scritte / *Text*:	quote e indicazioni tecniche / *dimensions and technical indications*
Autore / *Draughtsman*:	Gianfranco Munerotto
Data / *Date*:	1999
Tecnica / *Technique*:	china su lucido / *ink on tracing paper*
Dimensioni / *Dimensions*:	c. 1700x770
Scala / *Scale*:	1:1
Archivio / *Archive*:	dell'autore / *editor's collection*

Cat. N.:	**P 130 (non raff. / *not shown*)**
Soggetto / *Subject* A. d. R:	**Ferro di proprietà Roberto Vianello. Prob. data primi anni '900. / *Ferro belonging to Roberto Vianello. Prob. date early 20th C.***
Scritte / *Text*:	quote e indicazioni tecniche / *dimensions and technical indications*
Autore / *Draughtsman*:	Gianfranco Munerotto
Data / *Date*:	1999
Tecnica / *Technique*:	china su lucido / *ink on tracing paper*
Dimensioni / *Dimensions*:	c. 1550x750
Scala / *Scale*:	1:1
Archivio / *Archive*:	dell'autore / editor's collection

Cat. N.:	**P 131 (non raff. / *not shown*)**
Soggetto / *Subject* A. d. R:	**Ferro della gondola conservata al Museo di Newport / Ferro *of the gondola kept at the Newport Museum***
Scritte / *Text*:	Non coevo all'imbarcazione. Prob. data 1920-30. Quote e indicazioni tecniche / *Not coeval with the gondola. Prob. date 1920-30. Dimensions and tech. indications*
Autore / *Draughtsman*:	Gianfranco Munerotto
Data / *Date*:	1999
Tecnica / *Technique*:	china su lucido / *ink on tracing paper*
Dimensioni / *Dimensions*:	c. 1650x760
Scala / Scale:	1:1
Archivio / *Archive*:	dell'autore / *editor's collection*

Cat. N.:	**P 160 (non raff. / *not shown*)**
Soggetto / *Subject* A. d. R:	**Culatoni per felse coll. Tramontin**
Scritte / *Text*:	indicazioni tecniche / *technical indications*
Autore / *Draughtsman*:	Gilberto Penzo
Data / *Date*:	7-1994
Tecnica / *Technique*:	penna rossa, nera e matita su carta / *red and black ink and pencil on paper*
Dimensioni / *Dimensions*:	c. 410x550
Scala / *Scale*:	1:1
Archivio / *Archive*:	del redattore / *editor's collection*

GONDOLIN

Imbarcazione da diporto per due rematori e due passeggeri, rilevato dal vero su l'unico originale conservatosi.

Pleasure boat for two oarsmen and two passengers. Drawing of the last remaining example.

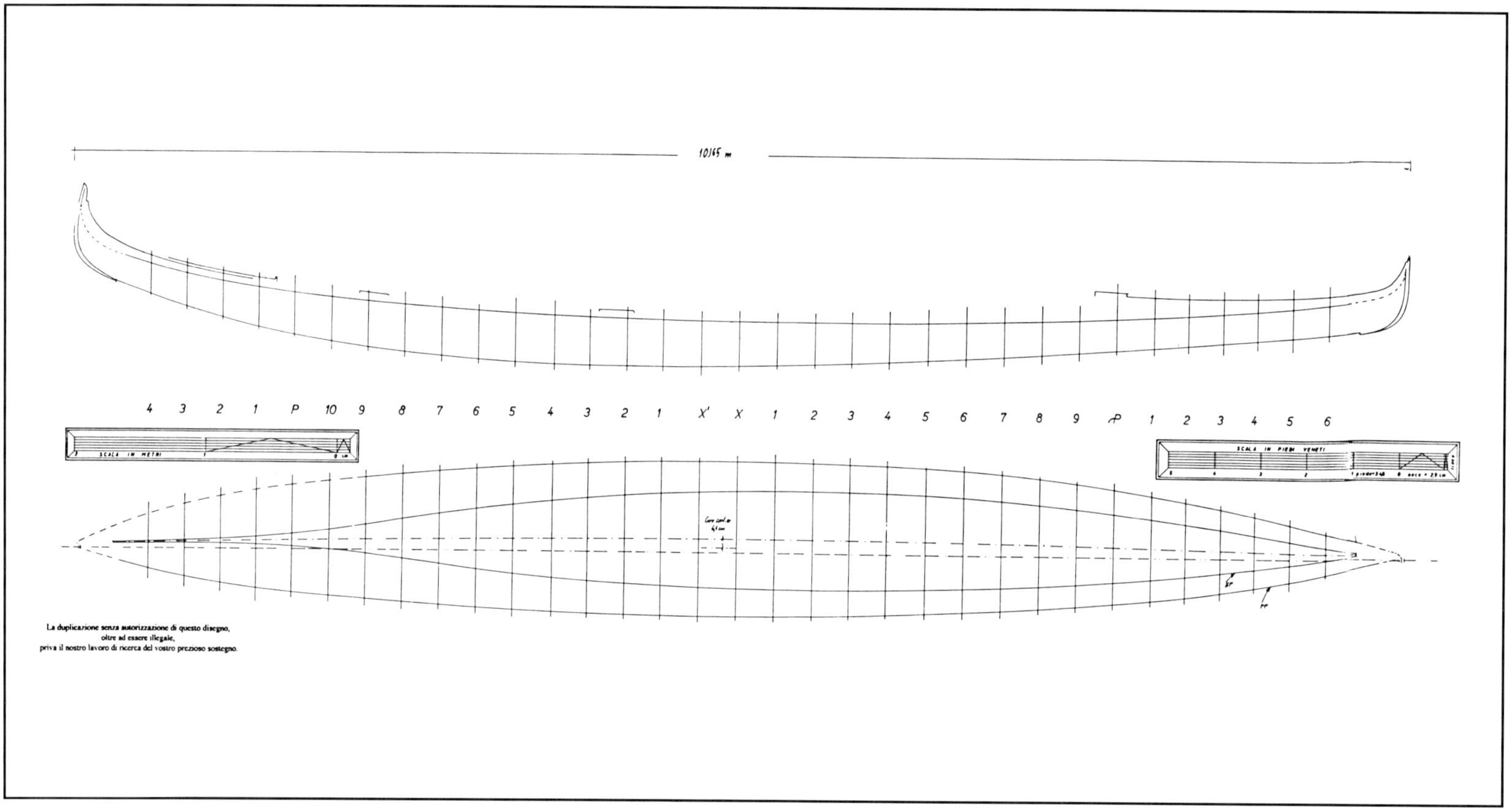

Cat. N.: **P 273**
Soggetto / *Subject* A. d. R: **Gondolín da fresco. Tav. 1 Linee / *Plate 1. Lines***
Scritte / *Text:* -
Autore / *Draughtsman*: Gilberto Penzo
Data / *Date:* 1995-96
Tecnica / *Technique*: china su lucido / *ink on tracing paper*
Dimensioni / *Dimensions*: c. 1400x480
Scala / *Scale*: 1:10
Archivio / *Archive*: del redattore / *editor's collection*

Cat. N.: **P 275 (non raff. / *not shown*)**
Soggetto / *Subject* A. d. R: **Gondolín da fresco. Tav. 3 Sezione maestra / *Plate 3. Midship section***
Scritte / *Text:* -
Autore / *Draughtsman*: Gilberto Penzo
Data / *Date:* 1995-96
Tecnica / *Technique*: china su lucido / *ink on tracing paper*
Dimensioni / *Dimensions*: c. 420 x 260
Scala / *Scale*: 1:4
Archivio / *Archive*: del redattore / *editor's collection*

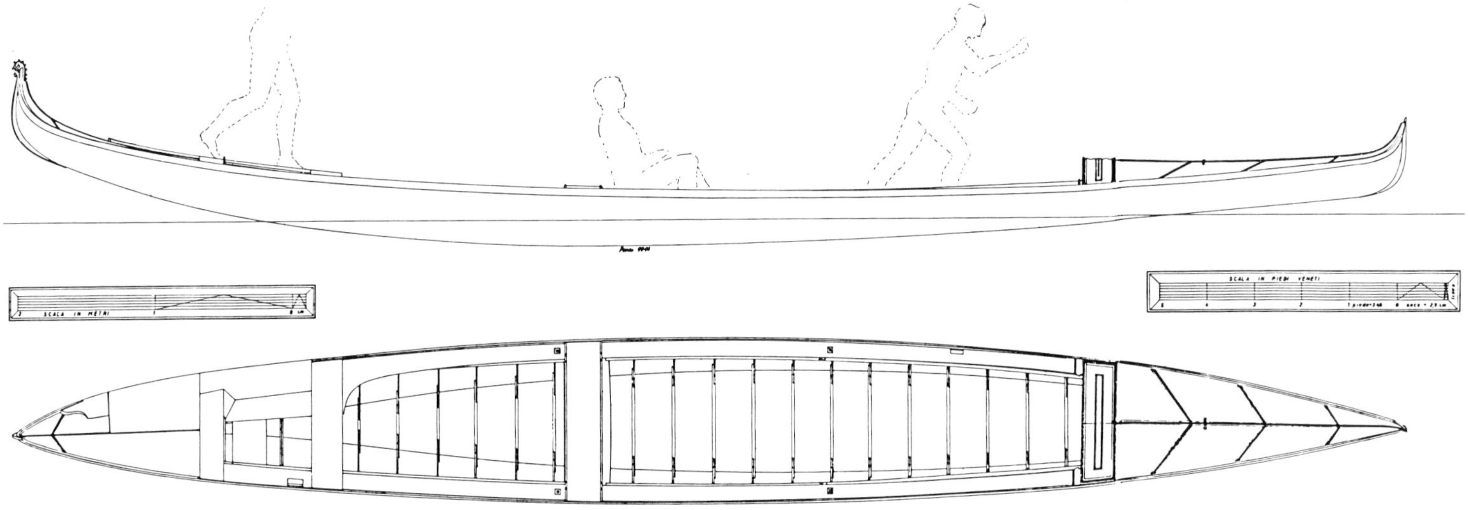

Cat. N.: **P 274**
Soggetto / *Subject* A. d. R: **Gondolín da fresco. Tav. 2 Vista laterale e pianta / *Plate 2. Side view and plan***

Scritte / *Text:* -
Autore / *Draughtsman*: Gilberto Penzo
Data / *Date:* 1995-96
Tecnica / *Technique*: china su lucido / *ink on tracing paper*
Dimensioni / *Dimensions*: c. 1400x480
Scala / *Scale*: 1:10
Archivio / *Archive*: del redattore / *editor's collection*

Cat. N.: **P 276 (non raff. / *not shown*)**
Soggetto A. d. D.: **Gondolín da fresco. Tav. 4 Sella di sostegno per imbarcazione tipica / *Plate 4. Support for typical boat***

Scritte / *Text:* -
Autore / *Draughtsman*: Gilberto Penzo
Data / *Date:* 1995-96
Tecnica / *Technique*: china su lucido / *ink on tracing paper*
Dimensioni / *Dimensions*: c. 1180x520
Scala / *Scale*: 1:10
Archivio / *Archive*: del redattore / *editor's collection*
Note / *Notes*: Progetto di un supporto ligneo per sostenere lo scafo in esposizione. *Wooden support designed to display the boat.*

GONDOLIN DA REGATA

Imbarcazione da regata a due rematori costruita da Giovanni Giuponi. Rilievo dal vero e ricostruzione in base alle sagome originali.

Boat for two oarsmen used in regattas. Built by Giovanni Giuponi. Drawing and reconstruction of the boat based on original *sagome* (templates).

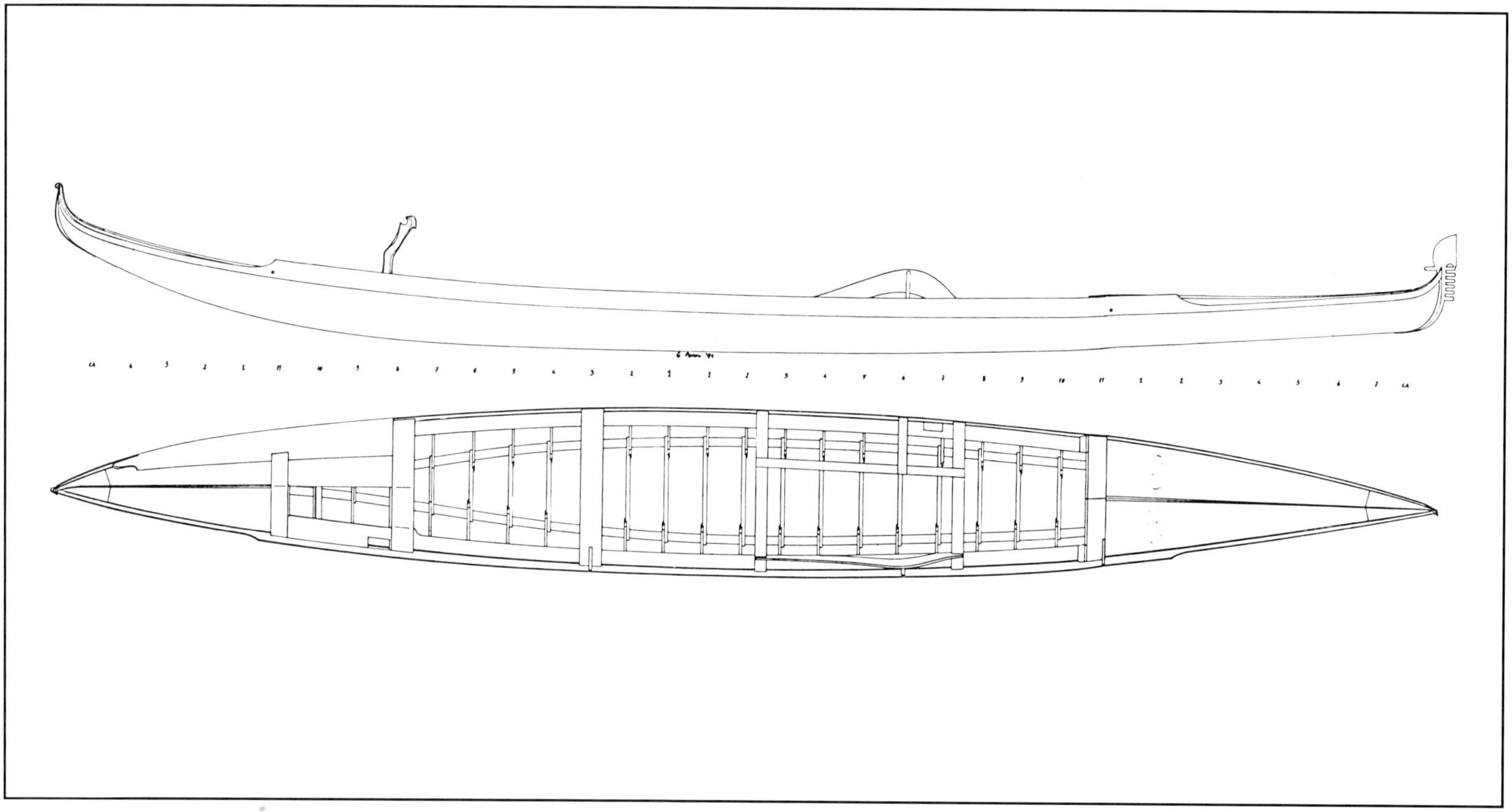

Cat. N.:	**P 277 (non raff. / *not shown*)**
Soggetto / *Subject* A. d. D:	**Gondolìn da regata. Tav. I Linee / Plate I. Lines**
Scritte / *Text:*	quote e indicazioni tecniche / *dimensions and technical indications*
Autore / *Draughtsman*:	Gilberto Penzo
Data / *Date:*	1994
Tecnica / *Technique*:	china su lucido / *ink on tracing paper*
Dimensioni / *Dimensions*:	108 x 48
Scala / *Scale*:	1:10
Archivio / *Archive*:	del redattore / *editor's collection*

Cat. N.:	**P 278 ex fig. 51**
Soggetto / *Subject* A. d. D:	**Gondolìn da regata. Tav. II Vista laterale e pianta / *Plate II Side view and plan***
Scritte / *Text:*	-
Autore / *Draughtsman*:	Gilberto Penzo
Data / *Date:*	1994
Tecnica / *Technique*:	china su lucido / *ink on tracing paper*
Dimensioni / *Dimensions*:	110 x 48
Scala / *Scale*:	1:10
Archivio / *Archive*:	del redattore / *editor's collection*

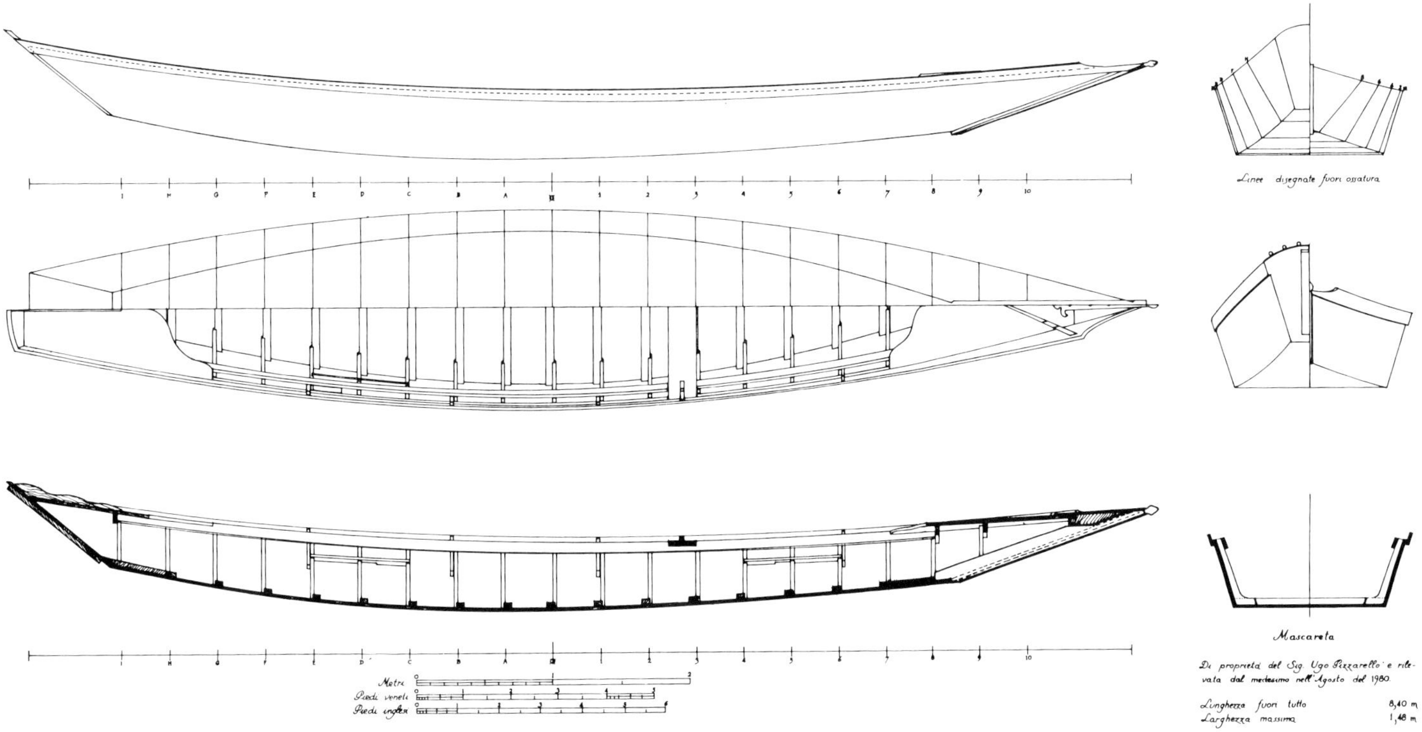

Cat. N.: **P 279 (non raff. / *not shown*)**
Soggetto / *Subject* A. d. D.: **Gondolìn da regata. Tav. III Sesti e sagome / *Plate III Templates***
Scritte / *Text:* quote e nomenclatura / *dimensions and nomenclature*
Autore / *Draughtsman*: Gilberto Penzo
Data / *Date:* 1994
Tecnica / *Technique*: china su lucido / *ink on tracing paper*
Dimensioni / *Dimensions*: c. 1430 x 730
Scala / *Scale*: 1:1
Archivio / *Archive*: del redattore / *editor's collection*

Cat. N.: **P 281**
Soggetto / *Subject* A. d. D.: **Mascareta. Imbarcazione da diporto a remi**
Scritte / *Text:* di proprietà del sig. Ugo Pizzarello / *property of Ugo Pizzarello*
Autore / *Draughtsman*: Ugo Pizzarello
Data / *Date:* agosto 1980
Tecnica / *Technique*: china su lucido / *ink on tracing paper*
Dimensioni / *Dimensions*: 80 x 41
Scala / *Scale*: 1:15
Archivio / *Archive*: del redattore / *editor's collection*

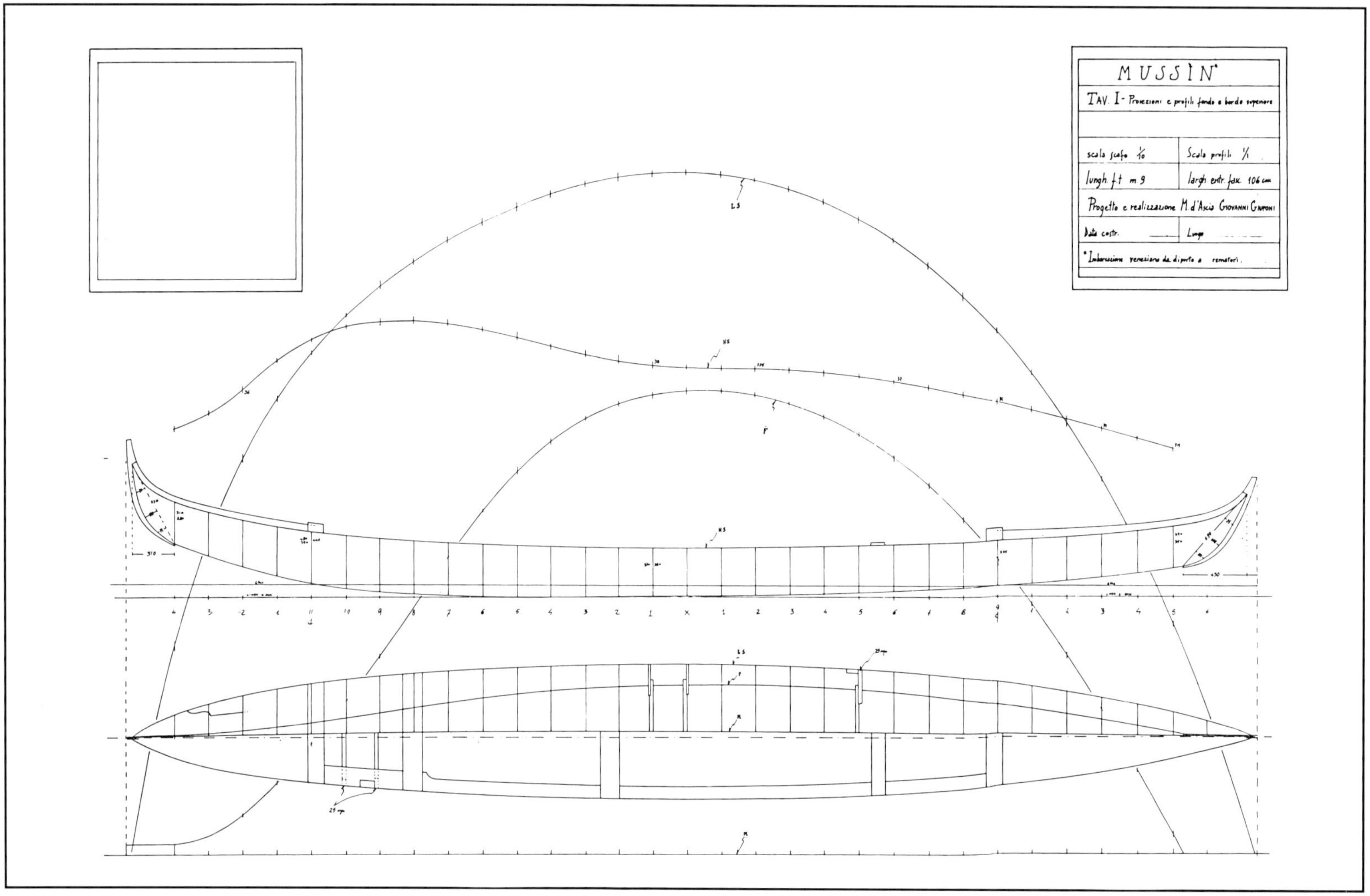

Cat. N.:	**P 280 (non raff. / *not shown*)**
Soggetto A. d. D.:	**Gondolin. Ferro di prua.**
Scritte / *Text:*	quote e nomenclatura trad. / *dimensions and traditional nomenclature*
Autore / *Draughtsman*:	Gilberto Penzo
Data / *Date:*	1997
Tecnica / *Technique*:	china su lucido / *ink on tracing paper*
Dimensioni / *Dimensions*:	c. 1000x450
Scala / *Scale*:	1:1
Archivio / *Archive*:	dell'autore / *editor's collection*
Note / *Notes*:	Rilevato dal vero, coll. privata Venezia. *Drawn from actual ferro, private collection, Venice.*

Cat. N.:	**P 282**
Soggetto A. d. D.:	**Mussìn. Imbarcazione da diporto a due rematori / pleasure boat for two oarsmen**
Scritte / *Text:*	quote e indicazioni tecniche / *dimensions and technical indications*
Autore e costruttore:	Giovanni Giuponi. Lucidato G. Penzo.
Data / *Date:*	s. d.
Tecnica / *Technique*:	china su poliestere / *ink on polyester*
Dimensioni / *Dimensions*:	riq. / *frame* 980x680
Scala / *Scale*:	1:1, 1:10
Archivio / *Archive*:	del redattore / *editor's collection*

PATANA

Imbarcazione da trasporto a motore di forma pressoché rettangolare.

Motor boat for transport with a more-or-less rectangular form.

Cat. N.:	**P 344 (non raff. / *not shown*)**
Soggetto / *Subject* A. d. R.:	**Patana?**
Scritte / *Text:*	"Scafo Dott. Testolini." Quote e indicazioni tecniche / *dimensions and technical indications*
Autore / *Draughtsman*:	n. i.
Data / *Date:*	s. d.
Tecnica / *Technique*:	matita e penna blu su carta / *pencil and blue ink on paper*
Dimensioni / *Dimensions*:	c. 700x200
Scala / *Scale*:	1:10?
Archivio / *Archive*:	Cantiere Tramontin ora coll. del redattore / *From Tramontin boatyard, now in editor's collection*
Note / *Notes*:	Carta molto rovinata, sul retro un grafico preparatorio per altro disegno. *Paper in very poor condition. On the back a preliminary sketch for another drawing.*

Cat. N.:	**P 345 (non raff. / *not shown*)**
Soggetto / *Subject* A. d. R.:	**Patana?**
Scritte / *Text:*	quote e ind. tecniche / *dimensions and technical indications*
Autore / *Draughtsman*:	n. i.
Data / *Date:*	s. d.
Tecnica / *Technique*:	matita su carta / *pencil on paper*
Dimensioni / *Dimensions*:	c. 440x180
Scala / *Scale*:	1:10
Archivio / *Archive*:	Cantiere Tramontin ora coll. del redattore / *From Tramontin boatyard, now in editor's collection*
Note / *Notes*:	Carta molto rovinata. / *Paper in very poor condition.*

PEATA

La *peata* è la maggiore imbarcazione da trasporto per i canali interni veneziani, condotta in genere da due vogatori. Simile alla *caorlìna*, ma più grande e meno slanciata, realizzata per ottenere la massima capacità di carico; aste a mezzaluna, (le ultime avevano quella di poppa diritta), scafo quasi completamente parallelo, fondo piatto, con due coperte alle estremità dotate un portello e di due bitte ciascuna. Era realizzata in molte taglie che andavano da 100 a 250, 400, 800 e più quintali di portata.

The peata *is the most commonly used transport boat for the internal Venetian canals, and is normally rowed by two oarsmen. Similar to the* caorlina*, but bigger and less streamlined, built to obtain the maximum capacity; crescent-shaped stems (later examples had a straight stern stem), hull almost completely parallel, flat bottom, with two covers at the ends complete with a port and two bitts each. It was made in a variety of sizes with capacities of 100 to 250, 400, and over 800 quintals.*

Cat. N.:	**P 285 (non raff. / *not shown*)**
Soggetto / *Subject* A. d. D.:	**La peata (a matita / *in pencil*).**
Scritte / *Text:*	-
Autore / *Draughtsman*:	n. i.
Data / *Date:*	s. d.
Tecnica / *Technique*:	china su carta da lucido / *ink on tracing paper*
Dimensioni / *Dimensions*:	riq. / *frame* 331x 268
Scala / *Scale*:	n. i.
Archivio / *Archive*:	MSNV
Note / *Notes:*	Prob. opera di / *Probably by* A. Chiggiato.

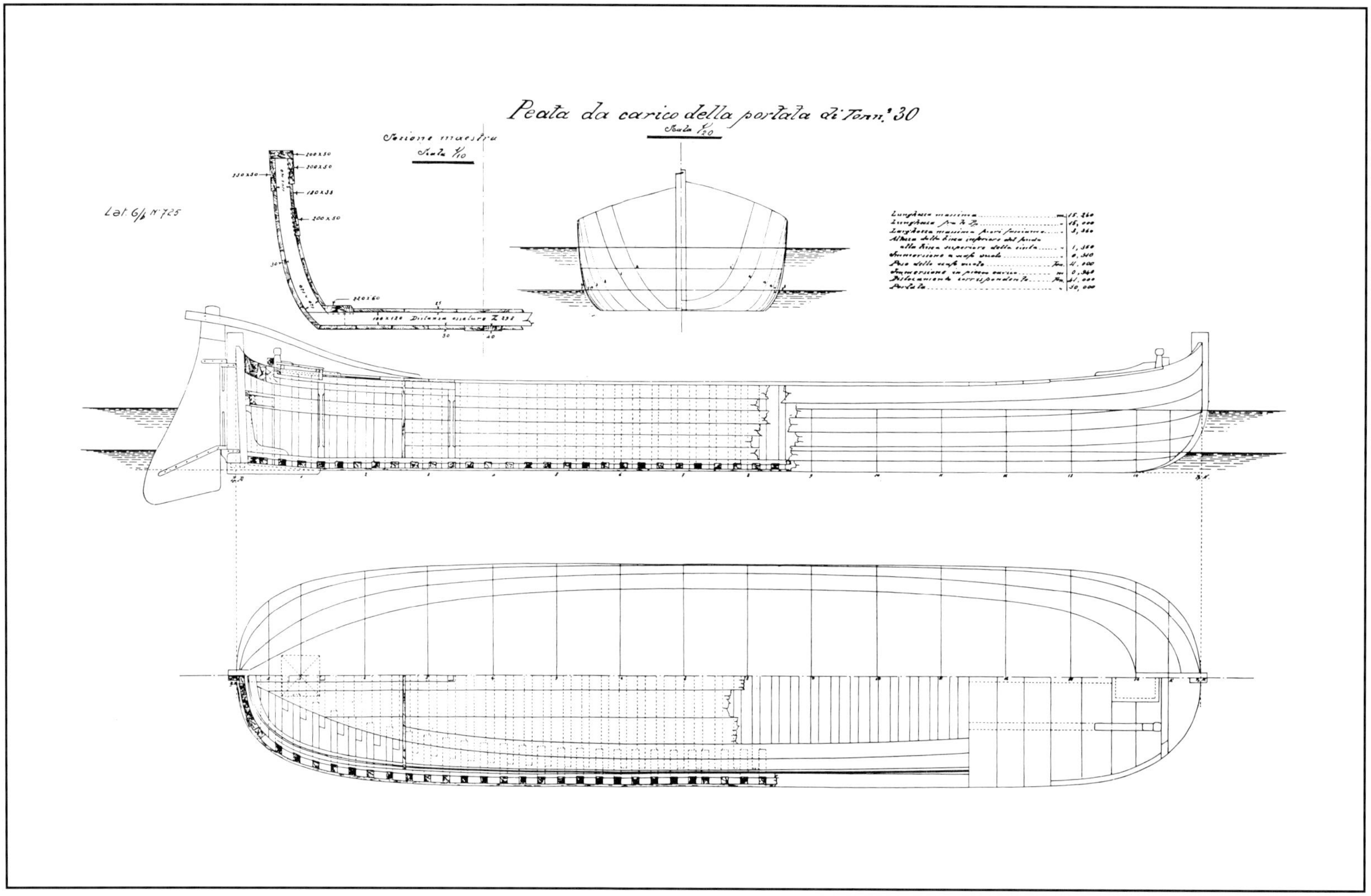

Cat. N.: **P 283**
Soggetto / *Subject* A. d. D.: **Peata da carico della portata di tonn.e 30. Imbarcazione da carico a remi. / *Peata - rowing boat for transport, capacity 30 tonnes.***
Scritte / *Text:* "Lat. G/b N° 725." Quote e indicazioni tecniche / *Dimensions and technical indications*
Autore / *Draughtsman*: n. i.
Data / *Date:* s. d.
Tecnica / *Technique*: copia elio / *heliographic copy*
Dimensioni / *Dimensions*: 954 x 547
Scala / *Scale*: 1:10, 1:20
Archivio / *Archive*: MSNV

Cat. N.: **P 284 (non raff. / *not shown*)**
Soggetto / *Subject* A. d. D.: **Peata.**
Scritte / *Text:* Ricostruita in base ai dati conservati presso il Museo Storico Navale di Venezia / *Reconstruction based on data kept at the MSNV*
Autore / *Draughtsman*: R. Pergolis, U.Pizzarello
Data / *Date:* 1980
Tecnica / *Technique*: china su lucido / *ink on tracing paper*
Dimensioni / *Dimensions*: ?
Scala / *Scale*: ?
Archivio / *Archive*: del redattore / *editor's collection*
Note / Notes: tratto dal piano / *based on* P 283

Peàta - nuovo rilievo

Rilievo eseguito nel 1995, da Gilberto Penzo e Antonio Rosada, della peata Tronchetto di proprietà della Cooperativa Scalo Fluviale Venezia e successivamente donata all'Associazione Arzanà.

Draught made in 1995 by Gilberto Penzo and Antonio Rosada of the peata 'Tronchetto' owned by the Coopoerativa Scalo Fluviale Venezia *and later donated to the* Associazione Arzanà.

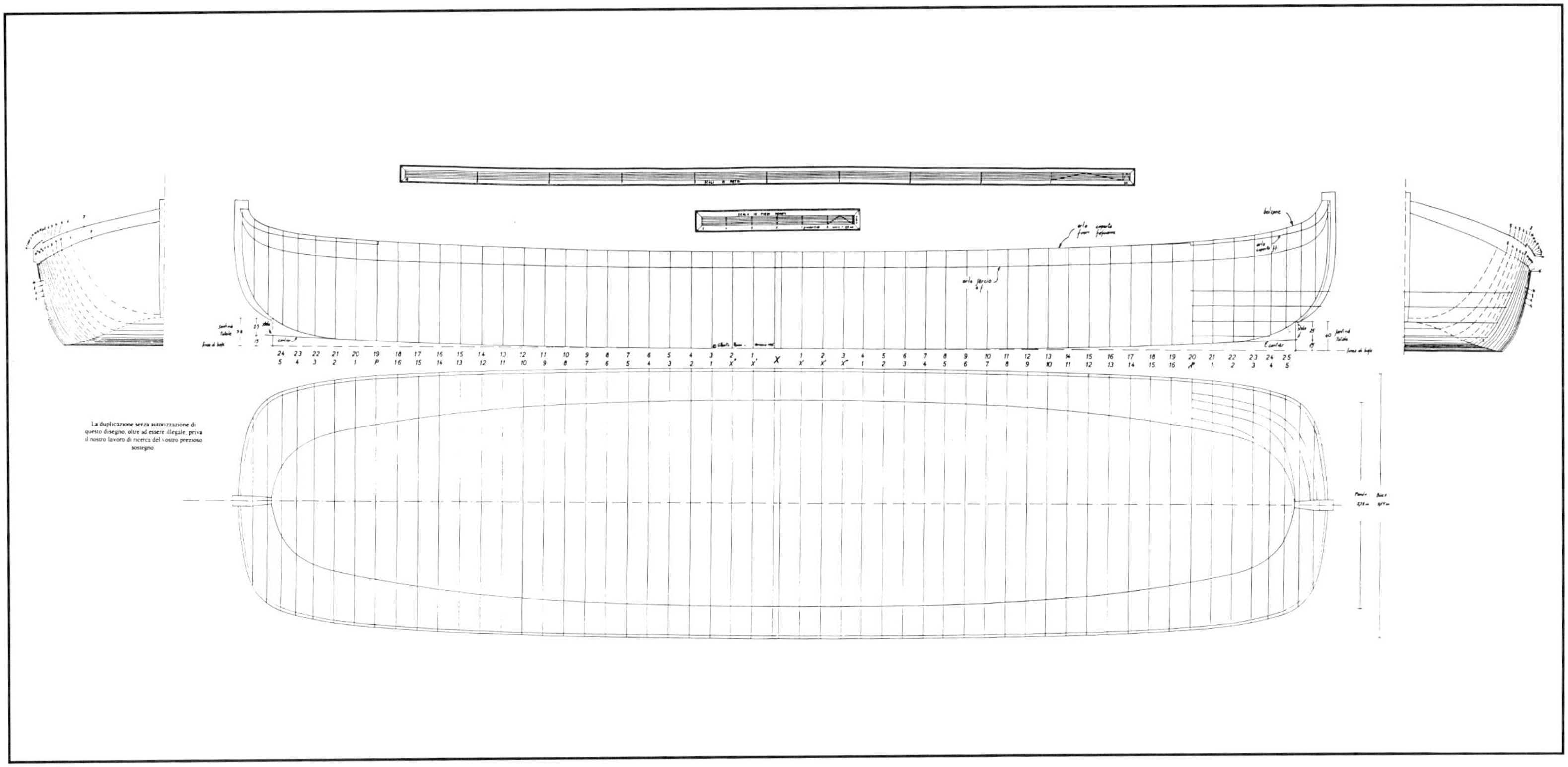

Cat. N.: **P 286**
Soggetto / *Subject* A. d. D.: **Peata da 370 q. Tav. I Linee / *Plate I. Lines***
Scritte / *Text:* quote e ind. tecniche / *dimensions and technical indications*
Autore / *Draughtsman*: Gilberto Penzo
Data / *Date:* 1995
Tecnica / *Technique*: china su lucido / *ink on tracing paper*
Dimensioni / *Dimensions*: copia c. 170 x 63
Scala / *Scale*: or. 1:10, copia 1:15
Archivio / *Archive*: dell'autore / *editor's collection*

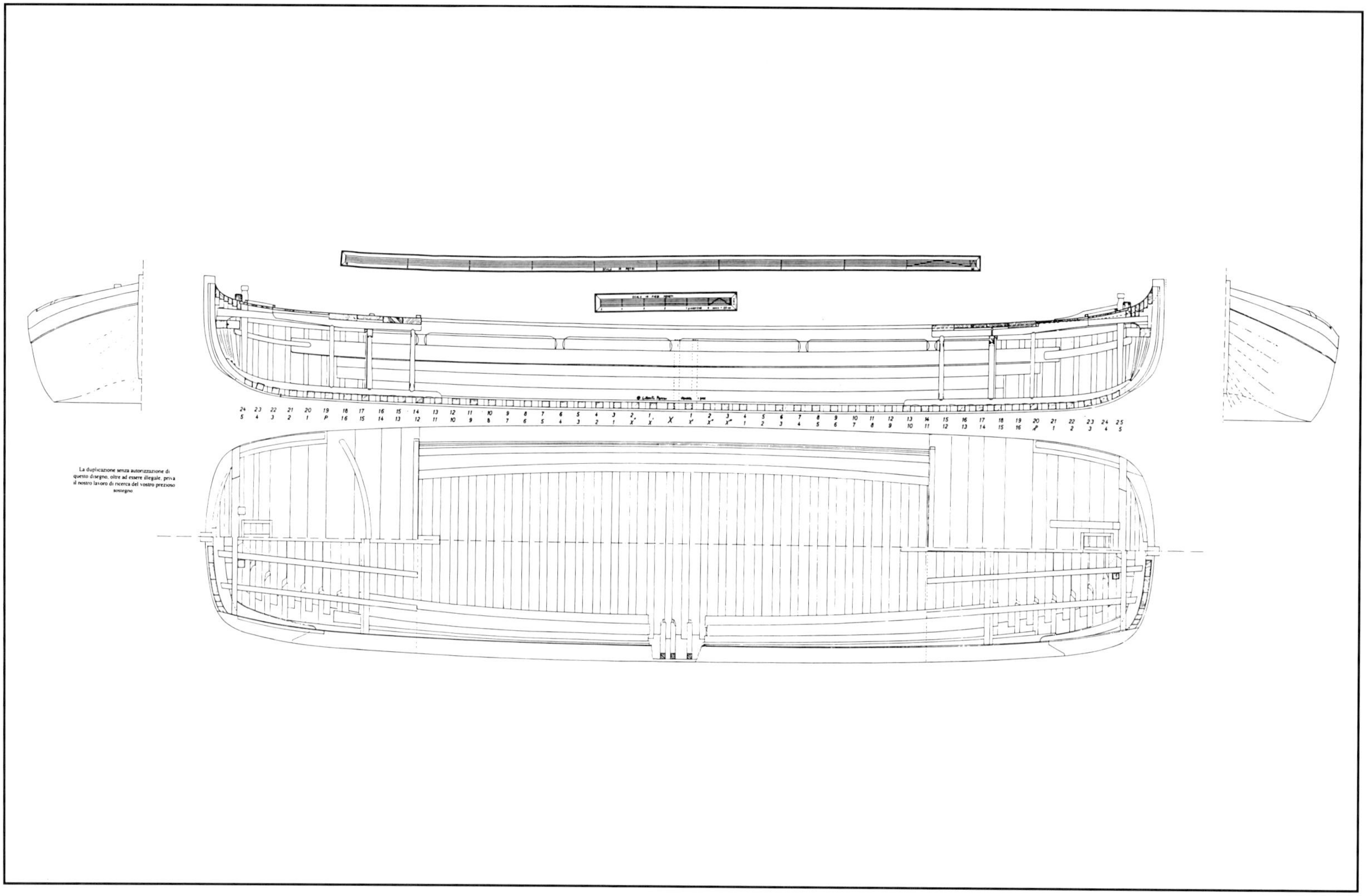

Cat. N.: **P 287**
Soggetto / *Subject* A. d. D.: **Peata da 370 q. Tav. II Piano dei legni / *Plate II. Structural plan.***
Scritte / *Text:* -
Autore / *Draughtsman*: Gilberto Penzo
Data / *Date:* 1995
Tecnica / *Technique*: china su lucido / *ink on tracing paper*
Dimensioni / *Dimensions*: copia / *copy* c. 1700 x 620
Scala / *Scale*: 1:10, copia / *copy* 1:15
Archivio / *Archive*: dell'autore / *editor's collection*

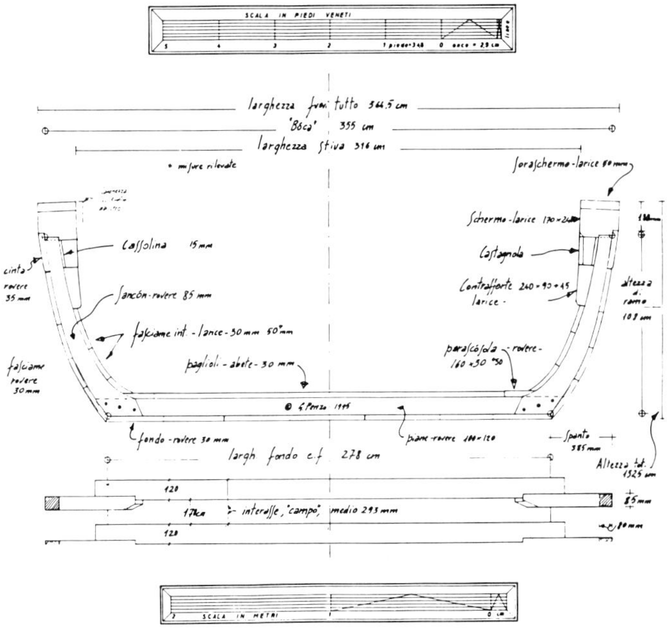

Sezione maestra di una peata di 370 quintali.

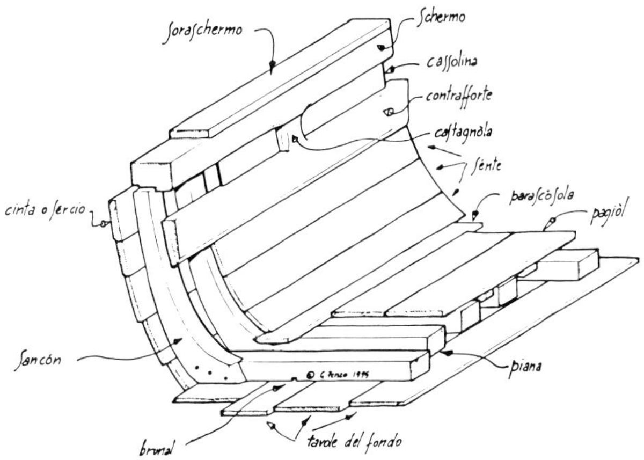

Assonometria della stessa sezione. Notare la particolare soluzione del capo di banda con lo *schèrmo* sul quale sono incastrati i *sancóni* ed il *sércio*.

Cat. N.: **P 288**
Soggetto / *Subject* A. d. D.: **Peata da 370 q. Tav. III Sezione maestra e spaccato / *Plate III Midship section and cutaway***
Scritte / *Text:* quote e ind. tecniche / *dimensions and technical indications*
Autore / *Draughtsman*: Gilberto Penzo
Data / *Date:* 1995
Tecnica / *Technique*: china su lucido / *ink on tracing paper*
Dimensioni / *Dimensions*: copia c. 1220 x 540
Scala / *Scale*: 1:10
Archivio / *Archive*: dell'autore / *editor's collection*

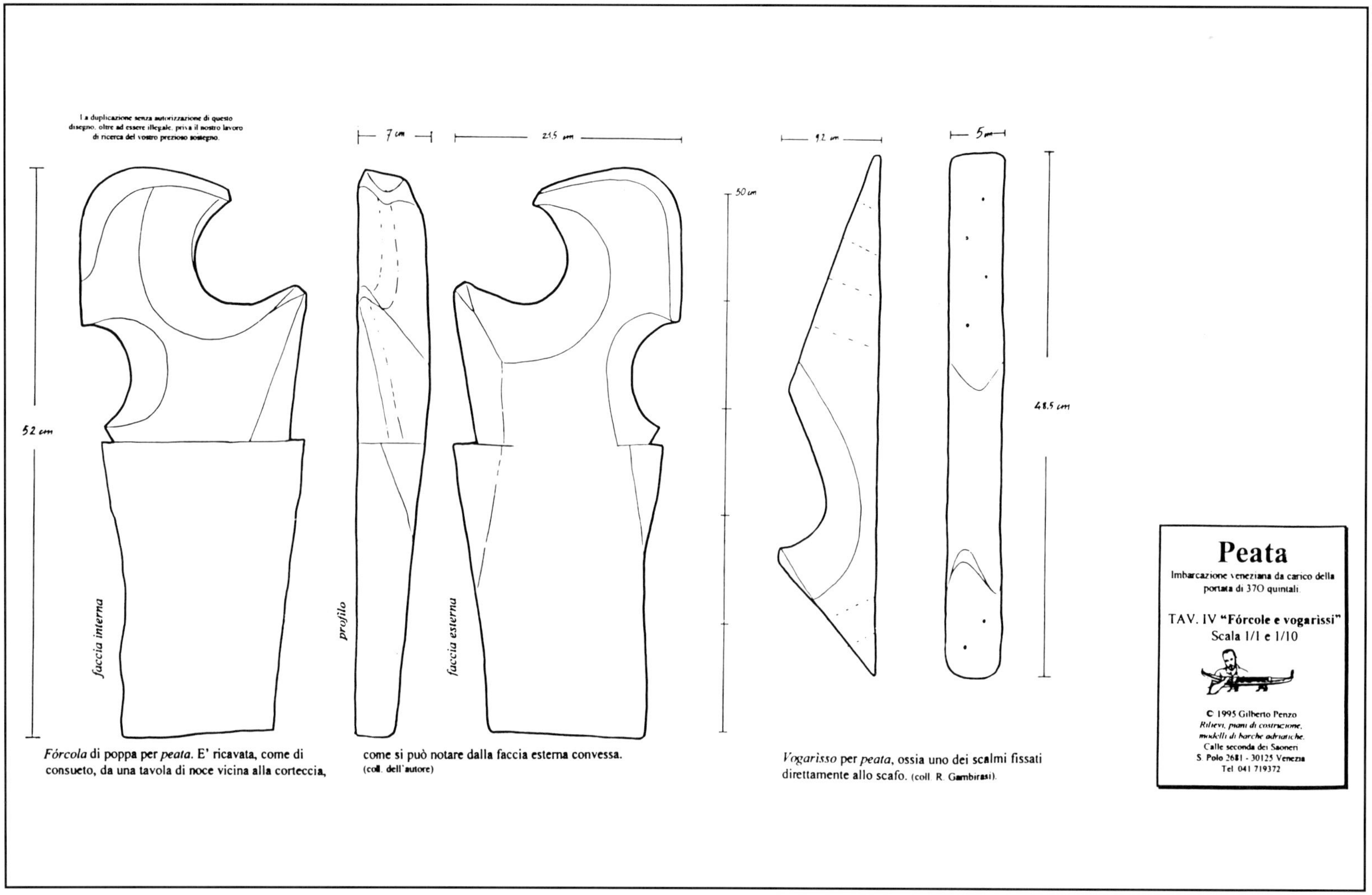

Cat. N.: **P 289**
Soggetto / *Subject* A. d. D.: **Peata da 370 q. Tav. IV Fórcole e vogarìssi / *Oarlocks***
Scritte / *Text:* quote e ind. tecniche / *dimensions and technical indications*
Autore / *Draughtsman*: Gilberto Penzo
Data / *Date:* 1995
Tecnica / *Technique*: china su lucido / *ink on tracing paper*
Dimensioni / *Dimensions*: c. 1360 x 700
Scala / *Scale*: 1:1, 1:10
Archivio / *Archive*: dell'autore / *editor's collection*

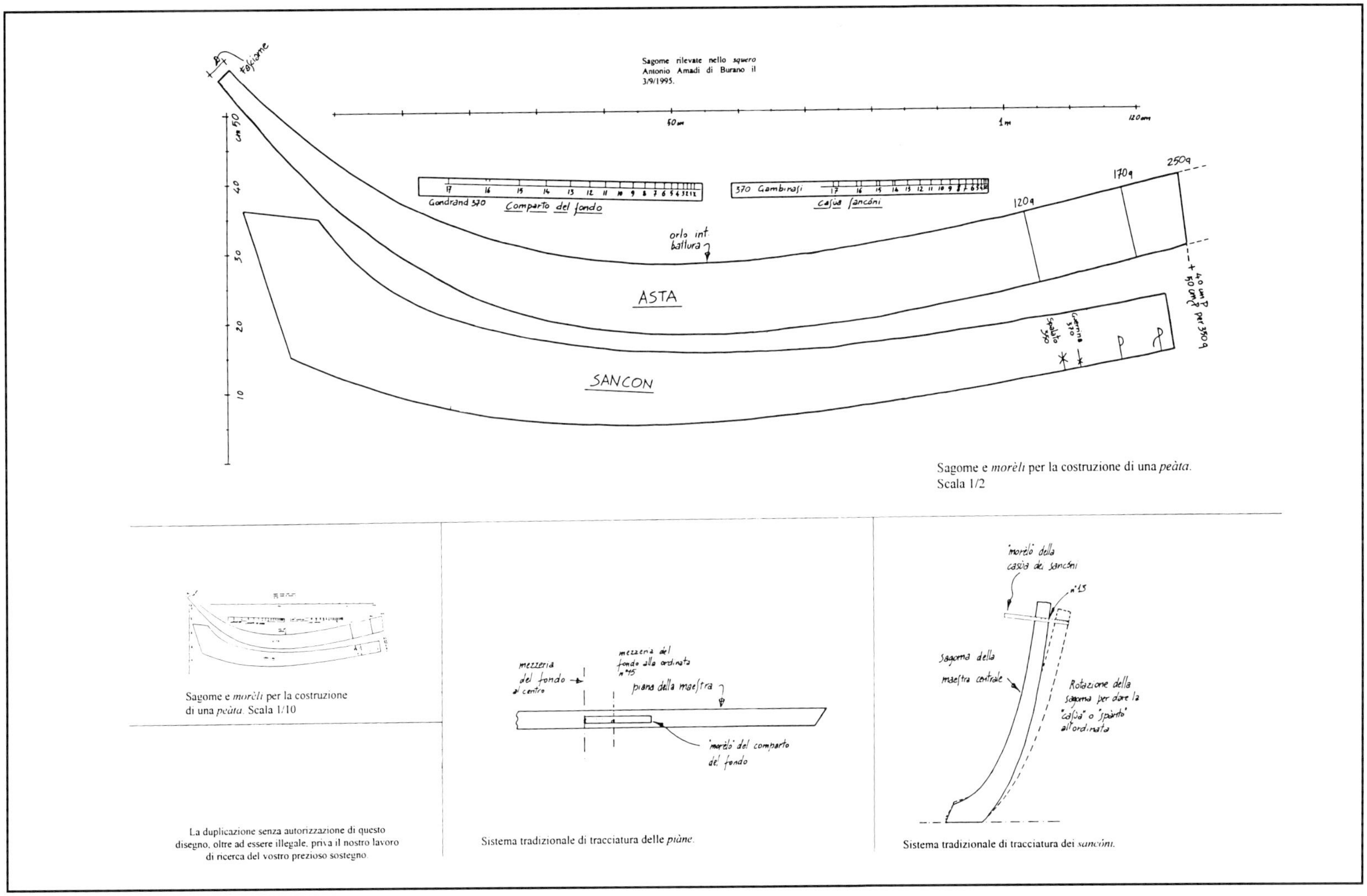

Sagome e *morèli* per la costruzione di una *peàta*. Scala 1/2

Sagome e *morèli* per la costruzione di una *peàta*. Scala 1/10

Sistema tradizionale di tracciatura delle *piàne*.

Sistema tradizionale di tracciatura dei *sancòni*.

Cat. N.: **P 290**
Soggetto / *Subject* A. d. D.: **Peata da 370 q. Tav. V Sagome e metodo di tracciatura / *Plate V Templates and lofting method***
Scritte / *Text:* quote e ind. tecniche / *dimensions and technical indications*
Autore / *Draughtsman*: Gilberto Penzo
Data / *Date:* 1995
Tecnica / *Technique*: penna su carta / *ink on paper*
Dimensioni / *Dimensions*: c. 1500 x 700
Scala / *Scale*: 1:2, 1:10
Archivio / *Archive*: dell'autore / *editor's collection*

Cat. N.: **P 407 (non raff. / *not shown*).**
Soggetto / *Subject* A. d. D.: **Peata da 370 q. Tav. IV Parti mobili / *Plate IV movable parts***
Scritte / *Text:* quote e ind. tecniche / *dimensions and technical indications*
Autore / *Draughtsman*: Gilberto Penzo
Data / *Date:* 1996
Tecnica / *Technique*: china su lucido / *ink on tracing paper*
Dimensioni / *Dimensions*: c. 1210 x 650
Scala / *Scale*: 1:5, 1:10
Archivio / *Archive*: dell'autore / *editor's collection*

PUPARIN

Imbarcazione della famiglia dei *sàndoli*, nata come *barca de casàda* è attualmente utilizzata per diporto e regata. Deve il suo nome alla forma slanciata della poppa dove si voga il poppière sopra una pedana rialzata. E' vogato a uno, due quattro remi in relazione alle dimensioni che variano dai 9 a oltre 10 metri. Da notare che il P. ha lo scafo asimmetrico come la góndola; altra particolarità consiste nell'aver il *sancón* e quindi il fianco curvo. Il profilo sottile e affilato dello scafo e lo slancio audace della prua e della poppa fanno del P. una delle barche più perfette e più raffinate prodotte dall'arte dei carpentieri veneziani.

Boat of the sandoli *family, originally a* barca da casàda *it is now used as a pleasure boat and for regattas. It owes its name to the slender shape of the stern where the* poppiere *(stern oarsman) rows standing on a raised footboard. It is rowed with one, two or four oars depending on its length which varies from 9 to over 10 metres. Note that the* Puparin *has an asymmetrical hull like the gondola. Another particularity is that it has a* sancon *(futtock) and therefore has curved sides. The thin and sharp profile of the boat and the bold thrust of the bow and stern make the* puparin *one of the most perfect and refined products of the art of the Venetian boatbuilders.*

Cat. N.:	**P 293 (non raff. / *not shown*).**
Soggetto / *Subject* A. d. D.:	**Sandolo da regata.**
Scritte / *Text:*	Ricostruito in base ai dati conservati presso il Museo Storico Navale di Venezia.
Autore / *Draughtsman*:	Riccardo Pergolis
Data / *Date:*	s. d.
Tecnica / *Technique*:	china su lucido / *ink on tracing paper*
Dimensioni / *Dimensions*:	93 x 52
Scala / *Scale*:	1:15
Archivio / *Archive*:	dell'autore / *editor's collection*
Note / *Notes*:	Non è la semplice copia ma una rielaborazione e integrazione dell'originale del MSNV. Pubb. in: U. Pizzarello R. Pergolis, *Le barche di Venezia*, L'Altra Riva, Venezia 1981. *This is not a simple copy but a reworking and integration of the MSNV original. Published in U. Pizzarello R. Pergolis,* Le barche di Venezia, *L'Altra Riva, Venezia 1981.*

Cat. N.:	**P 294 (non raff. / *not shown*).**
Soggetto A. d. D.:	**Sandolo veneziano "*Puparin*"**
Scritte / *Text:*	note tecniche / technical notes
Autore / *Draughtsman*:	Gilberto Penzo
Data / *Date:*	1993
Tecnica / *Technique*:	china su poliestere / *ink on polyester*
Dimensioni / *Dimensions*:	riq. / *frame* 972X450
Scala / *Scale*:	1:15
Archivio / *Archive*:	dell'autore / *editor's collection*
Note / Notes:	Dis. tratto dall'orig. del MSNV corretto e integrato. / *Drawing based on corrected and integrated original at the MSNV.*

Cat. N.:	**P 410 (non raff. / *not shown*)**
Soggetto A. d. D.:	***Puparin***
Scritte / *Text:*	quote e indicazioni tecniche / *dimensions and technical indications*
Autore / *Draughtsman*:	Antonio Rosada
Data / *Date:*	10 2001
Tecnica / *Technique*:	china su poliestere / *ink on polyester*
Dimensioni / *Dimensions*:	c. 1400x470
Scala / *Scale*:	1:1 rispetto al modello / *drawing to model* 1: 10 ca. rispetto al reale / *drawing to actual boat*
Archivio / *Archive*:	del redattore / *editor's collection*

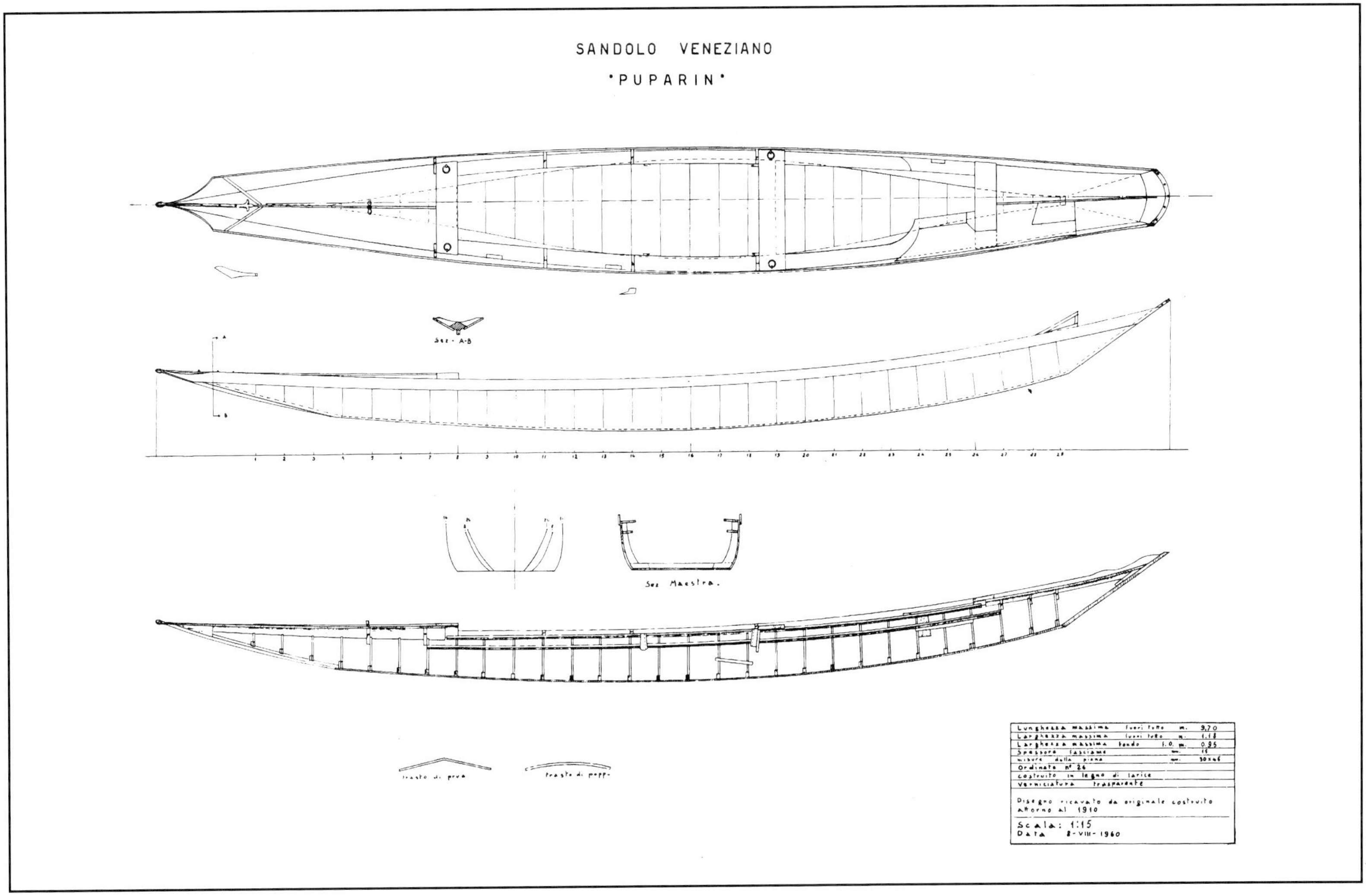

Cat. N.:	**P 292**
Soggetto / *Subject* A. d. D.:	**Sandolo veneziano "Puparin".**
Scritte / *Text:*	"Disegno ricavato da originale costruito attorno al 1910." Quote e indicazioni tecniche / *Drawing based on original built circa 1919. Dimensions and technical indications*
Autore / *Draughtsman*:	n. i. (Ugo Miori)
Data / *Date:*	8-VIII-1960
Tecnica / *Technique*:	inchiostro su carta da lucido / *ink on tracing paper*
Dimensioni / *Dimensions*:	riq. / *frame* 731x543
Scala / *Scale*:	1.15
Archivio / *Archive*:	MSNV, inv. n° 4069
Note / *Notes*:	Sulla custodia: Rilevato dal modellista Miori dall'originale di proprietà dell'Ufficio del Turismo del Comune di Venezia nell'aprile 1963. *On cover: Measured and drawn by the modelmaker Miori from the original belonging to the Tourist Office of the Venice Town Council in April 1963*

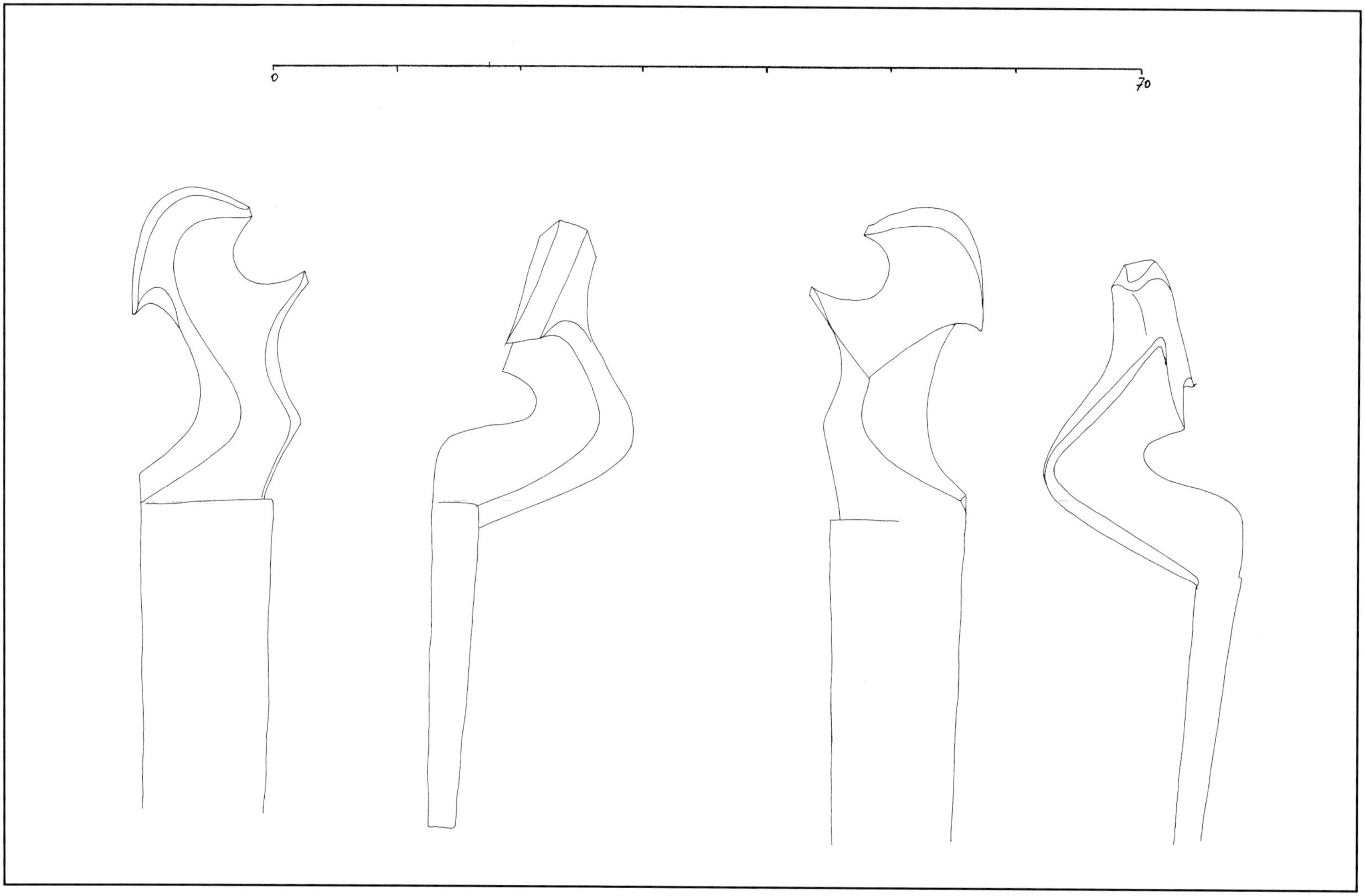

Cat. N.: **P 3.**
Soggetto / *Subject* A. d. D.: **Forcola prodiera di *puparin.* / *Bow forcola of a* puparin.**
Scritte / *Text:* -
Autore / *Draughtsman*: n. i.
Data / *Date:* 3 - 1963
Tecnica / *Technique*: matita su carta / *pencil on paper*
Dimensioni / *Dimensions*: 1000 x 740 (riq. copia / *copy frame* 1003x690)
Scala / *Scale*: 1:1
Archivio / *Archive*: MSNV inv. n° ?
Note / *Notes*: Copia su lucido di Gilberto Penzo dall'originale del MSNV.
Copy on tracing paper by Gilberto Penzo of the original at the MSNV.

SANDOLO

Il *sandolo* è una delle più diffuse imbarcazioni lagunari, di misura variabile tra i 5 e i 9 metri, ha il *sancón* diritto, l'asta di prua rettilinea inclinata in avanti, poppa a specchio. Ha tantissime varianti per adattarlo ai più svariati usi, dalla pesca *sàndolo a la ciosòta, sàndolo buranèlo, sàndolo sampieròto*; al diporto e regata *mascaréta* e *pupparìn,* alla caccia *sàndolo da s'ciòpo* o *s'ciopón,* al trasporto di persone *sàndolo da barcariòl.*

The sandolo *is one of the most widely-used lagoon boats, measuring between 5 and 9 metres, it has a straight* sancon *(futtock), a straight bow stem inclined forwards, and a straight stern. There are many variations to adapt it to various uses, from fishing –* sàndolo a la ciosòta, sàndolo buranèlo, sàndolo sampieròto*; for regattas and as a pleasure boat –* mascaréta e pupparìn, *hunting –* sàndolo da s'ciòpo o s'ciopón*, and for transporting people –* sàndolo da barcariòl.

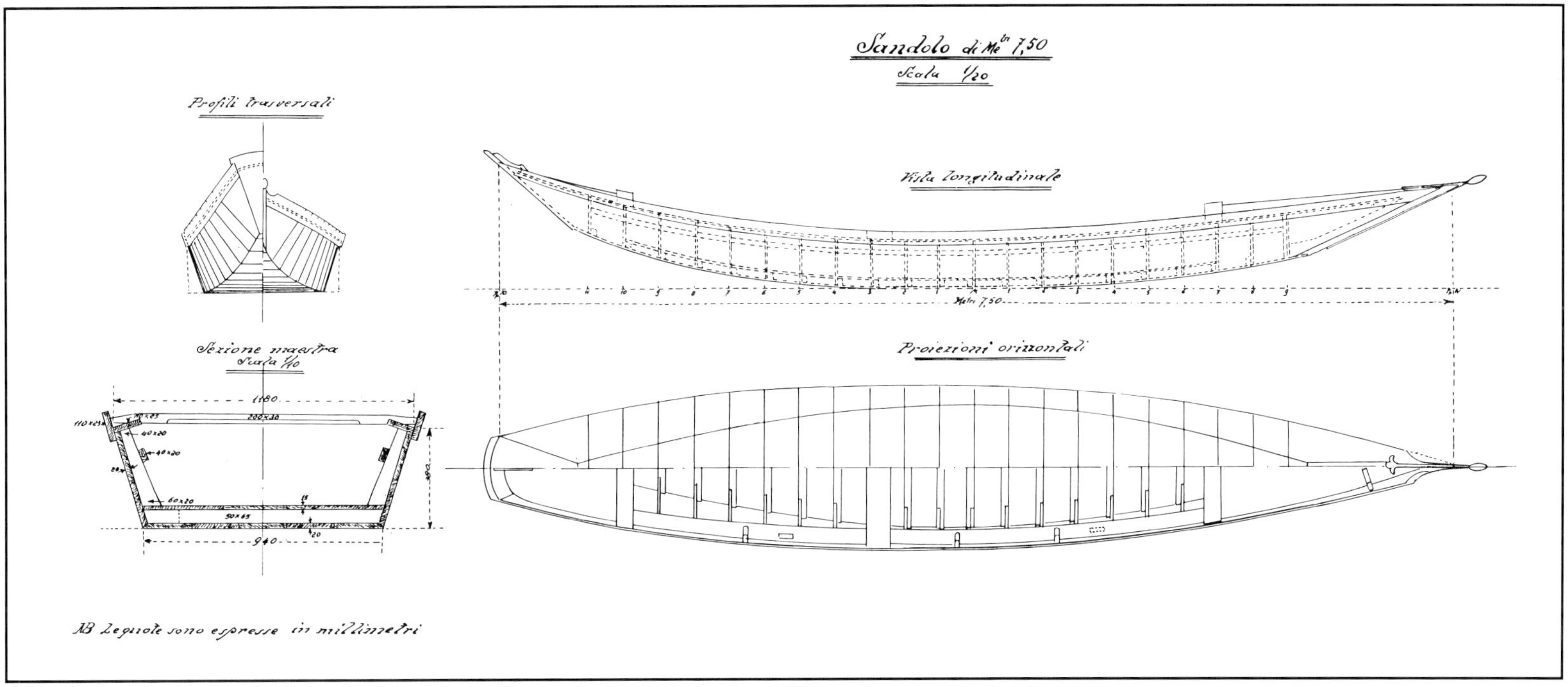

Cat. N.: **P 387**
Soggetto / *Subject* A. d. D.: **Sandolo di Metri 7,50.**
Scritte / *Text:* quote / *dimensions*
Autore / *Draughtsman*: n. i.
Data / *Date:* s. d.
Tecnica / *Technique*: china su lucido / *ink on tracing paper*
Dimensioni / *Dimensions*: riq. / *frame* 630 x 310
Scala / *Scale*: 1:10, 1:20
Archivio / *Archive*: MSNV
Note / *Notes*: Nella sezione la nerva è sovrapposta e non inserita fra i serci come d'uso.
In the section the waterway placed over and not inserted between the wales as is normal.

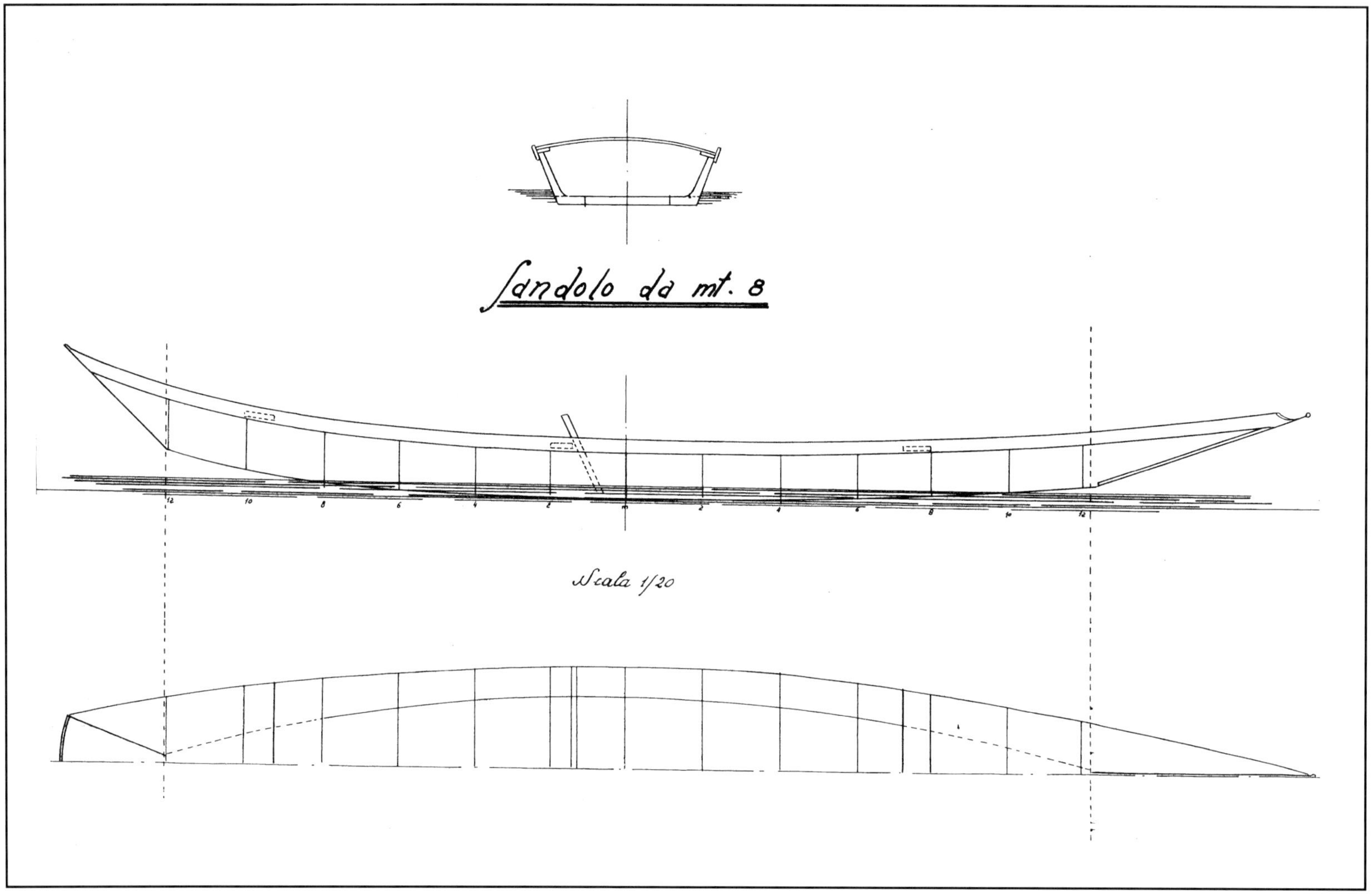

Cat. N.: **P 27.**
Soggetto / *Subject* A. d. D.: **Sandolo da mt. 8**
Scritte / *Text:* -
Autore / *Draughtsman*: n. i.
Data / *Date:* s. d.
Tecnica / *Technique*: china su carta da lucido / *ink on tracing paper*
Dimensioni / *Dimensions*: c. 560x284, riq. / *frame* 530x275
Scala / *Scale*: scala / *scale* 1:20
Archivio / *Archive*: MSNV. inv. n° 3606/2
Note dell'Archivio: sulla custodia "Costruito nel sec. XX"
Archive notes: *on the cover "Built in the XX century"*
Note / *Notes*: Nella sezione la falca è appoggiata sopra i sancóni e non, come dovrebbe, sopra il fasciame.
In the section the gunwale is shown resting on the futtocks and not, as it should be, on the planking.

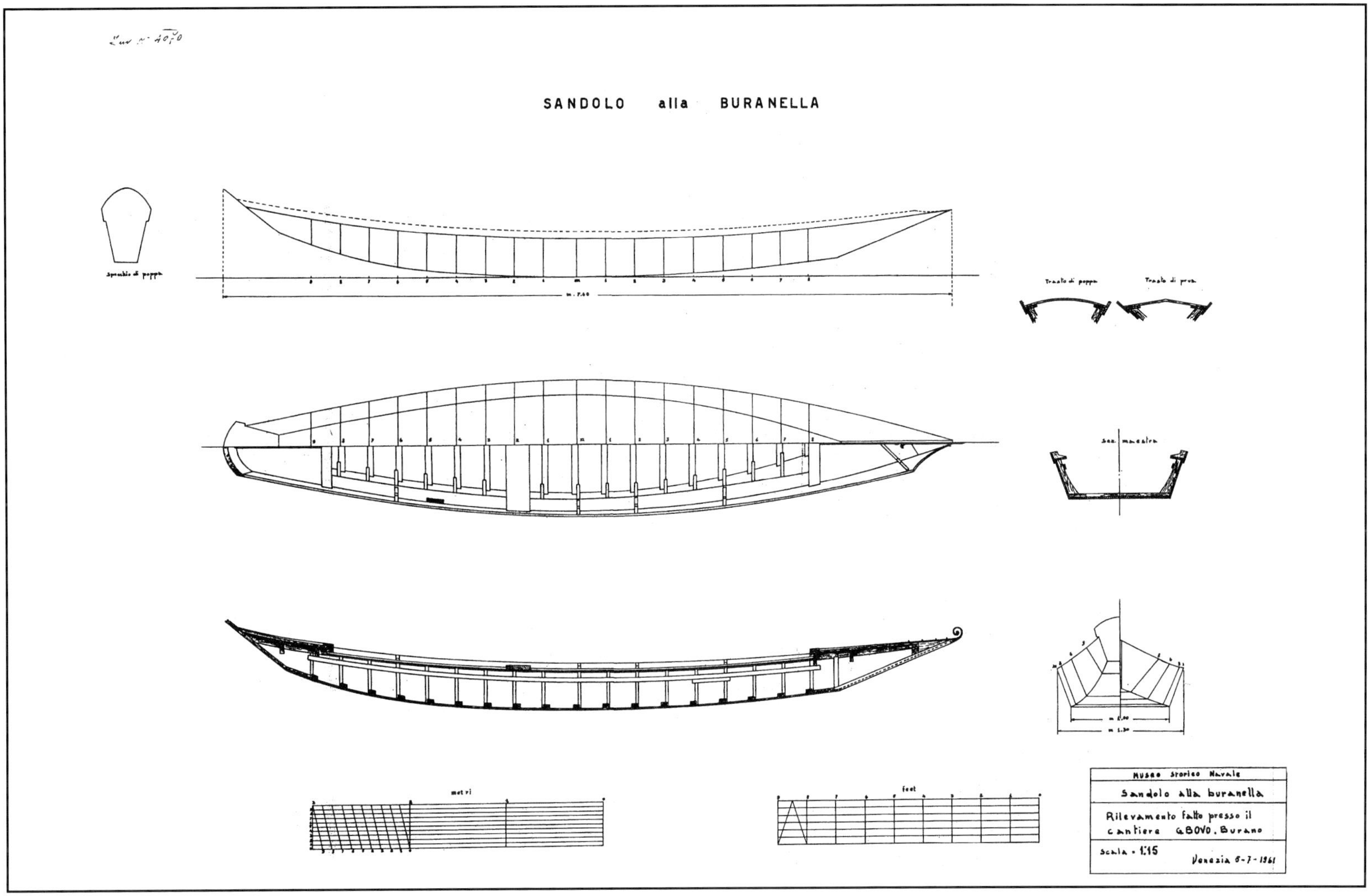

Cat. N.: **P 386.**
Soggetto / *Subject* A. d. D.: **Sandolo alla Buranella.**
Scritte / *Text:* "Rilevamento fatto presso il cantiere G. Bovo. Burano." Quote e ind. tecniche / "Draught made at the G. Bovo boatyard, Burano." *Dimensions* and tech. indications
Autore / *Draughtsman*: n. i., [U. Miori?]
Data / *Date:* 5-7-1961
Tecnica / *Technique*: china su lucido / *ink on tracing paper*
Dimensioni / *Dimensions*: riq. / *frame* 857x580
Scala / *Scale*: 1:15
Archivio / *Archive*: MSNV inv. 4070.

Cat. N.: **P 297 (non raff. / *not shown*)**
Soggetto / *Subject* A. d. D.: **Sandolo Buranelo.**
Scritte / *Text:* "Disegnato in base ai dati conservati presso il Museo Storico Navale di Venezia." / *"Drawing based on data kept at the MSNV."*
Autore / *Draughtsman*: Riccardo Pergolis
Data / *Date:* 1980
Tecnica / *Technique*: china su lucido / *ink on tracing paper*
Dimensioni / *Dimensions*: c. 900x450
Scala / *Scale*: 1:15
Archivio / *Archive*: del redattore / *editor's collection*
Note / *Notes*: tratto dal disegno / *based on* n° P 386

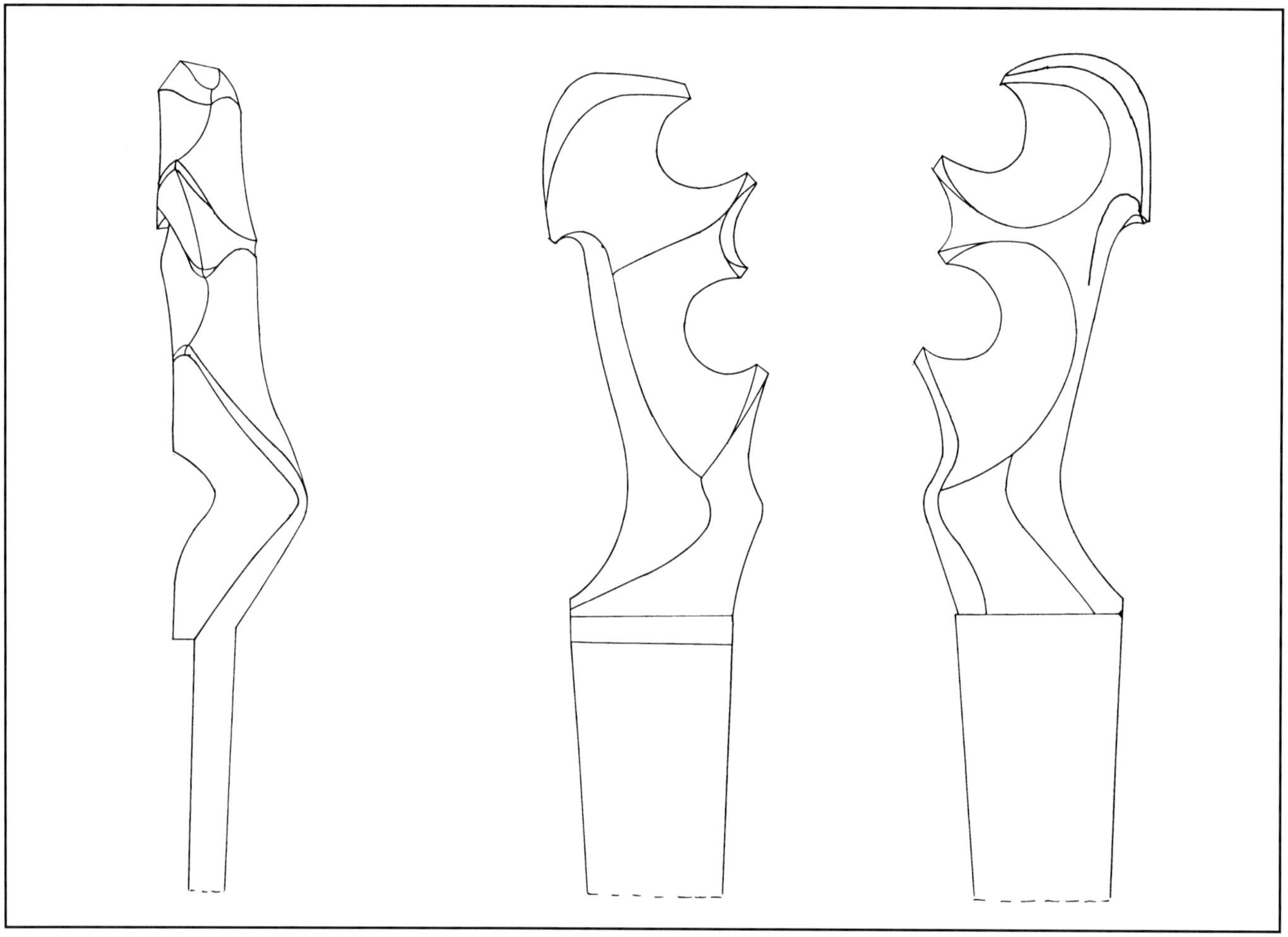

Cat. N.: **P 4.**
Soggetto / *Subject* A. d. R.: **Forcola di poppa per sandolo / *Stern oarlock for sandalo***
Scritte / *Text:* -
Autore / *Draughtsman*: n. i.
Data / *Date:* s.d.
Tecnica / *Technique*: Inchiostro su carta da lucido / *ink on tracing paper*
Dimensioni / *Dimensions*: 470x330
Scala / *Scale*: 1:2 ?
Archivio / *Archive*: MSNV inv. n° ?
Note / *Notes*: Copia su lucido dall'originale del MSNV / *Copy on tracing paper of the original at the MSNV.*

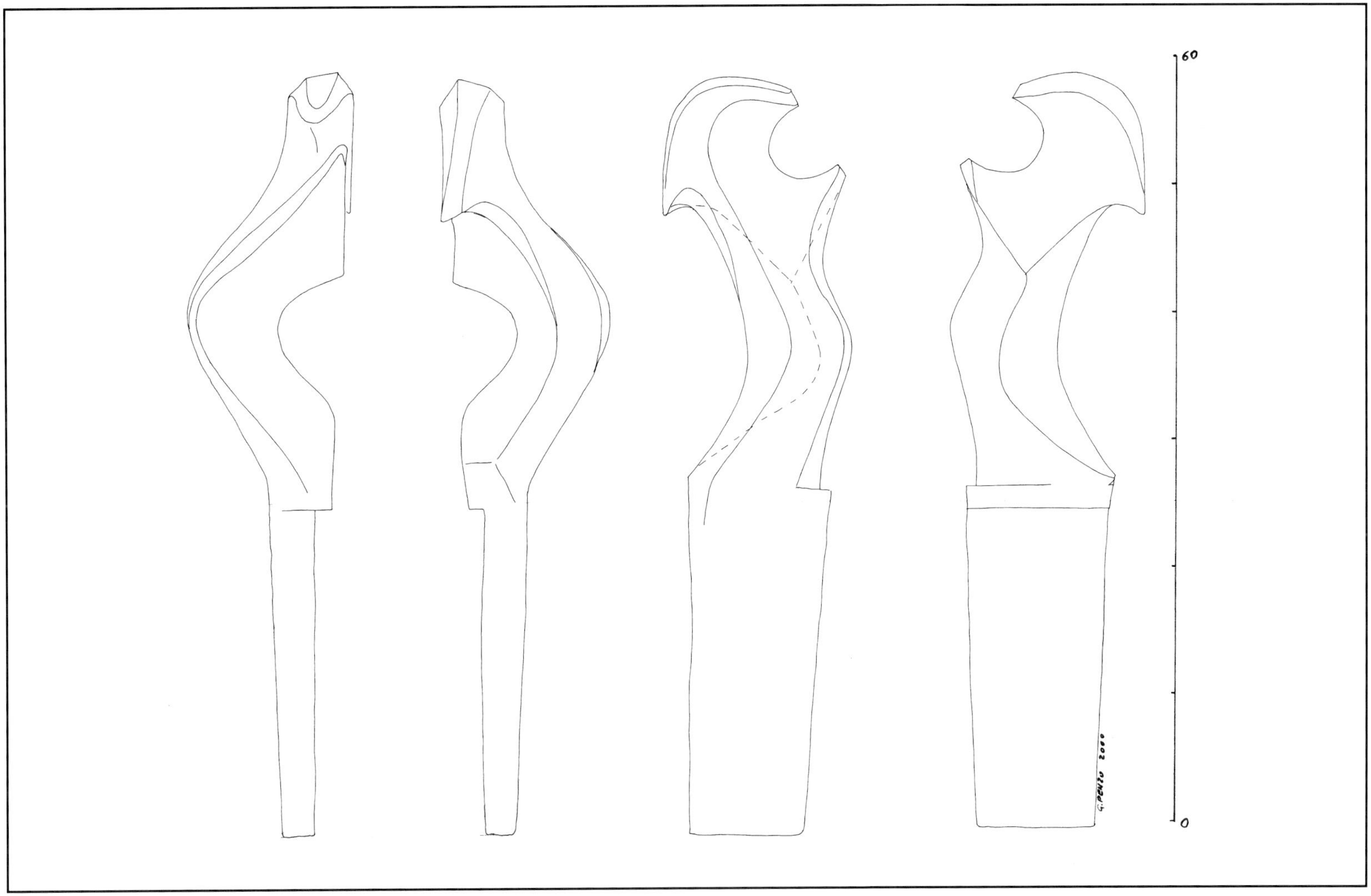

Cat. N.: **P 5.**
Soggetto / *Subject* A. d. A.: **Forcola di prua per sandolo.**
Scritte / *Text:* -
Autore / *Draughtsman*: n. i.
Data / *Date:* 3 - 1963.
Tecnica / *Technique*: Matita nera e blu su carta da pacchi marrone / *Black and blue pencil on brown packing paper*
Dimensioni / *Dimensions*: 1500 x 430 (copia / *copy* 1094x700)
Scala / *Scale*: 1:1
Archivio / *Archive*: MSNV inv. ?
Note / *Notes*: L'originale ha le quattro viste su entrambi i lati del foglio.
The original has the four views on both sides of the sheet.

SANPIEROTA

La *sanpierota* è una variante del sàndolo usato per la pesca sull'isola di S. Pietro in Volta da cui prende il nome. Di lunghezza attorno ai 6-7 metri, panciuta con specchio di poppa poco inclinato e asta di prua con il caratteristico naso in cima, *sorafàlca* tutto intorno. E' molto diffusa per il diporto grazie alla sua versatilità, potendo andare egregiamente a vela, a motore ed a remi.

The sanpieròta *is a variation of the* sandolo *used for fishing off the island of San Pietro in Volta from which it takes its name. About 6 to 7 metres long, rounded with a slightly inclined straight stern and bow stem with the characteristic* naso *(nose) at the top, with a double overlapping gunwale all around. It is widely used as a pleasure boat due to its versatility: it is perfect for use with sails, motor and oars.*

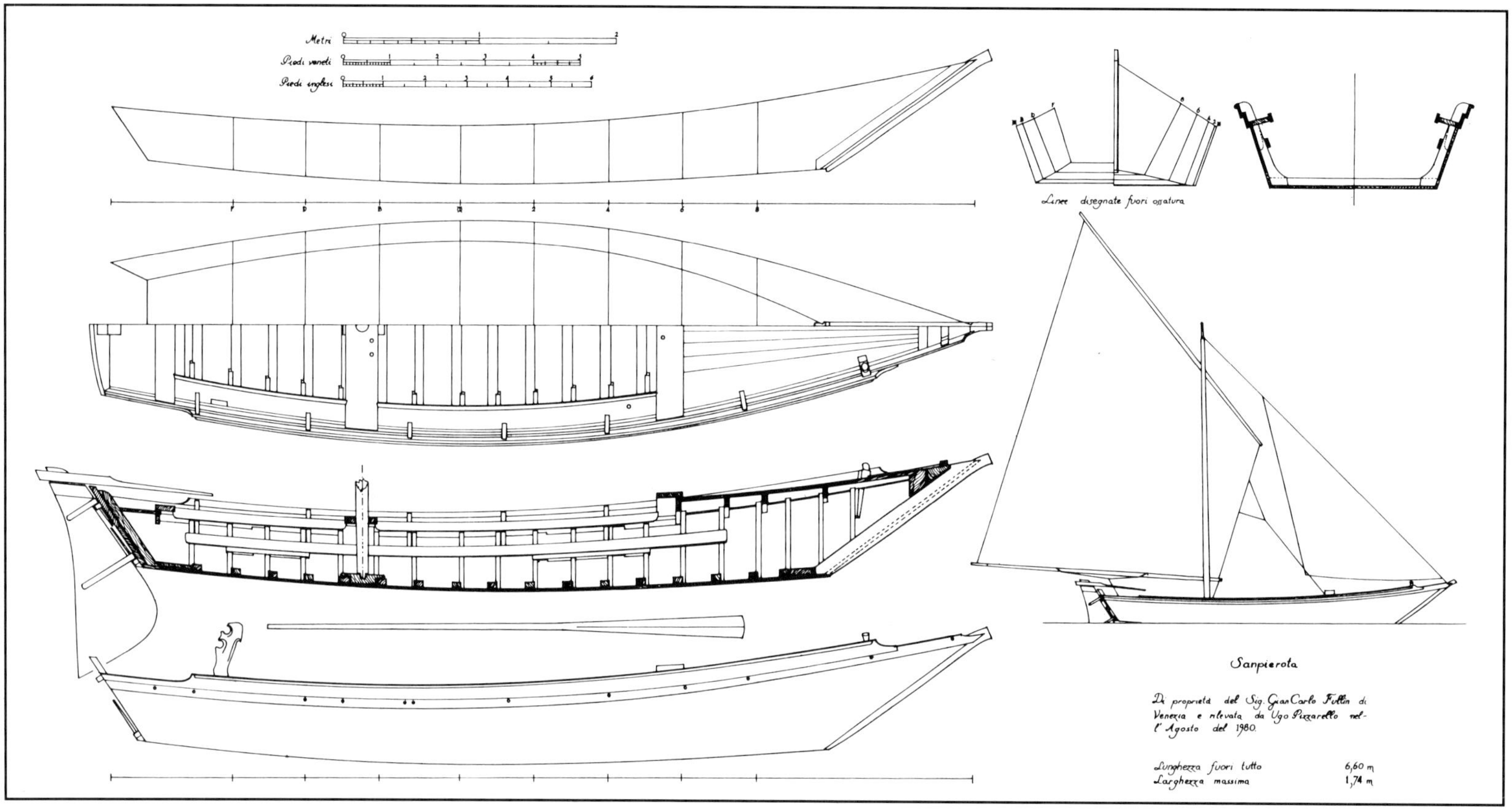

Cat. N.:	**P 298**
Soggetto / *Subject* A. d. D.:	**Sanpierota. Barca da pesca e da diporto a remi e vela. / *Fishing and pleasure boat used with oars and sail.***
Scritte / *Text:*	"Di proprietà del sig. Gian Carlo Fullin di Venezia." / *"Property of Mr Gian Carlo Fullin, Venice."*
Autore / *Draughtsman*:	Ugo Pizzarello
Data / *Date:*	agosto 1980
Tecnica / *Technique*:	china su lucido / *ink on tracing paper*
Dimensioni / *Dimensions*:	c. 820 x 470
Scala / *Scale*:	1:15
Archivio / *Archive*:	del redattore / *editor's collection*

Sanpieròta cantiere Schiavon

Questa serie di tavole è stata rilevata dal vero nello squero Schiavon di Portosecco, Venezia prima della sua imminente chiusura.

This series of drawings was based on measurements of a boat in the Schiavon boatyard in Portosecco, Venice shortly before it closed.

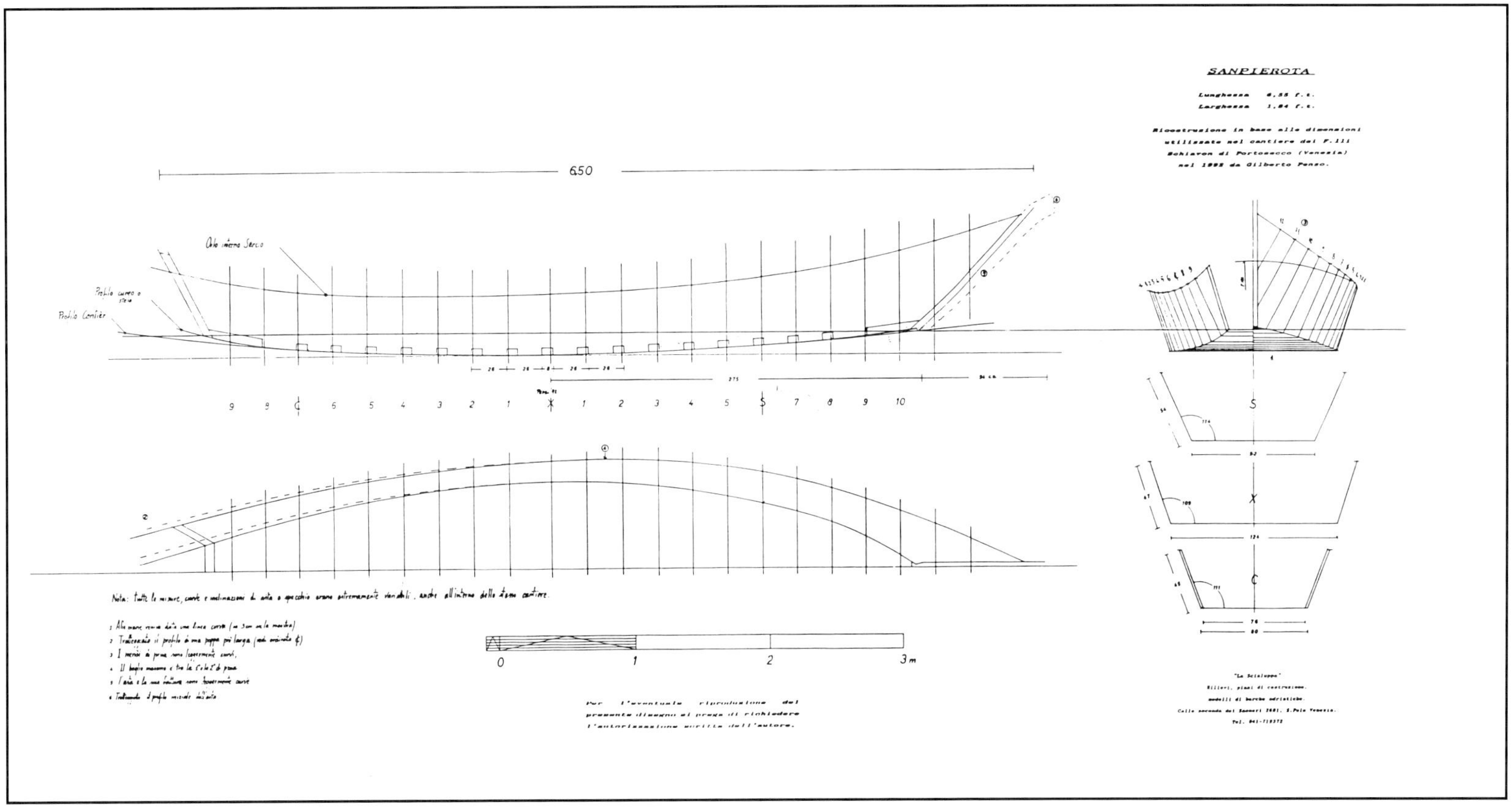

Cat. N.: **P 299**
Soggetto / _Subject_ A. d. R.: **Sanpierota. Tav. I Piano di costruzione. / _Plate I. Construction plans_**
Scritte / *Text:* indicazioni tecniche / *technical indications*
Autore / *Draughtsman*: Gilberto Penzo
Data / *Date:* 1992
Tecnica / *Technique*: china su lucido / *ink on tracing paper*
Dimensioni / *Dimensions*: c. 112 0x 580
Scala / *Scale*: 1:10
Archivio / *Archive*: dell'autore / *editor's collection*

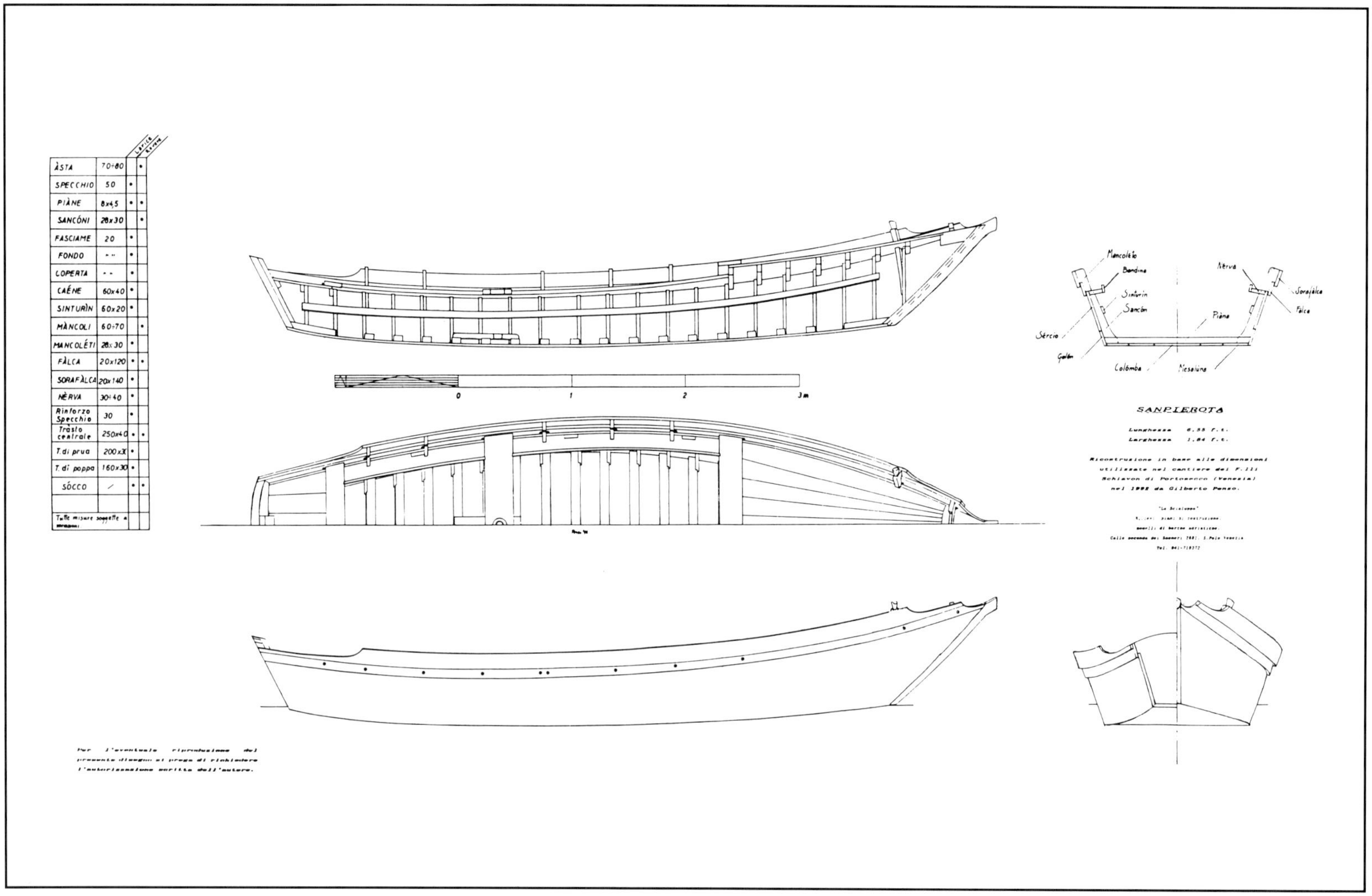

Cat. N.: **P 300**

Soggetto / *Subject* A. d. R.: **Sanpierota. tav. II Piano dei legni / *Plate II. Structural Plan.***

Scritte / *Text:* Lista dei materiali e nomenclatura / *List of materials and nomenclature*

Autore / *Draughtsman*: Gilberto Penzo

Data / *Date:* 1992

Tecnica / *Technique*: china su lucido / *ink on tracing paper*

Dimensioni / *Dimensions*: c. 1210 x 650

Scala / *Scale*: 1:10

Archivio / *Archive*: dell'autore / *editor's collection*

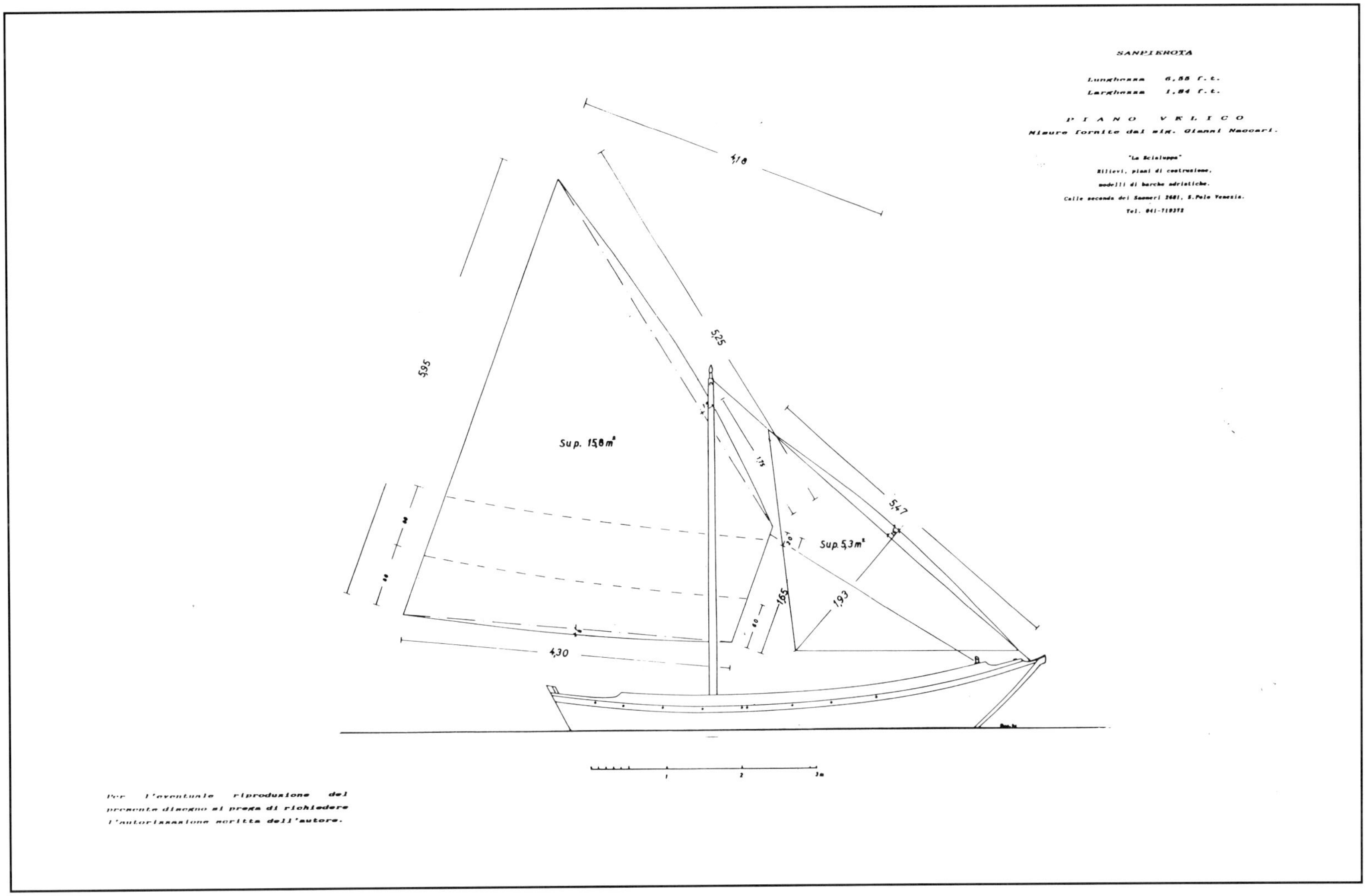

Cat. N.:	**P 301 ex fig. 69**
Soggetto / *Subject* A. d. R.:	**Sanpierota. Tav. III Piano velico / *Plate III. Sail Plan***
Scritte / *Text:*	quote / *dimensions*
Autore / *Draughtsman*:	Gilberto Penzo
Data / *Date:*	1992
Tecnica / *Technique*:	china su lucido / *ink on tracing paper*
Dimensioni / *Dimensions*:	c. 860 x 580
Scala / *Scale*:	1:20
Archivio / *Archive*:	dell'autore / *editor's collection*

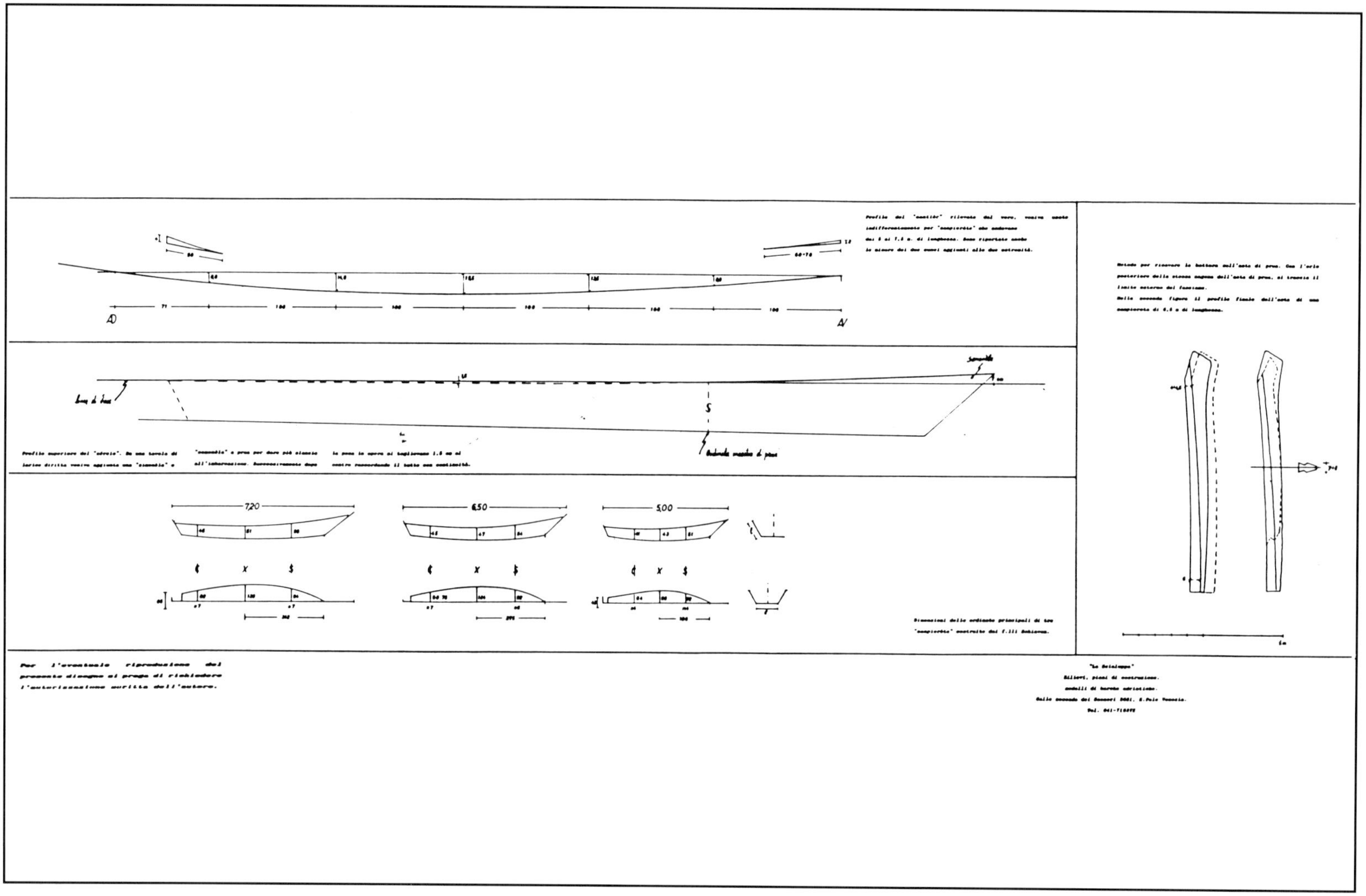

Cat. N.: **P 302**

Soggetto / *Subject* A. d. R.: **Sanpierota. Tav. IV Sviluppo del fianco, profilo cantier, metodo di tracciatura battura. / *Plate IV. Development of the sides, profile of the cantier, lofting method.***

Scritte / *Text:* quote e indicazioni tecniche / *dimensions and technical indications*

Autore / *Draughtsman*: Gilberto Penzo

Data / *Date:* 1992

Tecnica / *Technique*: china su lucido / *ink on tracing paper*

Dimensioni / *Dimensions*: c. 1150 x 400

Scala / *Scale*: 1:10

Archivio / *Archive*: dell'autore / *editor's collection*

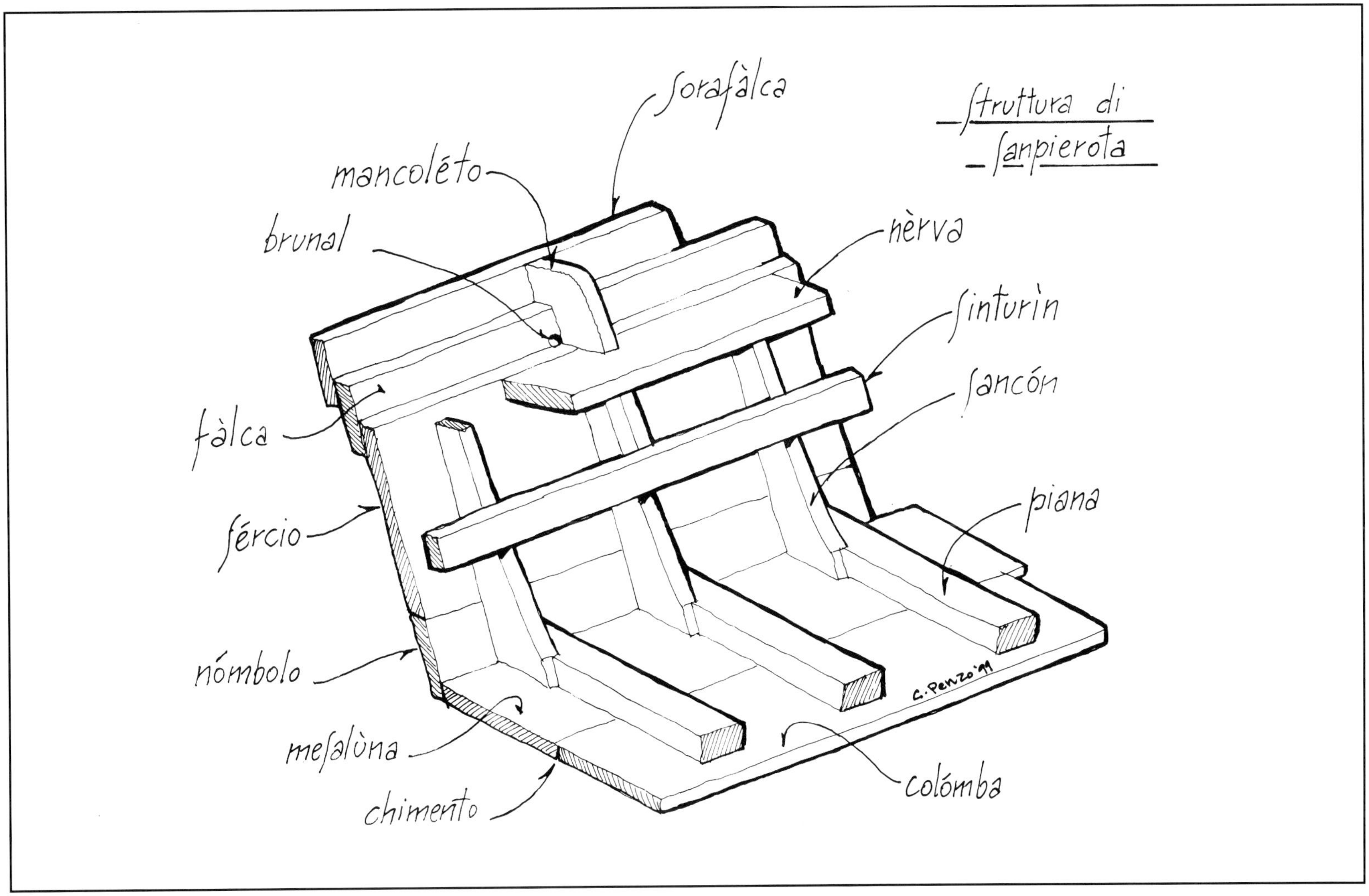

Cat. N.: **P 303**
Soggetto / *Subject* A. d. R.: **Sanpierota. Tav. V Struttura dell'ossatura. / *Plate V. Structure of the frame.***

Scritte / *Text:* nomenclatura / *nomenclature*
Autore / *Draughtsman*: Gilberto Penzo
Data / *Date:* 1992
Tecnica / *Technique*: china su lucido / *ink on tracing paper*
Dimensioni / *Dimensions*: c. 300x210
Scala / *Scale*: assonometria / *isometric drawing*
Archivio / *Archive*: dell'autore / *editor's collection*

Cat. N.: **P 304 (non raff. / *not shown*)**
Soggetto / *Subject* A. d. R.: **Sanpierota. Tav. VI Sagome. / *Plate VI. Templates.***

Scritte / *Text:* nomenclatura / *nomenclature*
Autore / *Draughtsman*: Gilberto Penzo
Data / *Date:* 1992
Tecnica / *Technique*: china su lucido / *ink on tracing paper*
Dimensioni / *Dimensions*: c. 1550 x 500
Scala / *Scale*: 1:1
Archivio / *Archive*: dell'autore / *editor's collection*

S'CIOPON

Piccolo *sàndolo* lungo circa 5 metri e 25, largo 1 metro, e alto sul fianco 30 centimetri, usato dagli abitanti della laguna per la caccia delle anitre detta col *s'ciopón*, un grosso fucile di quasi tre metri di lunghezza appoggiato fra il trasto e la coperta di prua.

Small sàndolo *about 5.25 metres long and 1 metre wide, with sides about 30 cm high, used by the inhabitants of the lagoon for a method of hunting ducks called* col s'ciopon, *using a large gun (almost 3 metres long) supported between the thwart and the bow cover.*

Cat. N.:	**P 306 (non raff. / *not shown*)**
Soggetto / *Subject* A. d. D.:	***Fórcole* di prua per *s'ciopón* / *Bow oarlock for* s'ciopón**
Scritte / *Text:*	-
Autore / *Draughtsman*:	Gilberto Penzo
Data / *Date:*	1997
Tecnica / *Technique*:	Inchiostro su carta / *ink on paper*
Dimensioni / *Dimensions*:	c. 825 x 230
Scala / *Scale*:	1:1
Archivio / *Archive*:	dell'autore / *editor's collection*
Note / *Notes*:	Rilievo dal vero di una *fórcola* costruita da G. Carli ora coll. Paolo Brandolisio. *Measurements and drawing taken from an oarlock made by G. Carli, now property of*

Cat. N.:	**P 307 (non raff. / *not shown*)**
Soggetto A. d. D.:	**Fórcole di poppa per *s'ciopón* / *Stern oarlock for* s'ciopón**
Scritte / *Text:*	-
Autore / *Draughtsman*:	Gilberto Penzo
Data / *Date:*	1997
Tecnica / *Technique*:	inchiostro su carta / *ink on paper*
Dimensioni / *Dimensions*:	c. 760 x 330
Scala / *Scale*:	1:1
Archivio / *Archive*:	dell'autore / *editor's collection*
Note / *Notes*:	Rilievo dal vero di due forcole costruite da G. Carli ora coll. Paolo Brandolisio. *Measurements and drawing taken from two oarlocks made by G. Carli, now property of Paolo Brandolisio.*

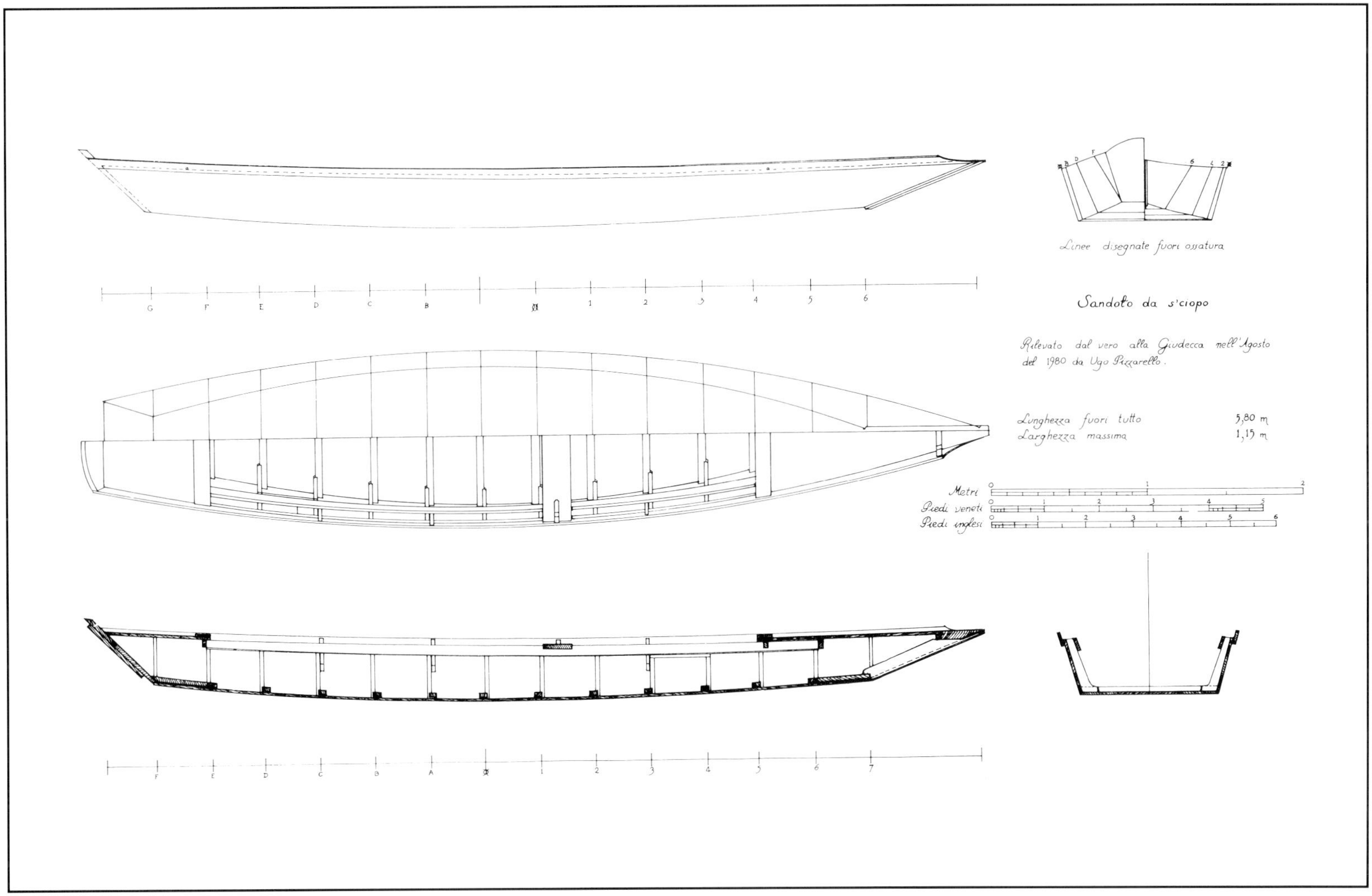

Cat. N.: **P 305**
Soggetto / *Subject* A. d. D.: **Sandolo da s'ciopo.**
Scritte / *Text:* rilevato dal vero alla Giudecca / *drawn from a Sandolo on the Giudecca*
Autore / *Draughtsman*: Ugo Pizzarello
Data / *Date:* agosto 1980
Tecnica / *Technique*: china su lucido / *ink on tracing paper*
Dimensioni / *Dimensions*: c. 63 x 40
Scala / *Scale*: 1:15
Archivio / *Archive*: del redattore / *editor's collection*

Cat. N.:	**P 310 (non raff. / *not shown*)**
Soggetto / *Subject* A. d. D.:	**Timone per imbarcazione lagunare a poppa tonda. / *Rudder for lagoon boats with rounded sterns.***
Scritte / *Text:*	quote e indicazioni tecniche / *dimensions and technical indications*
Autore / *Draughtsman*:	Gilberto Penzo, Antonio Rosada
Data / *Date:*	1997
Tecnica / *Technique*:	penna e matita su carta / *pen and pencil on paper*
Dimensioni / *Dimensions*:	c. 2150x830
Scala / *Scale*:	1:1
Archivio / *Archive*:	dell'autore / *editor's collection*
Note / *Notes:*	Rilievo dal vero di un timone coll. Roberto Costa donato all'Associazione Arzanà. Dipinto di bianco sull'opera morta e verde su quella viva. *Drawn from a rudder belonging to Roberto Costa and donated to the Associazione Arzanà. Painted white on the topside and green on the bottom.*

Cat. N.:	**P 311 (non raff. / not shown)**
Soggetto / *Subject* A. d. D.:	**Timone (per sanpierota?) / *Rudder (for sanpierota?)***
Scritte / *Text:*	quote e indicazioni tecniche / *dimensions and technical indications*
Autore / *Draughtsman*:	Gilberto Penzo, Antonio Rosada
Data / *Date:*	1997
Tecnica / *Technique*:	penna e matita su carta / *pen and pencil on paper*
Dimensioni / *Dimensions*:	c. 1700x850
Scala / *Scale*:	1:1
Archivio / *Archive*:	dell'autore / *editor's collection*
Note / *Notes*:	Rilievo dal vero di un timone coll. Castiglioni. Larice verniciato sull'opera morta e con smalto blu sull'opera viva *Drawn from rudder in Castiglioni collection. Varnished larch on the topside and blu enamel on the bottom.*

Cat. N.:	**P 312 (non raff. / not shown)**
Soggetto / *Subject* A. d. D.:	**Timone (per sanpierota?)**
Scritte / *Text:*	quote e indicazioni tecniche / *dimensions and technical indications*
Autore / *Draughtsman*:	Gilberto Penzo
Data / *Date:*	marzo 2001
Tecnica / *Technique*:	penna e matita su carta / *pencil on paper*
Dimensioni / *Dimensions*:	c. 1900x1000
Scala / *Scale*:	1:1
Archivio / *Archive*:	dell'autore / *editor's collection*
Note / *Notes*:	Rilievo dal vero di un timone coll. Magris. Verniciato interamente di grigio, mancante delle ferramenta. *Drawn from rudder in Magris collection. Painted entirely in grey, metal fittings missing.*

Cat. N.:	**P 313 (non raff. / *not shown*)**
Soggetto / *Subject* A. d. D.:	**Timone per imbarcazione lagunare a poppa tonda / *Rudder for lagoon boat with rounded stern***
Scritte / *Text:*	quote e indicazioni tecniche / *dimensions and technical indications*
Autore / *Draughtsman*:	Gilberto Penzo
Data / *Date:*	marzo 2001
Tecnica / *Technique*:	penna e matita su carta / *pen and pencil on paper*
Dimensioni / *Dimensions*:	c. 2100x1000
Scala / *Scale*:	1:1
Archivio / *Archive*:	dell'autore / *editor's collection*
Note / *Notes*:	Rilievo dal vero di un timone coll. Magris. Dipinto di celeste sulla testa, nero sull'opera morta e rosso mattone su quella viva. Mancante della ferramenta. *Drawn from rudder in Magris collection. Painted entirely in pale blue on the topside and brick red on the bottom. Some metal fittings missing.*

TOPA

La *topa* è la variante del *topo* con la poppa a specchio invece che tonda.

The topa *is a variation of the* topo *with a transom rather than a rounded stern.*

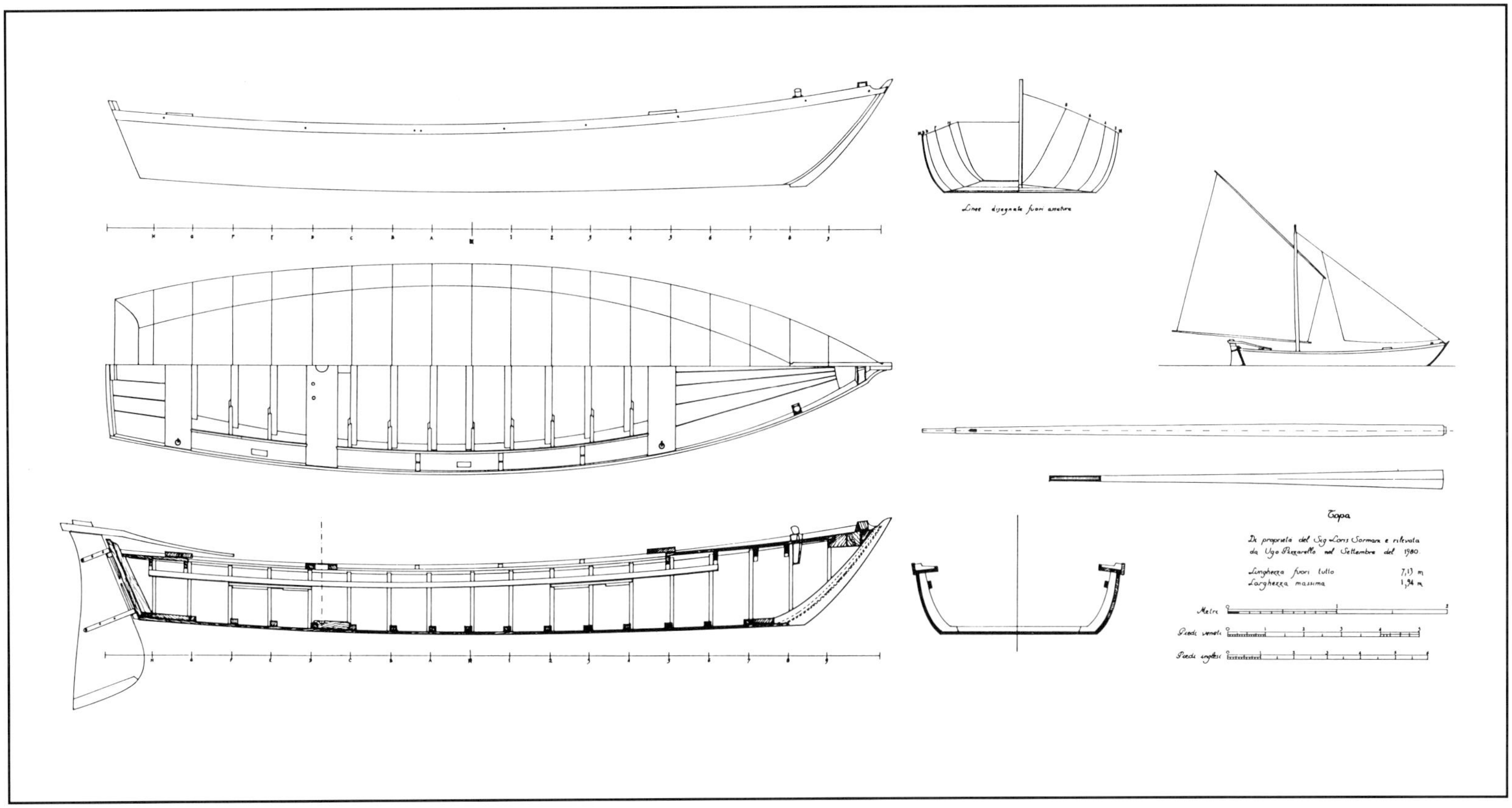

Cat. N.: **P 314**
Soggetto A. d. D.: **Topa**
Scritte / *Text:* Di proprietà del sig. / *property of* Loris Sormani.
Autore / *Draughtsman*: Ugo Pizzarello
Data / *Date:* settembre 1980
Tecnica / *Technique*: china su lucido / *ink on tracing paper*
Dimensioni / *Dimensions*: c. 770x350
Scala / *Scale*: 1:20
Archivio / *Archive*: dell'autore / *editor's collection*

Cat. N.: **P 347 (non raff. / not shown)**
Soggetto / *Subject* A. d. R.: **Topa?**
Scritte / *Text:* quote e indicazioni tecniche / *dimensions and technical indications*
Autore / *Draughtsman*: n. i.
Data / *Date:* s. d.
Tecnica / *Technique*: matita su carta / pencil on paper
Dimensioni / *Dimensions*: c. 650x3700
Scala / *Scale*: 1:10?
Archivio / *Archive*: Cantiere Tramontin ora coll. del redattore / *Tramontin boatyard, now part of editor's collection.*
Note / *Notes*: Carta molto rovinata. / *Paper in very poor condition.*

TOPO

Imbarcazione lagunare e costiera a fondo piatto, lunga tra i sei e i 14 metri. Ha fianco e poppa tonda con asta curva verticale, prua curva distesa in avanti. N'esistono molte varianti pontate o aperte denominate secondo le zone della laguna e degli impieghi anche: *battello a pìsso, mùsso* o *muskéto, topéto, tòpo mistieréto, tòpo venessiàn, batèlo col fìlo*. Era utilizzata per il trasporto e la pesca a remi e vela al terzo. Attualmente, motorizzata (*mototopo*) o con la poppa tagliata a specchio (*tòpa*) è la barca da trasporto lagunare più diffusa.

The topo *is a lagoon and coastal boat between 6 and 14 metres long with flat bottom. It has rounded sides and stern with a curved vertical stem and a forward-reaching curved bow. Many variations exist which are denominated according to the area of the lagoon and the use they are put to:* battello a pìsso, mùsso o musséto, topéto, tòpo mistieréto, tòpo venessiàn, batèlo col fìlo. *It was used for transport and fishing with oars and lugsails. It is now motorized (*mototopo*) or with the stern cut straight (*tòpa*) and is the most widely used lagoon transport boat.*

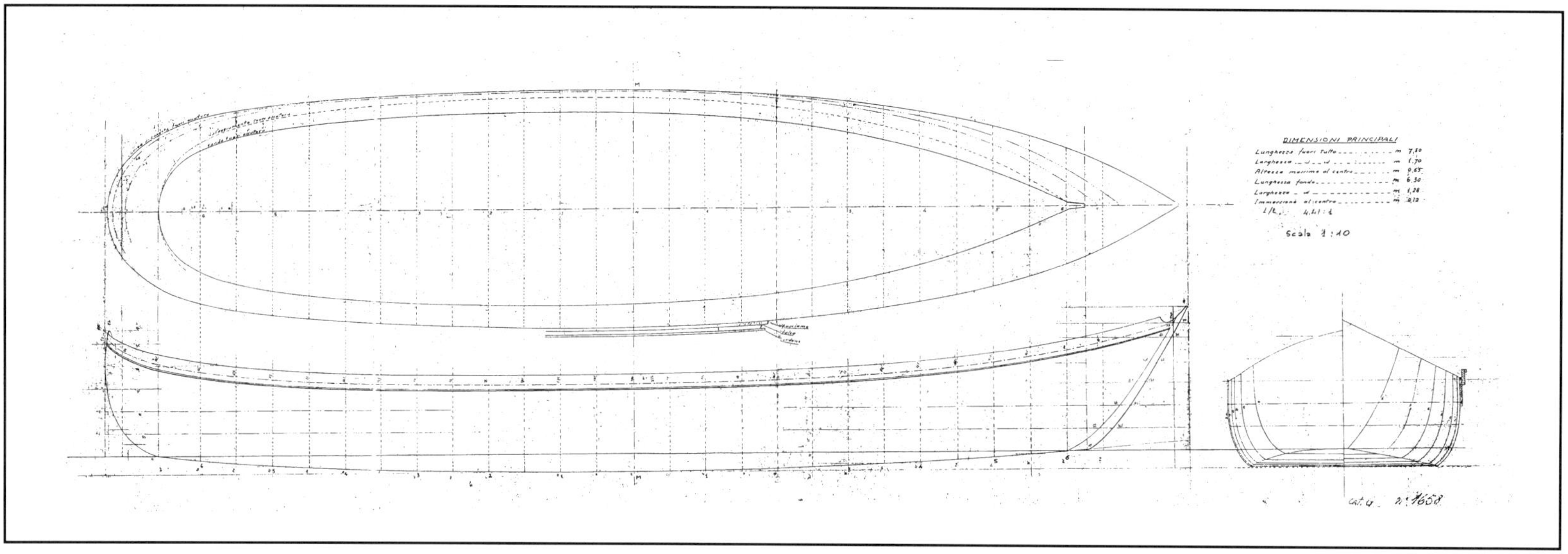

Cat. N.:	**P 88 (non raff. / *not shown*)**
Soggetto / *Subject* A. d. R.:	**Topo da regata.**
Scritte / *Text:*	"Lunghezza fuori tutto: m 7,40. Lunghezza al galleggiamento: m 6,40. Larghezza massima: m 1,60. Superficie velica: m² 28"
Autore / *Draughtsman*:	n .i.
Data / *Date:*	s. d.
Tecnica / *Technique*:	copia cianografica / *cyanotype copy*
Dimensioni / *Dimensions*:	c. 1032x420
Scala / *Scale*:	1:10, 1:50
Archivio / *Archive*:	coll. Corda
Note / *Notes*:	Sulla testa della ribolla è inciso la sigla C.D.V. (Compagnia della Vela) Sul retro, a matita: "Al signor Michele - Costruttore Navale." Le dimensioni e la scala sono ricopiate con inchiostro nero. *The letters C.D.V. (Compagnia della Vela) are engraved on the tiller head. On the back, in pencil: "Al signor Michele - Costruttore Navale." The dimensions and scale have been recopied in black ink.*

Cat. N.:	**P 94**
Soggetto / *Subject* A. d. R:	**Topo**
Scritte / *Text:*	quote e indicazioni tecniche / *dimensions and technical indications* (aggiunto a matita / *added in pencil)* L/l: 4,41/1 Scala 1/10. Cat. G n° 1658
Autore / *Draughtsman*:	n. i.
Data / *Date:*	s. d.
Tecnica / *Technique*:	copia elio / *heliographic copy*
Dimensioni / *Dimensions*:	riq. / *frame* 1015x343
Scala / *Scale*:	1:10
Archivio / *Archive*:	MSNV

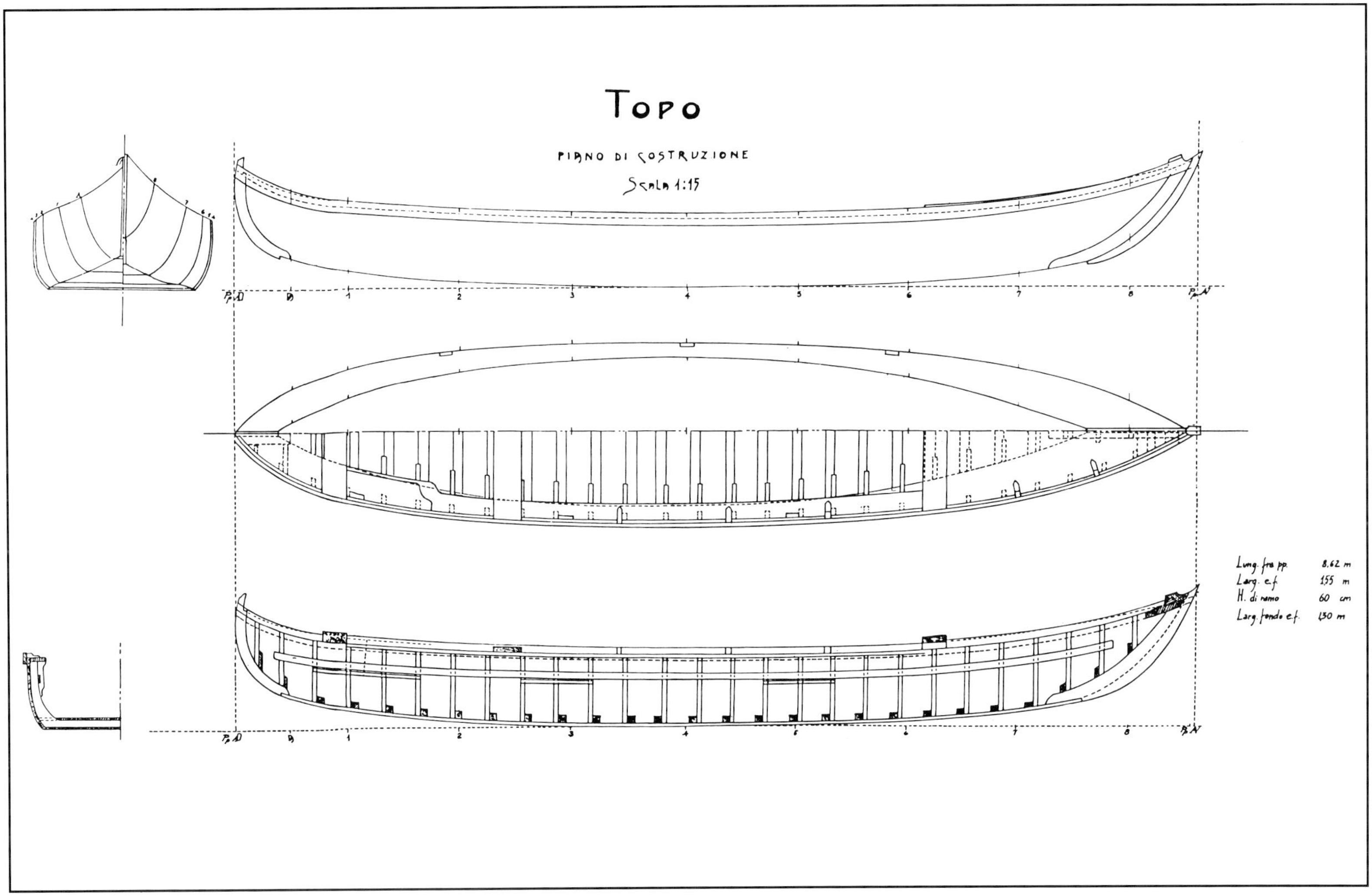

Cat. N.: **P 95**
Soggetto / Subject A.d.D.: **Topo**
Scritte / *Text:* "Piano di costruzione. Scala 1:20" (il 20 ripassato con altra penna) / *"Construction plan. Scale 1:20" (the figure 20 re-written with a different pen)*
Autore / *Draughtsman*: n. i.
Data / *Date:* s. d.
Tecnica / *Technique*: copia elio / *heliographic copy*
Dimensioni / *Dimensions*: or c. 57,5x34,8; copia riq. / *frame* 885x431
Scala / *Scale*: or. 1.20; copia / *copy* 1:15
Archivio / *Archive*: MSNV, inv. 300 D
Note / *Notes*: Corretto, nella nostra copia, l'errata rappresentazione nel piano dei quinti dello spigolo del fondo a prua e aggiunta delle dimensioni principali. / *The erroneous drawing in the body plans of the bow end of the bottom has been corrected and the principal dimensions added in our copy.*

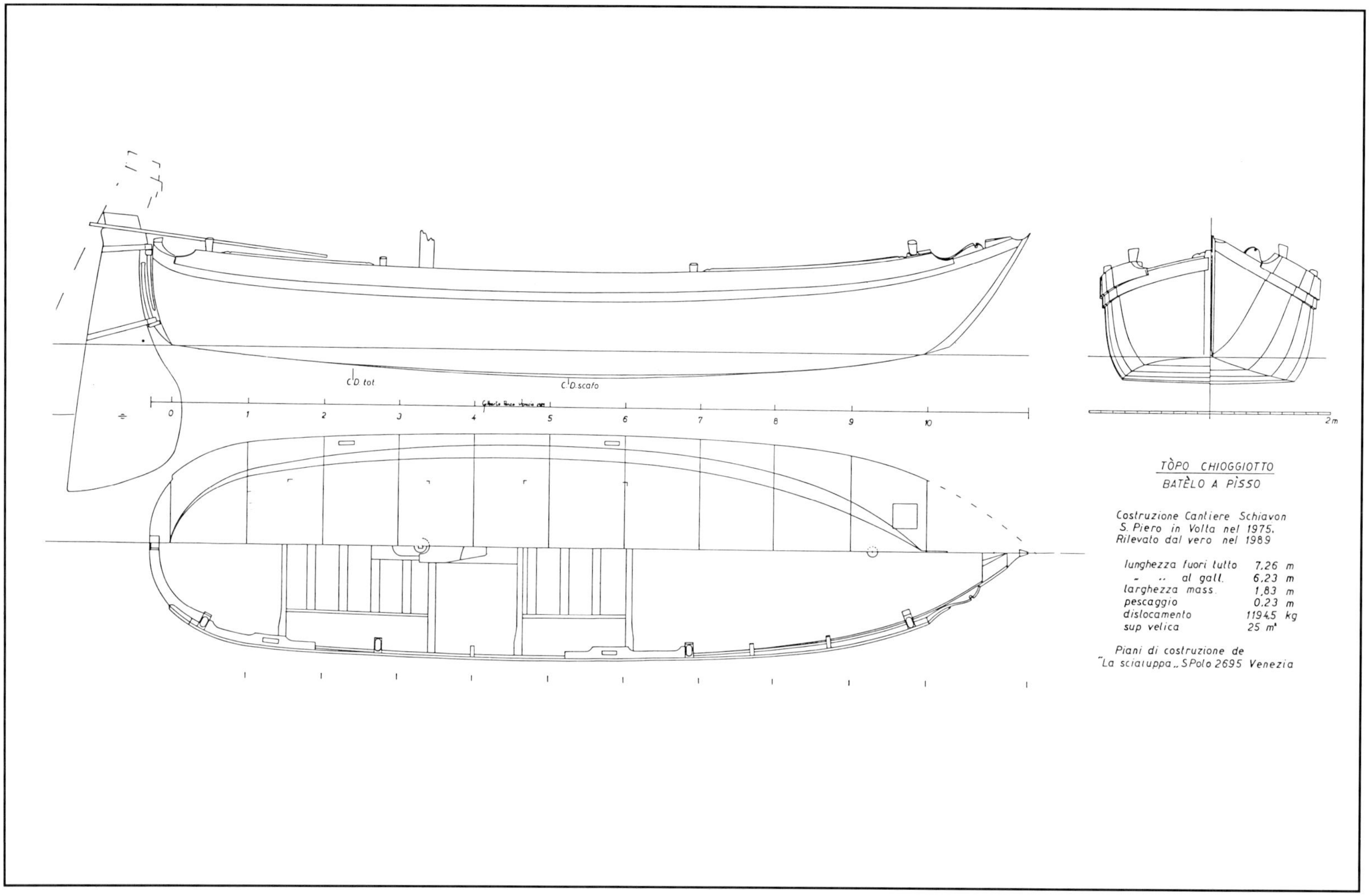

Cat. N.: **P 96**

Soggetto / *Subject* A.d.D.: **Topo chioggiotto, *Batèlo a pìsso.* Tav. I Scafo / *Plate I. Hull***

Scritte / *Text*: "Costruzione Cantiere Schiavon S. Piero in Volta nel 1975. Rilevato dal vero nel 1989." Dimensioni principali. / *"Built at the Schiavon Boatyard, S. Piero in Volta in 1975. Measured and drawn in 1989" Principal dimensions.*

Autore / *Draughtsman*: Gilberto Penzo

Data / *Date*: 1989

Tecnica / *Technique*: china su poliestere / *ink on polyester*

Dimensioni / *Dimensions*: riq. / *frame* 1346x473

Scala / *Scale*: 1:10

Archivio / *Archive*: dell'autore / *editor's collection*

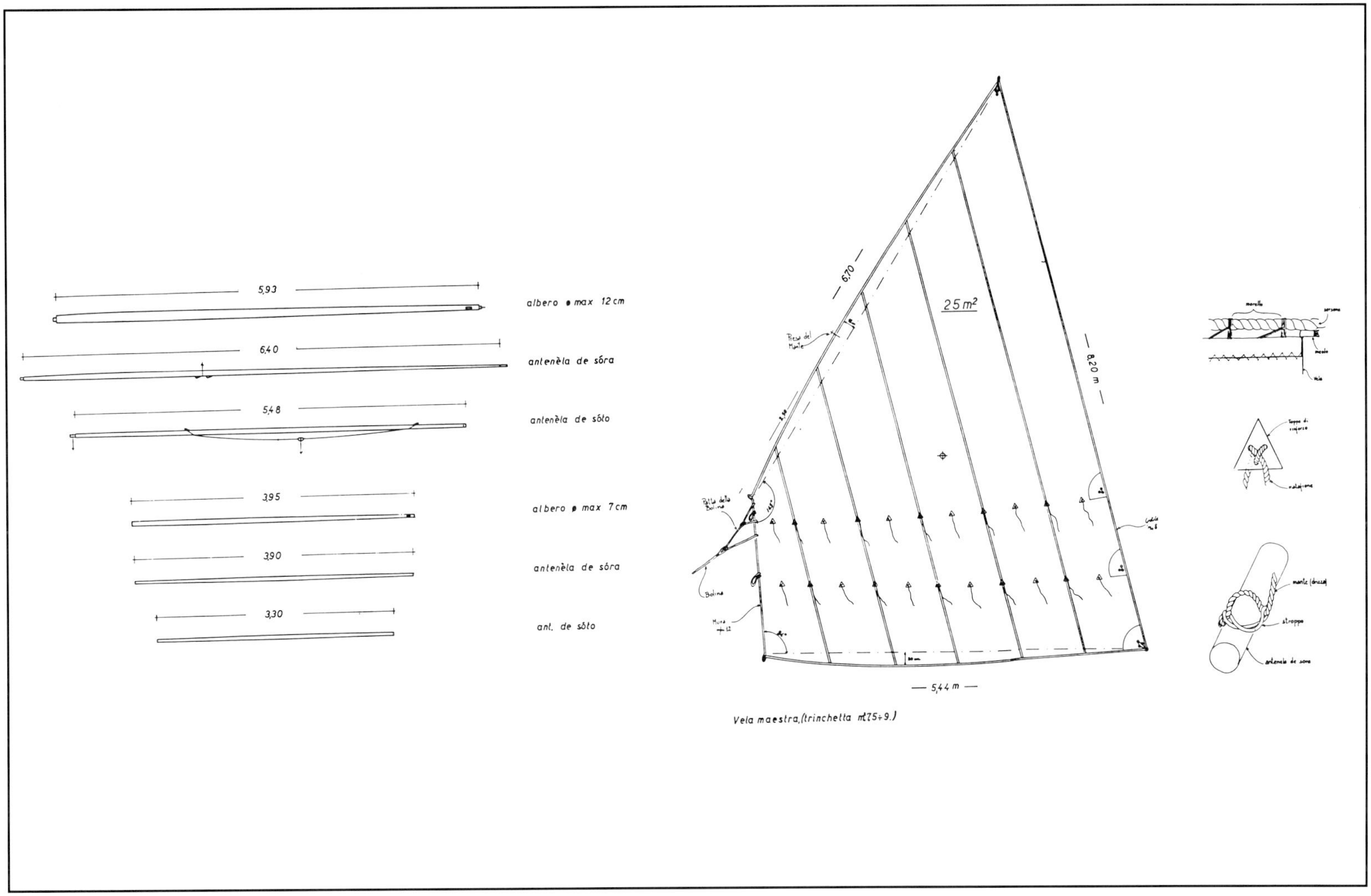

Cat. N.: **P 97**
Soggetto / *Subject* A. d. R.: **Topo chioggiotto, *Batèlo a pìsso.* Tav. II Piano Velico / *Plate II. Sail plan***
Scritte / *Text*: nomenclature delle parti / *nomenclature of the parts*
Autore / *Draughtsman*: Gilberto Penzo
Data / *Date*: 1989
Tecnica / *Technique*: china su poliestere / *ink on polyester*
Dimensioni / *Dimensions*: riq. / *frame* 1150x472
Scala / *Scale*: 1:20
Archivio / *Archive*: dell'autore / *editor's collection*

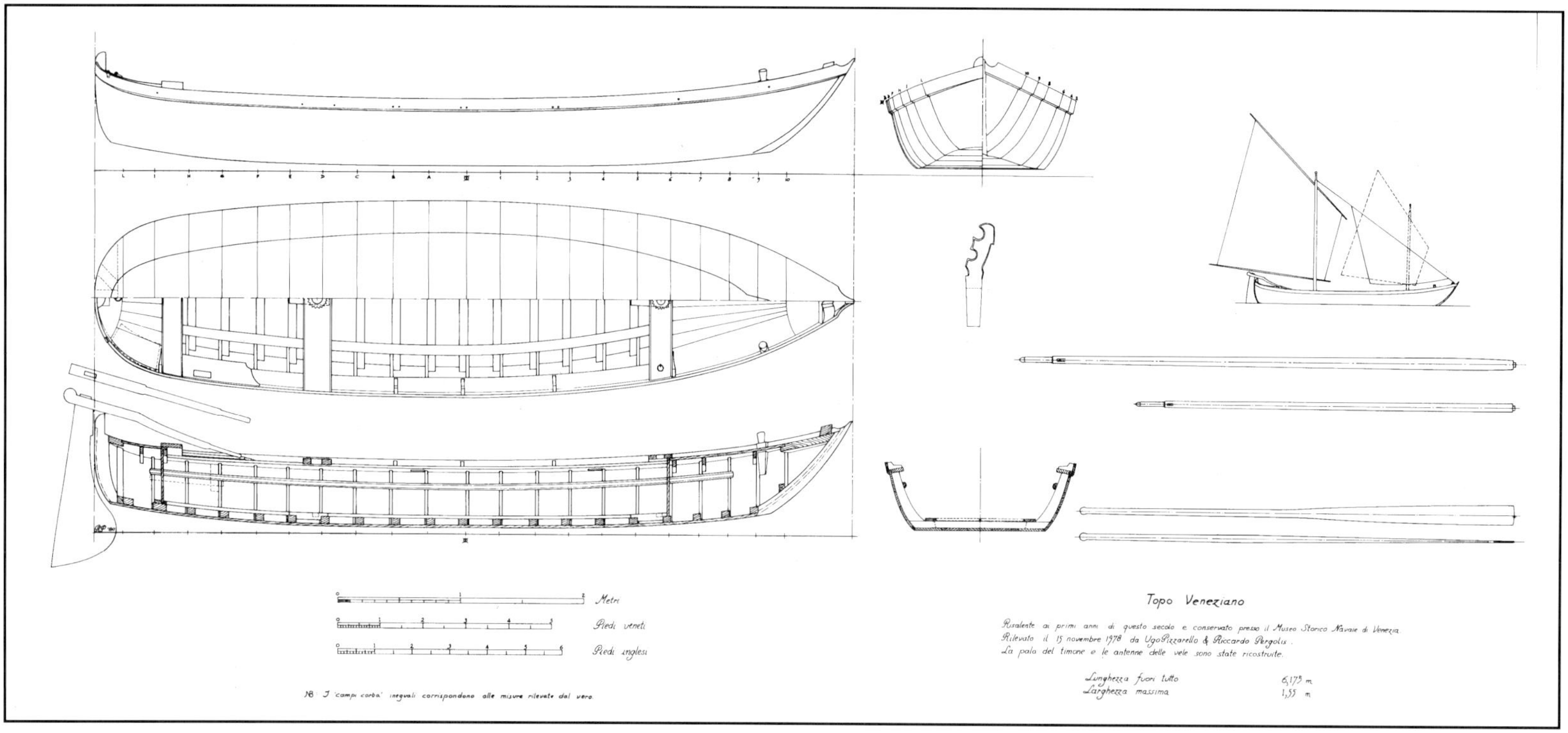

Cat. N.: **P 98**
Soggetto / Subject A.d.D.: **Topo veneziano.**
Scritte / *Text*: "Risalente ai primi anni di questo secolo e conservato presso il Museo Storico Navale di Venezia. La pala del timone e le antenne delle vele sono state ricostruite." / *(Dating from the first years of this century and kept at the MSNV in Venice. The blade of the rudder and the sail spars have been reconstructed.)*
Autore / *Draughtsman*: Ugo Pizzarello, Riccardo Pergolis
Data / *Date*: 15 novembre 1978
Tecnica / *Technique*: china su lucido / *ink on tracing paper*
Dimensioni / Dimensions: riq. / *frame* 622x281
Scala / *Scale*: 1:20
Archivio / *Archive*: del redattore / *editor's collection*
Note / *Notes*: Pubblicato in / *Published in*: U. Pizzarello R. Pergolis, *Le barche di Venezia*, L'Altra Riva, Venezia 1981.

Cat. N.: **P 315 - P101 (non raff. / *not shown*)**
Soggetto / Subject A.d.D.: **Topo**
Scritte / *Text*: "Ridisegnato in base ai dati tratti dalla raccolta *Souvenirs de marine* dell'ammiraglio Paris - 1880 circa."/ *(Drawing based on data taken from the* Souvenirs de marine *collection of Admiral Paris - circa 1880.)*
Autore / *Draughtsman*: Amm. Acton e Amm. Fincati
Data / *Date*: 1980
Tecnica / *Technique*: china su lucido / *ink on tracing paper*
Dimensioni / Dimensions: ?
Scala / *Scale*: ?
Archivio / *Archive*: del redattore / *editor's collection*
Note / *Notes*: sta in: U. Pizzarello R. Pergolis, *Le barche di Venezia*, L'Altra Riva, Venezia 1981.

Cat. N.: **P 316 (non raff. / *not shown*)**
Soggetto / *Subject* A.d.D.: **Topo**
Scritte / *Text*: -
Autore / *Draughtsman*: n. i.
Data / *Date*: s.d.
Tecnica / *Technique*: copia elio / *heliographic copy*
Dimensioni / Dimensions: riq. / *frame*
Scala / *Scale*: 1:10
Archivio / *Archive*: MSNV

Cat. N.: **P 382 (non raff. / *not shown*)**
Soggetto / *Subject* A.d.D.: **Topo**
Scritte / *Text*: quote e nomenclatura tradizionale / *dimensions and traditional nomenclature*
Autore e costruttore
Draughtsman and builder: Benvenuto Vio Fortunato, Venezia.
Data / *Date*: ante 1949
Tecnica / *Technique*: stampa / *print*
Dimensioni / *Dimensions*: riq. / *frame* 206x117
Scala / *Scale*: 1:28 1:100 ca.
Archivio / *Archive*: CORSICO Mario, *Guida pratica per la costruzione di barche*, Sigla, Genova, 1949.

Serie di disegni esecutivi in scala naturale di un *topo* lungo 7,15 metri. / *Series of full scale working drawings of a 7.5 metre long* topo.

Cat. N.: **P 89 (non raff. / *not shown*)**
Soggetto / Subject A.d.D.: **Topo di 7,15 m. Piano dei quinti. / *body plan.***
Scritte / *Text:* quote e indicazioni tecniche / *dimensions and technical indications*
Autore / *Draughtsman*: Gilberto Penzo
Data / *Date:* 1999
Tecnica / *Technique*: china su carta da lucido / *ink on tracing paper*
Dimensioni / *Dimensions*: c. 1800x1100
Scala / *Scale*: 1:1
Archivio / *Archive*: dell'autore / *editor's collection*

Cat. N.: **P 90 (non raff. / *not shown*)**
Soggetto / *Subject* A.d.D.: **Topo di 7,15 m. Profili scafo compressi. *7.15 m Topo. Compressed hull profiles***
Scritte / *Text*: quote e indicazioni tecniche / *dimensions and technical indications*
Autore / *Draughtsman*: Gilberto Penzo
Data / *Date*: 1999
Tecnica / *Technique*: china su carta da lucido / *ink on tracing paper*
Dimensioni / *Dimensions*: c. 2800x1100
Scala / *Scale*: 1:1
Archivio / *Archive*: dell'autore / *editor's collection*

Cat. N.: **P 91 (non raff. / *not shown*)**
Soggetto / *Subject* A.d.D.: **Topo di 7,15 m. Sesto per corbame.**
Scritte / *Text*: quote e indicazioni tecniche / *dimensions and technical indications*
Autore / *Draughtsman*: Gilberto Penzo
Data / *Date*: 1999
Tecnica / *Technique*: china su carta da lucido / *ink on tracing paper*
Dimensioni / *Dimensions*: c. 900x 460
Scala / *Scale*: 1:1
Archivio / *Archive*: dell'autore / *editor's collection*

Cat. N.: **P 92 (non raff. / *not shown*)**
Soggetto / *Subject* A.d.D.: **Topo di 7,15 m. Sagoma asta di prua. *7.15 m Topo. Outline of bow stem.***
Scritte / *Text*: quote e indicazioni tecniche / *dimensions and technical indications*
Autore / *Draughtsman*: Gilberto Penzo
Data / *Date*: 1999
Tecnica / *Technique*: china su carta da lucido / *ink on tracing paper*
Dimensioni / *Dimensions*: c. 1320x880
Scala / *Scale*: 1:1
Archivio / *Archive*: dell'autore / *editor's collection*

Cat. N.: **P 93 (non raff. / *not shown*)**
Soggetto / *Subject* A.d.D.: **Topo di 7,15 m. Sagoma asta di poppa. *7.15 m Topo. Outline of stern stem.***
Scritte / *Text*: quote e indicazioni tecniche / *dimensions and technical indications*
Autore / *Draughtsman*: Gilberto Penzo
Data / *Date*: 1999
Tecnica / *Technique*: china su carta da lucido / *ink on tracing paper*
Dimensioni / *Dimensions*: c. 1120x800
Scala / *Scale*: 1:1
Archivio / *Archive*: dell'autore / *editor's collection*

TRABACOLO

A Chioggia chiamato anche *barca marinèra*, nota imbarcazione da trasporto lunga attorno ai venti metri, a due alberi e bompresso, diffusa su tutto l'alto Adriatico. Realizzato secondo i canoni classici della costruzione navale, con ordinate su chiglia, diversamente dalle altre barche della stessa area, anche di simili dimensioni, ma con fondo piatto, (*bragòzzo*, *tartana* ecc.). Di forme piene nell'opera morta, fini e svasate in quella viva. Largo un terzo della lunghezza. Asta di poppa diritta con timone scorrevole, asta di prua curva e rientrante nella parte alta, sormontata da un vello di pecora scolpito (chiamata *perùca*, *pelizón*, *scùfia*), due grandi occhi scolpiti e colorati posti ai lati dell'asta di prua sopra gli occhi di cubia. Armata con vele al terzo (solo gradatamente a cominciare da quella di poppa saranno sostituite con vele auriche), manovre fisse in fune d'acciaio, con griselle sulle sartie.

In Chioggia the trabacolo *is also known as a* barca marinèra. *It is a well-known transport vessel about 20 metres long with two masts and a bowsprit used throughout the Upper Adriatic. Built following the classic criteria of naval construction, with timbers on a keel, rather than the method used for other boats from the same area, even of a similar size, with flat bottoms, (*bragozzo, tartana*, etc.). With full forms in the topside and slender and outward curving in the bottom. Width a third of the length. Straight stern stem with sliding rudder, rounded bow stem curving inwards at the top, surmounted by a sculpted sheep's fleece (called* perùca, pelizon, scùfia*); two large painted sculpted eyes placed on either side of the bow stem above the hawse-hole. Rigged with lugsails (these were only gradually replaced with fore-and-aft sails), standing rigging in steel cables, with ratlines on the shrouds.*

Cat. N.:	**P 317 (non raff. / *not shown*)**
Soggetto / *Subject* A.d.D.:	**Plan d'un pietego ou trabacolo.**
Scritte / *Text:*	"Dimensions principales: longueur de rablure en rablure"
Autore / *Draughtsman*:	Campaignac A.
Data / *Date:*	1835
Tecnica / *Technique*:	incisione / *engraving*
Dimensioni / *Dimensions*:	?
Scala / *Scale*:	in metri / *in metres*
Archivio / *Archive*:	Service Historique de la Marine francese 8 DD1 15 n° 26
Note / *Notes*:	sta in: CAMPAIGNAC A., *Atlas du génie maritime par les Officers de ce Corps*, Lith. Du Gènie Maritime, Dessinè sur pierre par J. Ardouvin, Toulon, 1835 – 1850

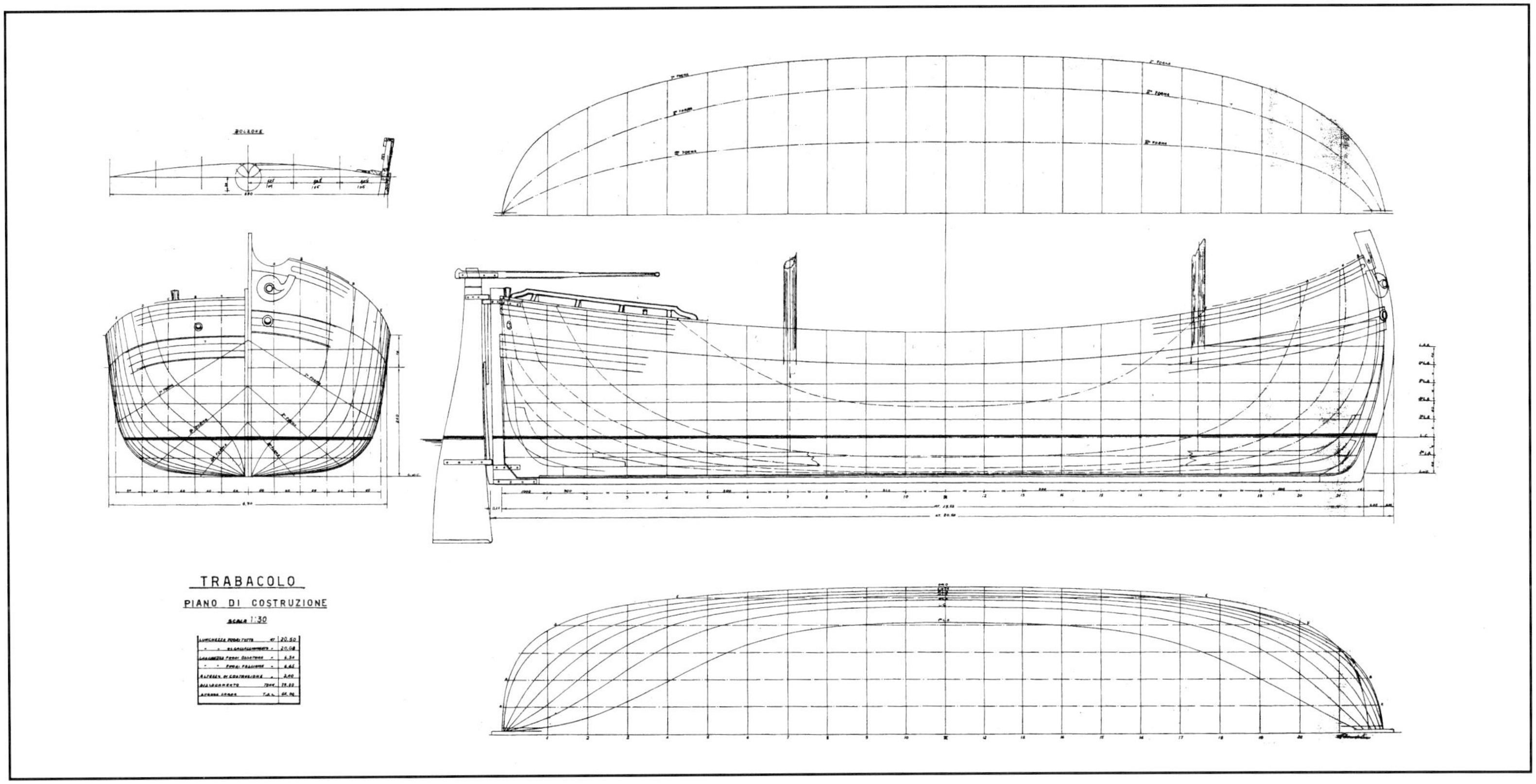

Cat. N.: **P 325 (non raff. / *not shown*)**
Soggetto / *Subject* A.d.D.: **Piano di un caichio di piedi 30 da pinzo a pinzo con le vele ad uso di Trabaccolo. *Plan of a 30 foot long* caichio *with Trabaccolo-style sails.***

Scritte / *Text:*
Autore / *Draughtsman*: V. Utenti.
Data / *Date:* 1865
Tecnica / *Technique*: litografia / *lithograph*
Dimensioni / *Dimensions*: ?
Scala / *Scale*: 20 piedi di Vienna / *20 Viennese feet*
Archivio / *Archive*:
Note / *Notes*: sta in: UTENTI Viviano, *L'arte del velaio*, Trieste, Schubart & Dase Edit., 1865.

Cat. N.: **P 326**
Soggetto / *Subject* A.d.D.: **Trabacolo. Piano di costruzione. / *Construction plan.***
Scritte / *Text:* quote e dimensioni principali / *principal dimensions*
Autore / *Draughtsman*: Dino Rondolini
Data / *Date:* 1946?
Tecnica / *Technique*: copia xerografica / *xerographic copy*
Dimensioni / *Dimensions*: riq. / *frame* 1080 x 522.
Scala / *Scale*: 1:30
Archivio / *Archive*: coll. dell'autore / *editor's collection*
Note / *Notes*: Piano disegnato da Dino Rondolini sulla base delle misure dei trabacoli costruiti assieme al fratello Luigi e al padre Guido, nel loro cantiere di Pesaro. / *Plan drawn by Dino Rondolini based on measurements taken from the trabacoli built together with his brother Luigi and his father Guido in their boatyard in Pesaro.*
Pubblicato in / *Published in*: Washington Patrignani, *Il trabaccolo e la sua gente*, Ruffo, Ancona, 1990.

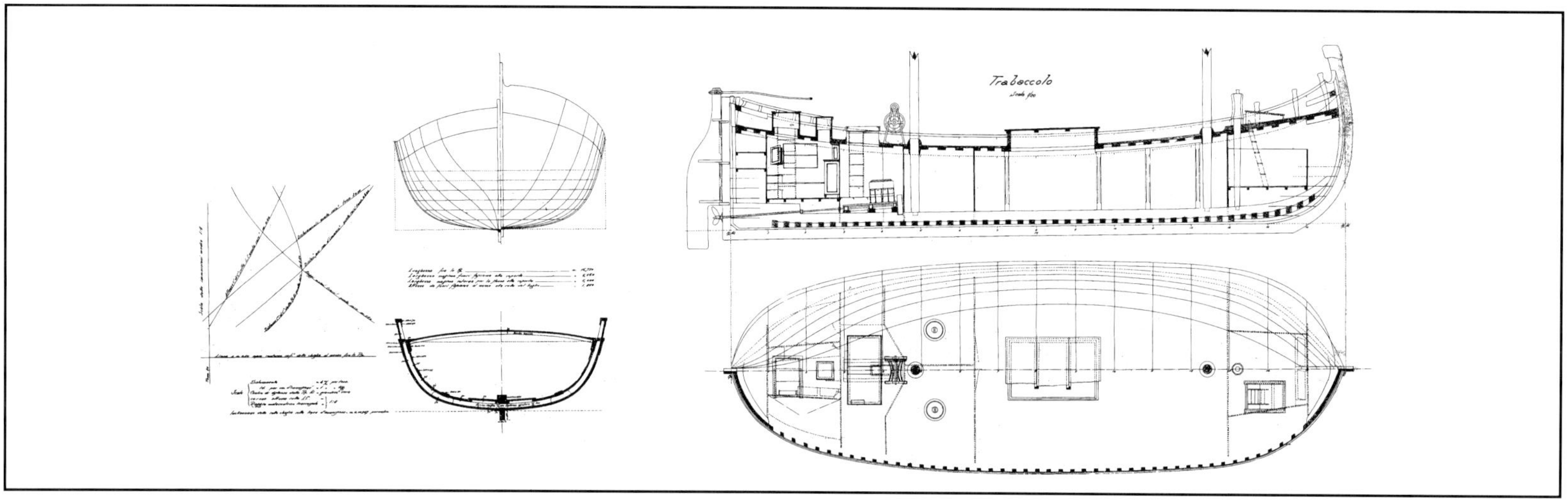

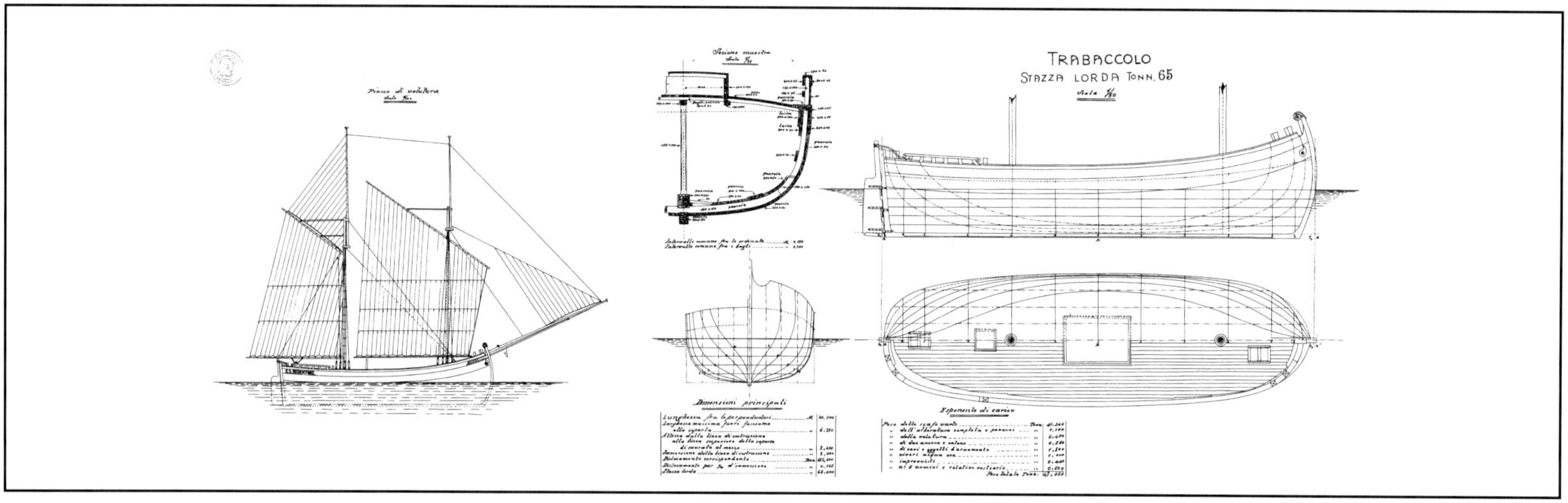

↑ **Cat. N.:** **P 327**
Soggetto / *Subject* A.d.D.: **Trabaccolo**
Scritte / *Text*: dimensioni principali e calcoli di dislocamento. / *principal dimensions and displacement calculations.*
Autore / *Draughtsman*: n. i.
Data / *Date*: s. d.
Tecnica / *Technique*: copia eliografica / *heliographic copy*
Dimensioni / Dimensions: carta / *paper* 1660x630 mm
Scala / *Scale*: 1:20
Archivio / *Archive*: MSNV
Note / *Notes*: pubblicato con il nome *Amelia* / *published with the name* Amelia

Cat. N.: **P 328**
Soggetto / *Subject* A.d.D.: **Trabaccolo S. S. Redentore. Stazza lorda tonn. 65 / *Gross tonnage 65 tonnes.***
Scritte / *Text*: dimensioni principali, esponente di carico / *principal dimensions, load index*
Autore / *Draughtsman*: n. i.
Data / *Date*: s. d.
Tecnica / *Technique*: copia eliografica / *heliographic copy*
Dimensioni / *Dimensions*: c. 1150x433
Scala / *Scale*: 1: 25, 1: 50, 1:100.
Archivio / *Archive*: MSNV

Cat. N.: **P 383 (non raff. / *not shown*)**
Soggetto / *Subject* A.d.D.: **Piano velico di un motoveliero. / *Sail plan of a motor-sailing vessel.***
Scritte / *Text*: -
Autore / *Draughtsman*: Rondolini
Data / *Date*: '46
Tecnica / *Technique*: stampa / *print*
Dimensioni / *Dimensions*: c. 180x180
Scala / *Scale*: n. i.
Archivio / *Archive*: sta in: Washington Patrignani, *Il trabaccolo e la sua gente*, Ruffo, Ancona, 1990.

Cat. N.: **P 384 (non raff. / *not shown*)**
Soggetto / *Subject* A.d.D.: **Sezione longitudinale di un motoveliero. / *Fore-and-aft section of a motor-sailing vessel.***
Scritte / *Text*: -
Autore / *Draughtsman*: Rondolini
Data / *Date*: '46
Tecnica / *Technique*: stampa / *print*
Dimensioni / *Dimensions*: c. 180x80
Scala / *Scale*: n. i.
Archivio / *Archive*: sta in: Washington Patrignani, *Il trabaccolo e la sua gente*, Ruffo, Ancona, 1990.

Cat. N.: **P 385 (non raff. / *not shown*)**
Soggetto / *Subject* A.d.D.: **Coperta trabaccolo. / *Trabaccolo deck***
Scritte / *Text*: nomenclatura / *nomenclature*
Autore / *Draughtsman*: Rondolini
Data / *Date*: '46
Tecnica / *Technique*: stampa / *print*
Dimensioni / *Dimensions*: riq. / *frame* 125x250
Scala / *Scale*: n. i.
Archivio / *Archive*: sta in: Washington Patrignani, *Il trabaccolo e la sua gente*, Ruffo, Ancona, 1990.

FiCat. N.: **P 329 (non raff. / *not shown*)**
Soggetto / Subject A.d.D.: **Galliot or Trabacolo**
Scritte / *Text*: dimensioni principali / *principal dimensions*
Autore / *Draughtsman*: Howard I. Chapelle
Data / *Date*: ante 1949
Tecnica / *Technique*: stampa / *print*
Dimensioni / *Dimensions*: ?
Scala / *Scale*: piedi inglesi / *English feet*
Note / *Notes*: pubblicato in / *published in*: CHAPELLE I. Howard, *The History of American Sailing Ships*, W.W. Norton & Company, 1949 Rist. Koneky & Koneky New York.
La disposizione del ponte e l'armo sono tratti, come riportato, dai *Souvenirs de Marines.*
The layout of the deck and the rigging is, as stated, taken from Souvenirs de Marines.

Cat. N.: **P 330 (non raff. / *not shown*)**
Soggetto / *Subject* A.d.D.: **Trabaccolo. Piani di costruzione e linee. *Construction plans and lines.***
Scritte / *Text*: quote / *dimensions*
Autore / *Draughtsman*: Hesky, Jeroniti, Carlini,
Data / *Date*: 1909
Tecnica / *Technique*: stampa / *print*
Dimensioni / *Dimensions*: ?
Scala / *Scale*: ?
Archivio / *Archive*: contenuti in: Hesky, Jeroniti, Carlini, *Tipi di costruzioni navali in legno*, Imp. Regio Ministero dei Lavori Pubblici. Vienna, Vienna, Trieste 1909.
Note / *Notes*: Probabile copia di quello contenuto nei *Souvenirs de Marine Conserves* ma inattendibile per quanto riguarda le soluzioni costruttive e i particolari aggiunti. *Probably a copy of the plans in* Souvenirs de Marine Conserves, *but the construction solutions and additional details are inaccurate.*

Cat. N.: **P 331 (non raff. / *not shown*)**
Soggetto / *Subject* A.d.D.: **Trabaccolo. Particolari costruttivi. / *Construction details***
Scritte / *Text*: quote / *dimensions*
Autore / *Draughtsman*: Hesky, Jeroniti, Carlini,
Data / *Date*: 1909
Note / *Notes*: come / *similar to* P 330

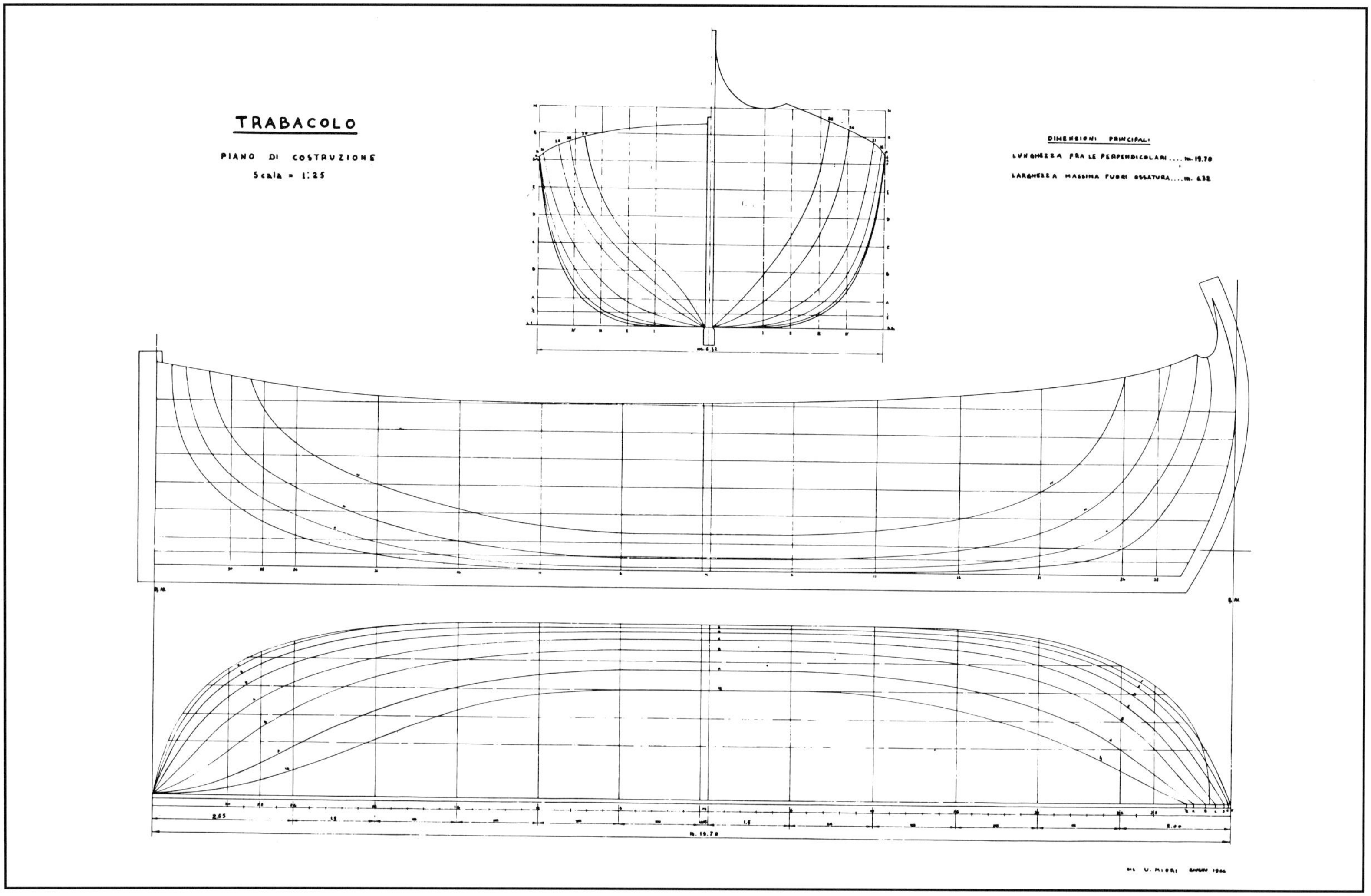

Trabaccolo Italia

Cat. N.: **P 320**
Soggetto / *Subject* A.d.D.: **Trabacolo. Piano di costruzione. / *Construction plans.***
Scritte / *Text:* quote e dimensioni principali / *principal dimensions.*
Autore / *Draughtsman*: Umberto Miori
Data / *Date:* giugno 1966
Tecnica / *Technique*: china su carta da lucido / *ink on tracing paper*
Dimensioni / *Dimensions*: c. 880 x 650
Scala / *Scale*: 1:25
Archivio / *Archive*: MSNV

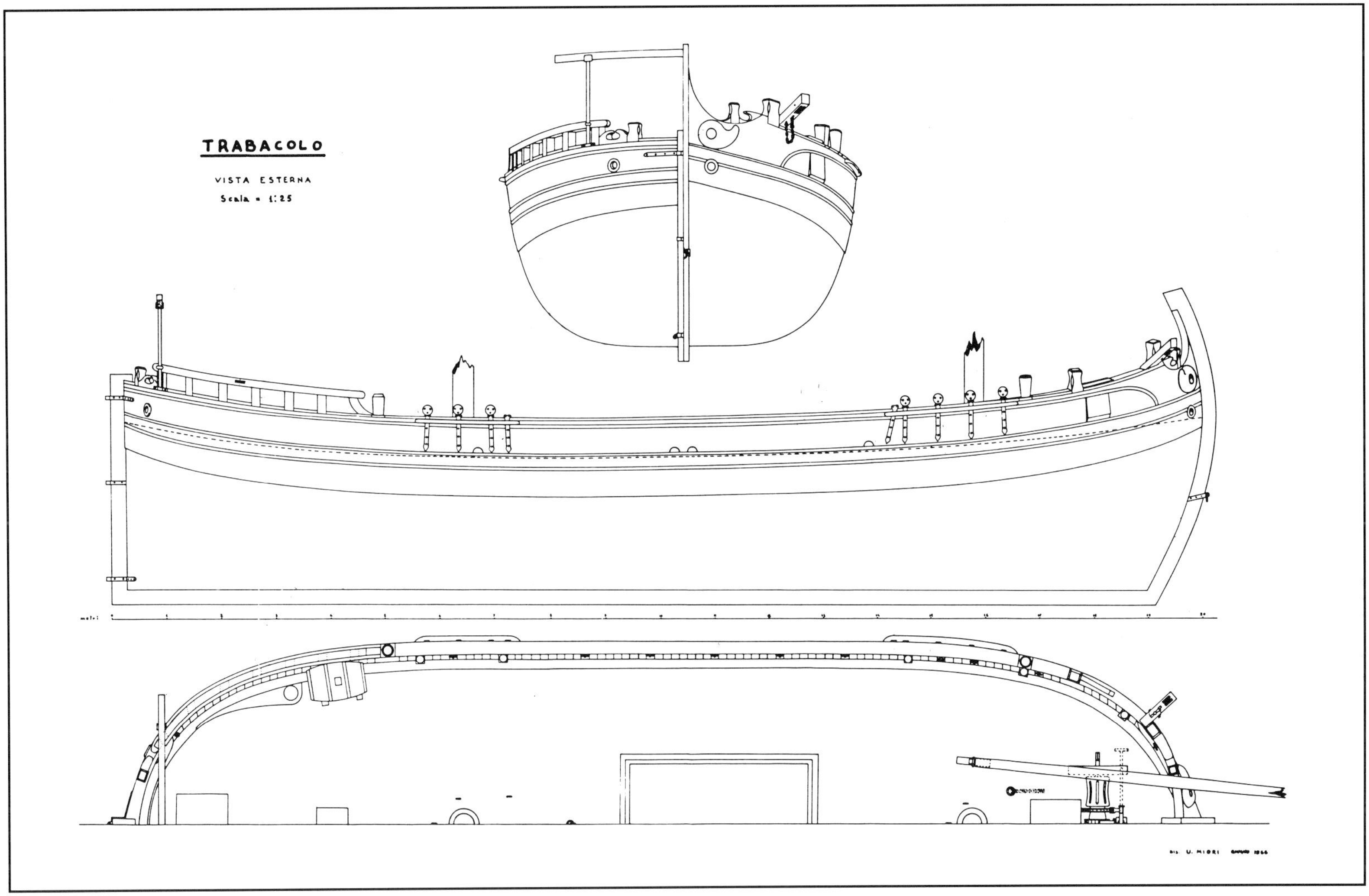

173

Cat. N.: **P 321**
Soggetto / *Subject* A.d.D.: **Trabacolo. Vista esterna. / *External view***
Scritte / *Text*: -
Autore / *Draughtsman*: Umberto Miori
Data / *Date*: giugno 1966
Tecnica / *Technique*: china su carta da lucido / *ink on tracing paper*
Dimensioni / *Dimensions*: c. 970 x 670
Scala / *Scale*: 1:25
Archivio / *Archive*: MSNV

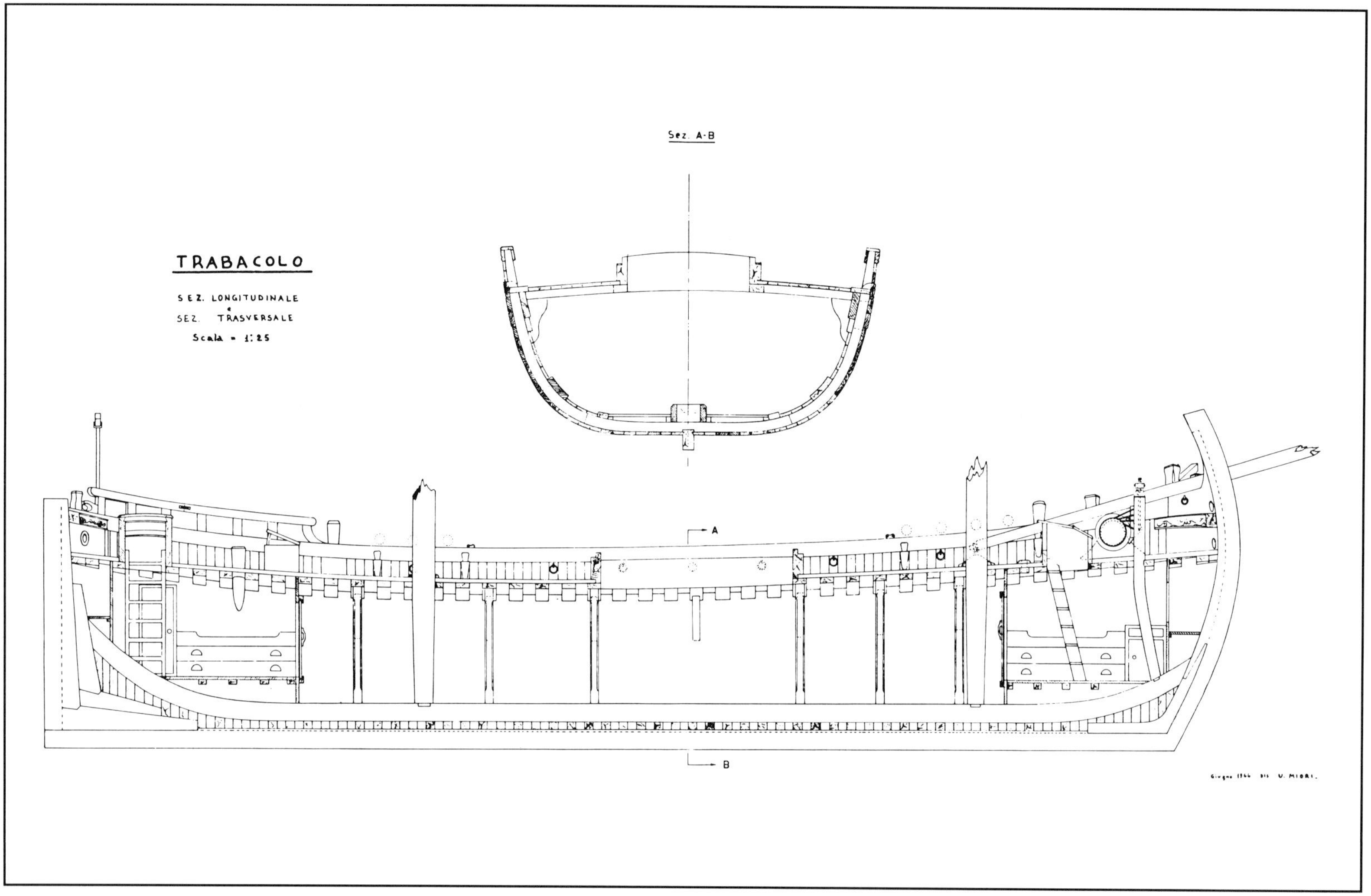

Cat. N.: **P 322**
Soggetto / *Subject* A.d.D.: **Trabacolo. Sez. longitudinale e sez. trasversale.**
Fore-and-aft and cross sections
Scritte / *Text*: -
Autore / *Draughtsman*: Umberto Miori
Data / *Date*: giugno 1966
Tecnica / *Technique*: china su carta da lucido / *ink on tracing paper*
Dimensioni / *Dimensions*: c. 950 x 480
Scala / *Scale*: 1:25
Archivio / *Archive*: MSNV

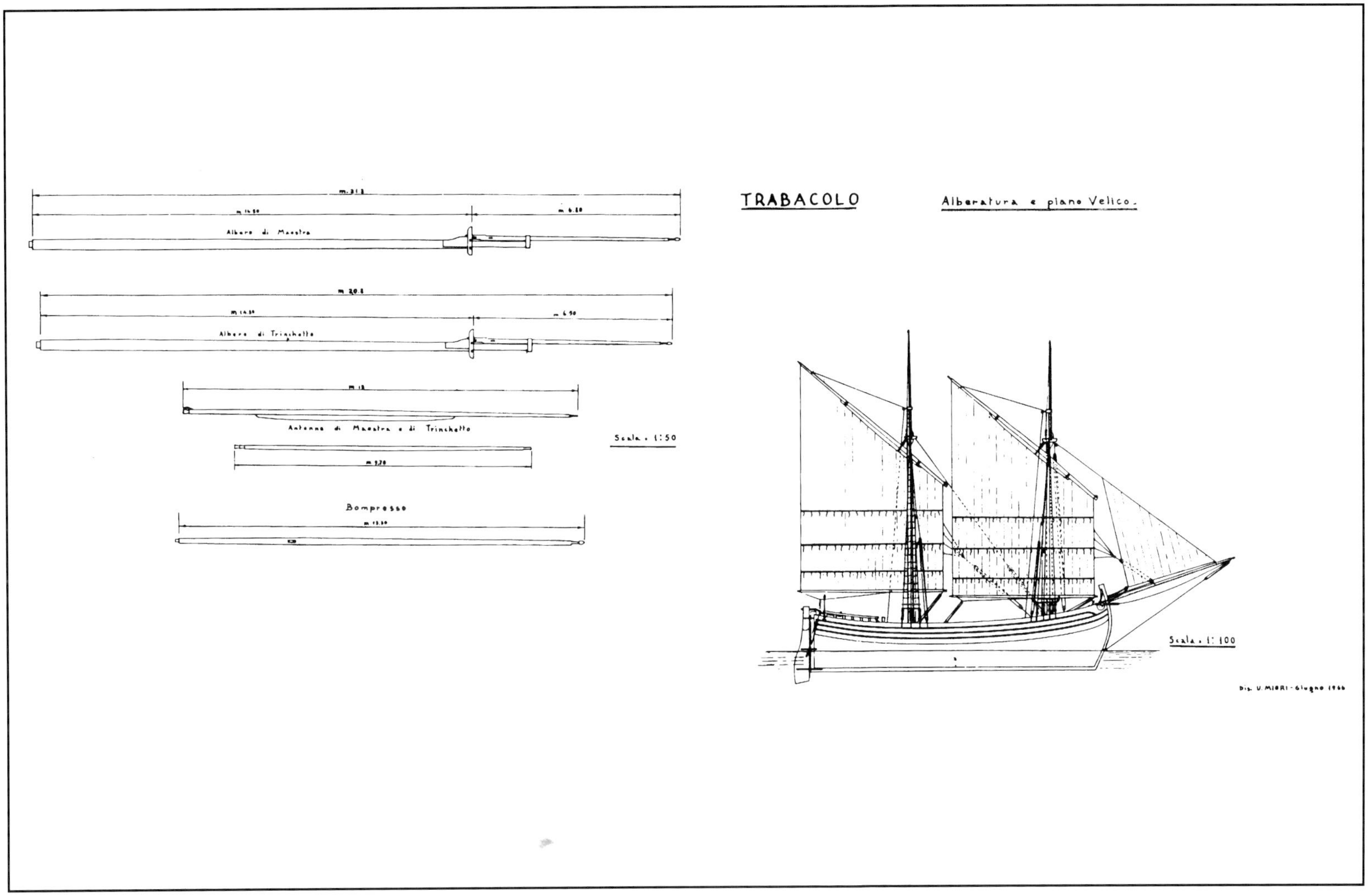

Cat. N.: **P 323**
Soggetto / *Subject* A.d.D.: **Trabacolo. Alberatura e piano velico. / *Masts and sail plan.***
Scritte / *Text*: quote / *dimensions*
Autore / *Draughtsman*: Umberto Miori
Data / *Date*: giugno 1966
Tecnica / *Technique*: china su carta da lucido / *ink on tracing paper*
Dimensioni / *Dimensions*: c. 920 x 390
Scala / *Scale*: 1:50, 1:100
Archivio / *Archive*: MSNV

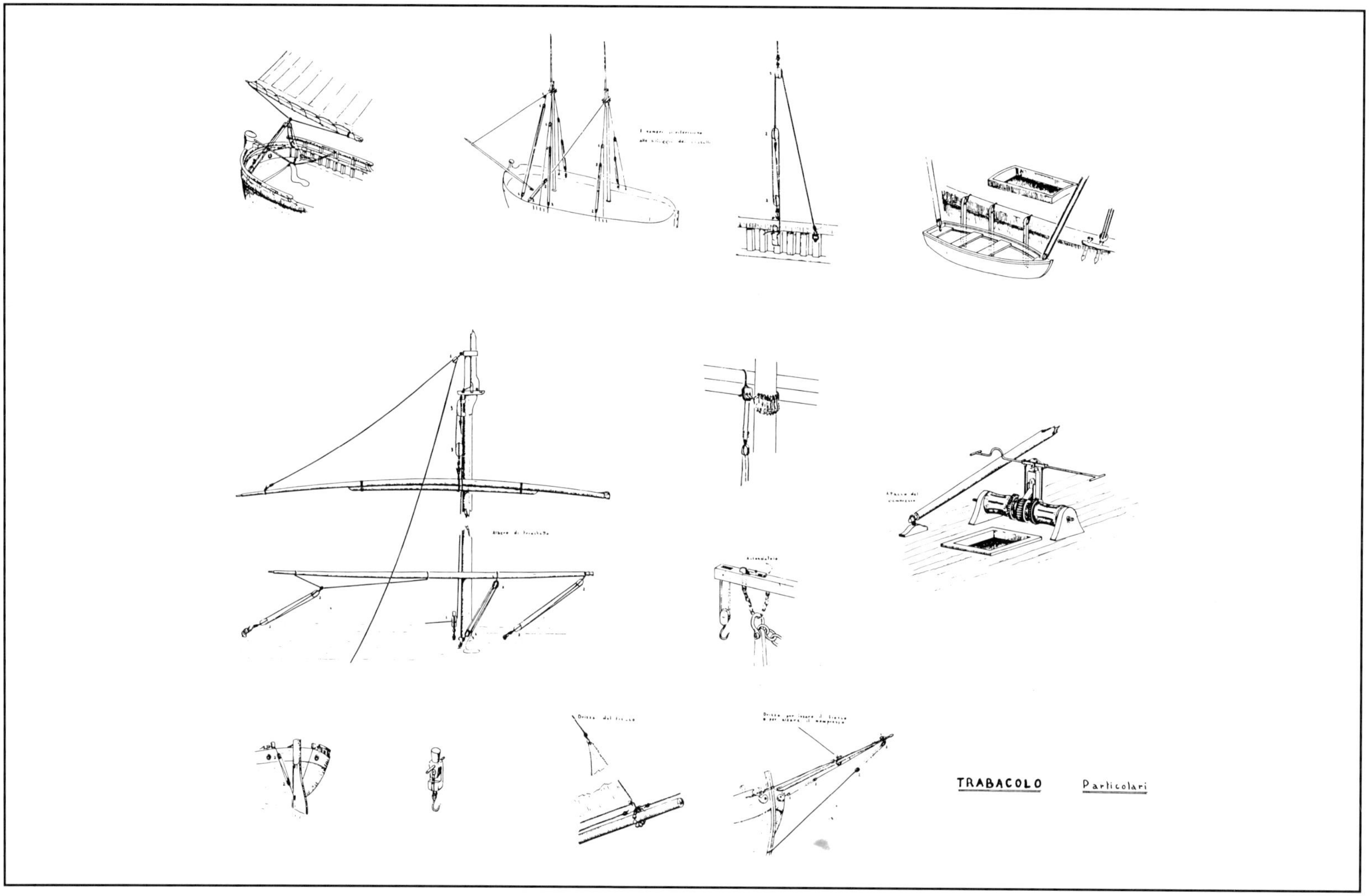

Cat. N.: **P 324**
Soggetto / Subject A.d.D.: **Trabacolo. Particolari. / *Details.***
Scritte / *Text*: indicazioni tecniche / *technical indications*
Autore / *Draughtsman*: Umberto Miori
Data / *Date*: giugno 1966
Tecnica / *Technique*: china su carta da lucido / *ink on tracing paper*
Dimensioni / *Dimensions*: c. 880 x 690
Scala / *Scale*: fuori scala / *not to scale*
Archivio / *Archive*: MSNV

VIPERA

Barca a sei remi, con le due estremità simmetriche, terminanti con le aste simili a quelle del *sàndolo*, scomparsa agli inizi di questo secolo, della quale rimangono solo due modelli al Museo Storico Navale di Venezia.

The vipera is a boat with six oars with symmetrical ends terminating in stems similar to those of the sàndolo. *It disappeared at the beginning of the twentieth century; only two models survive in the Venice Museum of Naval History.*

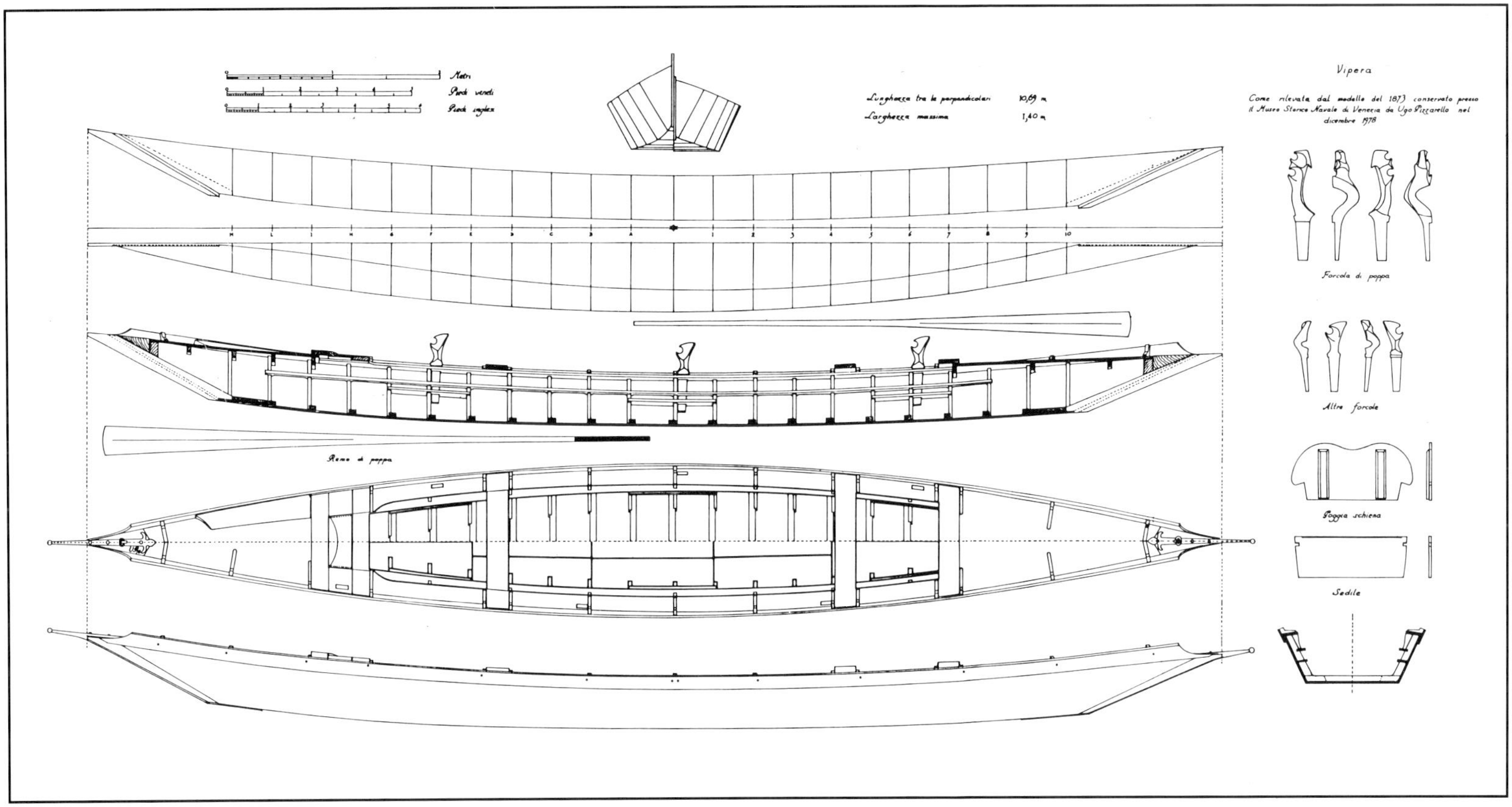

Cat. N.: **P 332**
Soggetto A. d. D.: **Vipera.**
Scritte / *Text:* "Come rilevata dal modello del 1873 conservato presso il Museo Storico Navale di Venezia." / *(Drawing based on the model dated 1873 kept at the MSNV.)*
Autore / *Draughtsman*: Ugo Pizzarello
Data / *Date:* dicembre 1980
Tecnica / *Technique*: china su lucido / *ink on tracing paper*
Dimensioni / *Dimensions*: c. 730 x 350
Scala / *Scale*: 1:20
Archivio / *Archive*: del redattore / *editor's collection*

Cat. N.: **P 333 (non raff. / not shown)**
Soggetto A. d. D.: **Piano di una Vipera. /** ***Plan of a Vipera.***
Scritte / *Text:* "Come rilevata dal modello del 1873 conservato presso il Museo Storico Navale di Venezia." / *(Drawing based on the model dated 1873 kept at the MSNV.)* quote e indicazioni tecniche / dimensions and technical indications
Autore / *Draughtsman*: Ugo Pizzarello, Ricardo Pergolis gennaio 1979
Data / *Date:* dicembre 1978
Tecnica / *Technique*: china su lucido / *ink on tracing paper*
Dimensioni / *Dimensions*: riq. / *frame* 1147x266
Scala / *Scale*: 1:10
Archivio / *Archive*: del redattore / *editor's collection*

VELE TRADIZIONALI / *TRADITIONAL SAILS*

Cat. N.:	**P 334 (non raff. / *not shown*)**
Soggetto / Subject A. d. R.:	**Metodo grafico per disegnare una vela al terzo. / *Graphic method for drawing a lugsail.***
Scritte / *Text*:	quote / *dimensions*
Autore / *Draughtsman*:	Gilberto Penzo
Data / *Date*:	1990
Tecnica / *Technique*:	china su carta / *ink on paper*
Dimensioni / *Dimensions*:	c. 210x300
Scala / *Scale*:	1 piede veneto / *1 Venetian foot* = 0,5 cm (1:69,55)
Archivio / *Archive*:	dell'autore / *editor's collection*
Note / *Notes*:	Ricostruzione tratta da alcuni schizzi del pittore A. Naccari e confermata dalle misure fornite dal Marella. *Reconstruction based on sketches by the painter A. Naccari and confirmed by measurements supplied by Marella.* Pubblicato anche su / *Also published in*: Gilberto Penzo, *Il Bragosso*, Il Leggio, Sottomarina,1992.

Cat. N.:	**P 335 (non raff. / *not shown*)**
Soggetto / *Subject* A. d. R.:	**Metodo grafico per trovare il centro velico di un'imbarcazione con vele al terzo. / *Graphic method for finding the sail centre of a vessel with lugsails.***
Scritte / *Text:*	-
Autore / *Draughtsman*:	Gilberto Penzo
Data / *Date:*	19
Tecnica / *Technique*:	china su carta / *ink on paper*
Dimensioni / *Dimensions*:	A3
Scala / *Scale*:	n. i.
Archivio / *Archive*:	dell'autore / *editor's collection*

ZATTERE

Natante composto di tronchi d'albero o travi squadrati affiancati e legati fra di loro con polloni, *sache*, di nocciolo in modo da formare una piattaforma, *copola*, che unita a gruppi di tre o cinque formava la vera e propria zattera. Dotata di quattro remi timone posti alle estremità discendeva i fiumi fino alla laguna di Venezia con un sopracarico di tavole, carbone, pietre da mola e altri materiali provenienti dalle montagne del Veneto.

Cat. N.:	**P 8 (non raff. / *not shown*)**
Soggetto / Subject A.d.D.:	**Zattera.**
Scritte / *Text:*	indicazioni tecniche / *technical indications*
Autore / *Draughtsman*:	Berenger Adolfo
Data / *Date:*	1859-63
Tecnica / *Technique*:	litografia / *lithograph*
Dimensioni / *Dimensions*:	?
Scala / *Scale*:	non in scala / *not to scale*
Archivio / *Archive*:	BERENGER Adolfo, *Dell'antica storia e giurisprudenza forestale in Italia*, (Studii di Archeologia forestale), Longo, Venezia, 1859-63.

RAFTS

Craft made of tree trunks or squared beams placed side by side and tied together with offshoots, 'sache', in hazel so as to form a platform which, when joined together in groups of three or five, formed the raft. Equipped with four oar-rudders positioned at the ends, they followed the river to the Venetian lagoon with a cargo of planks, coal, millstones and other materials from the Veneto mountains.

Rilievo del modello di zattera conservato al Museo Civico Correr di Venezia, effettuato da G. Penzo e A. Rosada nel 1997, per la costruzione della replica commissionata dal Museo Nazionale delle Arti e Tradizioni Popolari di Roma.

Drawing based on measurements of the model of a raft kept at the Correr Museum in Venice, carried out by G. Penzo and A. Rosada in 1997, for the construction of the replica commissioned by the MNATP.

Cat. N.:	**P 9 (non raff. / *not shown*)**
Soggetto / Subject A.d.D.:	**Zattera. Tav. 1/bis Dimensioni delle tre copole della zattera. / *Dimensions of the three* copole *of the raft.***
Scritte / *Text:*	quote e indicazioni tecniche / *dimensions and technical indications*
Autore / *Draughtsman*:	Gilberto Penzo, Antonio Rosada
Data / *Date:*	1997
Tecnica / *Technique*:	china su carta da lucido / *ink on tracing paper*
Dimensioni / *Dimensions*:	c. x
Scala / *Scale*:	1:1 rispetto al modello / *in relation to the model*
Archivio / *Archive*:	dell'autore / *editor's collection*

Cat. N.:	**P 10. (non raff. / *not shown*)**
Soggetto / Subject A.d.D.:	**Zattera. Tav. 1 Disposizione delle travi che formano la zattera. / *Layout of the trunks that form the raft.***
Scritte / *Text:*	quote e indicazioni tecniche / *dimensions and technical indications*
Autore / *Draughtsman*:	Gilberto Penzo, Antonio Rosada
Data / *Date:*	1997
Tecnica / *Technique*:	china su carta da lucido / *ink on tracing paper*
Dimensioni / *Dimensions*:	c. 450x1550
Scala / *Scale*:	1:1 rispetto al modello / *in relation to the model*
Archivio / *Archive*:	dell'autore / *editor's collection*

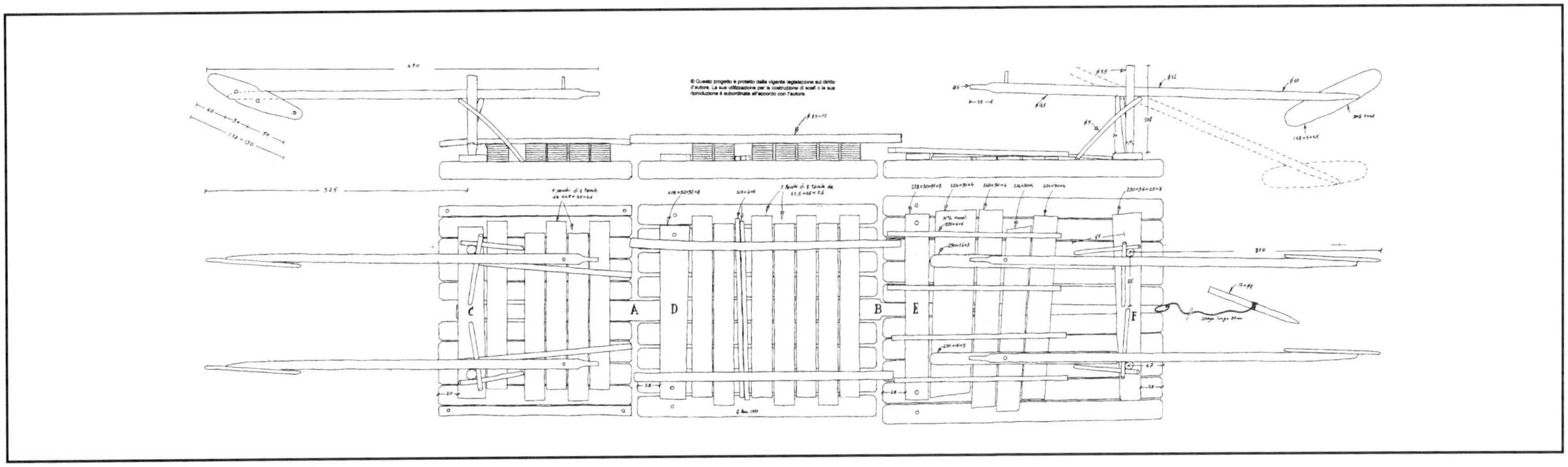

Cat. N.:	**P 11**
Soggetto / Subject A.d.D.:	**Zattera. Tav. 2 Descrizione generale del carico e delle sovrastrutture. / *General Description of the load and structures on raft.***
Scritte / *Text:*	quote e indicazioni tecniche / *dimensions and technical indications*
Autore / *Draughtsman*:	Gilberto Penzo, Antonio Rosada
Data / *Date:*	1997
Tecnica / *Technique*:	china su carta da lucido / *ink on tracing paper*
Dimensioni / *Dimensions*:	c. 450x1800
Scala / *Scale*:	1:1 rispetto al modello / in relation to the model
Archivio / *Archive*:	dell'autore / *editor's collection*

Cat. N.: **P 12 (non raff. / *not shown*)**
Soggetto / *Subject* A.d.D.: **Zattera. Tav. 3 Legatura "semplice". / *"simple" binding.***
Scritte / *Text:* -
Autore / *Draughtsman*: Gilberto Penzo
Data / *Date:* 1997
Tecnica / *Technique*: china su cartoncino / *ink on card*
Dimensioni / *Dimensions*: c. 210x297
Scala / *Scale*: non in scala / *not to scale*
Archivio / *Archive*: dell'autore / *editor's collection*

Cat. N.: **P 13 (non raff. / *not shown*)**
Soggetto / *Subject* A.d.D.: **Zattera. Tav. 4 Legatura a sarangón. / *"Sarangón" binding.***
Scritte / *Text:* indicazioni tecniche / *technical indications*
Autore / *Draughtsman*: Gilberto Penzo
Data / *Date:* 1997
Tecnica / *Technique*: china su cartoncino / *ink on card*
Dimensioni / *Dimensions*: c. 210x297
Scala / *Scale*: non in scala / *not to scale*
Archivio / *Archive*: dell'autore / *editor's collection*

Cat. N.: **P 14 (non raff. / *not shown*)**

Soggetto / *Subject* A.d.D.: **Zattera. Tav. 5-6 Cerniera d'unione tra le copole. Vista dall'alto della stessa. / *Top view of the joints between the* copole.**
Scritte / *Text:* indicazioni tecniche / *technical indications*
Autore / *Draughtsman*: Gilberto Penzo
Data / *Date:* 1997
Tecnica / *Technique*: china su carta da lucido / *ink on tracing paper*
Dimensioni / *Dimensions*: c. 210x297
Scala / *Scale*: non in scala / *not to scale*
Archivio / *Archive*: dell'autore / *editor's collection*

Cat. N.: **P 15 (non raff. / *not shown*)**
Soggetto / *Subject* A.d.D.: **Zattera. Tav. 7 Distribuzione e orientamento delle legature con i sarangóni. / *Distribution and orientation of the* sarangóni**
Scritte / *Text:* indicazioni tecniche / *technical indications*
Autore / *Draughtsman*: Gilberto Penzo, Antonio Rosada
Data / *Date:* 1997
Tecnica / *Technique*: china su carta da lucido / *ink on tracing paper*
Dimensioni / *Dimensions*: c. 210x297
Scala / *Scale*: non in scala / *not to scale*
Archivio / *Archive*: dell'autore / *editor's collection*

Cat. N.: **P 16 (non raff. / *not shown*)**
Soggetto / *Subject* A.d.D.: **Zattera. Tav. 8 Descrizione della legatura di una copola. / *Description of the binding of a copola.***
Scritte / *Text:* quote e indicazioni tecniche / *dimensions and technical indications*
Autore / *Draughtsman*: Gilberto Penzo
Data / *Date:* 1997
Tecnica / *Technique*: china su carta da lucido / *ink on tracing paper*
Dimensioni / *Dimensions*: c. 210x297
Scala / *Scale*: 1:1 rispetto al modello / *in relation to the model*
Archivio / *Archive*: dell'autore / *editor's collection*

Cat. N.: **P 17 (non raff. / *not shown*)**
Soggetto / *Subject* A.d.D.: **Zattera. Tav. 9 Unione dei braghièri centrali alle travi più esterne. / *Joining of the central braghièri to the outer trunks.***
Scritte / *Text:* quote e indicazioni tecniche / *dimensions and technical indications*
Autore / *Draughtsman*: Gilberto Penzo
Data / *Date:* 1997
Tecnica / *Technique*: china su carta / *ink on paper*
Dimensioni / *Dimensions*: c. 210x297
Scala / *Scale*: non in scala / *not to scale*
Archivio / *Archive*: dell'autore / *editor's collection*

Cat. N.: **P 18 (non raff. / *not shown*)**
Soggetto / *Subject* A.d.D.: **Zattera. Tav. 10 Prima legatura tra gli elementi del postèl. / *First binding between the elements of the* postèl**
Tav. 11 Seconda legatura. / *Second binding*
Scritte / *Text:* indicazioni tecniche / *technical indications*
Autore / *Draughtsman*: Gilberto Penzo
Data / *Date:* 1997
Tecnica / *Technique*: china su carta / *ink on paper*
Dimensioni / *Dimensions*: c. 210x297
Scala / *Scale*: non in scala / *not to scale*
Archivio / *Archive*: dell'autore / *editor's collection*

Cat. N.: **P 19 (non raff. / *not shown*)**
Soggetto / *Subject* A.d.D.: **Zattera. Tav. 12 Schema del sarangón della prima legatura. / *Diagram of the* sarangón *of the first binding.***
Scritte / *Text:* indicazioni tecniche / *technical indications*
Autore / *Draughtsman*: Gilberto Penzo
Data / *Date:* 1997
Tecnica / *Technique*: china su carta / *ink on paper*
Dimensioni / *Dimensions*: c. 210x297
Scala / *Scale*: non in scala / *not to scale*
Archivio / *Archive*: dell'autore / *editor's collection*

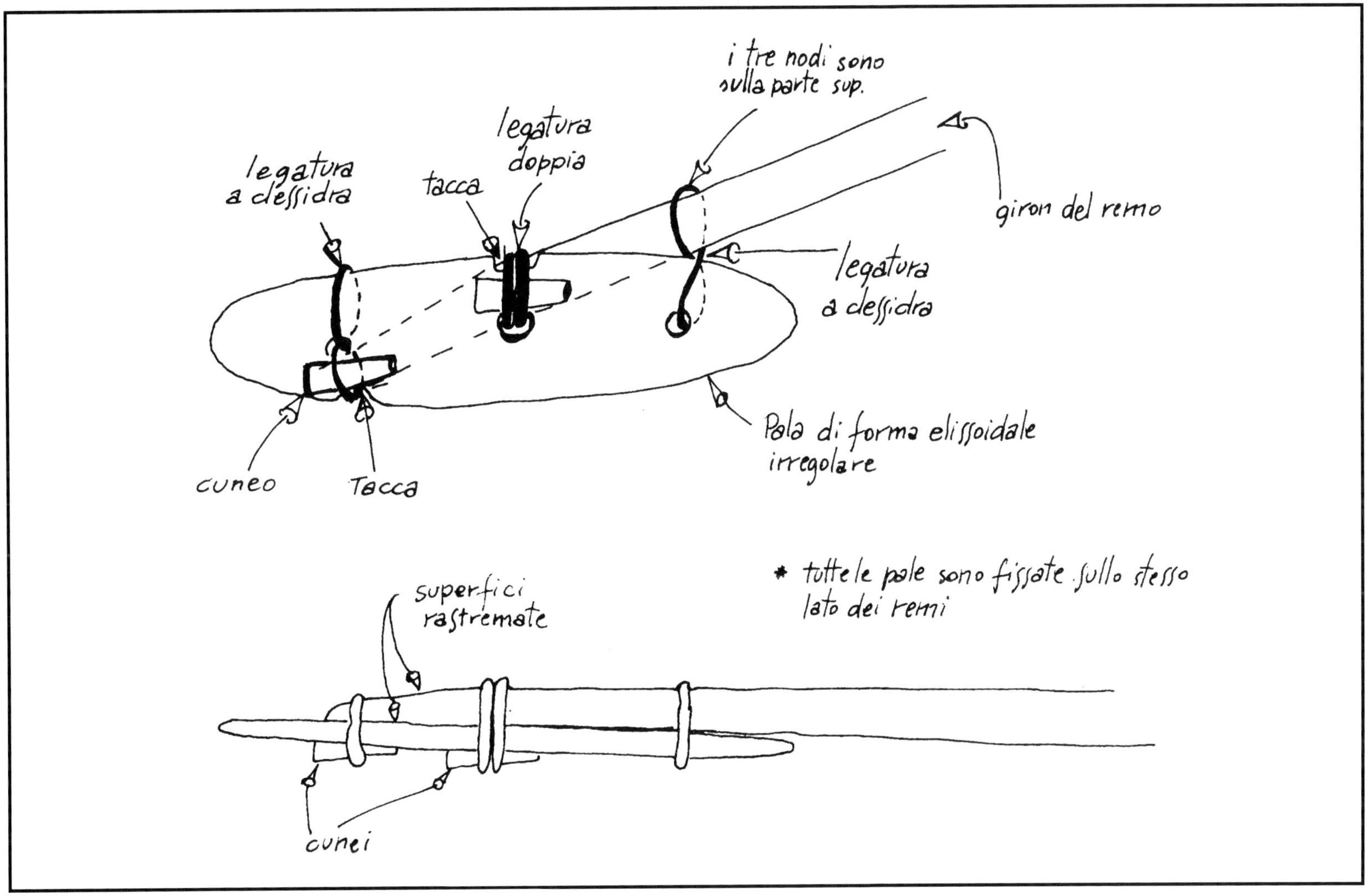

Cat. N.: **P 23**
Soggetto / *Subject* A.d.D.: **Zattera. Tav. 16 Schema della legatura della pala del remo timone. / *Diagram showing the binding of the blade of the oar-rudder***
Scritte / *Text:* indicazioni tecniche / *technical indications*
Autore / *Draughtsman*: Gilberto Penzo
Data / *Date:* 1997
Tecnica / *Technique*: china su carta / *ink on paper*
Dimensioni / *Dimensions*: c. 210x297
Scala / *Scale*: non in scala / *not to scale*
Archivio / *Archive*: dell'autore / *editor's collection*

Cat. N.:	**P 20 (non raff. / *not shown*)**
Soggetto / *Subject* A.d.D.:	**Zattera. Tav. 13 La prima legatura vista in prospettiva. / *Perspective view of first binding.***
Scritte / *Text:*	indicazioni tecniche / *technical indications*
Autore / *Draughtsman*:	Gilberto Penzo
Data / *Date:*	1997
Tecnica / *Technique*:	china su carta / *ink on paper*
Dimensioni / *Dimensions*:	c. 210x297
Scala / *Scale*:	non in scala / *not to scale*
Archivio / *Archive*:	dell'autore / *editor's collection*

Cat. N.:	**P 21 (non raff. / *not shown*)**
Soggetto / *Subject* A.d.D.:	**Zattera. Tav. 14 Sistema di bloccaggio del secondo paletto con la coda del primo. / *System for attaching the second pole to the tail of the first.***
Scritte / *Text:*	indicazioni tecniche / *technical indications*
Autore / *Draughtsman*:	Gilberto Penzo
Data / *Date:*	1997
Tecnica / *Technique*:	china su carta / *ink on paper*
Dimensioni / *Dimensions*:	c. 210x297
Scala / *Scale*:	non in scala / *not to scale*
Archivio / *Archive*:	dell'autore / *editor's collection*

Cat. N.:	**P 22 (non raff. / *not shown*)**
Soggetto / *Subject* A.d.D.:	**Zattera. Tav. 15 Legatura a cerniera del ren sul postel. Nel dettaglio disposizione dei sarangóni dei quattro postel.**
Scritte / *Text:*	indicazioni tecniche / *technical indications*
Autore / *Draughtsman*:	Gilberto Penzo
Data / *Date:*	1997
Tecnica / *Technique*:	china su carta / *ink on paper*
Dimensioni / *Dimensions*:	c. 210x297
Scala / *Scale*:	non in scala / *not to scale*
Archivio / *Archive*:	dell'autore / *editor's collection*

Cat. N.:	**P 24 (non raff. / *not shown*)**
Soggetto / *Subject* A.d.D.:	**Zattera. Tav. 17 Mantel. Tav. 18 Anghièr.**
Scritte / *Text:*	quote e indicazioni tecniche / *dimensions and technical indications*
Autore / *Draughtsman*:	Gilberto Penzo
Data / *Date:*	1997
Tecnica / *Technique*:	china su carta da lucido / *ink on tracing paper*
Dimensioni / *Dimensions*:	c. 420x300
Scala / *Scale*:	1:1 rispetto al modello / *in relation to the model*
Archivio / *Archive*:	dell'autore / *editor's collection*

Cat. N.:	**P 25 (non raff. / *not shown*)**
Soggetto / *Subject* A.d.D.:	**Zattera. Tav. 19 Legatura del timone in posizione di riposo. / *Binding of the rudder when not in use.***
Scritte / *Text:*	indicazioni tecniche / *technical indications*
Autore / *Draughtsman*:	Gilberto Penzo
Data / *Date:*	1997
Tecnica / *Technique*:	china su carta / *ink on paper*
Dimensioni / *Dimensions*:	c. 210x297
Scala / *Scale*:	non in scala / *not to scale*
Archivio / *Archive*:	dell'autore / *editor's collection*

BARCHE PER IMPIEGHI PARTICOLARI

Poche testimonianze ci sono rimaste delle infinite tipologie di barche costruite a Venezia per gli impieghi quotidiani forse perché considerate troppo modeste e dozzinali, come la raccolta delle immondizie o il trasporto funebre. Segnaliamo solo un bel disegno di una barca dei pompieri conservato all'Archivio storico del Comune di Venezia. Al disegno è allegato un dettagliatissimo capitolato che, se prescrive addirittura il tipo e il numero dei chiodi, per quanto riguarda la forma della barca si limita laconicamente ad affermare: "Questa Barca è costrutta con puppa e prora simili alle barche comuni." Questa è l'ennesima dimostrazione di come sia difficile per uno storico ricostruire la vera vita quotidiana del passato, perché in ogni epoca nessuno perdeva tempo a descrivere le cose che erano sotto gli occhi di tutti o "comuni".

BOATS FOR SPECIAL PURPOSES

Few testimonies have remained of the infinite types of boat built in Venice for 'everyday' use such as those designed for rubbish collection and funerals, perhaps because they were considered too humble and unimportant. Here is just one example: a beautiful drawing of a boat used by firemen kept in the Historical Archives of the Venice Town Council. Detailed specifications are attached to the drawing that even include the type and number of nails to be used, while the form of the boat is described with the laconic phrase: "This boat is built with the bow and stern similar to those of ordinary boats". This is yet another demonstration of how difficult it is for the historian to reconstruct the daily life of the past, because in every era nobody wasted time describing the "ordinary" things that everybody saw every day.

Cat. N.:	**P 409 (non raff. / *not shown*)**
Soggetto / *Subject* A. d. D.:	**Barca per i pompieri / *Firefighting boat***
Scritte / *Text:*	descrizione dello scafo e quote / *description of the boat and dimensions*
Autore / *Draughtsman*:	Marini
Data / *Date:*	22 Maggio 1870
Tecnica / *Technique*:	Penna e acquerello su carta / Pen and watercolour on paper
Dimensioni / *Dimensions*:	c. 565x410
Scala / *Scale*:	1:20
Archivio / *Archive*:	A. M. V. Contratti 2/390 Contratto con la Ditta Antonio Filippini fu Angelo per: la fornitura e decennale manutenzione di 14 barche ad uso dei civici pompieri. *Contract with Ditta Antonio Filippini fu Angelo for: the supply and ten-year maintenance of 14 boats for use by the civic firemen.*

LA MOTORIZZAZIONE

La maggior parte di questi disegni, fortunosamente recuperati da Renato Corda dopo la chiusura di uno degli ultimi cantieri veneziani, testimonia l'avvento della motorizzazione e i tentativi d'adattamento degli scafi tradizionali ai primi ingombranti motori. La maggior parte di essi riguardano il *topo* che è stata la barca tradizionale che più ha saputo adattarsi, e quindi salvarsi dalla distruzione.

Va rilevato che questa gran quantità di disegni è stata prodotta, non tanto per l'uso dei costruttori, ma perché i committenti erano enti pubblici e avevano bisogno di una documentazione da allegare alle pratiche d'acquisto o costruzione.

Gli alberi, come si vede, si sono accorciati e poi tolti, ed è comparso il motore, i primi ad un solo cilindro e con l'avviamento a manovella, poi più grandi tanto da essere necessario la modifica del fondo creando una culla che accogliesse la protuberanza del carter del motore. Il timone, prima accorciato e poi metallico, con l'asse che passava all'interno dello scafo. Fortunatamente questo sistema non ha attecchito e il timone esterno sull'asta di poppa continua ad essere usato, anzi mantiene quel vezzo sul rinforzo della parte alta come quello delle navi antiche.

THE ADVENT OF THE MOTOR

Most of these drawings, which were fortunately salvaged by Renato Corda after the closure of one of the last Venetian boatyards, are testimony to the advent of the motor and the attempts to adapt traditional boats to the first bulky motors. Most of them refer to the topo *which is the traditional boat which knew how to adapt itself and therefore save itself from destruction.*

It should be pointed out that this large number of drawings was produced, not so much to be used by the boatbuilders, but because their clients were public bodies which required documentation to be attached to the paperwork relating to the purchase or construction.

The masts, as can be seen, were shortened and then removed, and the motor appeared, the first with just one cylinder and a starting handle, later much larger so that it was necessary to modify the bottom of the boat to form a cradle which housed the protuberance of the crankcase. The rudder was first shortened and then made in metal with the stock passing inside the hull. Fortunately this system did not catch on and the external rudder on the stern stem is still in use, in fact it retains the decorated reinforcement of the upper part like those used on of ancient ships.

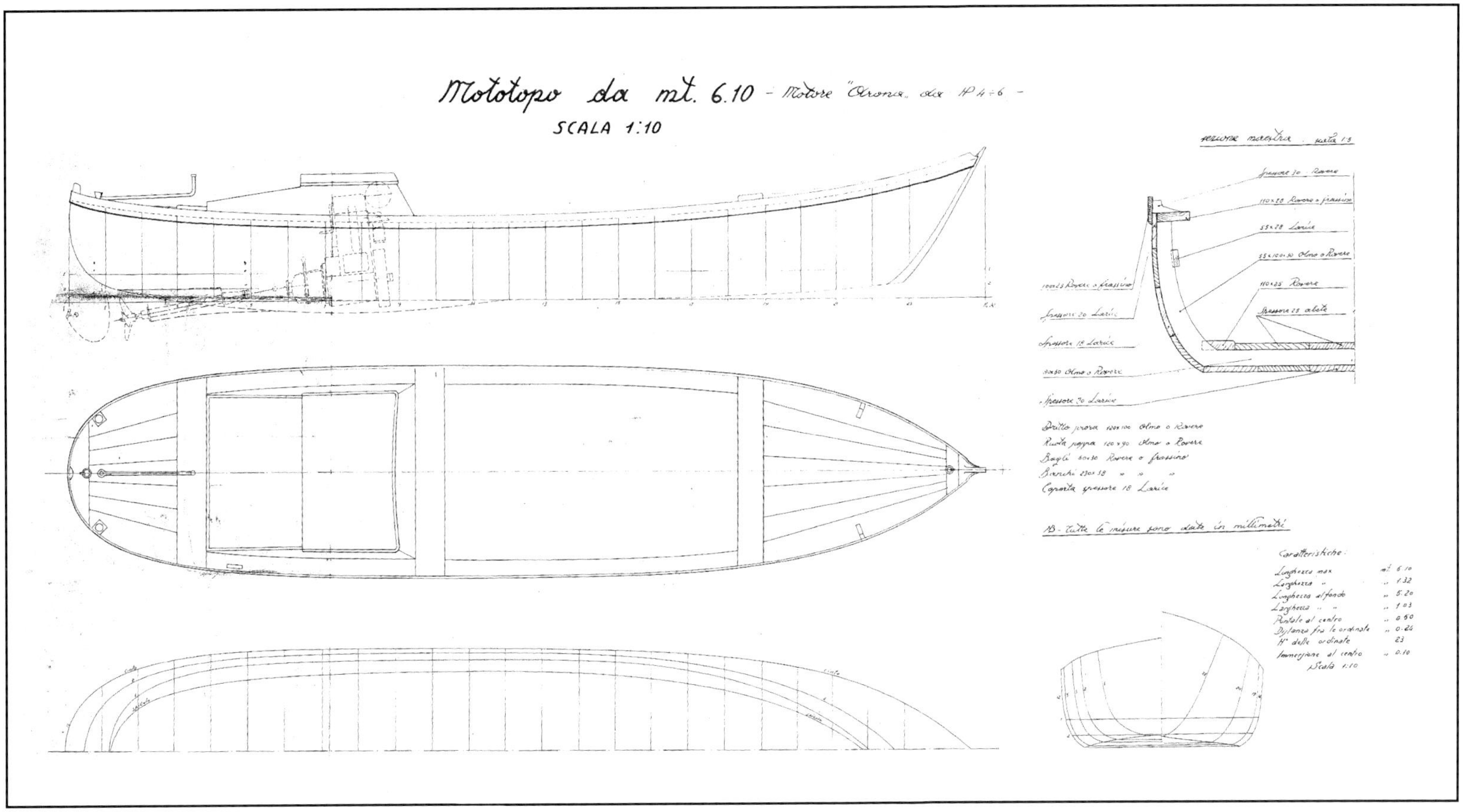

Topi

Cat. N.: **P 29 (non raff. / *not shown*)**
Soggetto / *Subject* A.d.D.: **Topo a remi da mt. 6,10 scala 1:10. / *6.1 m Topo with oars, scale 1:10.***
Scritte / *Text:* Cat. G/c n°2312. quote e indicazioni tecniche / *dimensions and technical indications*
Autore / *Draughtsman*: an.
Data / *Date:* s.d.
Tecnica / *Technique*: copia elio / *heliographic copy*
Dimensioni / *Dimensions*: c. 96x45
Scala / *Scale*: 1:10, 1:5
Archivio / *Archive*: coll. Corda. CU-11-17

Mototopi

Figura: **P 32**
Soggetto A. d. D.: **Mototopo da mt. 6.10. Motore Arona da HP 4-6.**
Scritte: quote / *dimensions*
Autore: n. i.
Data: sd.
Supporto e tecnica: Copia eliografica / *heliographic copy*
Dimensioni: riq. 940x500
Scala: 1:10, 1:5
Archivio e collo.: coll. Corda. CU-7
Note del redattore: si tratta dello stesso scafo motorizzato del P 29 / *This is the motorised version of the topo P 29.*

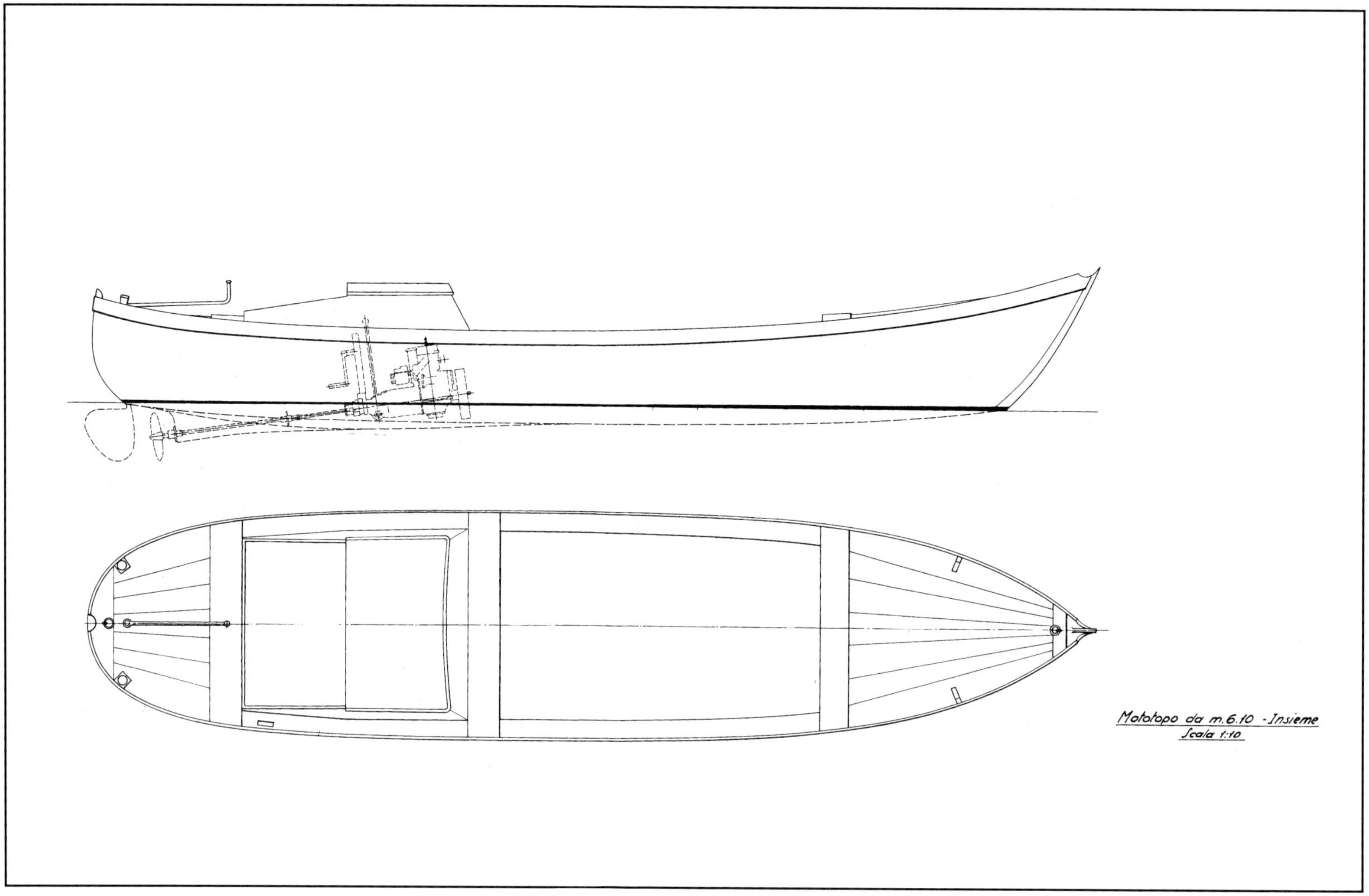

Cat. N.: **P 33**
Soggetto / *Subject* A.d.D.: **Mototopo da m 6,10 - insieme.**
Scritte / *Text*: -
Autore / *Draughtsman*: n. i.
Data / *Date*: sd.
Tecnica / *Technique*: originale a china su lucido / *original in ink on tracing paper*
Dimensioni / *Dimensions*: riq. / *frame* 915 x 414.
Scala / *Scale*: 1:10
Archivio / *Archive*: coll. Corda. CU -14
Note / *Notes*: si tratta dello stesso scafo motorizzato del P 29 / *This is the motorised version of the* topo *P 29.*

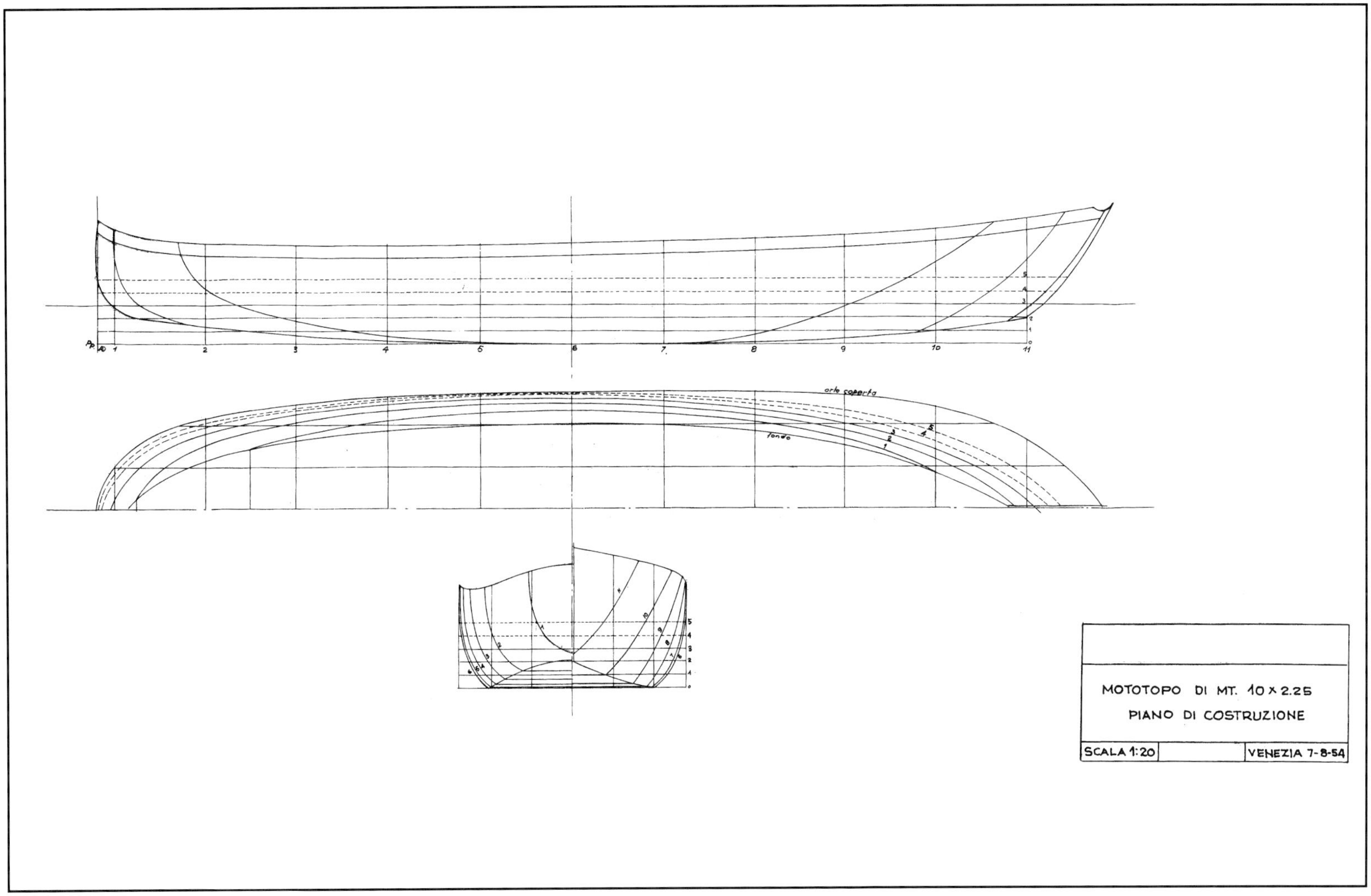

Cat. N.:	**P 31**
Soggetto / *Subject* A.d.D.:	**Mototopo di mt. 10x2.25 Piano di costruzione / *Construction plans***
Scritte / *Text*:	-
Autore / *Draughtsman*:	n. i.
Data / *Date*:	Venezia 7-8-54
Tecnica / *Technique*:	china su carta da lucido / *ink on tracing paper*
Dimensioni / *Dimensions*:	riq. / *frame* 665x301
Scala / *Scale*:	1:20
Archivio / *Archive*:	coll. Corda CU-8
Note / *Notes*:	corrisponde con il disegno / *corresponds with drawing* CU-9.

188

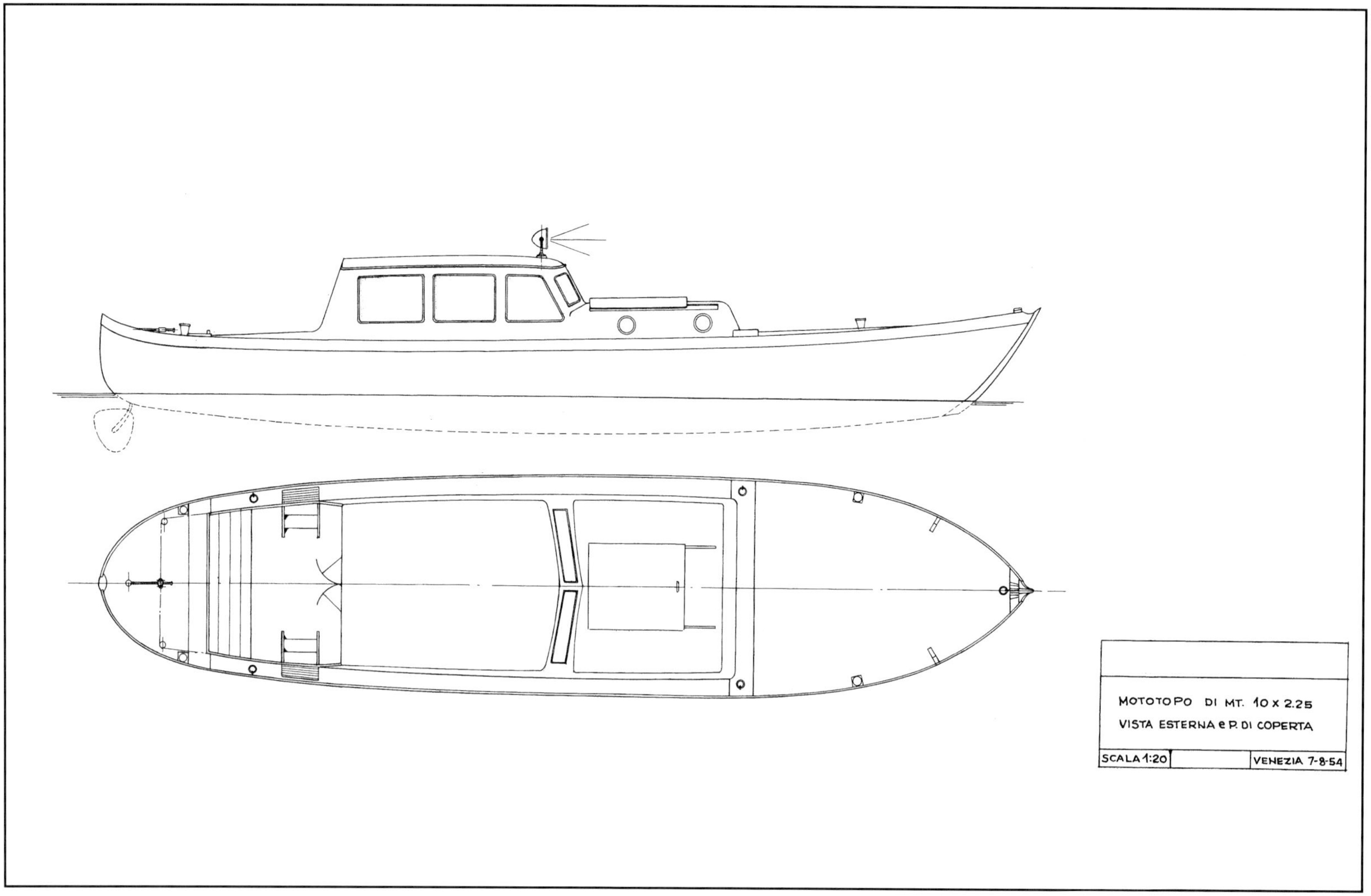

Cat. N.: **P 30**
Soggetto / *Subject* A.d.D.: **Mototopo di mt. 10x2.25 Vista esterna e P. di coperta. / *External view and plan.***
Scritte / *Text*: -
Autore / *Draughtsman*: n. i.
Data / *Date*: Venezia 7-8-54
Tecnica / *Technique*: china su carta da lucido / *ink on tracing paper*
Dimensioni / *Dimensions*: riq. / *frame* 744x298
Scala / *Scale*: 1:20
Archivio / *Archive*: coll. Corda. CU-9
Note / *Notes*: corrisponde con il disegno / *corresponds with drawing* CU-8.

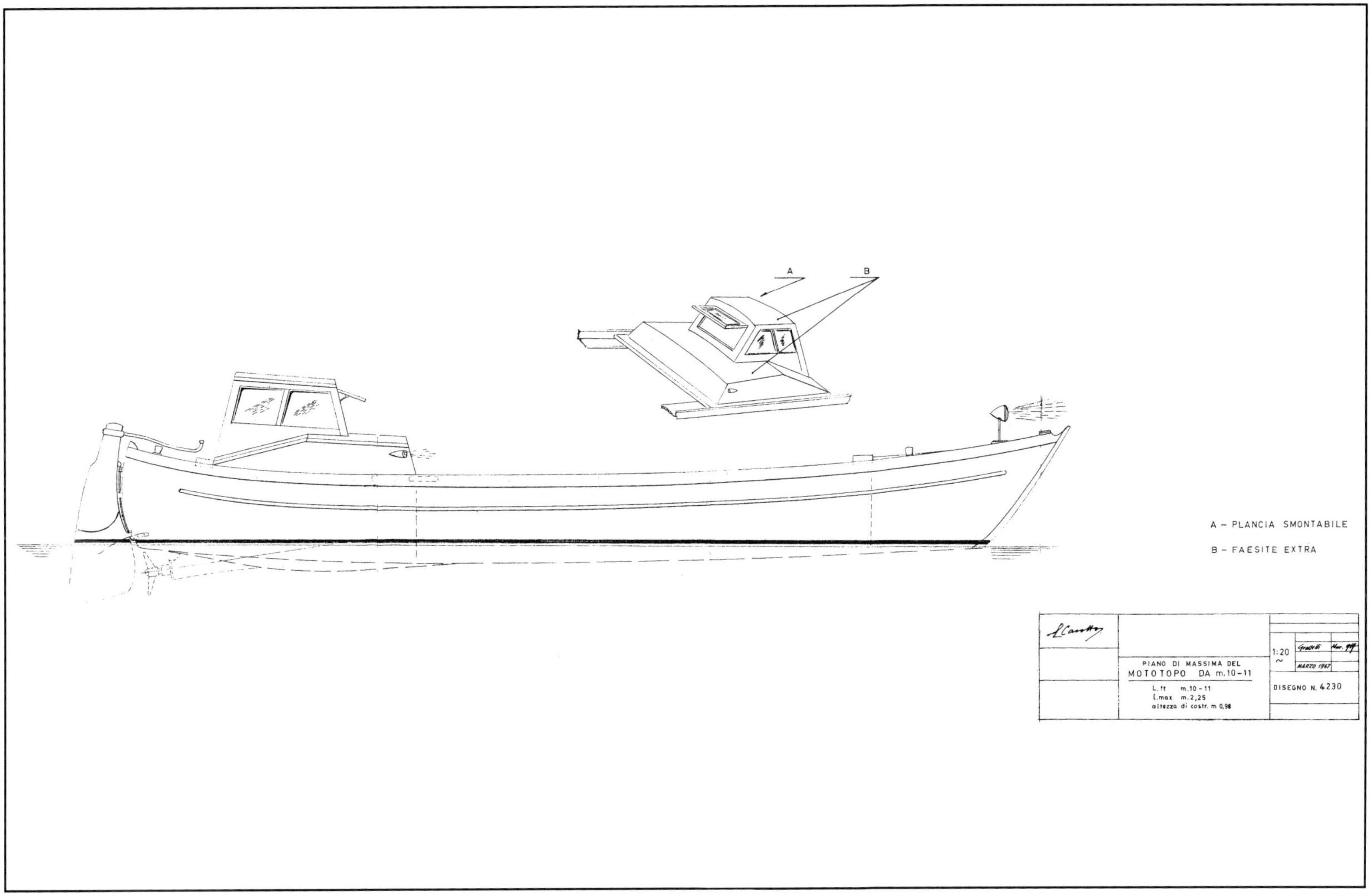

189

Cat. N.: **P 28**
Soggetto / *Subject* A.d.D.: **Piano di massima del mototopo da m. 10-11. Disegno n. 4230**
Scritte / *Text*: quote e indicazioni / *dimensions and indications*
Autore / *Draughtsman*: Grasselli
Data / *Date*: Marzo 1967
Tecnica / *Technique*: copia eliografica / *heliographic copy*
Dimensioni / *Dimensions*: riq. / *frame* 876x299
Scala / *Scale*: 1:20
Archivio / *Archive*: coll. Corda CU-10

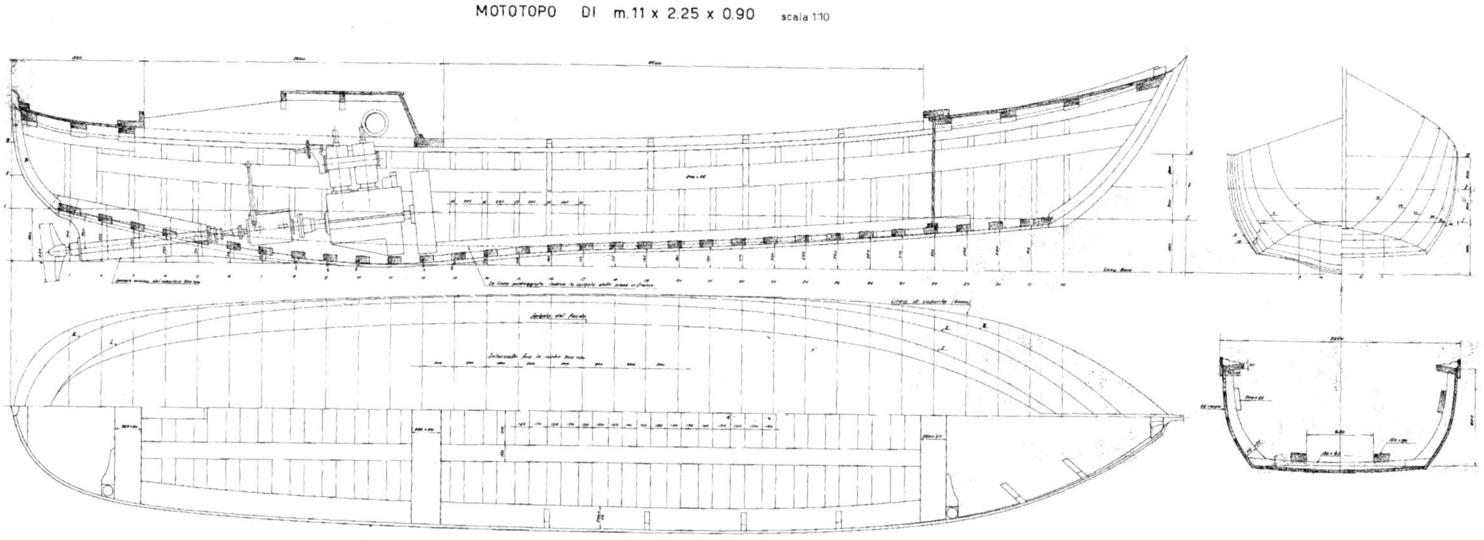

Cat. N.:	**P 39**
Soggetto / *Subject* A.d.D.:	**Mototopo di m. 11x2.25x0.90**
Scritte / *Text*:	quote e indicazioni / *dimensions and indications*
Autore / *Draughtsman*:	n. i.
Data / *Date*:	s. d.
Tecnica / *Technique*:	china nera e rossa su lucido e copia eliografica / *black and red ink on tracing paper and heliographic copy*
Dimensioni / *Dimensions*:	riq. / *frame* 54x146,4
Scala / *Scale*:	1:10
Archivio / *Archive*:	coll. Corda CU-6
Note / *Notes*:	Carta strappata in più punti. / *The paper is torn in several places.*

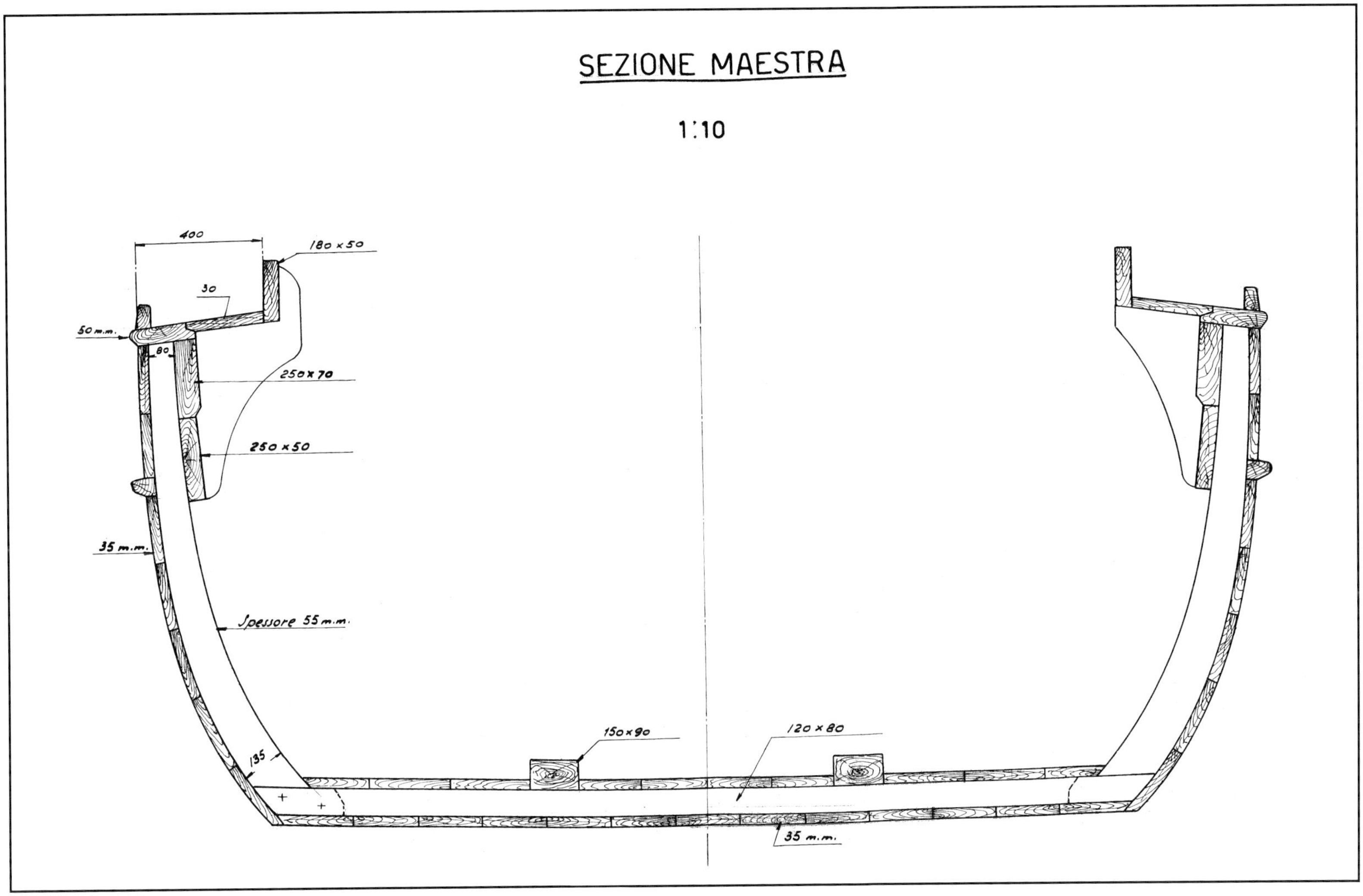

Cat. N.: **P 36**
Soggetto / *Subject* A. d. R.: **Sezione maestra di *mototopo*. / *Mid section of a* mototopo.**
Scritte / *Text*: "Sezione maestra."
Autore / *Draughtsman*: n. i.
Data / *Date*: s.d.
Tecnica / *Technique*: china su carta da lucido / *ink on tracing paper*
Dimensioni / *Dimensions*: riq. / *frame* 496x363
Scala / *Scale*: 1:10
Archivio / *Archive*: coll. Corda CU-2

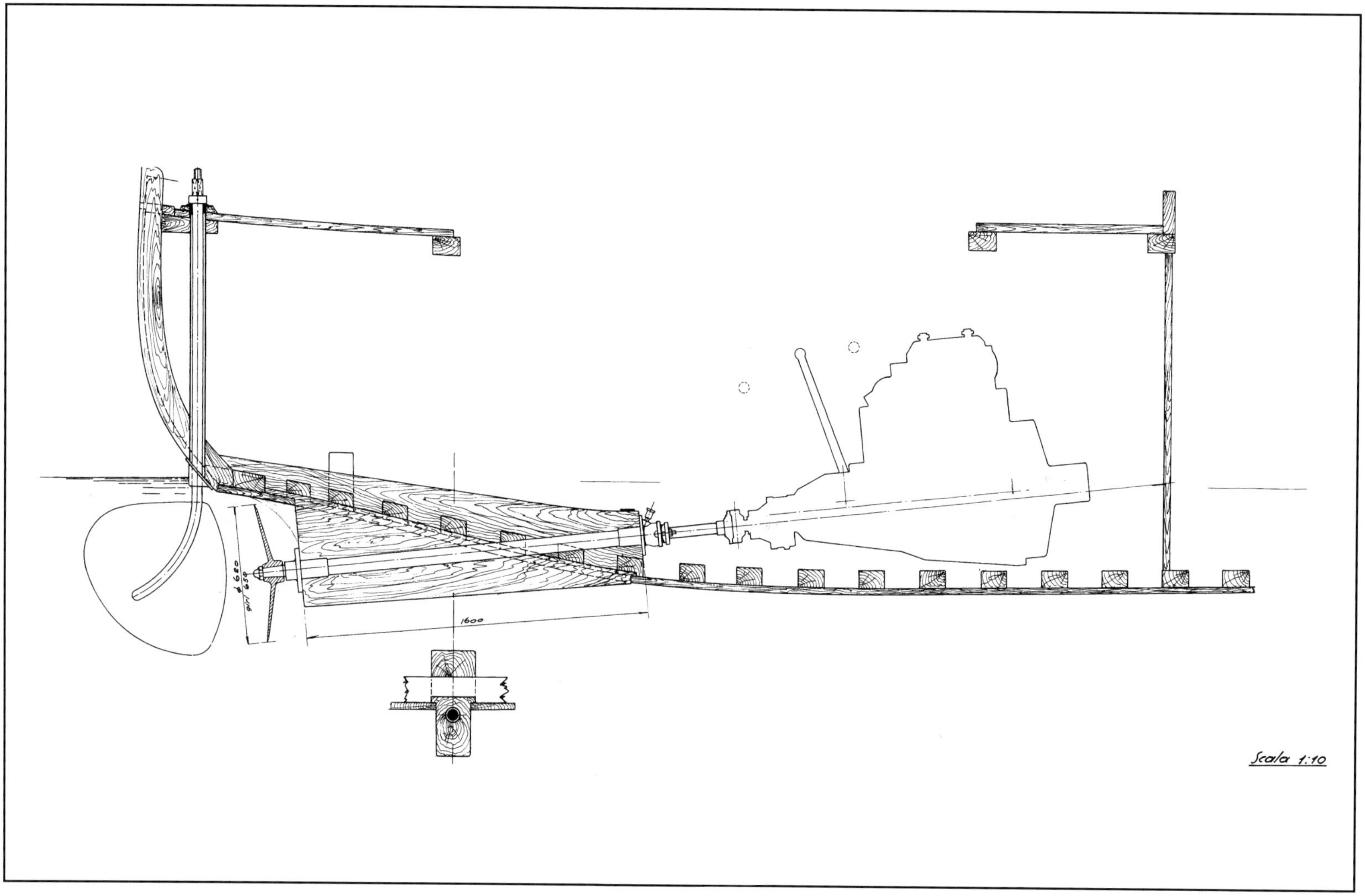

Cat. N.: **P 37**
Soggetto / *Subject* A. d. R.: **Progetto per l'installazione del motore su un topo. / *Project for the installation of a motor in a* topo.**
Scritte / *Text*: quote / *dimensions*
Autore / *Draughtsman*: n. i.
Data / *Date*: s.d.
Tecnica / *Technique*: china su carta da lucido / *ink on tracing paper*
Dimensioni / *Dimensions*: riq. / *frame* 67,5 X 29,5
Scala / *Scale*: 1:10
Archivio / *Archive*: coll. Corda CU-4
Note / *Notes*: Tagliato su margine superiore. / *Cut on the upper margin.*

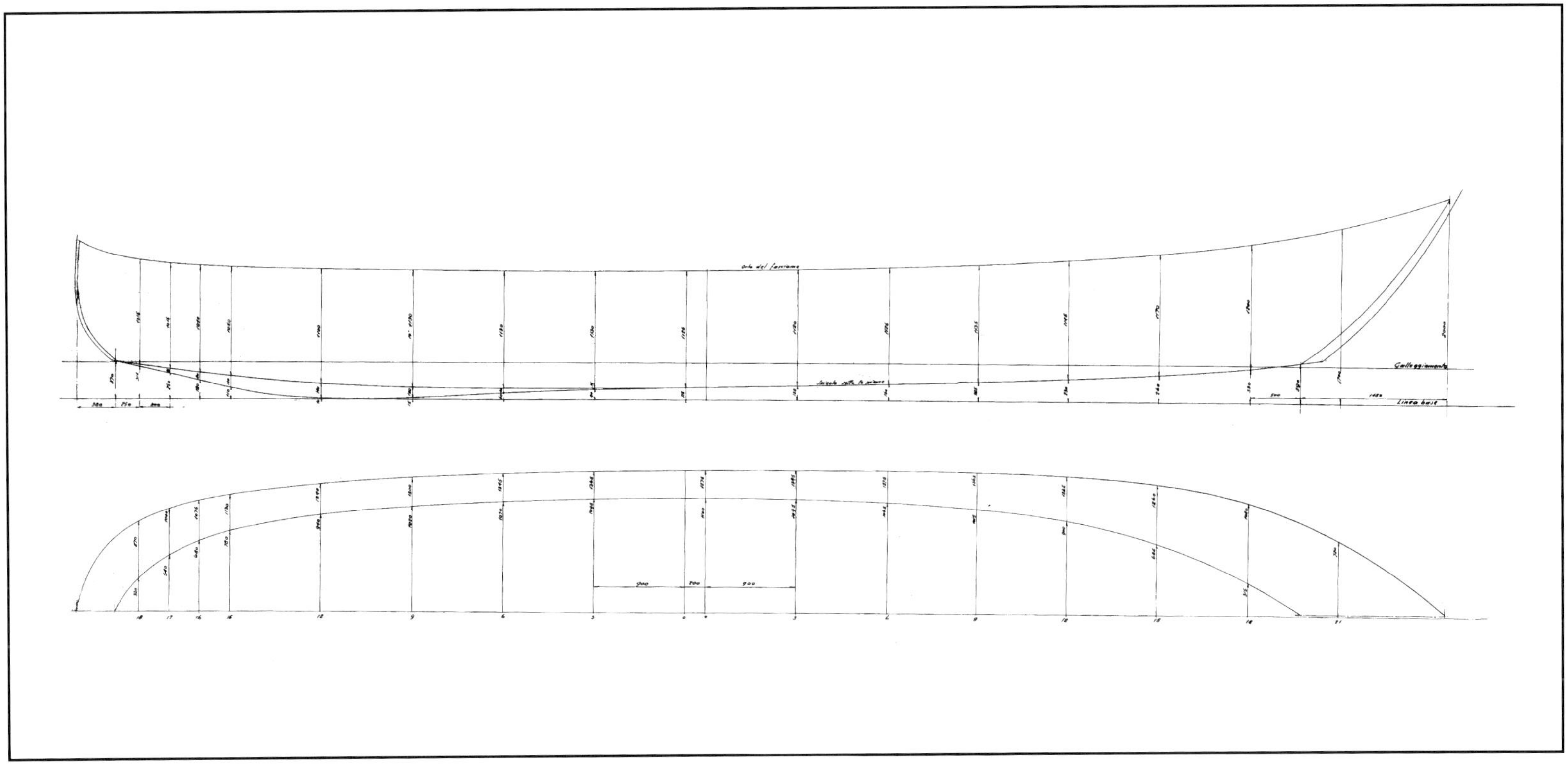

Cat. N.: **P 38 (non raff. / *not shown*)**
Soggetto / *Subject* A. d. R.: **Progetto per l'installazione del motore su un *topo.* / *Project for the installation of a motor in a* topo.**
Scritte / *Text*: quote e indicazioni / *dimensions and indications*
A matita sul motore / *in pencil on the motor* "Deuz da 20 hp"
Autore / *Draughtsman*: n. i.
Data / *Date*: s.d.
Tecnica / *Technique*: matita e penna rosa su lucido / *pencil and pink pen on tracing paper*
Dimensioni / *Dimensions*: c. 82 x 33
Scala / *Scale*: 1:10
Archivio / *Archive*: coll. Corda CU-31
Note / *Notes*: Disegno tagliato sul lato destro. La linea tratteggiata rossa indica la modifica da eseguirsi sul fondo per ospitare il carter del motore. *Drawing torn on the right side. The red dashed line indicates the modifications that need to be carried out to the bottom in order to house the crankcase of the motor.*

Cat. N.: **P 35**
Soggetto / *Subject* A. d. R.: **Mototopo da 150 q, linee.**
Scritte / *Text*: quote senza didascalia / *dimensions without captions*
Autore / *Draughtsman*: n. i.
Data / *Date*: s.d.
Tecnica / *Technique*: china su carta da lucido / *ink on tracing paper*
Dimensioni / *Dimensions*: C. senza squadratura / without squaring 115,6 x 47,3
Scala / *Scale*: 1:15
Archivio / *Archive*: coll. Corda CU-5
Note / *Notes*: Copia di lavoro con correzione a matita del giro della poppa. / *Work copy with corrections of the stern shape in pencil.*

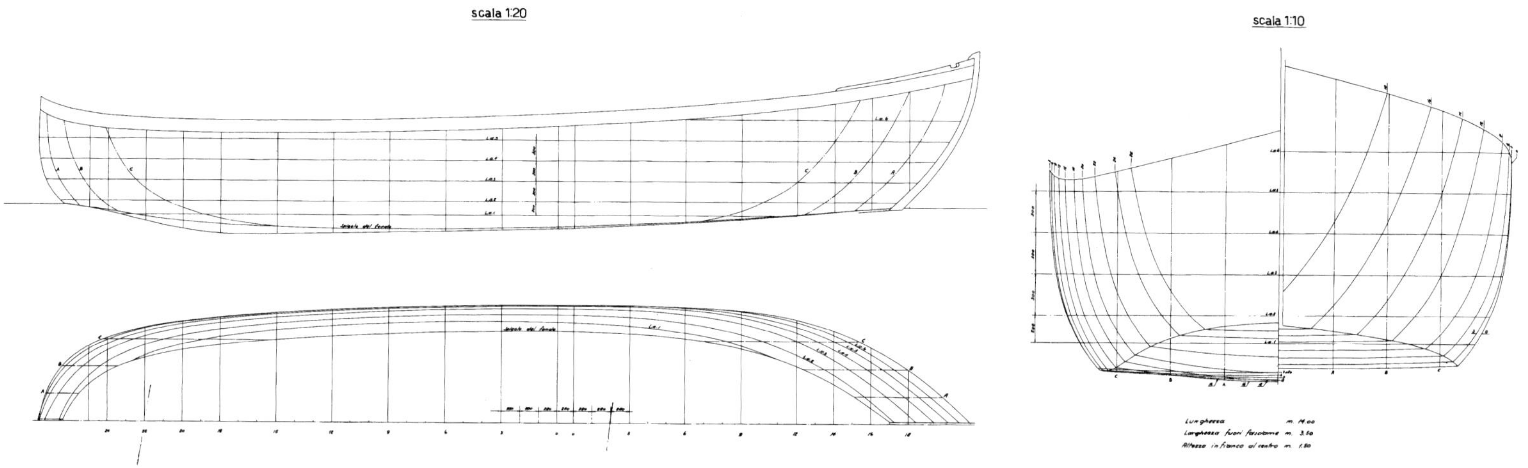

Cat. N.: **P 40.**
Soggetto / *Subject* A.d.D.: **Mototrasporto da 20 tonn. / *20 tonne motorised transport boat***
Scritte / *Text*: dimensioni / *dimensions.* Sul retro a penna blu / *On the back in blue ink*: "Bennati motobarche."
Autore / *Draughtsman*: n. i.
Data / *Date*: s. d.
Tecnica / *Technique*: china su carta da lucido / *ink on tracing paper*
Dimensioni / *Dimensions*: riq. / *frame* 1213x428
Scala / *Scale*: 1:10 1:20
Archivio / *Archive*: coll. Corda CU-3

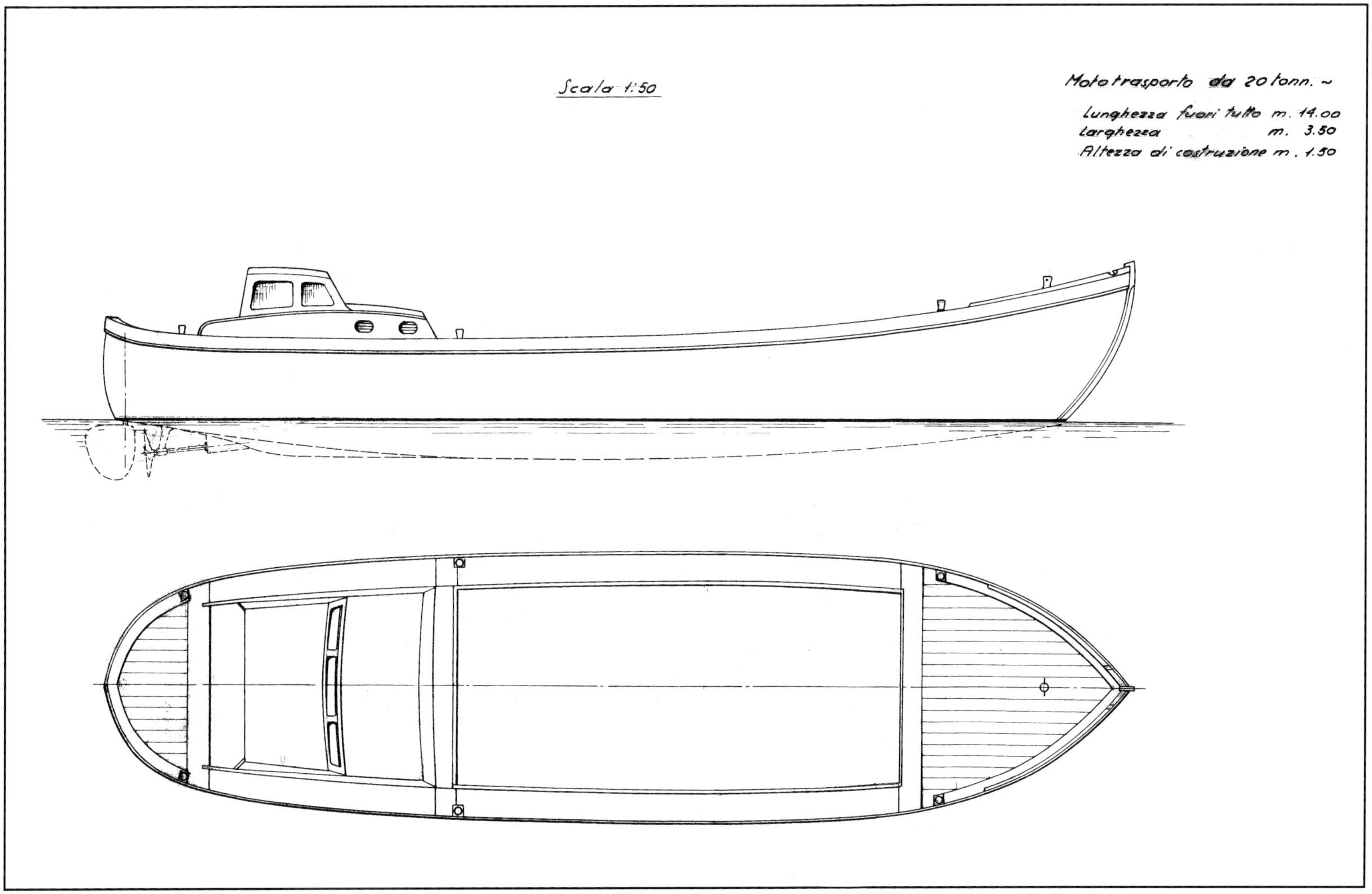

Cat. N.:	**P 41.**
Soggetto / *Subject* A.d.D.:	**Mototrasporto da 20 tonn. / *20 tonne motorised transport boat***
Scritte / *Text*:	Sul retro a penna blu / *On the back in blue ink*: "Mototopo da 20 tonn." dimensioni. / *dimensions*
Autore / *Draughtsman*:	n. i.
Data / *Date*:	s. d.
Tecnica / *Technique*:	china su carta da lucido / *ink on tracing paper*
Dimensioni / *Dimensions*:	riq. / *frame* 384x244
Scala / *Scale*:	1:50
Archivio / *Archive*:	coll. Corda CU-30

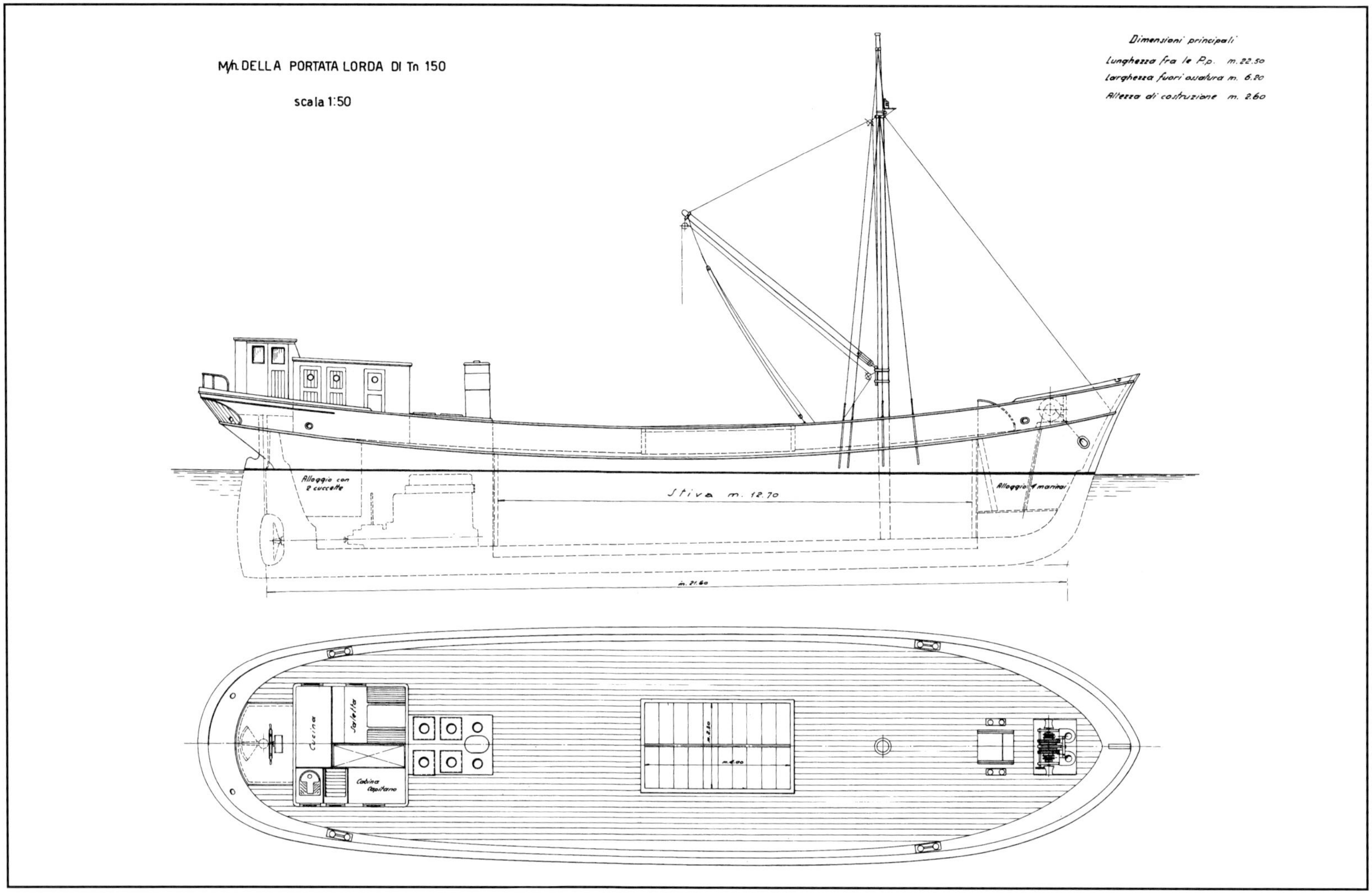

Cat. N.: **P 43.**
Soggetto / *Subject* A.d.D.: **M/n. della portata lorda di tn 150.**
Scritte / *Text*: Dimensioni principali e disposizioni della stiva / *Principal dimensions and layout of the hold*
Autore / *Draughtsman*: n. i.
Data / *Date:* s.d.
Tecnica / *Technique*: china su lucido / *ink on tracing paper*
Dimensioni / *Dimensions*: riq. / *frame* 615x490
Scala / *Scale*: 1:50
Archivio / *Archive*: coll. Corda CU-55

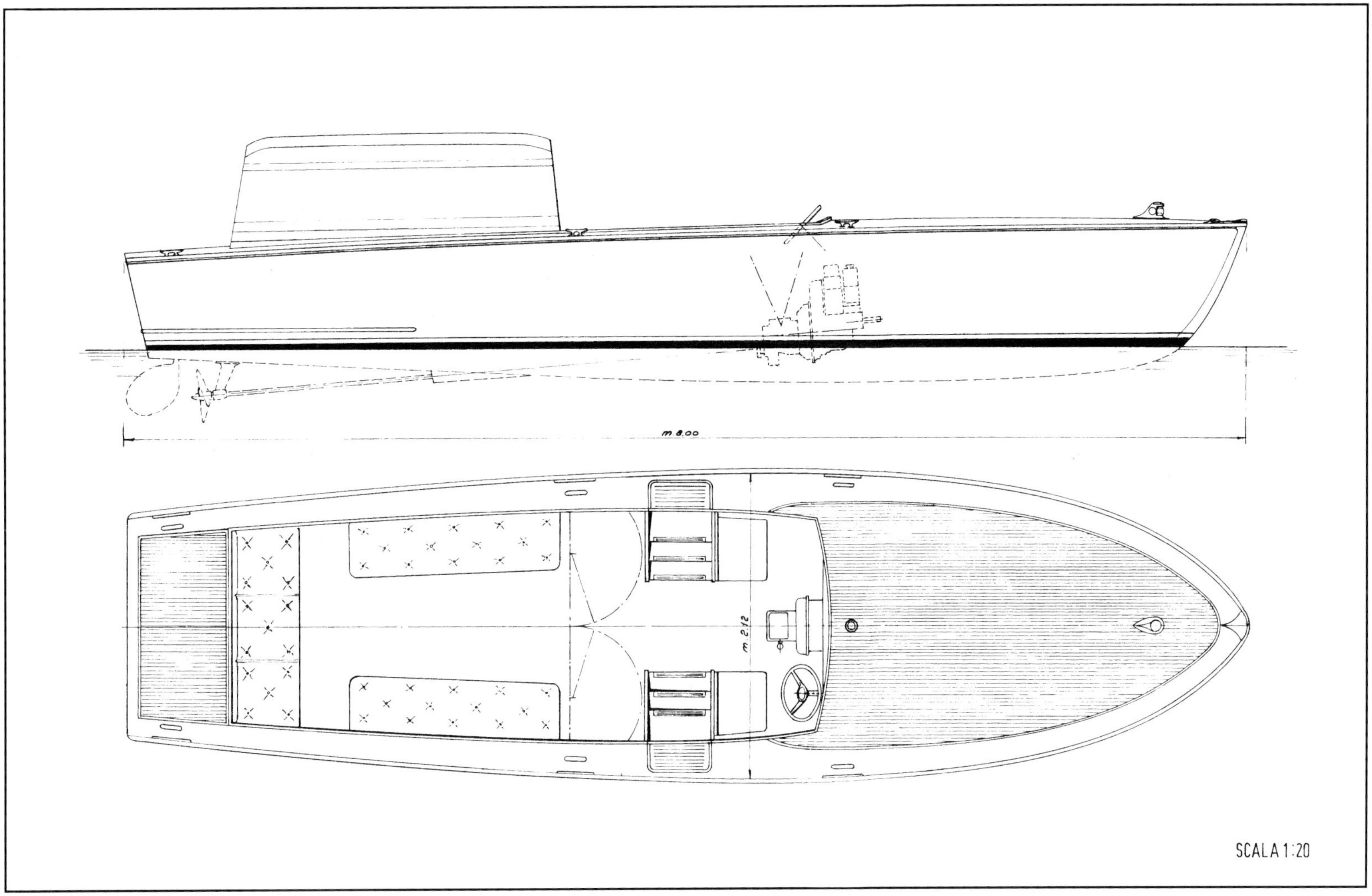

Cat. N.: **P 42.**
Soggetto / *Subject* A.d.R.: **Motoscafo passeggeri - Vista laterale e pianta / *Passenger motorboat - Side view and plan***
Scritte / *Text:* quote / *dimensions*
Autore / *Draughtsman*: n. i.
Data / *Date:* s.d.
Tecnica / *Technique*: copia eliografica / *heliographic copy*
Dimensioni / *Dimensions*: riq. / *frame* 320x607
Scala / *Scale*: 1:20
Archivio / *Archive*: coll. Corda CU-12

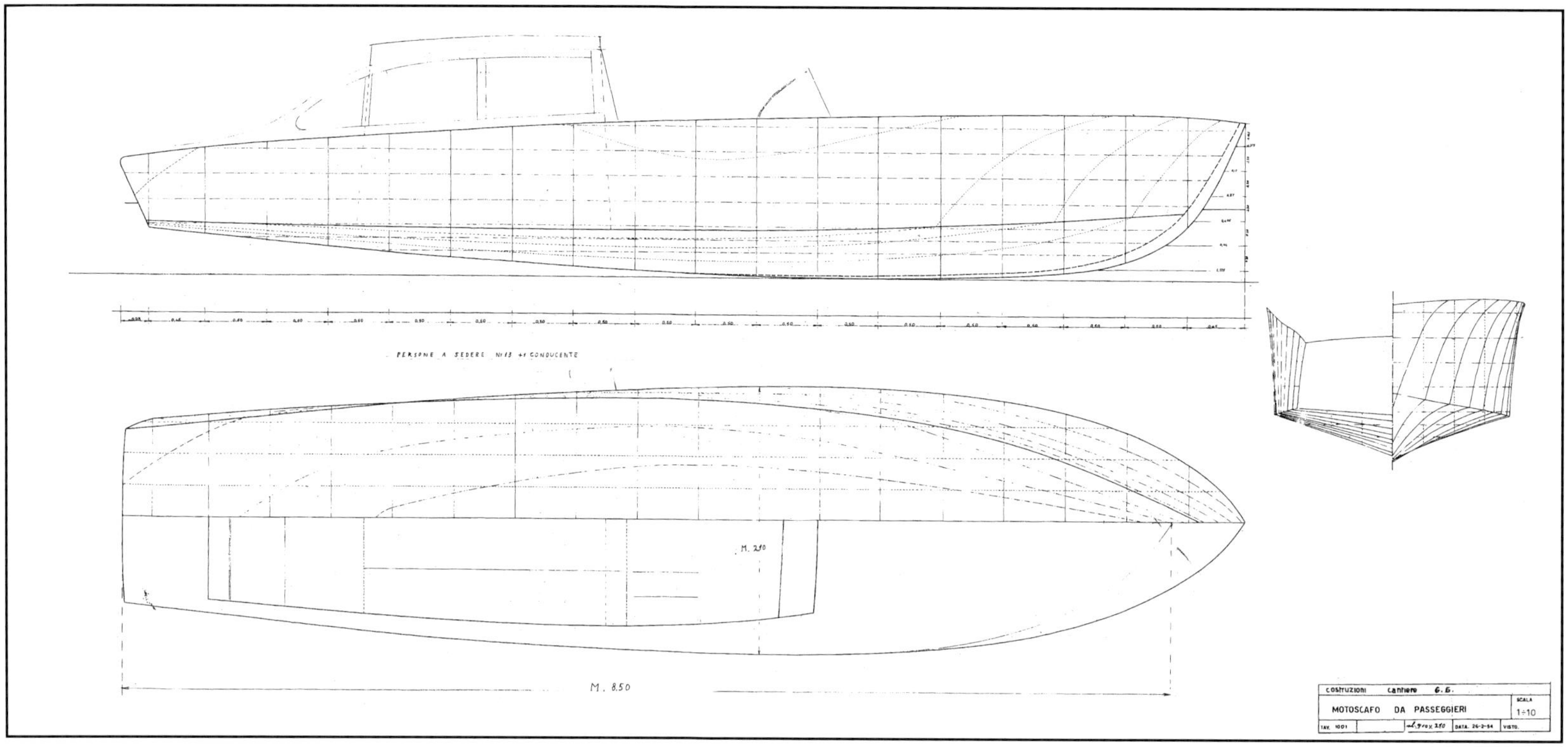

Cat. N.:	**P 408.**
Soggetto / *Subject* A.d.D.:	**Motoscafo da passeggieri [sic] / *Passenger motor boat***
Scritte / *Text*:	"Costruzioni cantiere G. G. Persone a sedere n. 13 + conducente. Tav. 1001." quote / *dimensions*
Autore / *Draughtsman*:	n. i.
Data / *Date*:	26-2-54
Tecnica / *Technique*:	copia eliografica / *heliographic copy*
Dimensioni / *Dimensions*:	riq. / *frame* 1222x561
Scala / *Scale*:	1:10
Archivio / *Archive*:	coll. del redattore / *editor's collection*

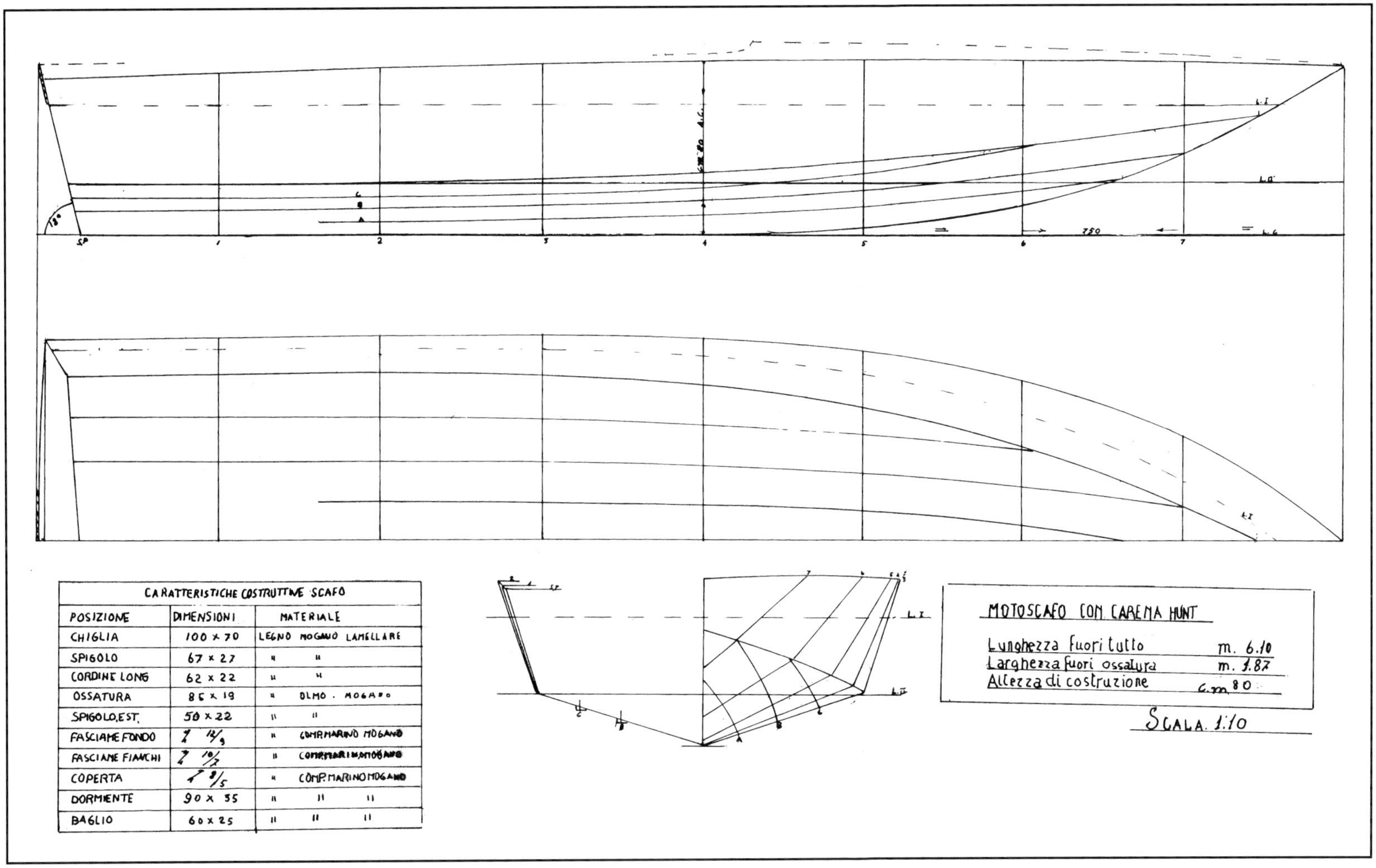

Questi piani di costruzione fanno parte di una serie conservata presso il cantiere Cantiere Nautico "Bote" di Mario Vianello, Marco e Duilio Cavalier; l'autore è attribuito dal figlio ad Ennio Vianello detto "Bote".

These construction plans are part of a series kept at the Nautical Boatyard "Bote" owned by Mario Vianello, Marco and Duilio Cavalier; the drawings are attributed by his son to Ennio Vianello known as "Bote".

Cat. N.:	**P 340 (non raff. / *not shown*)**
Soggetto / *Subject* A.d.R.:	**Mascareta?**
Scritte / *Text:*	-
Autore / *Draughtsman*:	n. i., attribuito a / *attributed to* Ennio Vianello "Bote".
Data / *Date:*	s. d. (1975 ca.)
Tecnica / *Technique*:	china su lucido / *ink on tracing paper*
Dimensioni / *Dimensions*:	c. 1000 x 550
Scala / *Scale*:	n. i., l. f.t. 747 mm, 1:10?
Archivio / *Archive*:	della famiglia / *family archive*

Cat. N.:	**P 341**
Soggetto / *Subject* A.d.D.:	**Motoscafo con carena Hunt. / Motor boat with Hunt keel.**
Scritte / *Text:*	quote e indicazioni tecniche / *dimensions and technical indications*
Autore / *Draughtsman*:	n. i., attribuito a / *attributed to* Ennio Vianello "Bote".
Data / *Date:*	s. d.
Tecnica / *Technique*:	china su lucido / *ink on tracing paper.*
Dimensioni / *Dimensions*:	c. 620 x 403
Scala / *Scale*:	1:10
Archivio / *Archive*:	della famiglia / *family archive*

Cat. N.:	**P 342 (non raff. / *not shown*)**
Soggetto / *Subject* A.d.R.:	**Motoscafo di 4,20 m. / *4.2 m motorboat***
Scritte / *Text*:	quote / *dimensions*
Autore / *Draughtsman*:	n. i., attribuito a / *attributed to* Ennio Vianello "Bote".
Data / *Date*:	s. d.
Tecnica / *Technique*:	china su lucido / *ink on tracing paper.*
Dimensioni / *Dimensions*:	riq. / *frame* 780 x 590
Scala / *Scale*:	1:10
Archivio / *Archive*:	della famiglia / *family archive*

Cat. N.:	**P 343 (non raff. / *not shown*)**
Soggetto / *Subject* A.d.R.:	**Motoscafo cabinato / *motorboat with cabin***
Scritte / *Text*:	-
Autore / *Draughtsman*:	n. i., attribuito a / *attributed to* Ennio Vianello "Bote".
Data / *Date*:	s. d.
Tecnica / *Technique*:	matita sul retro di un manifesto sportivo / *pencil on the back of a sports poster*
Dimensioni / *Dimensions*:	riq. / *frame* 1135 x 500
Scala / *Scale*:	n. i.
Archivio / Archive:	della famiglia / *family archive*

Vari a motore / *Various motor boats*

Cat. N.:	**P 338 (non raff. / *not shown*)**
Soggetto / *Subject* A.d.R.:	**Mototopo, sezioni / *sections***
Scritte / *Text*:	-
Autore / *Draughtsman*:	n. i.
Data / *Date*:	s. d.
Tecnica / *Technique*:	matita su carta / *pencil on paper*
Dimensioni / *Dimensions*:	c. irr. 600x575
Scala / *Scale*:	1:
Archivio / *Archive*:	del redattore / *editor's collection*
Note / *Notes*:	Si tratta di un disegno preparatorio, a destra lo schizzo della sezione con i legni impiegati. *This is a preparatory drawing, on the right is the sketch of the section with the types of wood used.*

Cat. N.:	**P 339 (non raff. / *not shown*)**
Soggetto / *Subject* A.d.D.:	**Lancia di m.i 9,50. / *9.5 m launch***
Scritte / *Text*:	dimensioni / *dimensions* "4068. 1835 A. 1°. 9- 99. Tav. '13'."
Autore / *Draughtsman*:	ill. Visto Vidale. Visto il Contrammiraglio Direttore Generale F. Grenet.
Data / *Date*:	9 settembre 1899
Tecnica / *Technique*:	copia elio
Dimensioni / *Dimensions*:	carta 1450x615
Scala / *Scale*:	1:10
Archivio / *Archive*:	del redattore / *editor's collection*

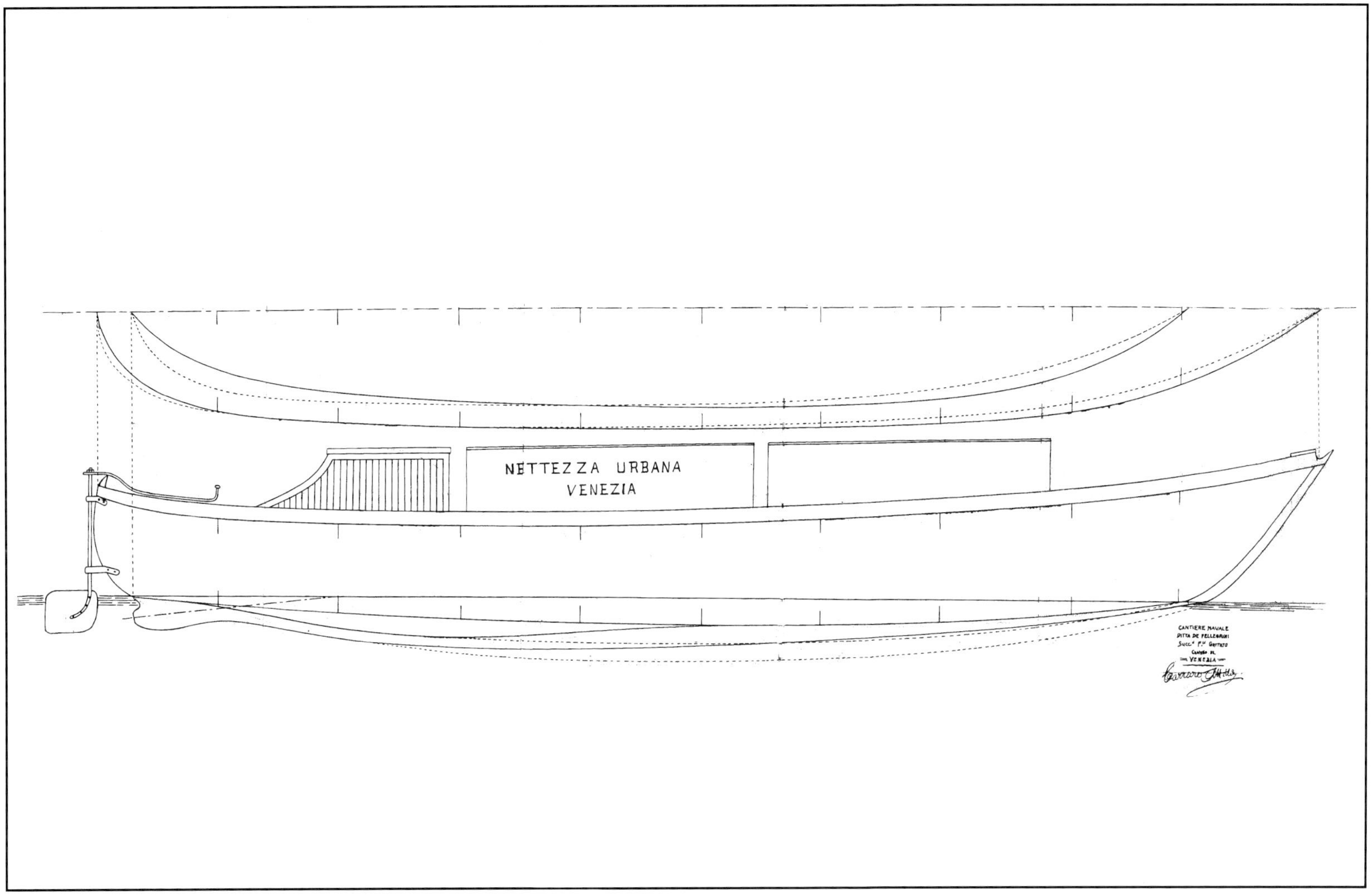

Cat. N.: **P 336**
Soggetto / *Subject* A.d.R.: **Mototopo nettezza urbana. / *City cleaning* mototopo**
Scritte / *Text:* "Nettezza Urbana Venezia".
Autore / *Draughtsman*: Carraro Attilio
Data / *Date:* s. d.
Tecnica / *Technique*: china su lucido / *ink on tracing paper*
Dimensioni / *Dimensions*: c. 1130x347
Scala / *Scale*: n. i.
Archivio / *Archive*: del redattore / *editor's collection*

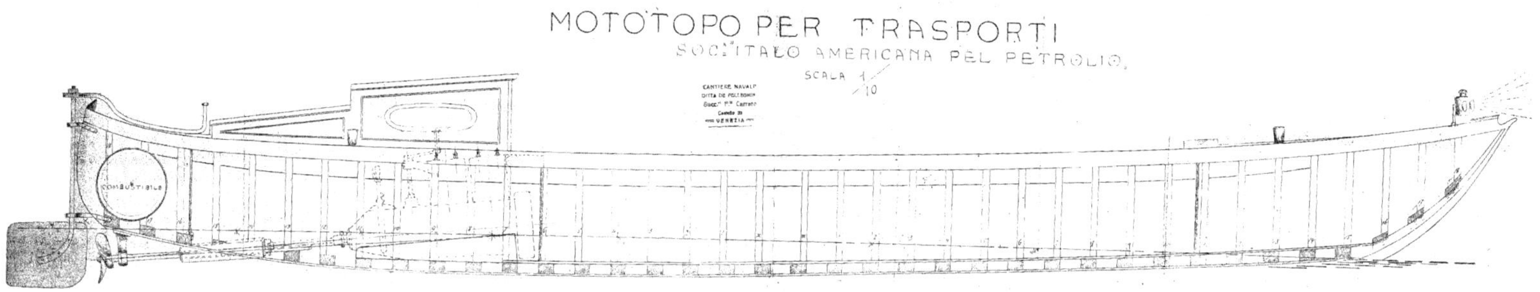

Cat. N.:	**P 337**
Soggetto / *Subject* A. d. D.:	**Mototopo per trasporti.**
Scritte / *Text*:	"Soc.a Italo Americana pel Petrolio." Timbro / *Stamp*: "Cantiere Navale ditta De Pellegrini. Succ.ri F.lli Carraro. Castello 32 Venezia."
Autore / *Draughtsman*:	n. i.
Data / *Date*:	s. d.
Tecnica / *Technique*:	copia elio, con ann. a matita e penna rossa *heliographic copy with notes in pencil and red pen*
Dimensioni / *Dimensions*:	c. 1230x275
Scala / *Scale*:	1/10
Archivio / *Archive*:	del redattore / *editor's collection*

203

VAPORETTI

I vaporetti sono da sempre riconosciuti da veneziani e stranieri come imbarcazioni tipiche veneziane e come tali gli abbiamo inseriti nel nostro catalogo. La loro storia, con tutte le varianti costruite in passato e con le ultime novità varate proprio in questi giorni, meriterebbe uno studio più approfondito che speriamo di poter eseguire al più presto. Per il momento mettiamo a disposizione degli appassionati questa che è solo una prima, imperfetta, scelta del vastissimo archivio dell'ACTV, l'azienda che gestisce il trasporto pubblico a Venezia.

The vaporetti *are recognised by Venetians and non-Venetians as typical Venetian boats and as such we have included them in our catalogue. Their history, with all the variations built in the past and with the latest types currently being launched, deserves a more in-depth study which we hope to be able to carry out as soon as possible. For the moment we can offer the following examples which are a first, imperfect selection chosen from the vast archives of the ACTV, the company which manages the public transport in Venice.*

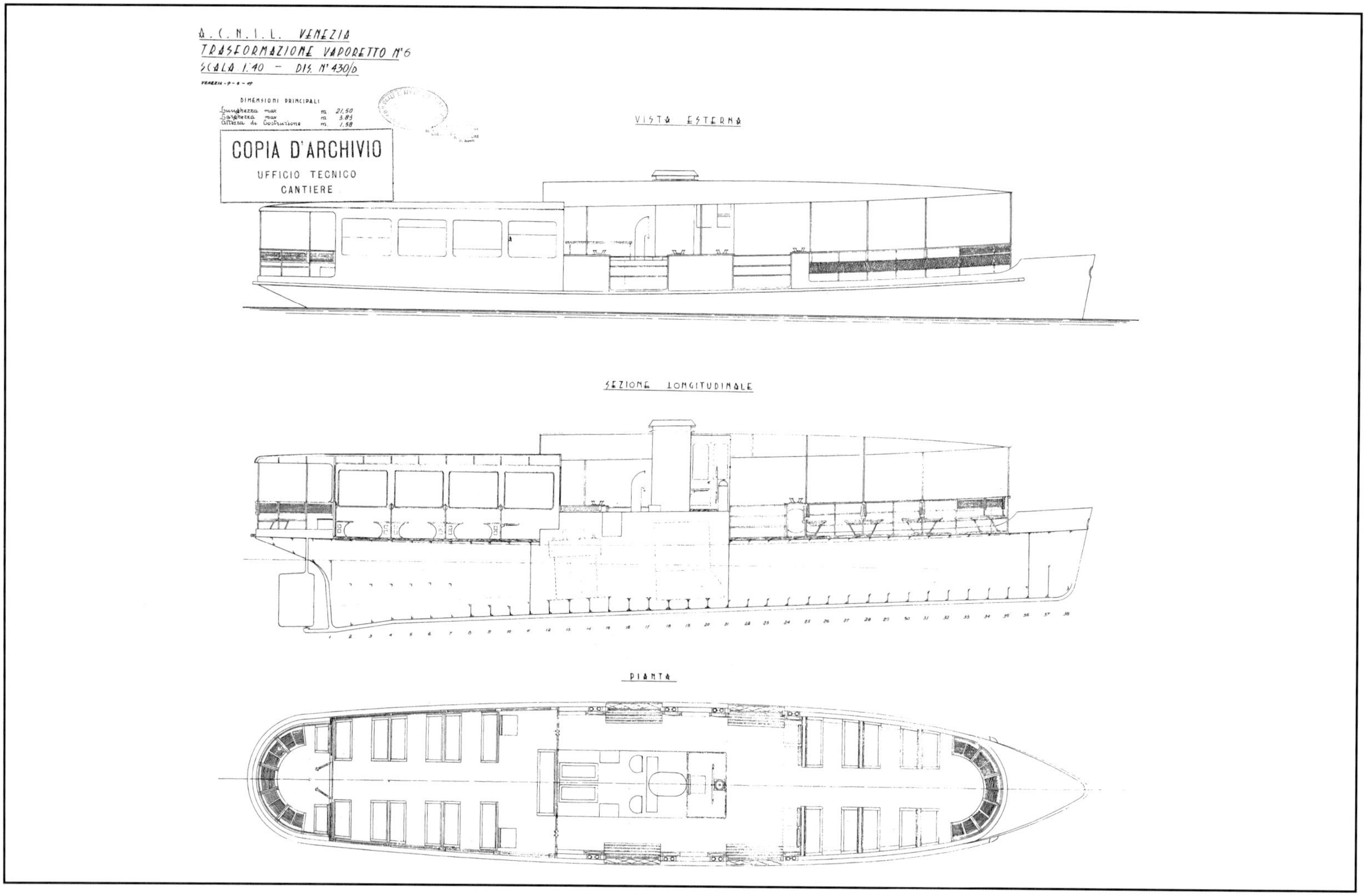

Cat. N.: **P 63**
Soggetto / *Subject* A. d. D.: **Trasformazione vaporetto n°6.**
Scritte / *Text*: A.C.N.I.L. Venezia. Dis. n° 430/D. dimensioni principali / *principal dimensions*
Autore / *Draughtsman*: n. i.
Data / *Date*: 9-8-49
Tecnica / *Technique*: copia eliografica / *heliographic copy*
Dimensioni / *Dimensions*: riq. / *frame* 640x560
Scala / *Scale*: 1:40
Archivio / *Archive*: ACTV

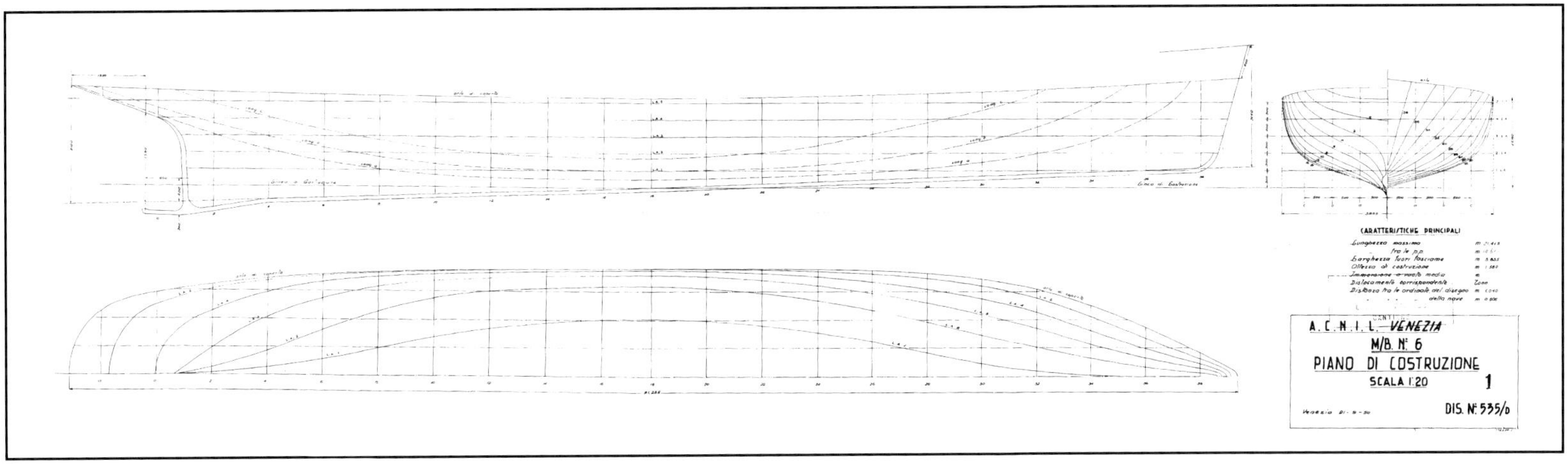

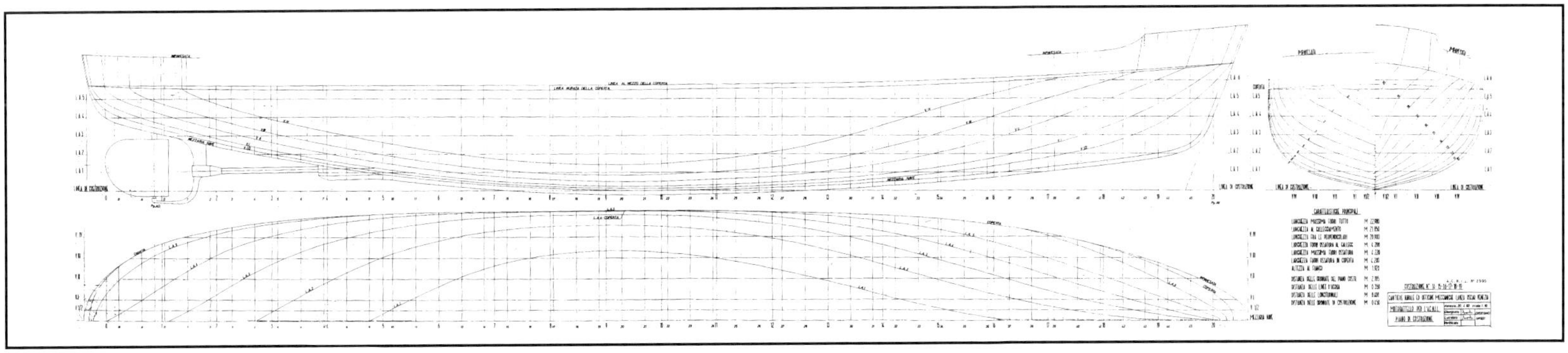

Cat. N.: **P 70**
Soggetto / *Subject* A. d. D.: **M/B. N° 6 Piano di costruzione. / *Construction plan***
Scritte / *Text*: "A.C.N.I.L. Venezia. Dis. n° 535/D." caratteristiche principali / *principal characteristics*
Autore / *Draughtsman*: n. i.
Data / *Date*: Venezia 21-9-50
Tecnica / *Technique*: copia eliografica / *heliographic copy*
Dimensioni / *Dimensions*: riq. / *frame* 1374x384
Scala / *Scale*: 1:20
Archivio / *Archive*: ACTV

Cat. N.: **P 67**
Soggetto / *Subject* A. d. D.: **Motobattello per A.C.N.I.L. Piano di costruzione / *Construction plan***
Scritte / *Text*: "Cantiere navale ed officine meccaniche Lanza Oscar Venezia. Dis. 601 A.C.N.I.L.. n° 2393." dimensioni principali / *principal dimensions*
Autore / *Draughtsman*: ill.
Data / *Date*: 20-4-60
Tecnica / *Technique*: copia eliografica / *heliographic copy*
Dimensioni / *Dimensions*: riq. / *frame* 2790x588
Scala / *Scale*: 1:10
Archivio / *Archive*: ACTV

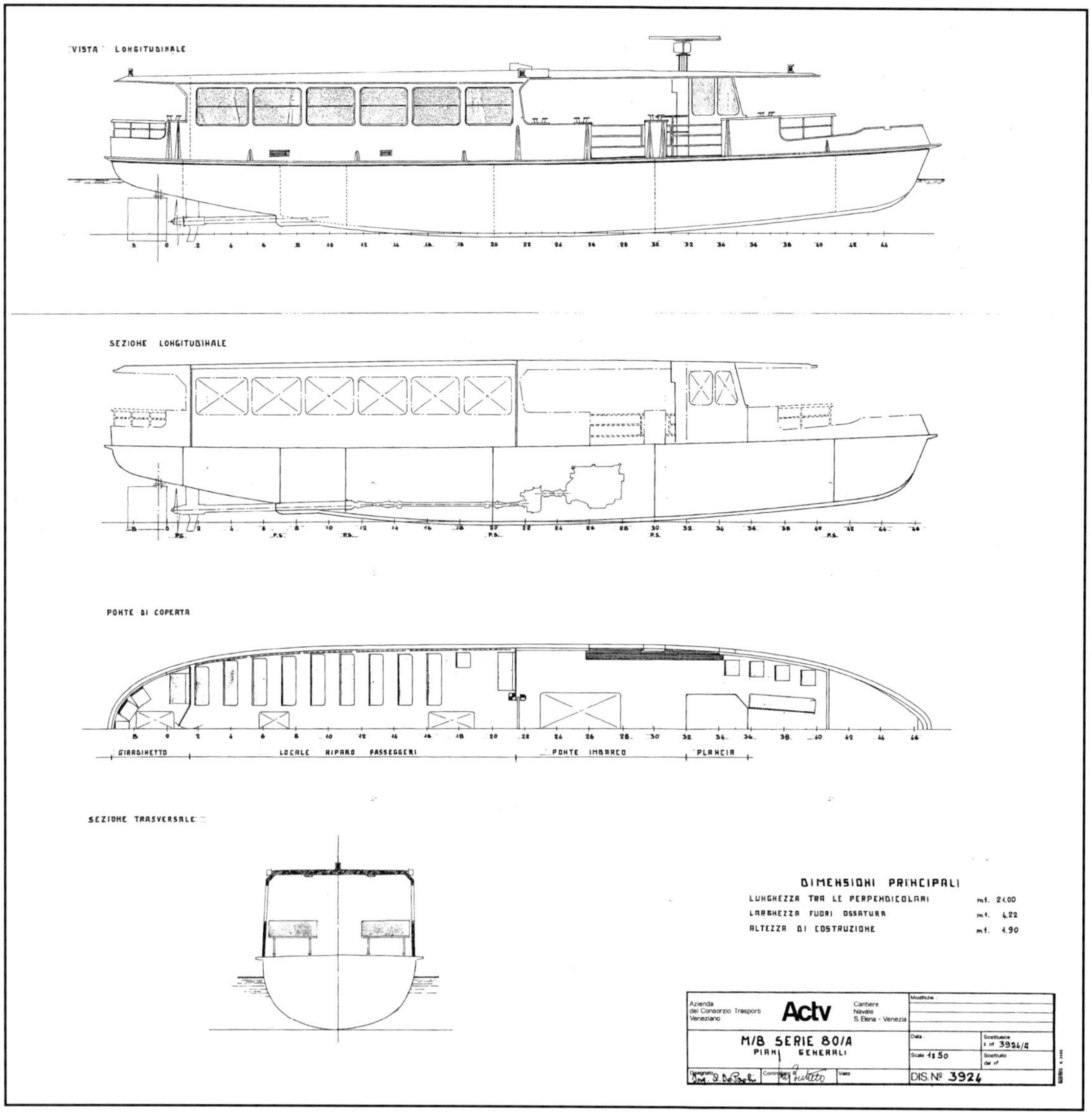

Cat. N.: **P 59**
Soggetto / *Subject* A. d. D.: **M/B serie 80/A. Piani generali.**
Scritte / *Text*: ACTV Venezia. Dis. n° 3924. Sostituisce il 3924/A. dimensioni principali / *principal dimensions*
Autore / *Draughtsman*: Ing. De Paoli
Data / *Date*: s. d.
Tecnica / *Technique*: copia xerografica / *xerographic copy*
Dimensioni / *Dimensions*: riq. / *frame* 576x580
Scala / *Scale*: 1:20
Archivio / *Archive*: ACTV

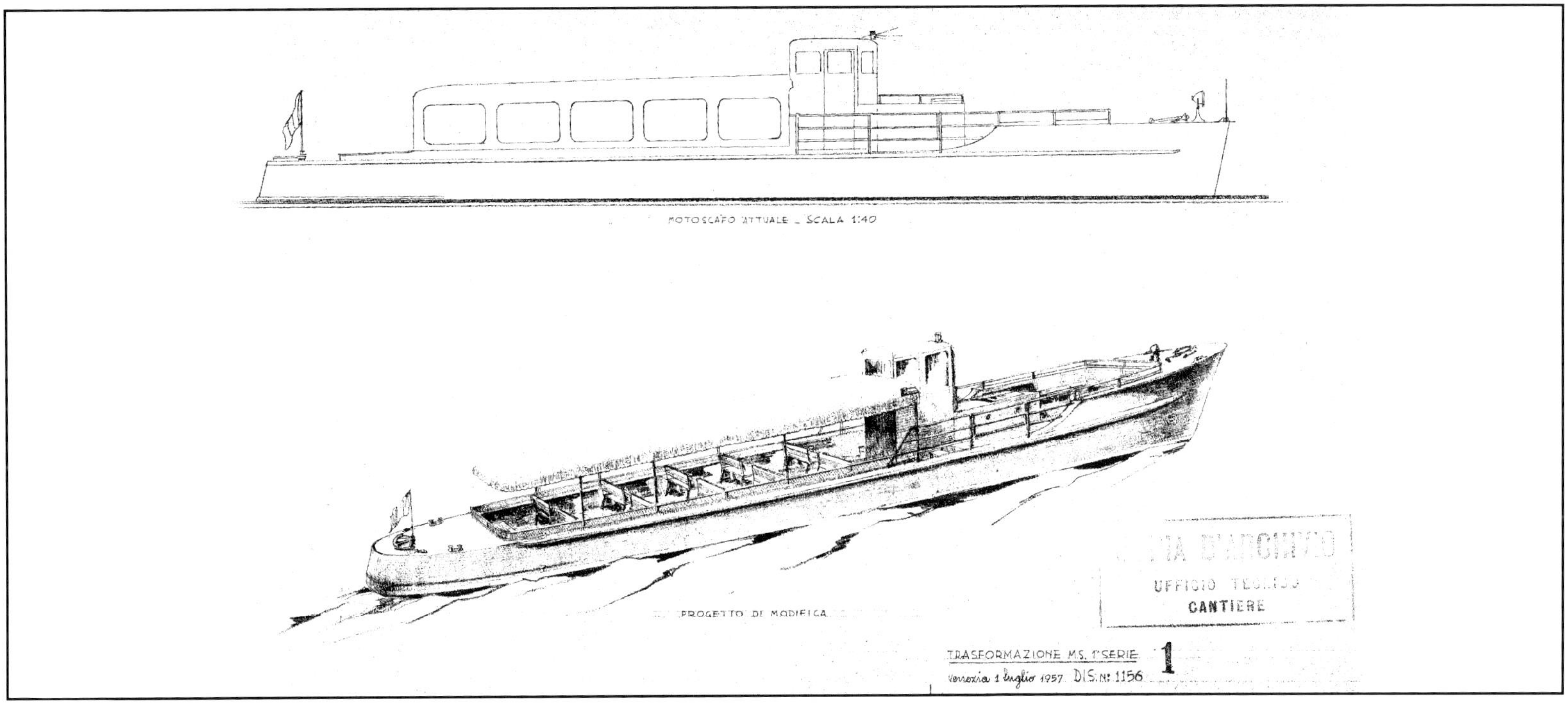

Cat. N.: **P 61**
Soggetto / *Subject* A. d. D.: **Trasformazione M/S 1°serie**
Scritte / *Text*: "Dis. n° 1156."
Autore / *Draughtsman*: ill.
Data / *Date*: Venezia 1 luglio 1957
Tecnica / *Technique*: copia eliografica / *heliographic copy*
Dimensioni / *Dimensions*: riq. / *frame* 687x296
Scala / *Scale*: 1:40
Archivio / *Archive*: ACTV

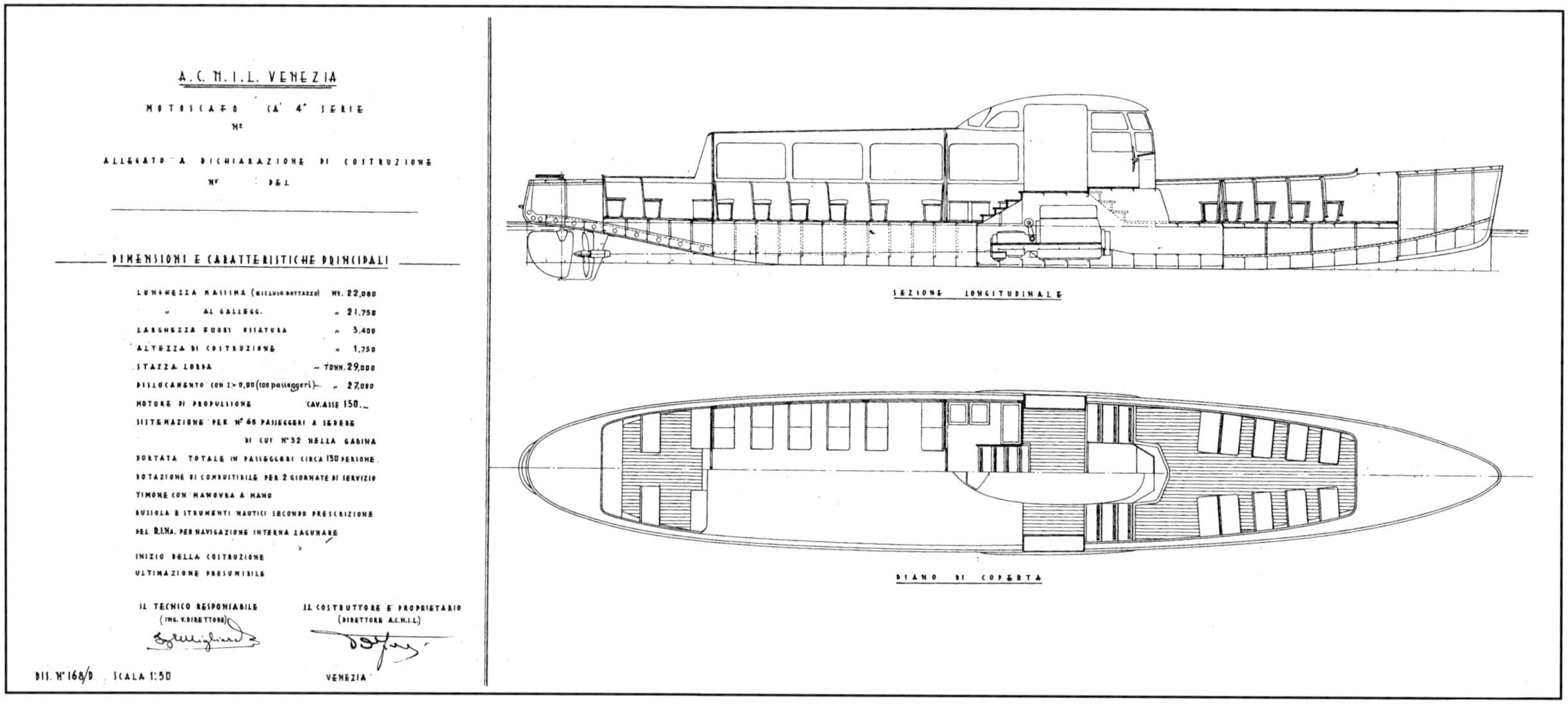

Cat. N.:	**p 72**
Soggetto / *Subject* A. d. D.:	**Motoscafo Ca' 4° serie. Allegato a dichiarazione di costruzione / *Attached to declaration of construction***
Scritte / *Text*:	"A.C.N.I.L. Venezia. Dis. n° 168/D." dimensioni principali / *principal dimensions*
Autore / *Draughtsman*:	ill.
Data / *Date*:	s. d.
Tecnica / *Technique*:	china su lucido / *ink on tracing paper*
Dimensioni / *Dimensions*:	riq. / *frame* 687x296
Scala / *Scale*:	1:50
Archivio / *Archive*:	ACTV

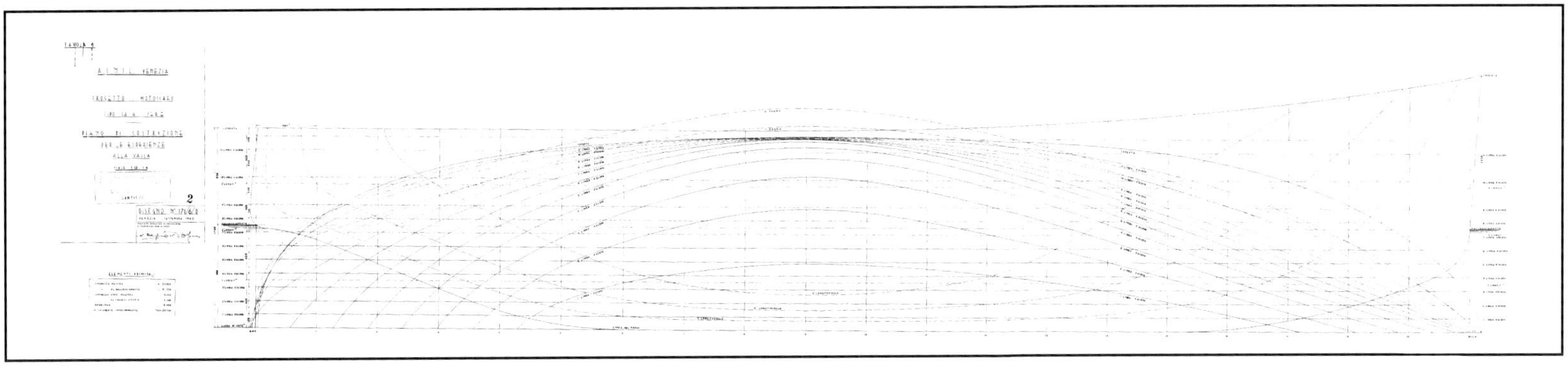

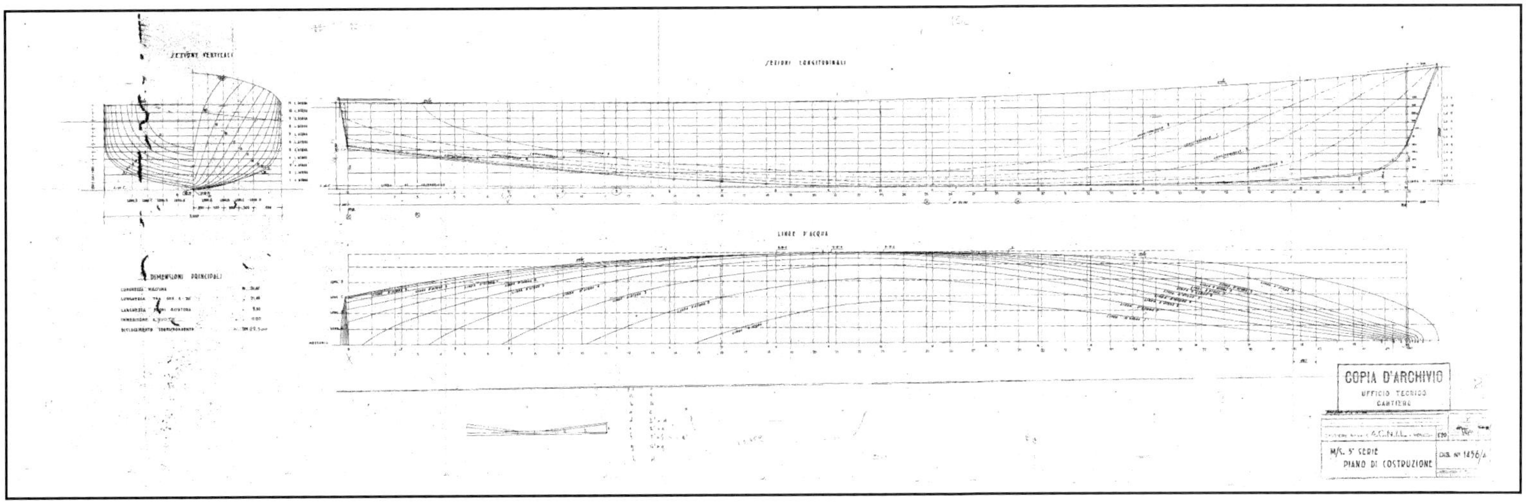

Cat. N.: **P 66**
Soggetto / *Subject* A. d. D.: **Progetto Motoscafo tipo Ca' 4° serie. Piano di costruzione per le esperienze in vasca. / Construction plan for the test model tank.**
Scritte / *Text*: A.C.N.I.L. Venezia. Dis. n° 171/6/D. Tavola "B". dimensioni principali / *principal dimensions*
Autore / *Draughtsman*: n. i.
Data / *Date*: Venezia Settembre 1943
Tecnica / *Technique*: copia eliografica / *heliographic copy*
Dimensioni / *Dimensions*: riq. / *frame* 2160x470
Scala / *Scale*: 1:12, 1:6
Archivio / *Archive*: ACTV

Cat. N.: **P 69**
Soggetto / *Subject* A. d. D.: **M/S 5° serie. Piano di costruzione.**
Scritte / *Text*: Cantiere Navale A.C.N.I.L. Venezia. Dis. n° 1456/A. dimensioni principali / *principal dimensions*
Autore / *Draughtsman*: ill.
Data / *Date*: 3-9-58, modificato il 13-10-958
Tecnica / *Technique*: copia eliografica / *heliographic copy*
Dimensioni / *Dimensions*: riq. / *frame* 1494x468
Scala / *Scale*: 1:16, 1:6
Archivio / Archive: ACTV
Note / *Notes*: Variazioni a penna rossa e calcoli a matita. *Variations in red pen and calculations in pencil.*

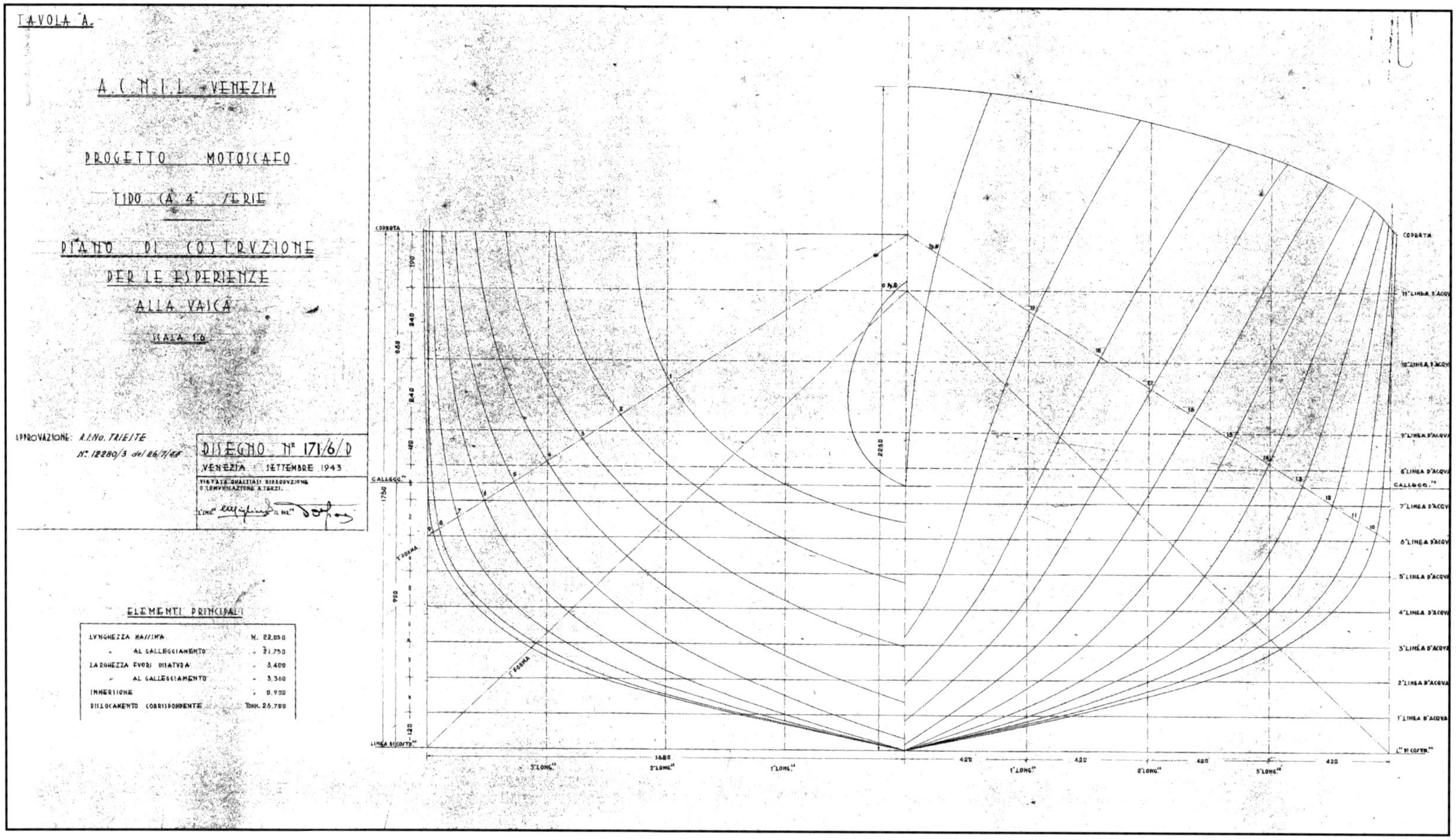

Cat. N.:	**P 79**
Soggetto / *Subject* A. d. D.:	**Progetto Motoscafo tipo Ca' 4° serie. Piano di costruzione per le esperienze alla vasca. / Construction plan for the test model tank.**
Scritte / *Text*:	"A.C.N.I.L. Venezia. Dis. n° 171/6/D. Tavola "A"." dimensioni principali / *principal dimensions*
Autore / *Draughtsman*:	n. i.
Data / *Date*:	Venezia Settembre 1943
Tecnica / *Technique*:	copia eliografica / *heliographic copy*
Dimensioni / *Dimensions*:	riq. / *frame* 843x468
Scala / *Scale*:	1:6
Archivio / *Archive*:	ACTV

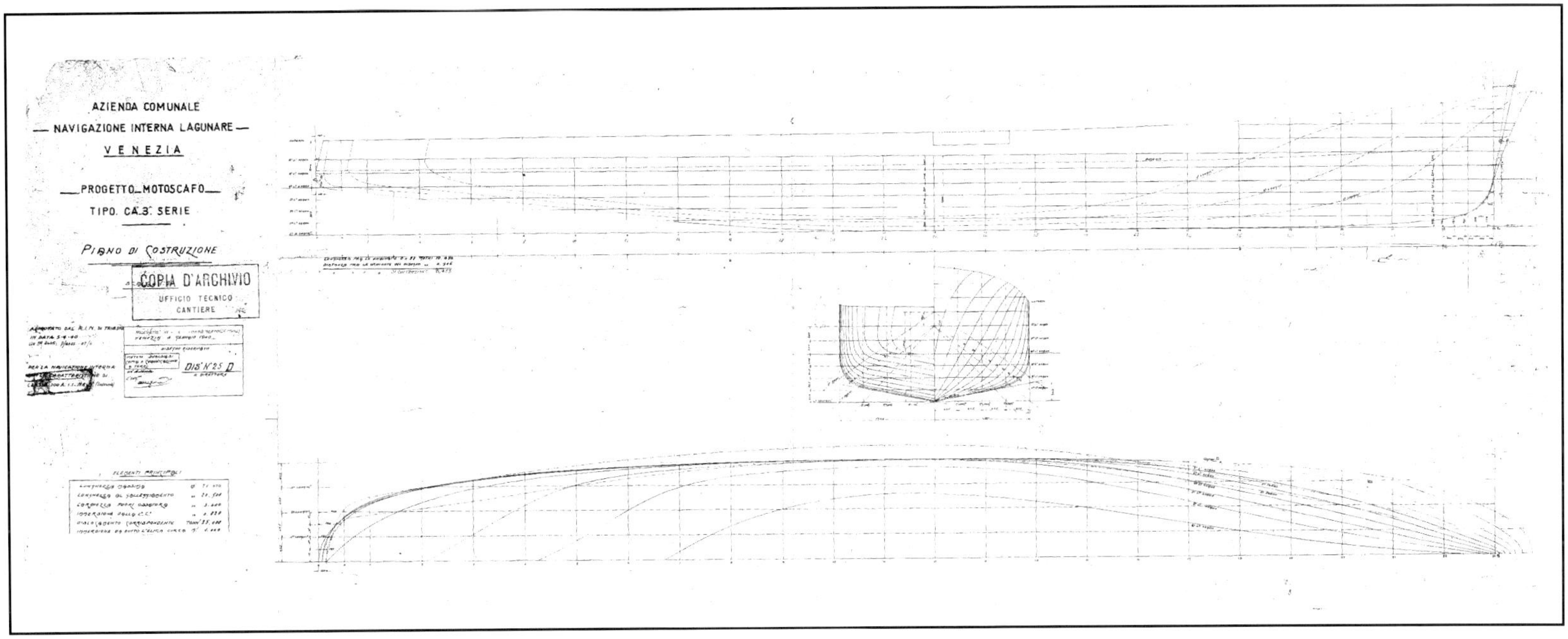

Cat. N.:	**P 62**
Soggetto / *Subject* A. d. D.:	**Progetto Motoscafo tipo Ca' 3° serie. Piano di costruzione. / *Construction plan***
Scritte / *Text*:	"A.C.N.I.L. Venezia. Dis. n° 25/D." elementi principali / *principal elements*
Autore / *Draughtsman*:	ill.
Data / *Date*:	Venezia 4 gennaio 1940
Tecnica / *Technique*:	copia eliografica / *heliographic copy*
Dimensioni / *Dimensions*:	riq. / *frame* 1347x520
Scala / *Scale*:	1:20
Archivio / *Archive*:	ACTV

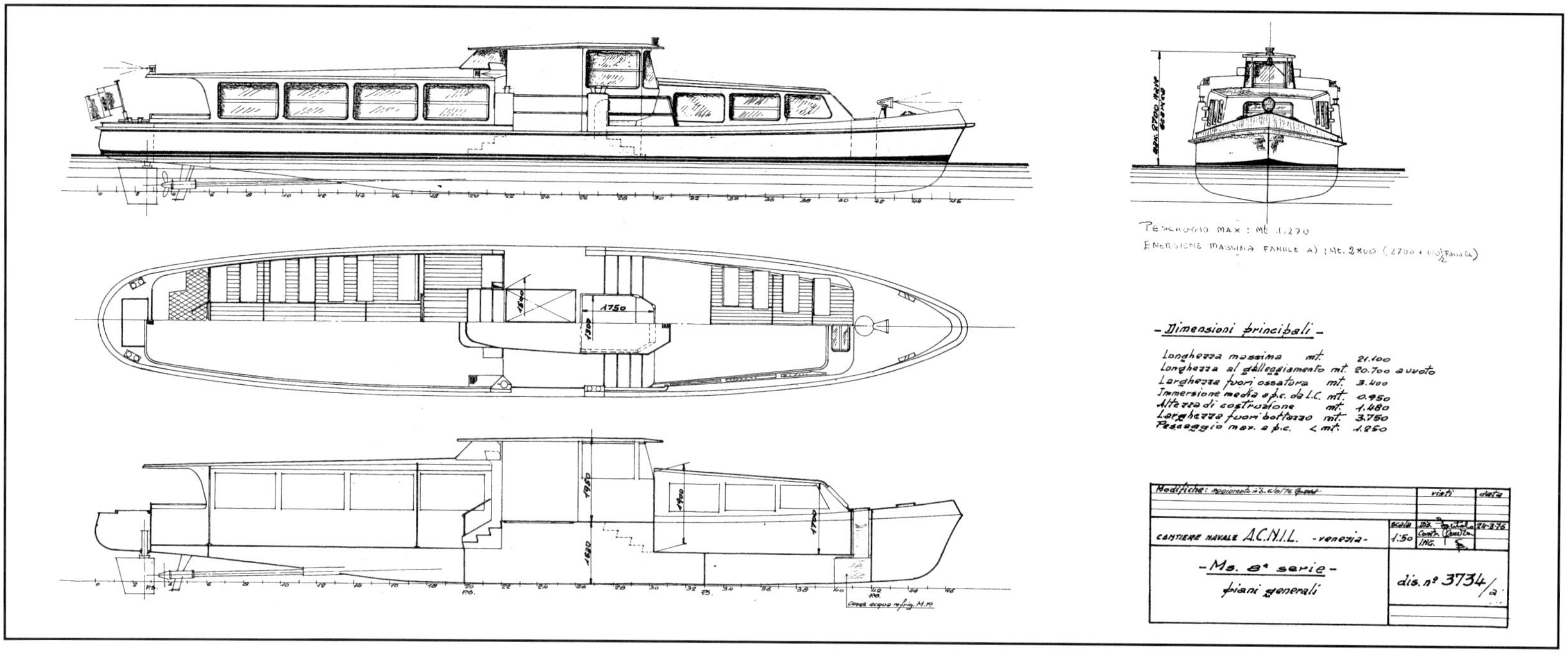

Cat. N.: **P 71**
Soggetto / *Subject* A. d. D.: **M/S 8° serie. Piani generali. / General plans**
Scritte / *Text*: "Cantiere Navale A.C.N.I.L. Venezia. Dis. n° 3734/a." dimensioni principali / *principal dimensions*
Autore / *Draughtsman*: ill.
Data / *Date*: 24-3-76
Tecnica / *Technique*: copia eliografica / *heliographic copy*
Dimensioni / *Dimensions*: riq. / *frame* 723x287
Scala / *Scale*: 1:50
Archivio / *Archive*: ACTV

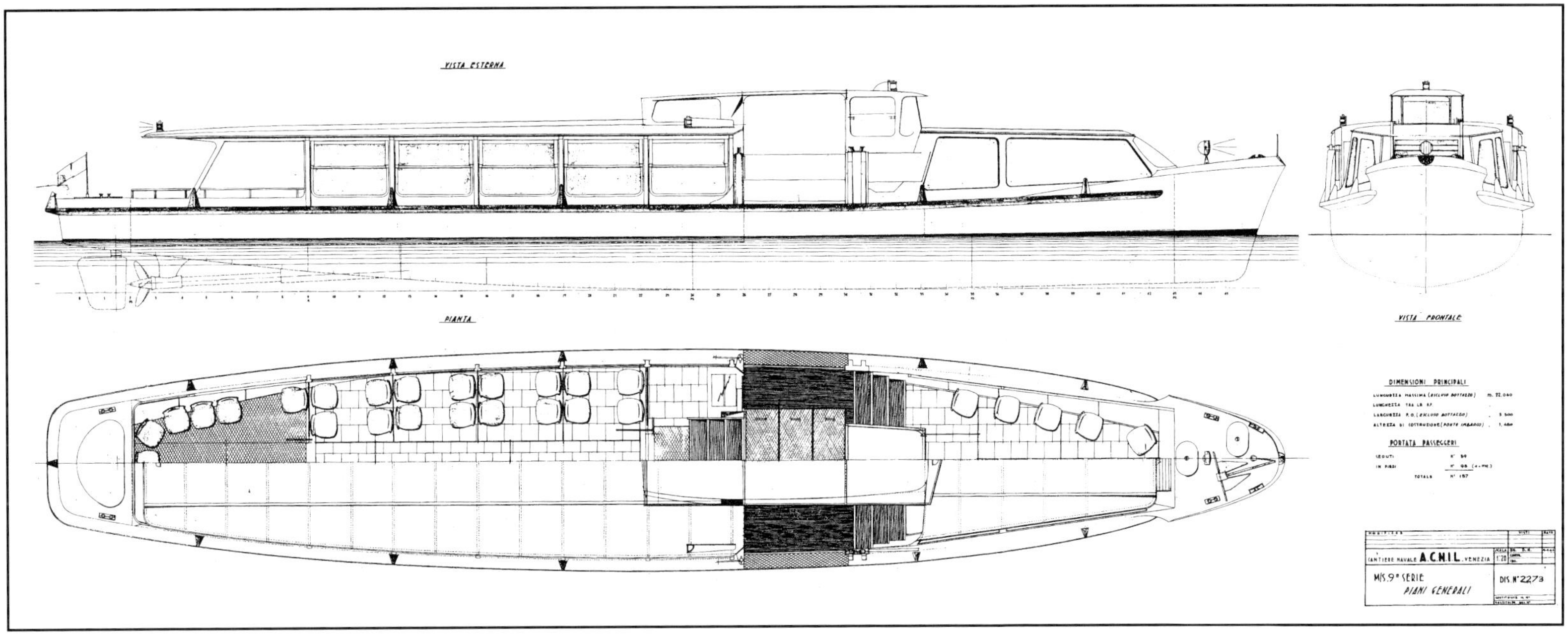

Cat. N.:	**P 64**
Soggetto / *Subject* A. d. D.:	**M/S 9° serie. Piani generali. / General plans**
Scritte / *Text*:	"Cantiere Navale A.C.N.I.L. Venezia. Dis. n° 2273." dimensioni principali / *principal dimensions*
Autore / *Draughtsman*:	n. i.
Data / *Date*:	4-4-64
Tecnica / *Technique*:	copia eliografica su lucido / *heliographic copy on tracing paper*
Dimensioni / *Dimensions*:	riq. / *frame* 1370x537
Scala / *Scale*:	1:20
Archivio / *Archive*:	ACTV
Note / *Notes*:	Cancellazioni e variazioni a penna nera. *Deletions and variations in black pen.*

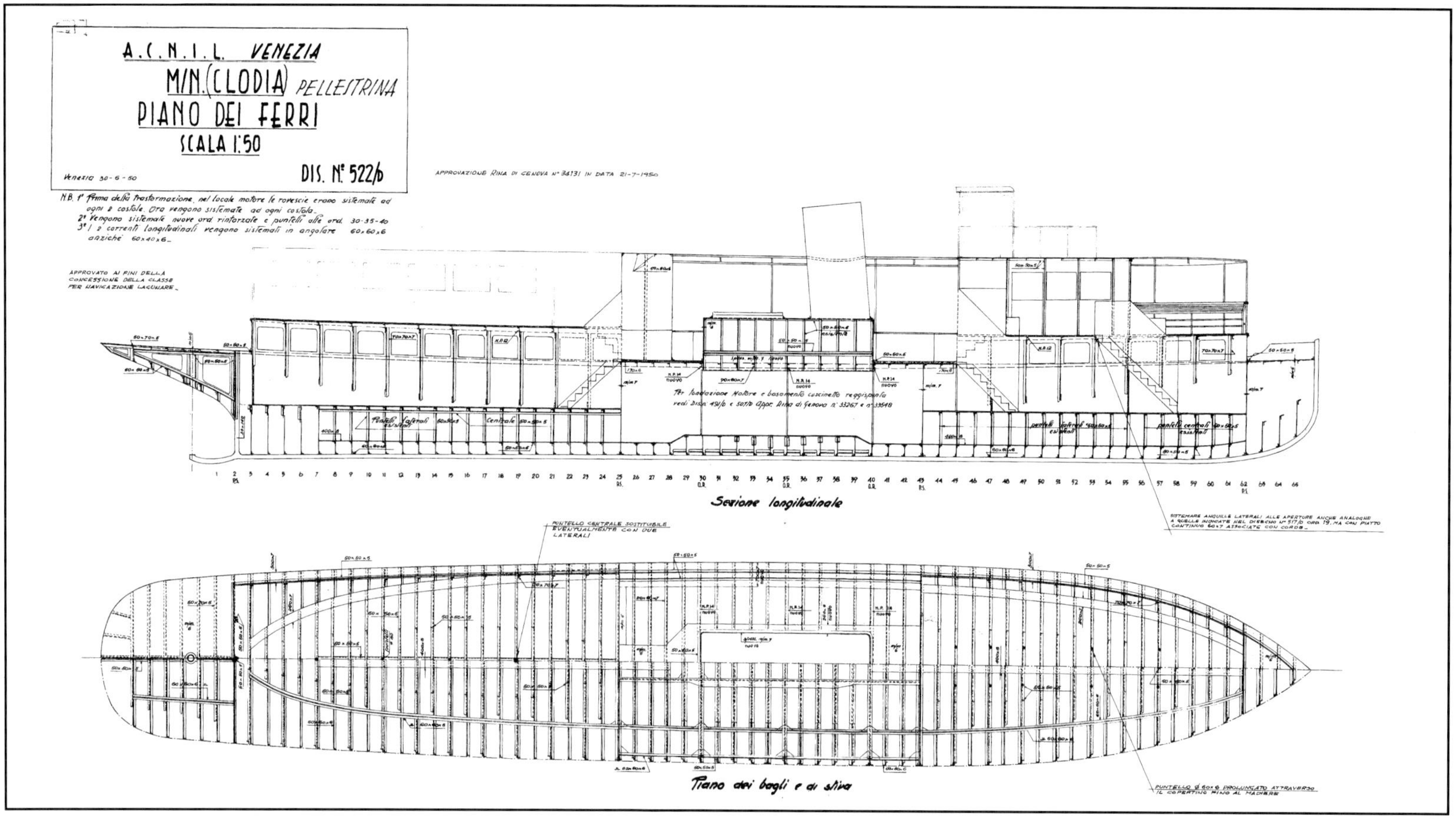

Cat. N.:	**P 55**
Soggetto / *Subject* A. d. D.:	**M/N Clodia. (corretto con: Pellestrina) Piano dei ferri. / Structural plan.**
Scritte / *Text*:	"A.C.N.I.L. Venezia. Dis. n° 522/D." note e dimensioni principali / *notes and principal dimensions*
Autore / *Draughtsman*:	n. i.
Data / *Date*:	Venezia 30-6-50
Tecnica / *Technique*:	inchiostro di china su lucido / *ink on tracing paper*
Dimensioni / *Dimensions*:	riq. / *frame* 837x455
Scala / *Scale*:	1:50
Archivio / *Archive*:	ACTV
Note / *Notes*:	Cancellature e correzioni a matita con modifiche delle disposizioni interne e delle macchine. Cattivo stato di conservazione. *Deletions and corrections with modifications of the internal layout and engines. Poor state of conservation.*

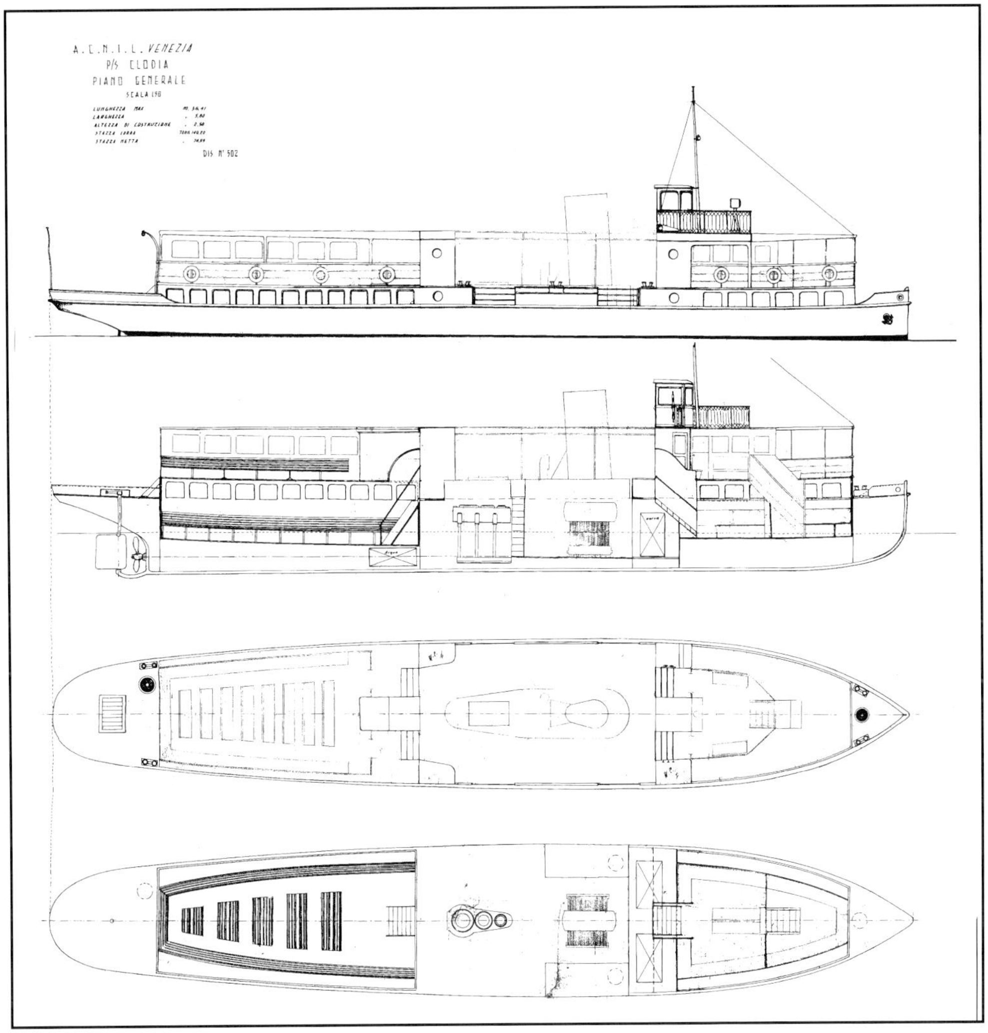

Cat. N.:	**P 60**
Soggetto / *Subject* A. d. D.:	**P/S Clodia. Piano generale. / *General plan***
Scritte / *Text*:	"A.C.N.I.L. Venezia. Dis. n° 502." dimensioni principali / *principal dimensions*
Autore / *Draughtsman*:	n. i.
Data / *Date*:	Venezia Settembre 1943
Tecnica / *Technique*:	inchiostro di china su lucido / *ink on tracing paper*
Dimensioni / *Dimensions*:	riq. / *frame* 822x830
Scala / *Scale*:	1:50
Archivio / *Archive*:	ACTV
Note / *Notes*:	Cancellature e correzioni a matita con modifiche delle disposizioni interne e delle macchine. Cattivo stato di conservazione. *Deletions and corrections with modifications of the internal layout and engines. Poor state of conservation.*

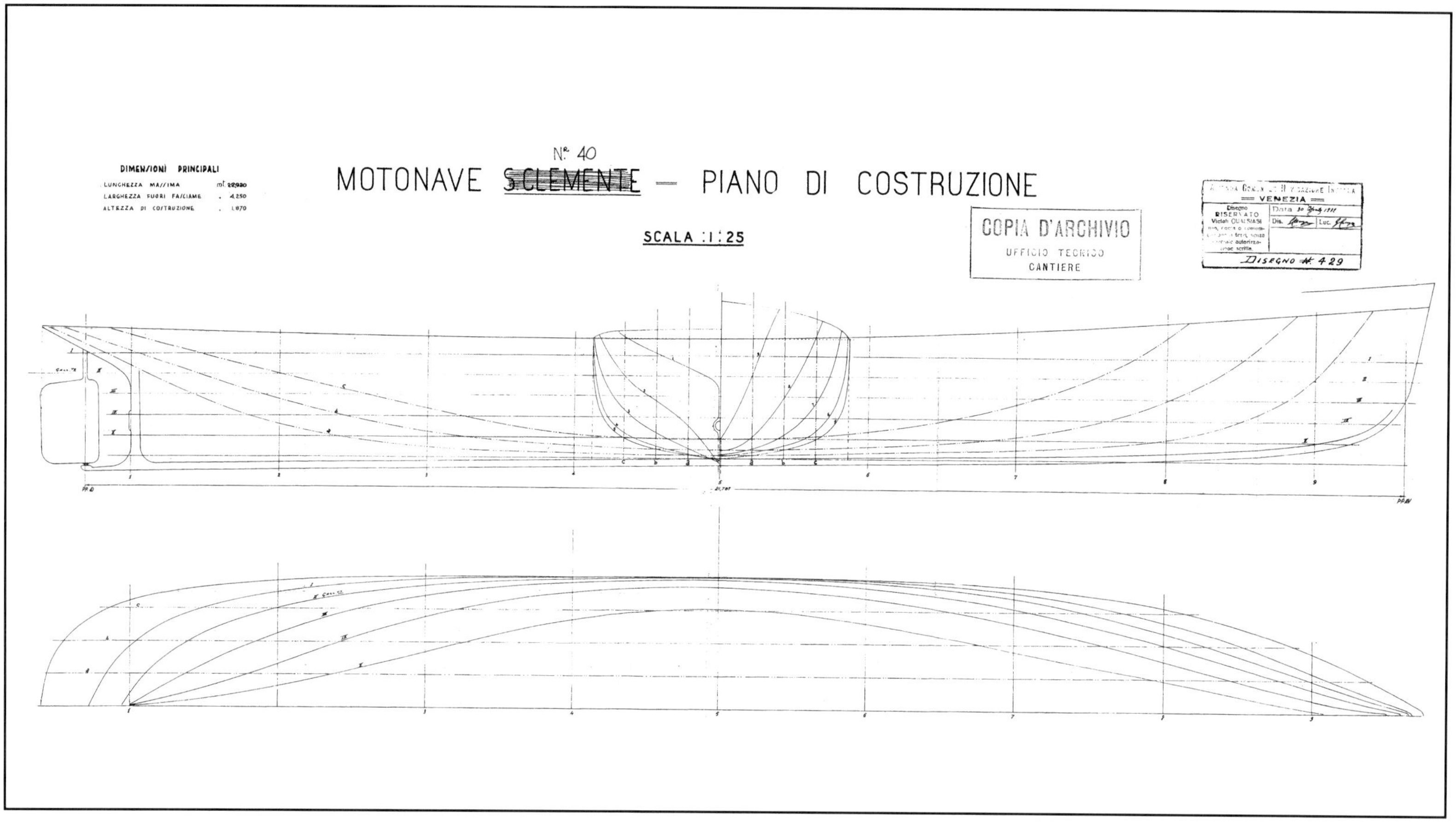

Cat. N.: **P 68**

Soggetto / *Subject* A. d. D.: **Motonave S. Clemente (cancellato e sost. con N° 40). Piano di costruzione./ *Construction plan***

Scritte / *Text*: "A.C.N.I.L. Venezia. Dis. n° 429." dimensioni principali / *principal dimensions*

Autore / *Draughtsman*: ill.

Data / *Date*: 30 aprile 1932

Tecnica / *Technique*: copia eliografica / *heliographic copy*

Dimensioni / *Dimensions*: riq. / *frame* 980x400

Scala / *Scale*: 1:25

Archivio / *Archive*: ACTV

Note / *Notes*: Correzioni a penna rossa. / *Corrections in red ink.*

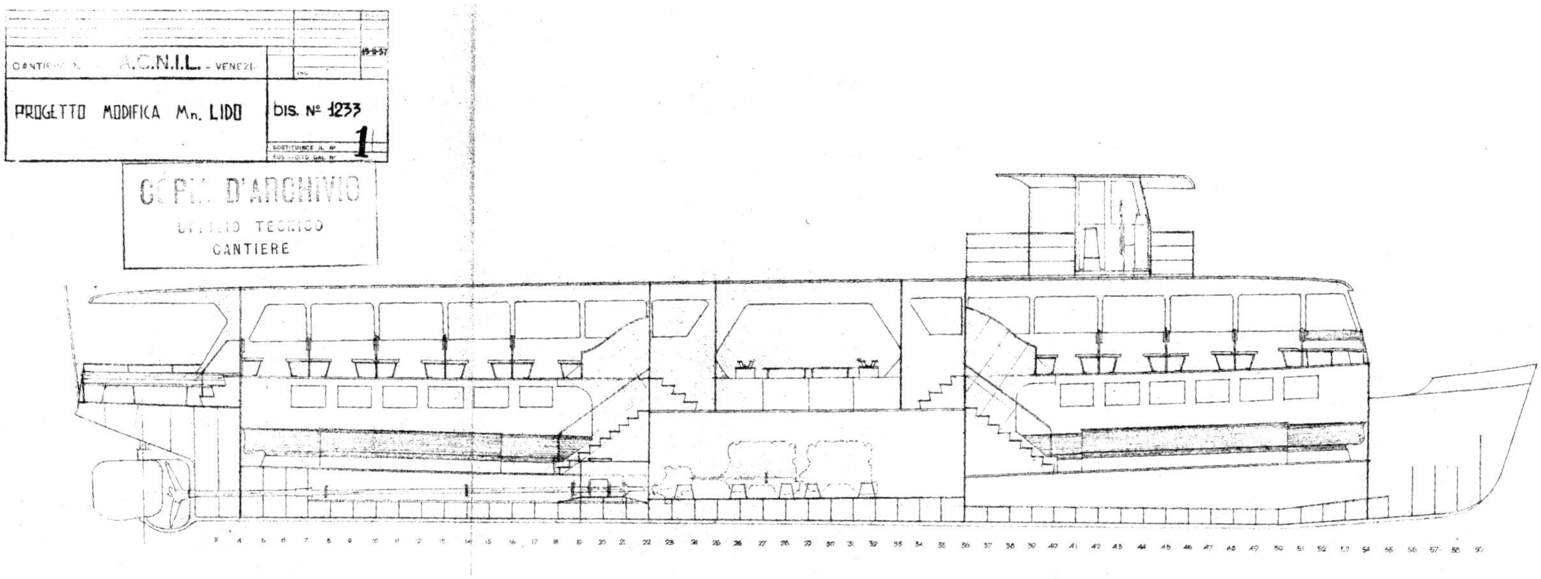

Cat. N.:	**P 65**
Soggetto / *Subject* A. d. D.:	**Progetto modifica Mn Lido.**
Scritte / *Text*:	A.C.N.I.L. Venezia. Dis. n° 1233.
Autore / *Draughtsman*:	n. i.
Data / *Date*:	15-11-57
Tecnica / *Technique*:	copia eliografica / *heliographic copy*
Dimensioni / *Dimensions*:	riq. / *frame* 726x285
Scala / *Scale*:	n. i.
Archivio / *Archive*:	ACTV
Note / *Notes*:	Correzioni a penna rossa. / *Corrections in red ink.*

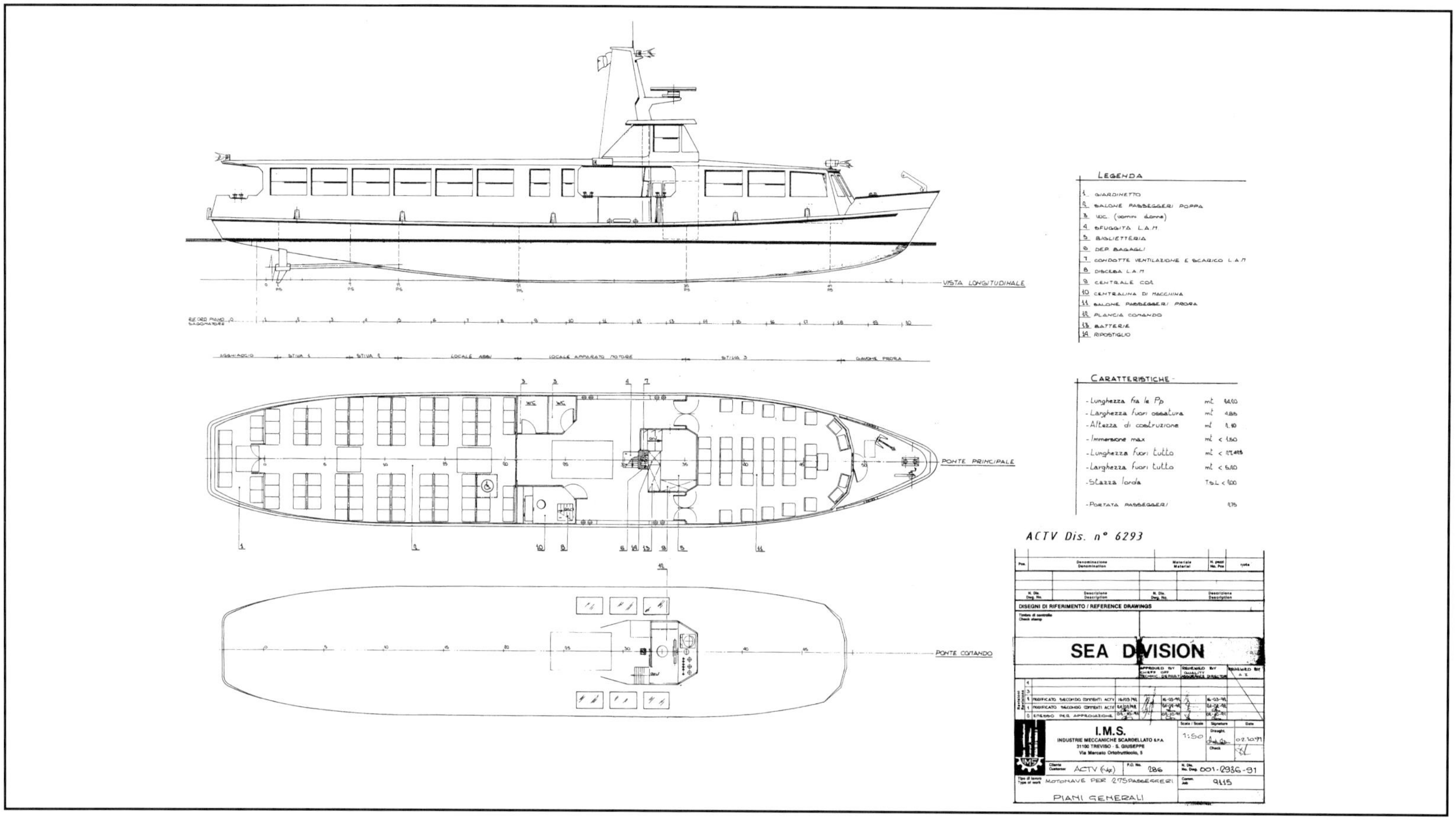

Cat. N.:	**P 78**
Soggetto / *Subject* A. d. D.:	**Motonave per 275 passeggeri. Piani generali. / *General plans***
Scritte / *Text*:	"ACTV Venezia. Dis. n° 6293." dimensioni principali / *principal dimensions* "I.M.S. Treviso."
Autore / *Draughtsman*:	ill.
Data / *Date*:	02-10-91
Tecnica / *Technique*:	copia xerografica / *xerographic copy*
Dimensioni / *Dimensions*:	riq. / *frame* 808x583
Scala / *Scale*:	1:50
Archivio / *Archive*:	ACTV

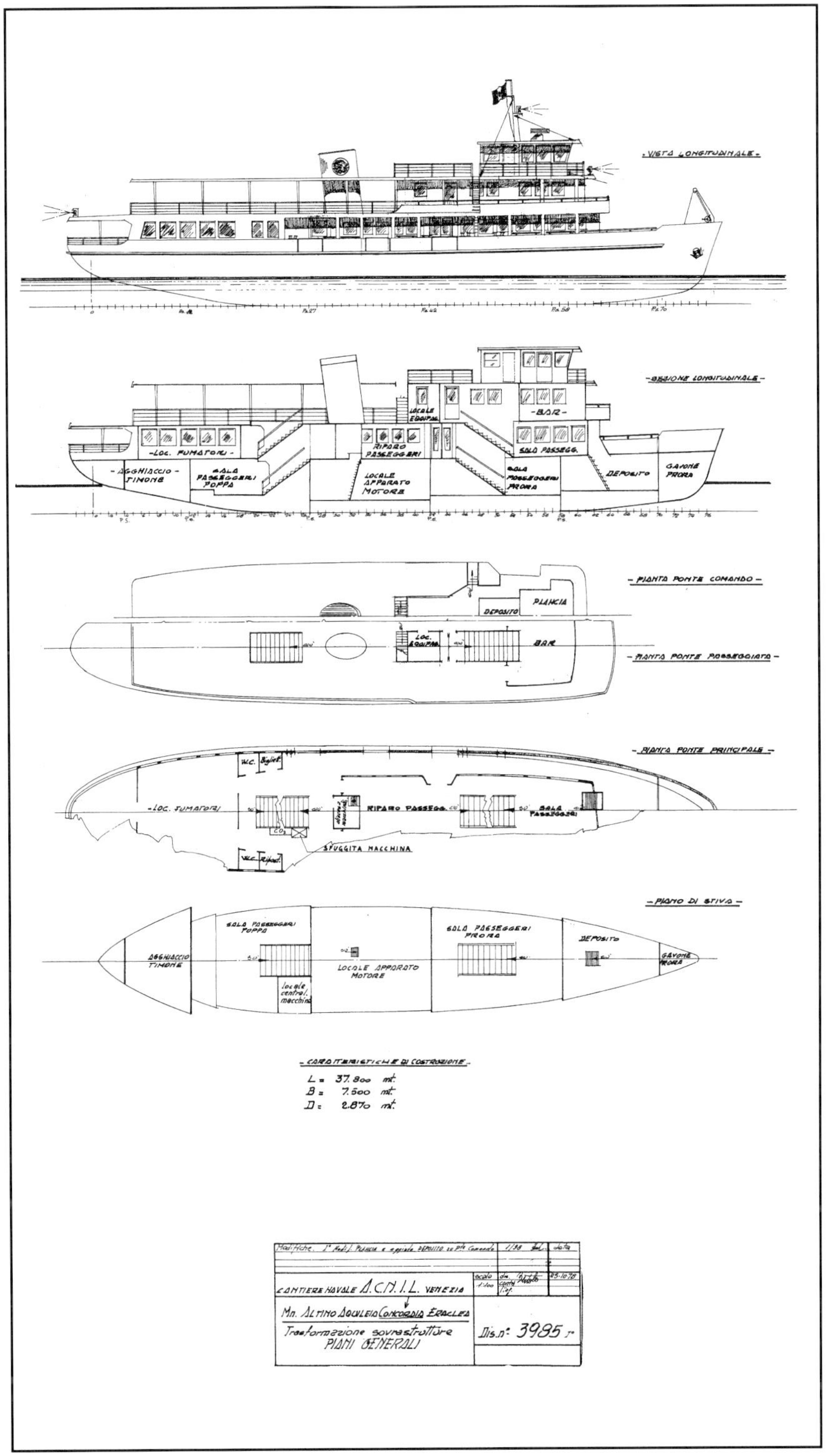

Cat. N.:	**P 58**
Soggetto / *Subject* A. d. D.:	**Mn Altino Aquileia Concordia Eraclea. Trasformazione sovrastrutture. Piani generali. *Transformation of the superstructure. General plans.***
Scritte / *Text*:	"Cantiere navale A.C.N.I.L Venezia. Dis. n° 3985." dimensioni generali / *general dimensions*
Autore / *Draughtsman*:	ill.
Data / *Date*:	25-10-78
Tecnica / *Technique*:	copia xerografica / *xerographic copy*
Dimensioni / *Dimensions*:	riq. / *frame* 777x648
Scala / *Scale*:	1:100
Archivio / *Archive*:	ACTV

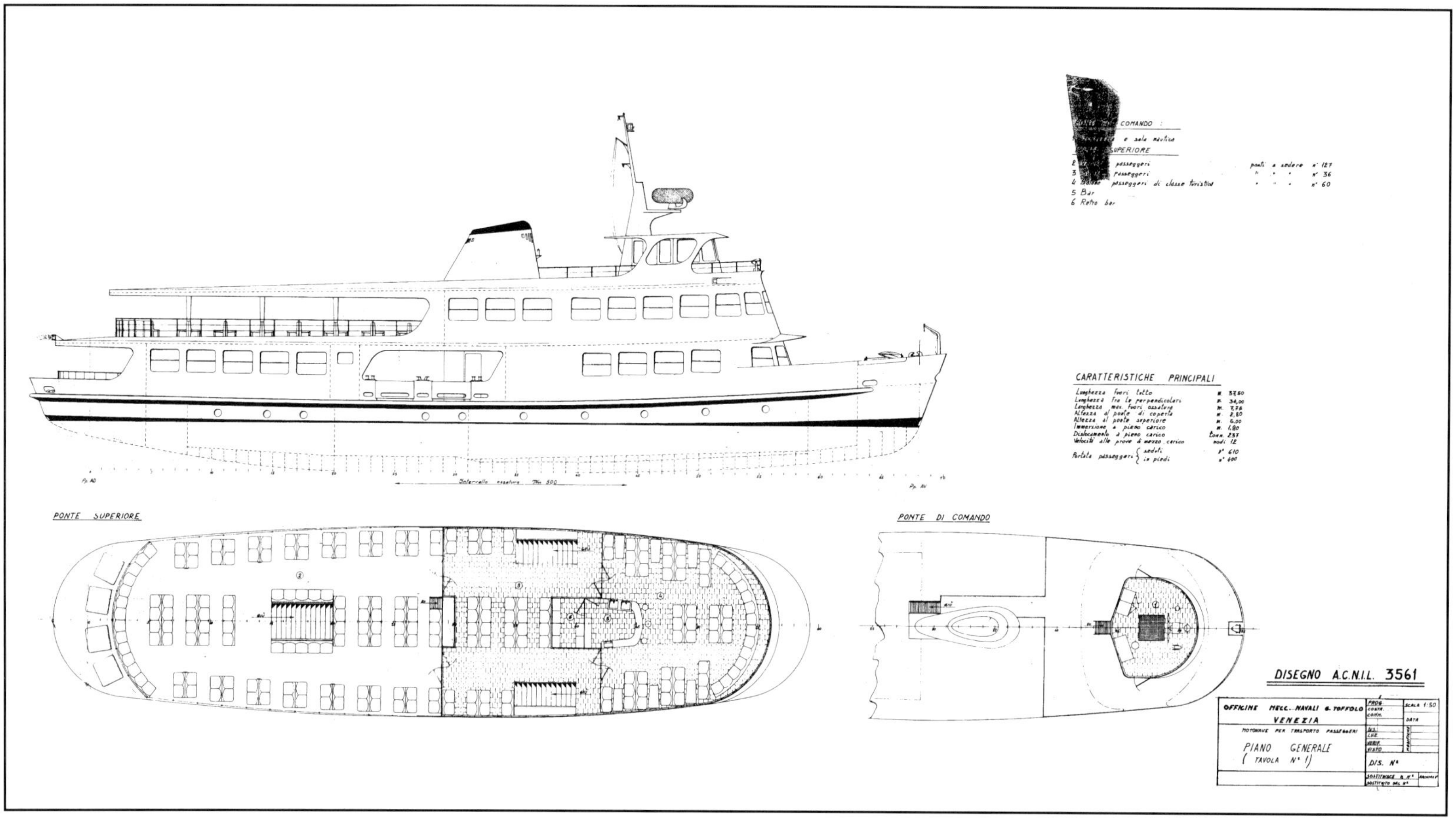

Cat. N.: **P 82**
Soggetto / *Subject* A. d. D.: **Motonave per trasporto passeggeri. Piano generale. Tavola n°1. / *General plan. Plate n°1.***
Scritte / *Text*: "Officine Mecc. Navali G. Toffolo Venezia. Dis. A.C.N.I.L. n° 3561." dimensioni generali / *general dimensions*
Autore / *Draughtsman*: ill.
Data / *Date*: s.d.
Tecnica / *Technique*: copia xerografica / *xerographic copy*
Dimensioni / *Dimensions*: riq. / *frame* 1170x570
Scala / *Scale*: 1:50
Archivio / *Archive*: ACTV

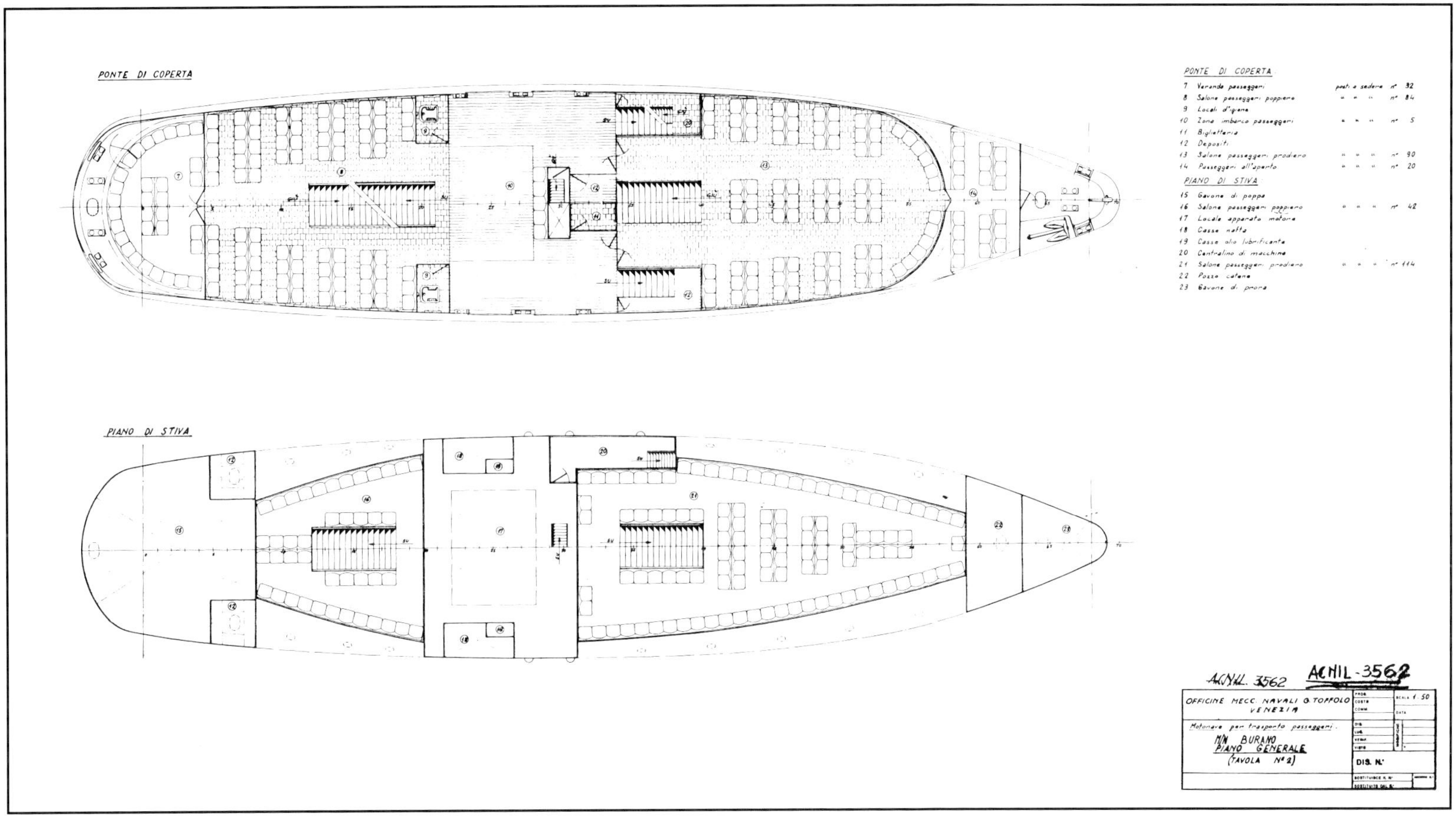

Cat. N.:	**P 83**
Soggetto / *Subject* A. d. D.:	**M/n Burano. Piano generale. Tavola n°2. / *General plan. Plate n°2.***
Scritte / *Text*:	"Officine Mecc. Navali G. Toffolo Venezia. Dis. A.C.N.I.L. n° 3562." dimensioni generali / *general dimensions*
Autore / *Draughtsman*:	ill.
Data / *Date*:	s.d.
Tecnica / *Technique*:	copia xerografica / *xerographic copy*
Dimensioni / *Dimensions*:	riq. / *frame* 1025x570
Scala / *Scale*:	1:50
Archivio / *Archive*:	ACTV

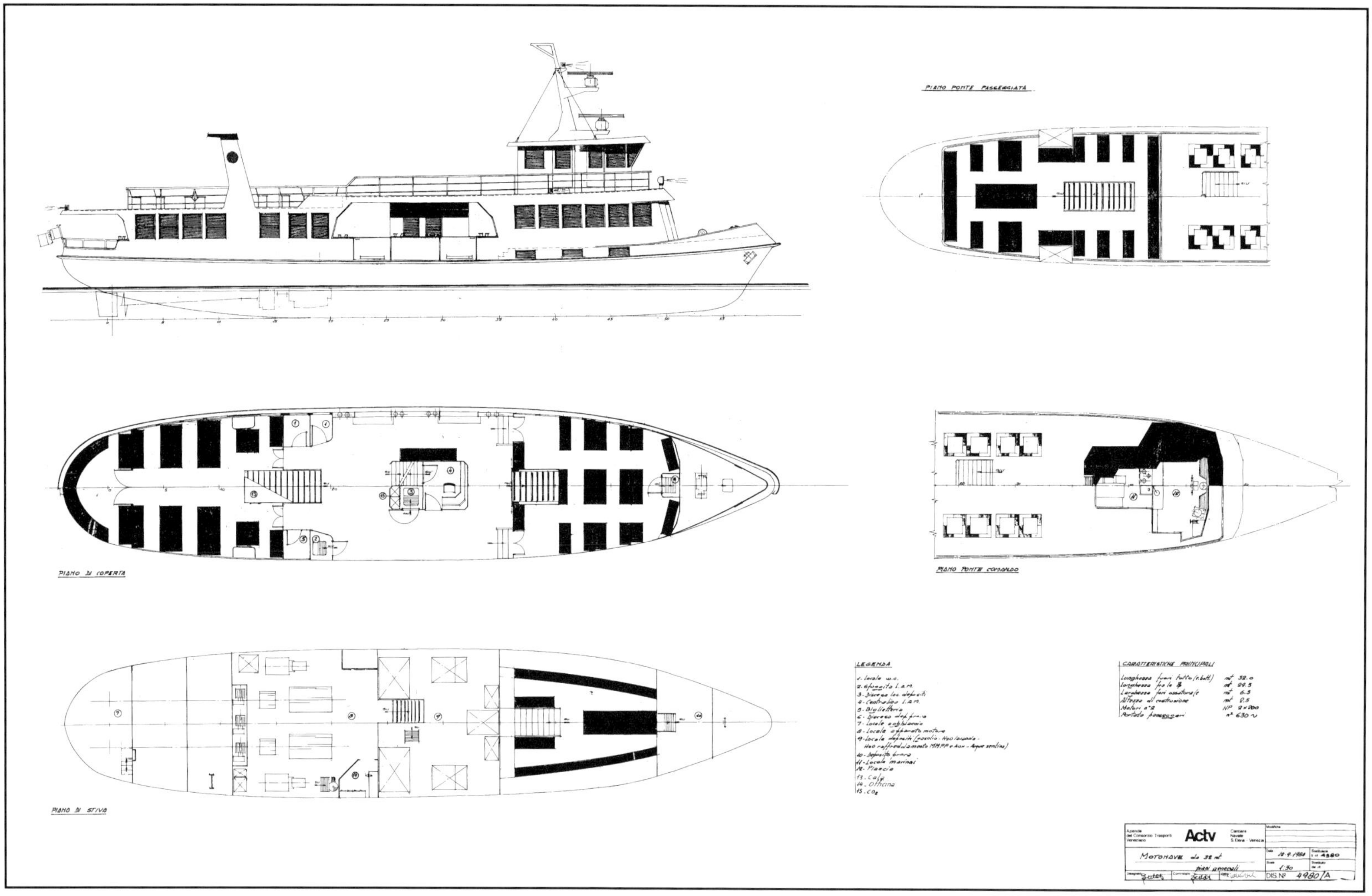

Cat. N.:	**P 81**
Soggetto / *Subject* A. d. D.:	**Motonave da 32 mt. Piani generali. / *General plans***
Scritte / *Text*:	"ACTV Dis. n°4980/A." dimensioni generali / *general dimensions*
Autore / *Draughtsman*:	ill.
Data / *Date*:	12-9-1984
Tecnica / *Technique*:	copia xerografica / *xerographic copy*
Dimensioni / *Dimensions*:	riq. / *frame* 1195x750
Scala / *Scale*:	1:50
Archivio / *Archive*:	ACTV

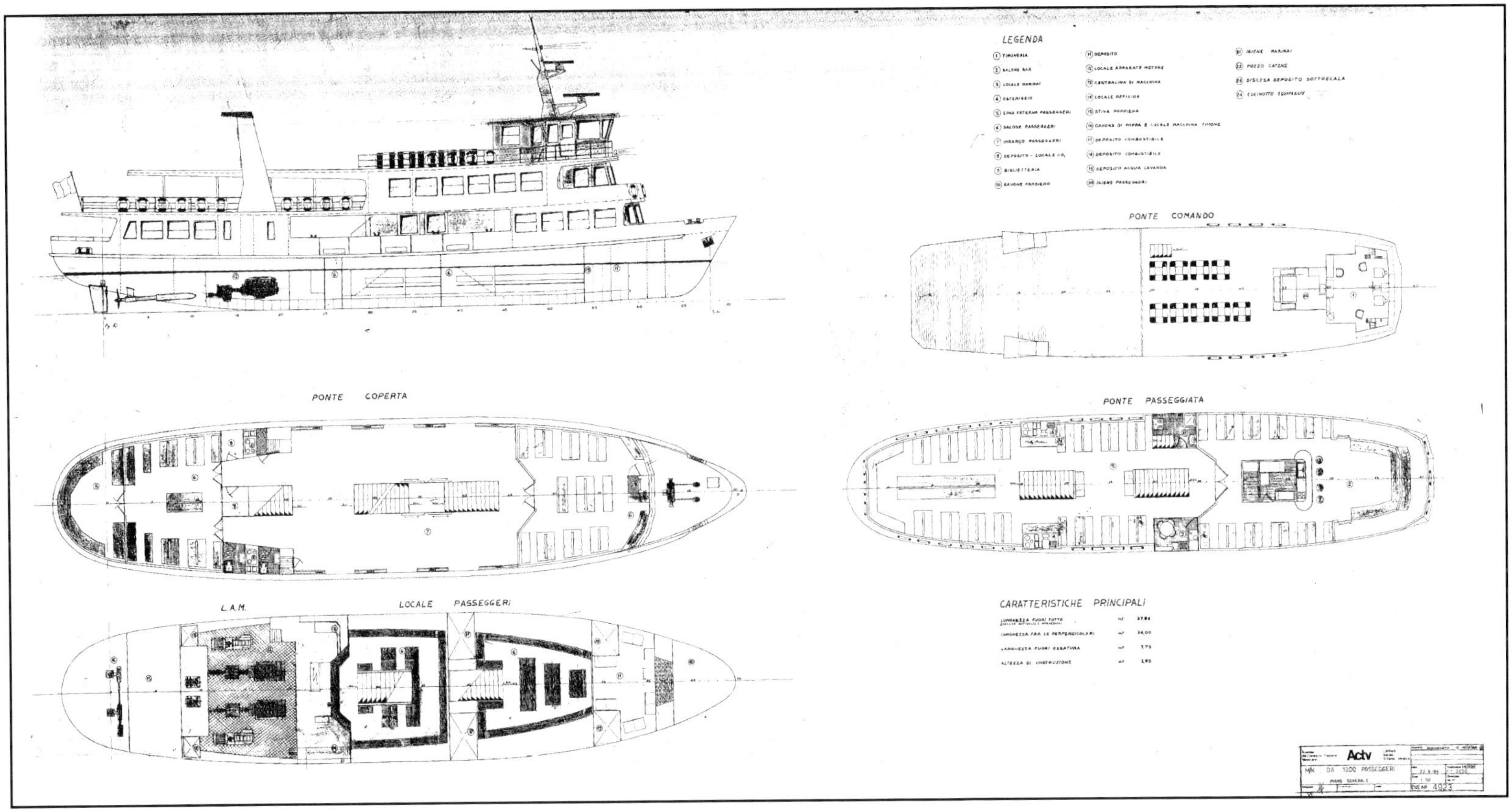

Cat. N.: **P 56**
Soggetto / *Subject* A. d. D.: **M/N da 1200 passeggeri. Piano generale./ *General plans***
Scritte / *Text*: "ACTV Dis. n°4923." dimensioni generali / *general dimensions*
Autore / *Draughtsman*: ill.
Data / *Date*: 22-6-1984
Tecnica / *Technique*: copia xerografica / *xerographic copy*
Dimensioni / *Dimensions*: riq. / *frame* 1655x852
Scala / *Scale*: 1:50
Archivio / *Archive*: ACTV

Foraneo

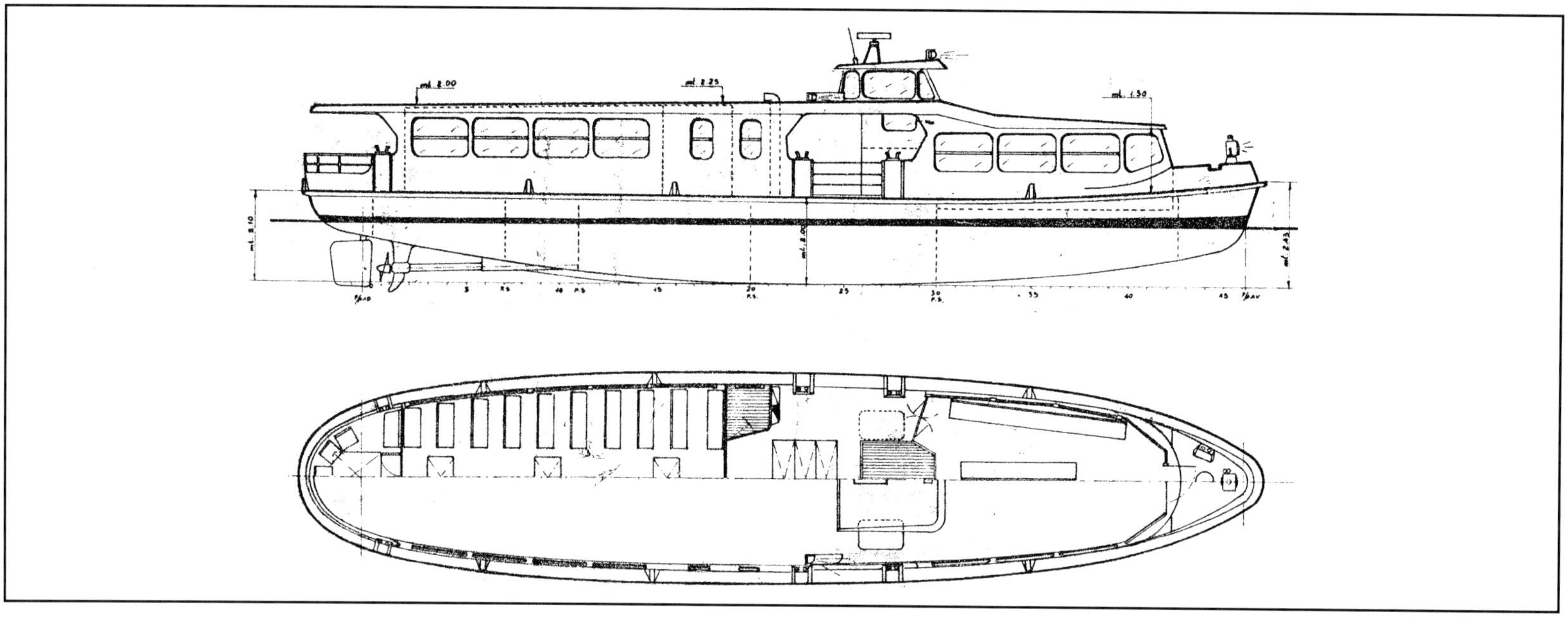

Cat. N.: **P 73**
Soggetto / *Subject* A. d. D.: **M/B trasporto passeggeri (foraneo). Piano generale. / *Passenger transport. General plan.***
Scritte / *Text*: "ACTV Venezia. Dis. n° 3925." dimensioni principali / *principal dimensions* "Cantiere De Poli."
Autore / *Draughtsman*: n. i.
Data / *Date*: 24-1-78
Tecnica / *Technique*: copia xerografica / *xerographic copy*
Dimensioni / *Dimensions*: riq. / *frame* 945x355
Scala / *Scale*: 1:50
Archivio / *Archive*: ACTV

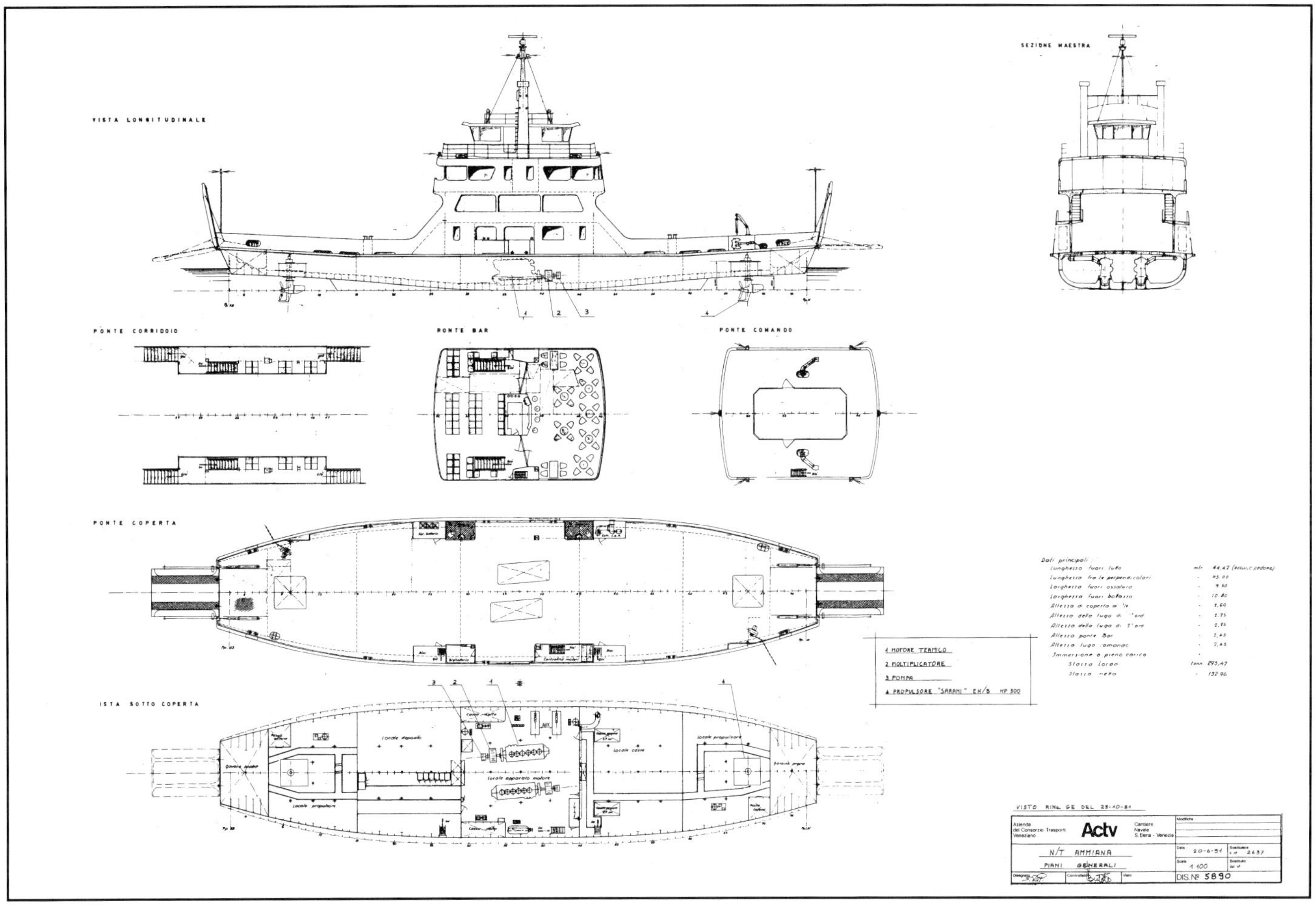

Cat. N.: **P 80**
Soggetto / *Subject* A. d. D.: **N/T Ammiana. Piani generali. / *Ferry. General plans***
Scritte / *Text*: "ACTV Venezia. Dis. n° 5890." elementi principali / *principal elements*
Autore / *Draughtsman*: ill.
Data / *Date*: 20-6-91
Tecnica / *Technique*: copia xerografica / *xerographic copy*
Dimensioni / *Dimensions*: riq. / *frame* 945x628
Scala / *Scale*: 1:100
Archivio / *Archive*: ACTV

Cat. N.: **P 77 (non raff. / *not shown*)**
Soggetto / *Subject* A. d. D.: **Nave Traghetto. Piani generali. / *Ferry. General plan.***
Scritte / *Text*: "ACTV Venezia. Dis. n° 4041/B." elementi principali / *principal elements*
Autore / *Draughtsman*: ill.
Data / *Date*: 24-8-79
Tecnica / *Technique*: copia xerografica / *xerographic copy*
Dimensioni / *Dimensions*: riq. / *frame* 1220x990
Scala / *Scale*: 1:100
Archivio / *Archive*: ACTV

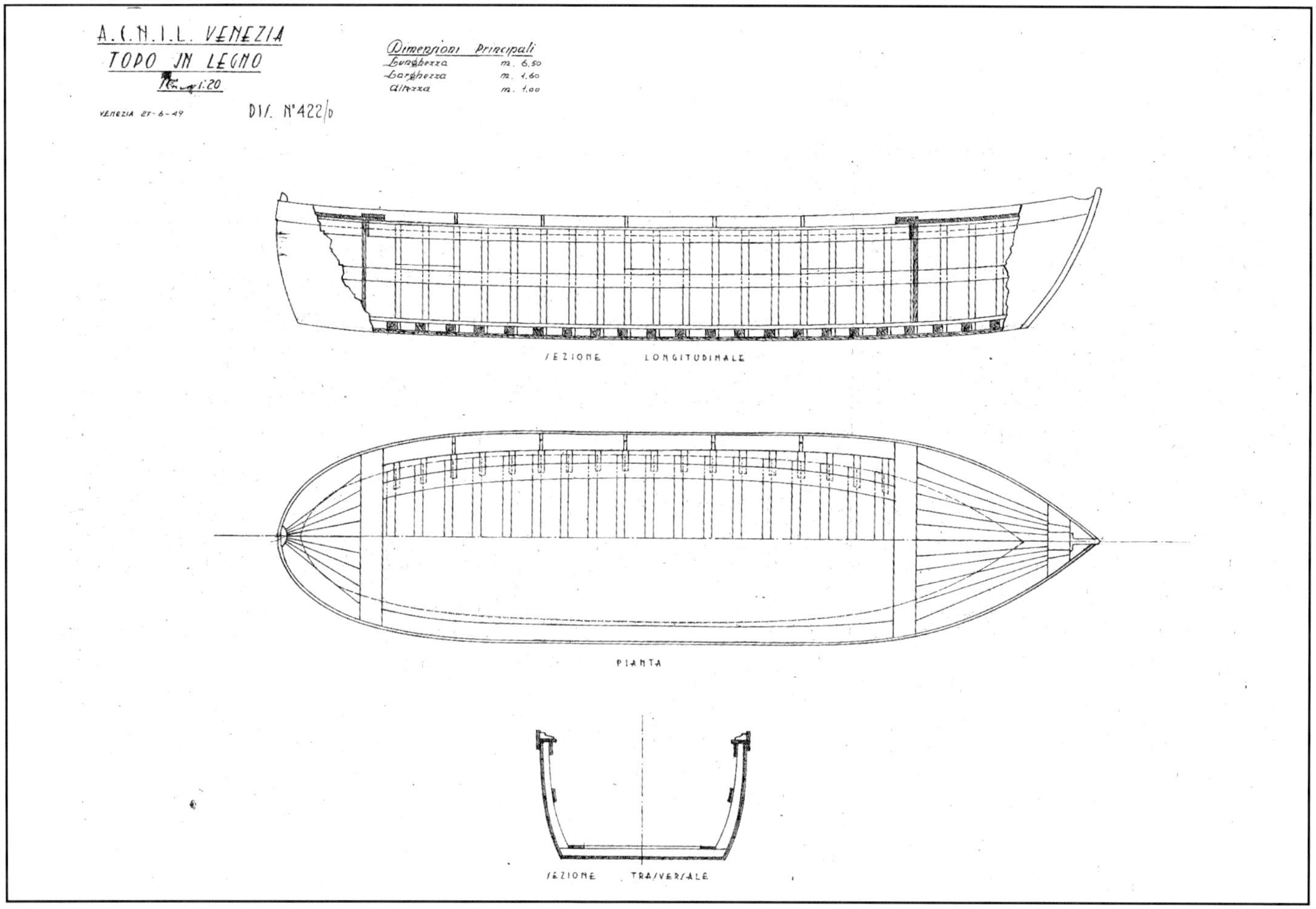

Cat. N.:	**P 54**
Soggetto / *Subject* A. d. D.:	***Topo* in legno. / Topo *in wood.***
Scritte / *Text*:	"A.C.N.I.L. Venezia. Dis. n° 422/D." dimensioni principali / *principal dimensions* Lunghezza / *length* m. 6,50. Larghezza / *width* m. 1,60. Altezza / *height* m. 1,00.
Autore / *Draughtsman*:	???
Data / *Date*:	Venezia 27-6-49
Tecnica / *Technique*:	copia eliografica / *heliographic copy*
Dimensioni / *Dimensions*:	riq. / *frame* 521x348
Scala / *Scale*:	1:20
Archivio / *Archive*:	ACTV
Note / *Notes*:	E' un'imbarcazione stranamente alta di puntale, un metro contro i cinquanta centimetri usuali. I sancóni di poppa sono erroneamente posti sulla faccia prodiera delle piane. / *This boat has an unusually high stanchions - a metre as opposed to the usual 50 cm. The stern futtocks are erroneously shown on the forward side of the floor timbers.*

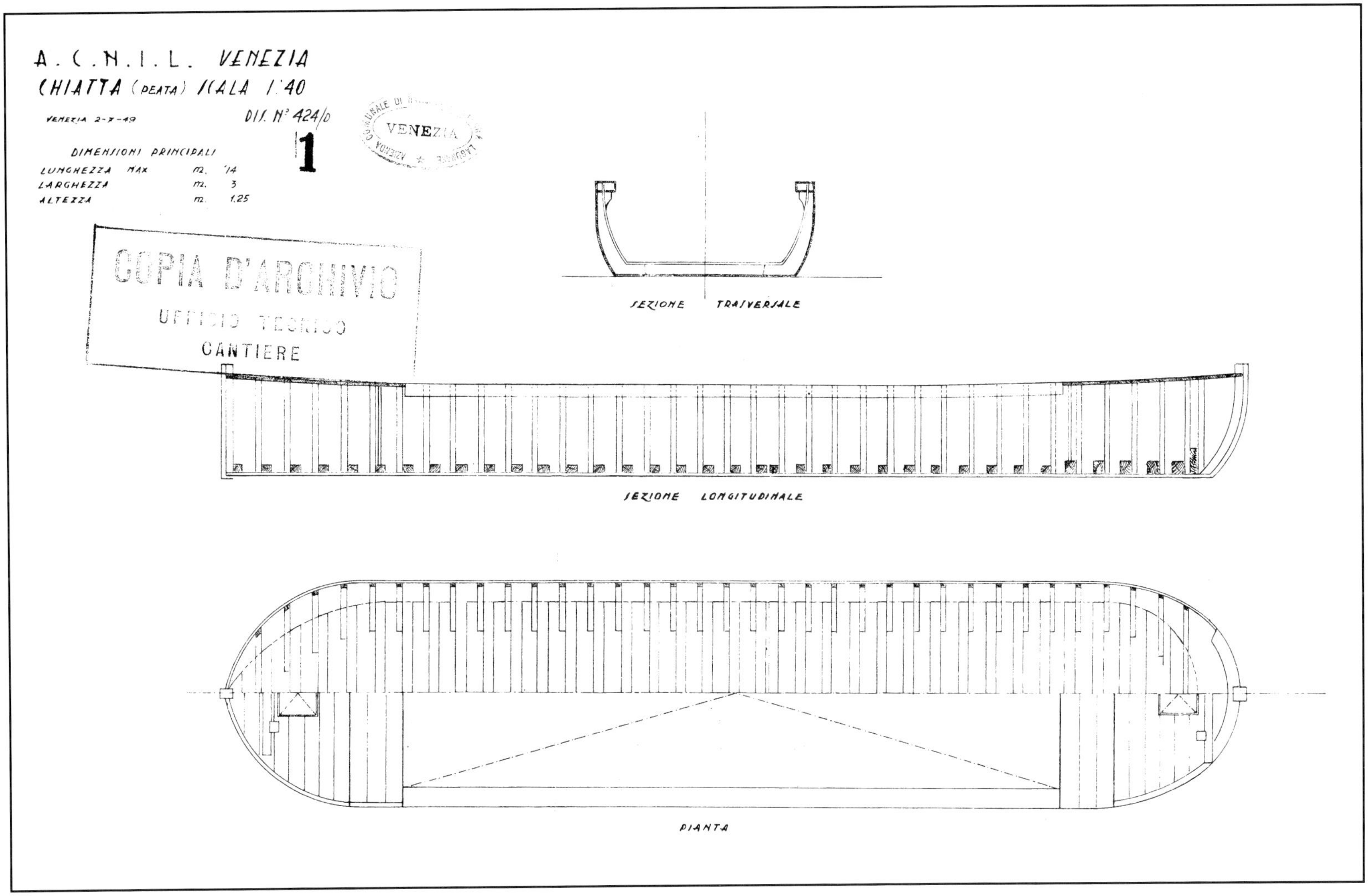

Cat. N.: **P 53**
Soggetto / *Subject* A. d. D.: ***Chiatta* (*Peata*)**
Scritte / *Text*: A.C.N.I.L. Venezia. Dis. n° 424/D. dimensioni principali / *principal dimensions* Lunghezza max. / *Max length* m. 14. Larghezza / *Width* m. 13. Altezza / *Height* m. 1,25.
Autore / *Draughtsman*: n. i.
Data / *Date*: Venezia 2-7-49
Tecnica / *Technique*: copia eliografica / *heliographic copy*
Dimensioni / *Dimensions*: riq. / *frame* 538x297
Scala / *Scale*: 1:40
Archivio / *Archive*: ACTV
Note / *Notes*: E' un disegno molto stilizzato con alcune incongruenze specialmente nella sezione trasversale. / *This is a very stylized drawing with a number of incongruities particularly in the cross section.*

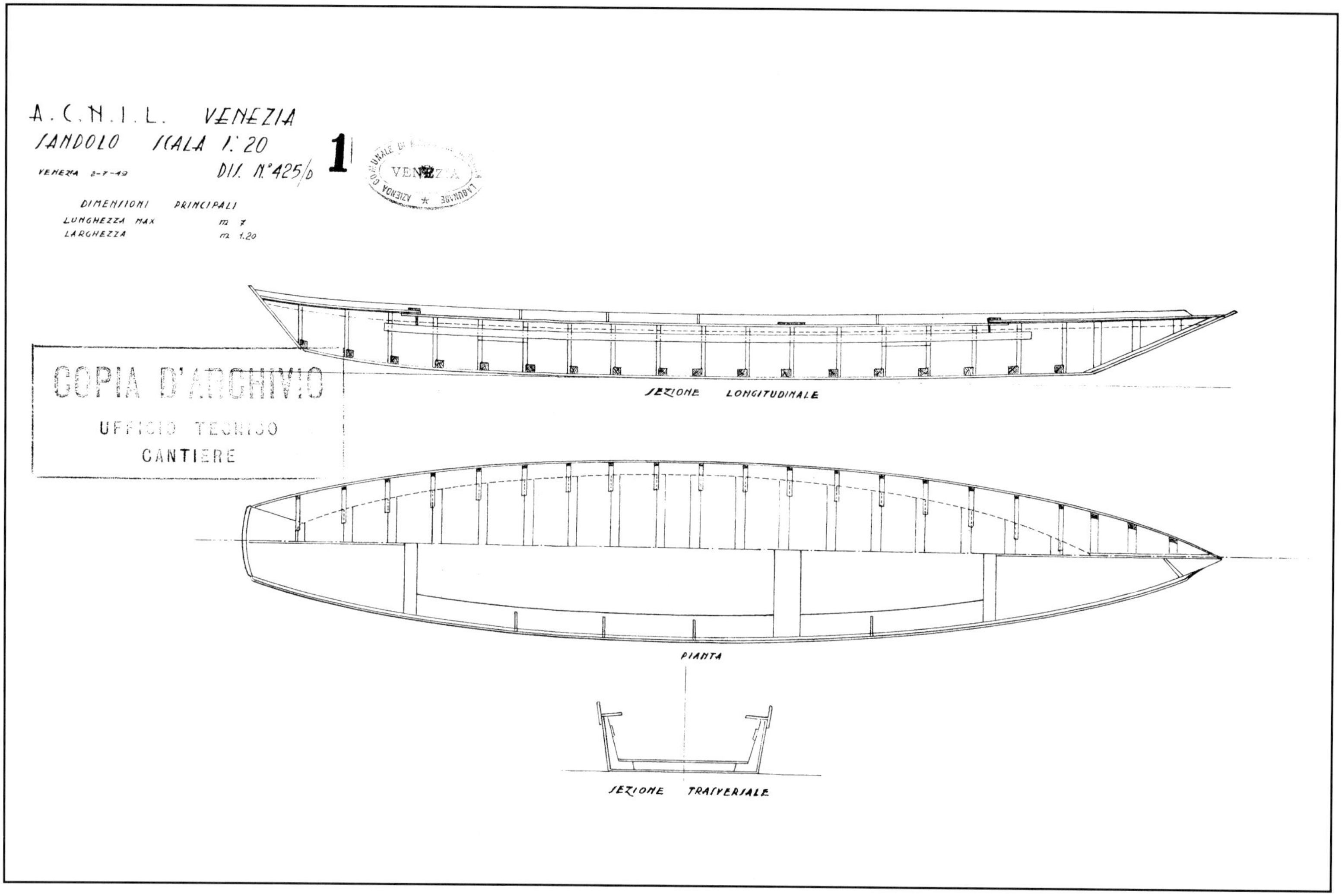

Cat. N.:	**P 52**
Soggetto / *Subject* A. d. D.:	***Sandolo***
Scritte / *Text*:	"A.C.N.I.L. Venezia. Dis. n° 425/D." dimensioni principali / *principal dimensions* Lunghezza max. / *Max length* m. 7. Larghezza / *Width* m. 1,20.'
Autore / *Draughtsman*:	n. i.
Data / *Date*:	'Venezia 2-7-49'
Tecnica / *Technique*:	copia eliografica / *heliographic copy*
Dimensioni / *Dimensions*:	riq. / *frame* 840x540
Scala / *Scale*:	scala / *scale* 1:20
Archivio / *Archive*:	ACTV
Note / *Notes*:	Nella sezione trasversale, la *nerva* è sovrapposta al *sercio*, un errore molto frequente da parte dei disegnatori poco esperti. *In the cross section, the waterway is shown resting on the wale, an error frequently made by inexpert draughtsmen.*

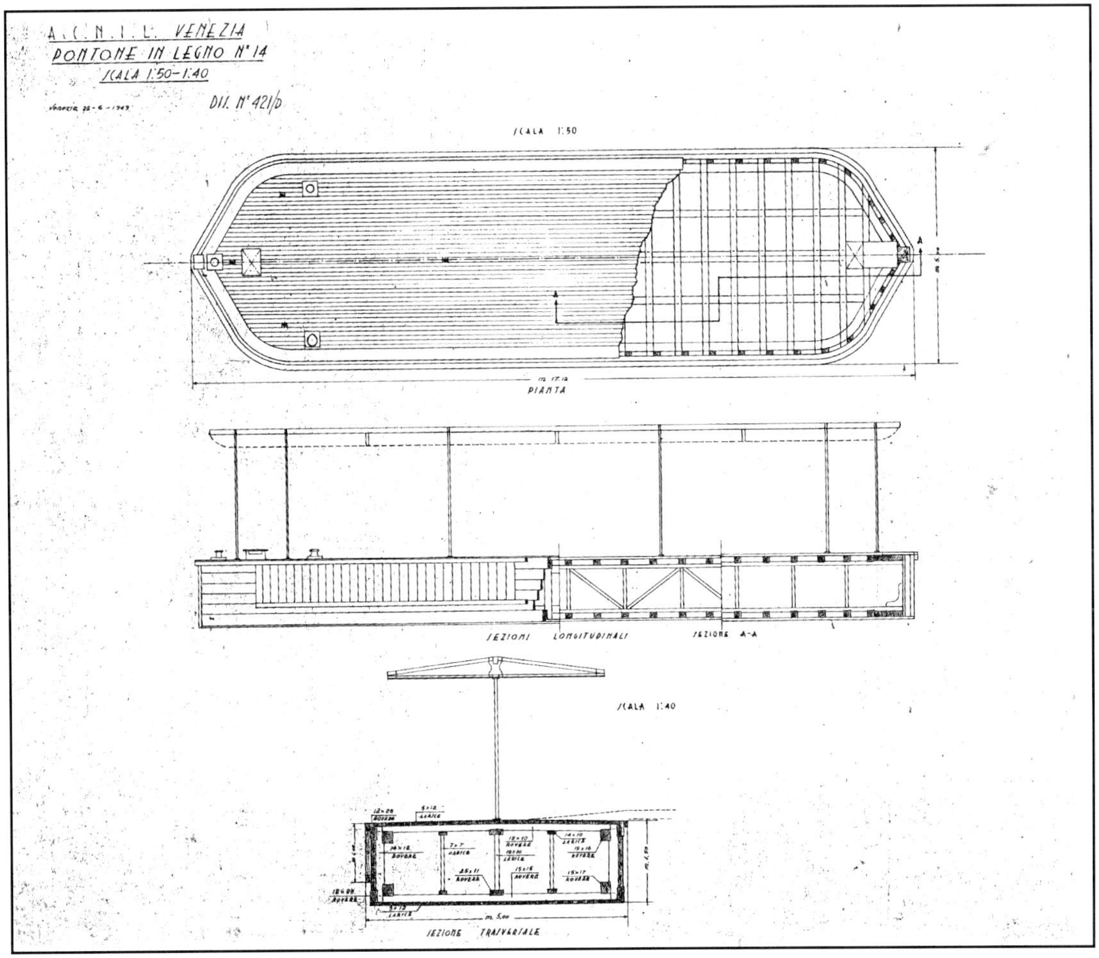

Cat. N.: **P 7**
Soggetto / *Subject* A. d. D.: **Pontone in legno N°14 / *Pontoon in wood N°14***
Scritte / *Text*: "Dis. N° 421/D"
Autore / *Draughtsman*: n. i.
Data / *Date*: 22-6-1949
Tecnica / *Technique*: copia eliografica / *heliographic copy*
Dimensioni / *Dimensions*: riq. / *frame* 520x440
Scala / *Scale*: 1:50, 1:40
Archivio / *Archive*: ACTV

IL FUTURO

Mentre studiamo e cataloghiamo le barche veneziane esse continuano nella loro trasformazione avvitandosi verso il basso con una perdita di qualità totale. Quando cerco di spiegare, anche con confronti diretti, le differenze fra due scafi mi accorgo dagli sguardi degli interlocutori che non è il caso di insistere. La qualità in tutti i campi è prodotta dalla povertà di mezzi nobilitata da gran dedizione e genialità, virtù che richiedono tempo e selezione naturale, ora invece si lavora con il cronometro in mano e tutto ciò che supera i dieci minuti di impegno non è neanche preso in considerazione. Anche i materiali nuovi invece di migliorare le forme sono usati come stampelle per artigiani invalidi e ciechi, come le resine impiegate per correggere errori di costruzione, o il compensato marino nato per restare piano e invece violentato a seguire forme curve con il risultato di ottenere barche fatte a spicchi come gli ombrelli.

Soprattutto pesa la loro incertezza di forme, il Marella le chiamava "barche malintese" cioè barche risultato dell'incomprensione fra committente e costruttore. Girando per i canali di Chioggia, l'isola dove mio nonno costruiva barche ricordate ancora oggi per la loro bellezza, si vedono scafi che sembrano costruiti da genti venute dal deserto e che non abbiano mai visto prima l'acqua. Si vedono ormai solo barche di plastica che tentano, malamente, di imitare le barche tradizionali, ma ancora peggio si comincia a vedere barche di legno che imitano le brutte barche di plastica!

E mentre ci arrovelliamo su dilemmi amletici come se sia meglio una barca concretamente moderna o una che imiti le forme antiche con materiali contemporanei, la soluzione è già arrivata da un pezzo con la barca più pragmatica in assoluto, la *patana*, una specie di rettangolo leggermente smussato a prua, il massimo di raffinatezza richiesta dai motori attuali che con la loro potenza traboccante ormai spingono qualsiasi cosa.

THE FUTURE

While we study and catalogue Venetian boats, they continue to transform, the quality of their form and construction spiralling ever downwards. When I try to explain the differences between two boats, even using direct comparisons, I realise from the expression of those I am talking to that it is pointless to continue. Quality in every field is produced by the poverty of means made noble by dedication and geniality – virtues that require time and natural selection. Now, instead, work is timed with a stopwatch and everything which takes longer than ten minutes is no longer taken into consideration. Even the new materials now available that could improve the forms of the boats are used as a crutch for incapable craftsmen. For example, resins are used to correct errors of construction, or the marine plywood which was designed to be used straight, is now forced to follow curved forms with the result of obtaining boats made in segments like an umbrella.

Worst of all is their uncertainty of form, which Marella called 'boats of misunderstanding' in other words boats resulting from the incomprehension between client and builder. Going around the canals of Chioggia, the island where my grandfather built boats that are still remembered for their beauty, you can see boats which seem to have been built by desert people who had never seen water before. Now there are only plastic boats that are poor imitations of traditional boats, or - even worse - wooden boats that try to imitate the plastic ones!

And while we rack our brains over Hamletian dilemmas such as, "Which is better: a decidedly modern boat or one that imitates ancient forms with contemporary materials?" the solution has already arrived in the shape of the most pragmatic boat ever built: the patana, *a sort of rectangular box slightly curved at the bow, the only refinement required by modern motors that, with their excessive power, can propel anything.*

?

Soggetto (a. d. R.): Disegno ignoto.

Termino, come mia consuetudine, lasciando un'illustrazione vuota in memoria dei disegni andati perduti e di quelli non nati, per far riflettere che gli studi archeologici, a qualsiasi genere appartengano, dipendono dal materiale che è rimasto, e che ciò che è andato perduto è purtroppo sempre di più di quello che si è conservato. Bisognerebbe perciò, nel costruire teorie storiche, usare più spesso il condizionale, verbo raffinato che dimostra l'intelligenza di chi lo usa e che forse per questo sta scomparendo dall'uso comune.

Subject (A. d. R.): Unknown drawing.

I would like to conclude in my usual way by leaving an empty illustration in memory of drawings that have been lost and those that were never made. This is to make the point that archaeological studies, of whatever type, depend on the material left behind, and that what has been lost is always more than what has been conserved. It should be remembered, therefore, when constructing historical theories, to use the conditional more often – an elegant verb form that demonstrates the intelligence of those who use it. Perhaps this is the reason why it is disappearing from common use.

FONTI

BIBLIOGRAFIA O ANTROPOGRAFIA

Prima dei libri desidero citare l'importantissimo contributo che mi è stato dato direttamente dai costruttori, barcari, pescatori e gondolieri, un elenco sterminato che ho parzialmente trascritto all'inizio della prefazione. Ognuna delle informazioni che mi hanno fornito è stata trascritta accuratamente e spesso registrata per salvare le sfumature linguistiche, con nome dell'informatore, la data e le eventuali varianti locali. Sono stati loro e gli scafi, il mio archivio e le mie vere e affidabili fonti d'informazioni.

SOURCES

BIBLIOGRAPHY OR ANTHROPOGRAPHY

Before listing the books I have referred to, I would like to mention the vital contribution provided directly by boatbuilders, boatsmen, fishermen and gondoliers - an endless number of people that I have only partially listed in my Acknowledgements. Each item of information provided has been carefully transcribed and often recorded on tape to conserve the linguistic characteristics, with the name of the person, the date and possible local variants. These people and the boats themselves are my archive, and my true and reliable sources of information.

BIBLIOGRAFIA / *BIBLIOGRAPHY*

AA. VV., *Barche e uomini di Grado*, Edizioni della laguna, Grado, 1990.

AA. VV., *Canali e burci*, Editrice la Galiverna, Battaglia Terme, 1980.

AA. VV., Chioggia, *Rivista di studi e ricerche*, Biblioteca civica C. Sabbadino, Chioggia, ann. 1987 e seg.

AA. VV., *La pesca nella Laguna di Venezia*, Albrizzi, Venezia, 1981.

AA. VV., *La voga alla veneta*, Comune di Venezia, Venezia 1983.

AA. VV., *Le insegne delle arti veneziane al Museo Correr*, Comune di Venezia, Venezia, 1980.

AA. VV., *Vita e fasti di Venezia attraverso la pittura*, Silvana Editoriale, Milano 1991.

AA. VV, *Giovanni Giuponi arte di far gondole*, La Stamperia di Venezia, Venezia 1985.

AA. VV., *La via del Fiume dalle Dolomiti a Venezia*, Centro internazionale di studi sulle zattere, Codissago di Castellavazzo 1993.

AA. VV., *Arte degli squerarioli*, La Stamperia di Venezia, Venezia 1985.

AA. VV., *Dai monti alla laguna*, La Stamperia di Venezia, Venezia 1988.

AA. VV., *Immagini di devozione popolare*, secoli XVI-XIX, Comune di Venezia, Venezia 1982.

AA. VV., *La pesca in laguna prima della motorizzazione*, El Fughero, S. Pietro in Volta, 1985.

AA. VV., *La pesca in mare*, El Fughero, S. Pietro in Volta, 1989.

AA. VV., *La pesca nel Friuli-Venezia Giulia*, estratto dal secondo volume della Enciclopedia monografica del Friuli-Venezia Giulia

AA. VV., *Le insegne delle arti veneziane al Museo Correr*, Comune di Venezia, Venezia, 1980.

AA. VV. (a cura di Pier Giovanni Zanetti), *La riviera Euganea. Acque e territorio del canale di Battaglia*, Editoriale Programma, Padova, 1989

AA. VV., *Navi di legno*, Lint, Grado, 1998.

AA. VV., *S. Pietro in volta un paese da scoprire*, El Fughero, S. Pietro in Volta, 1986.

An., *Bagni galleggianti in Venezia privilegiati da S. M. l'Imperatore e Re Francesco I. Premiati con la medaglia d'oro dal R. Istituto Italiano*, Estratti dal Supplemento del Nuovo Dizionario Tecnologico o di arti e mestieri, ec., Giuseppe Antonelli, Venezia, 1845.

An., *Istruzioni pratiche del genio. Volume 18. 4° Reggimento Genio Battaglione Lagunari. "Istruzioni sui materiali e sulle manodopere dei Lagunari"*, Enrico Voghera, Roma, 1905.

An., *Relazione degli oggetti spediti dal comitato locale di Chioggia alla Esposizione Universale di Vienna 1873*, Chioggia, 1873.

BERENGER Adolfo, *Dell'antica storia e giurisprudenza forestale in Italia, (Studii di Archeologia forestale)*, Longo, Venezia, 1859-63,

BERENGER Adolfo, *Saggio storico della legislazione veneta forestale dal secolo VII al XIX*, Longo, Venezia, 1862

BOERIO Giuseppe, *Dizionario del dialetto veneziano*, Cecchini Editore, Venezia, 1856

BONFIGLIO DOSIO Giorgetta, (a cura di), *Ragioni antique spettanti all'arte del mare et fabbriche de vasselli*, Manoscritto nautico del sec. XV, Il Comitato Editore, Venezia, 1987.

BONINO Marco, *Archeologia e tradizione navale tra la Romagna e il Po*, Longo, Ravenna, 1978.

BOSCOLO Fabrizio, GIBIN Cinzio, TIOZZO Piergiorgio, *Un mestiere un paese. I sabionanti di Sottomarina*, Marsilio, Chioggia, 1986.

BRAZOLO Quirino dei, *La gondola, fasi della sua costruzione*, Venezia 1979.

BRIZZI Dino, *Trattato dei trabaccoli e della navigazione coi medesimi*, s.l., 1960.

BULLO Giustiniano, *Le valli salse da pesca e la vallicultura*, Venezia, 1940.

BUTTAZZI G., MONTI P., *Venezia e la sua gondola*, Görlich Editore, Milano 1974.

CARGASACCHI NEVE Gabriella, *La gondola, storia, tecnica, linguaggio*, Arsenale cooperativa editrice, Venezia 1979.

CHAPELLE I. Howard, *The History of American Sailing Ships*, W.W. Norton & Company, 1949 Rist. Koneky & Koneky, New York.

CHAPMAN Frederik Henrik af, *Architectura navalis mercatoria*, Stoccolma 1786,

CHARNOCK John, *A history of naval architecture*, Bye & Law, Londra,1800

CHIGGIO Ennio (a cura di), *L'utilità scolpita ovvero la forcola veneziana*, Comune di Venezia, Venezia, 1980.

CORSICO Mario, *Guida pratica per la costruzione di barche*, SIGLA Pellas & Pala, Genova, 1949

CORTELLAZZO MANLIO (a cura di), *La civiltà delle acque*, Silvana Editoriale, Cinisello Balsamo 1993.

CRESCENTIO Bartolomeo, *Nautica Mediterranea*, Roma, 1607.

CROVATO G., CROVATO M., DIVARI L., *Barche della laguna veneta*, Arsenale, Venezia, 1980.

DIVARI Luigi, *Il topo. "Dei battelli chioggiotti detti anche toppi ..."*, Mare di carta, Venezia, 1998.

DIVARI Luigi, *Barche tradizionali del golfo di Venezia*, Il leggio, Sottomarina, 1995.

DONATELLI Carlo, *La gondola*, Arsenale, Venezia, 1990.

GREVENBROCH Giovanni, *Gli abiti de veneziani di quasi ogni età con diligenza raccolti e dipinti nel secolo XVIII*, MS, (ristampa in 4 voll., Filippi, Venezia 1981.

GUGLIELMOTTI Alberto, *Vocabolario marino militare*, Roma 1889, (rist. anastatica, Mursia, Milano, 1987).

Hesky, Jeroniti, Carlini, *Tipi di costruzioni navali in legno*, Imp. Regio Ministero dei Lavori Pubblici. Vienna, Vienna, Trieste 1909

IZZO Pasqua (a cura di), *Le marinerie adriatiche tra '800 e '900*, De Luca, Roma 1990.

JAL Augustin, *Glossaire nautique*, F. Didot, Paris,1848.

LANE F.C., *Naval architecture about 1550* in Mariner's Mirror, XX, 1934 e poi in *Venice and History*, Baltimora, 1969, edizione italiana *Le navi di Venezia*, Einaudi, Torino, 1983.

LEVI Cesare Augusto, *Navi Venete da codici marmi e dipinti*, Venezia, 1892, (rist. anastatica, Filippi, Venezia, 1983).

MARELLA Angelo (a cura di Luigi Divari e Gilberto Penzo), *Annotazioni pescherecce*, Il Leggio, Chioggia, 1990.

MARTA Guido, *La gondola*, Zanetti, Venezia, 1936.

MELONCINI Angelo, *La gondola Veneziana, origine e storia, un singolare problema di architettura navale*, in "Annali della vasca nazionale per le esperienze di architettura navale in Roma" IX vol., Vallerini, Roma 1942.

MEMMO Dino, *Calafati squeri e barche di Chioggia*, (2 voll.), Charis, Chioggia 1985.

Ministero dei Lavori Pubblici, *Le principali barche da carico naviganti nella Valle del Po e nel Tevere, Atti della commissione per lo studio della navigazione interna. Relazione generale Allegato F.*, Roma, Tip. della Camera dei Deputati, 1903. Rist. Off. Graf. C. Ferrari, Venezia, 1931.

MUNEROTTO Gianfranco, *Gondole, sei secoli di evoluzione nella storia e nell'arte*, Il cardo, Venezia, 1994.

NARDO G. Domenico, *"Descrizione delle barche da pesca dette Tartana, Bragozzo e Bragagna che spiegano la costruzione di tre modelli che invia all'esposizione marittima di Napoli. Antonio Camuffo costruttore di navigli ed intarsiatore in Chioggia"*, in *Sull'indirizzo preso dal comizio agrario e di piscicoltura veneta ecc.*, Venezia, 1870, (l'esemplare consultato, che riporta aggiunte e correzioni manoscritte del Camuffo, è conservato presso la biblioteca civica di Chioggia 46-D-20).

NARDO Gian Domenico, *La pesca del pesce ne' valli della veneta laguna*, Venezia, 1871.

NACCARI R., BOSCOLO G., *Vocabolario del dialetto Chioggiotto*, Charis, Chioggia, 1982.

NINNI Alessandro Pericle, *"Araldica pescatoria"*, in Lo Sport illustrato, n. 395, anno IX e La Valigia, anno XII, N. 363. (Rist. anas. Arnaldo Forni, Bologna, 1964).

NINNI Alessandro Pericle, *Scritti dialettologici e folkloristici veneti - Giunte e correzioni al dizionario del dialetto veneziano*, Venezia, 1890, (rist. anastatica Arnaldo Forni, Bologna, 1964).

NINNI Alessandro Pericle, *Sui segni prealfabetici usati anche ora nella numerazione scritta dai pescatori clodiensi*, Venezia, 1889. (Rist. anastatica Arnaldo Forni Editore, Bologna, 1965).

NINNI Alessandro Pericle, *Carta topografica delle coste italiane da Porto Buso a monte Conero colle denominazioni usate dai pescatori veneti*, Venezia 1891. (rist. anastatica Arnaldo Forni Editore, Bologna, 1965).

NINNI E., *"Le decorazioni sulle barche e sulle vele dei pescatori veneti"*, in Atti del IV Congresso di arti e tradizioni popolari, Venezia 1940, vol. II, pp. 495-504.

PARIS E., *Souvenirs de Marine Conservés*, 6 voll., Parigi, 1886.

PATRIGNANI Washington, *Il trabaccolo e la sua gente*, Ruffo, Ancona, 1990.

PENZO Gilberto, *Il bragosso*, Il Leggio editore, Sottomarina (Venezia), 1992.

PENZO Gilberto, *Barche veneziane. Catalogo illustrato dei piani di costruzione*, Il Leggio, Sottomarina (Venezia), 1996.

PENZO Gilberto, *Fórcole, remi e voga alla Veneta*, Il Leggio, Sottomarina (Venezia), 1997.

PENZO Gilberto, *La gondola. Storia, progettazione e costruzione della più straordinaria imbarcazione di Venezia*, Il Cardo, Venezia, 1999.

PENZO Gilberto, *Navi veneziane. Catalogo illustrato dei piani di costruzione*, Lint, Trieste, 2000.

PERGOLIS Riccardo, PIZZARELLO Ugo, *Le barche di Venezia*, L'altra riva, Venezia 1981.

RÅLAMB Åke, *Skeps Biggerij eller Adelig Öfuing*, Tionde Tom, Stockolm 1691.

ROMANELLI Giandomenico, PEDROCCO Filippo., *Bissone, peote e galleggianti. Addobbi e costumi per cortei e regate*, Alfieri, Venezia, 1980

ROSAMANI Enrico, *Vocabolario marinaresco giuliano-dalmata*, Olschki, Firenze, 1975.

RUBIN DE CERVIN G. B., *La flotta di Venezia*, Automobilia, Milano 1985.

SCIARRELLI Carlo, *Lo yacht*, Mursia, Milano, 1970.

SPADONI Umberto, (a cura di), *Barche e gente dell'Adriatico*, Grafis, Cattolica, 1985.

TONELLO G., *Vocabolario dei principali termini di marina, con la spiegazione per ciascuno nonché i termini analoghi o corrispondenti in italiano, francese, inglese, tedesco*, Venezia, 1835.

TUCCI Ugo, *"Per un vocabolario storico del mare"*, in Ateneo Veneto, n∞ 28, 1990, pagg. 95-115.

TURATO Gf., DURANTE D., *Vocabolario etimologico veneto italiano*, La Galiverna, Battaglia Terme, 1985

UTENTI Viviano, *L'arte del velaio*, Trieste, Schubart & Dase Edit., 1865.

VITTORIA Eugenio, *Il gondoliere e la sua gondola*, Editrice Evi, Venezia, 1979.

ZANELLI Guglielmo (a cura di), *Squeraroli e squeri*, Ente per la conservazione della gondola e la tutela del gondoliere, Venezia 1986.

WITSEN Nicolaes, *Architectura navalis et regimen nauticum*. Schepeps-bouw en bestier, P. & G. Amsterdam, 1671.

MANOSCRITTI

AMADI Antonio, *Quaderni di appunti sulla costruzione di barche*, Burano, primi decenni sec. XX., coll. famiglia Amadi Burano.

BERTOTTO Aristide, *Appunti sulla costruzione di barche, quaderni e fogli sparsi manoscritti*, Chioggia, 1920 circa, coll. Sambo Violante.

CAMPAIGNAC A., *Atlas du génie maritime*, 1835. Service Historique de la Marine Parigi, segn. 8 DD1 15 n° 26.

DUMMER E., *A voyage into the Mediterranean Seas*, 1685, British Library, King's mss. 40

MARELLA Angelo, MS senza titolo, Museo di Storia Naturale, Venezia.

MARELLA Angelo, MSS, 1891 c.a., 50-D-107/108/109 Biblioteca civica C. Sabbadino Chioggia.

MARELLA Angelo, *"Memorie di cose chioggiotte"*, MS, 1889 c.a., 51-E-47 Biblioteca Civica C. Sabbadino Chioggia.

RANZATO Ernesto, *Quaderni di appunti sulla costruzione di barche*, famiglia Ranzato Chioggia, primi decenni sec. XX.

SANFERMO Carioni Pezzi conte Marc'Antonio, *Piano esteso dal Conte M. Antonio Sanfermo esecutivamente ai decreti dell'eccelso Imp. R. Presidio di Governo n. C21 e 1021 con Atlanti Generale e Particolari*, Biblioteca del Museo Civico, Padova B.P. 1790, 1821

STEFFANO DI ZUANE DE MICHEL, 1686, Londra, British Library, mss. Add. 38655.

THEODORO DE NICOLÒ, "Delle galere" ma più conosciuto come: - *Instructione sul modo di fabricare galee*, Biblioteca Marciana di Venezia, Ms It. cl IV cod. 26 segn. 5131.

TRAMONTIN Giovanni, *Quaderni di appunti sulla costruzione di barche*, primi decenni sec. XX, coll. famiglia Tramontin Venezia.

Finito di stampare nel mese di Aprile 2002
a cura della FOTOLITO EXPRESS di Padova
per conto della
LIBRERIA EDITRICE "IL LEGGIO" s.a.s.
Sottomarina di Chioggia